全国优秀数学教师专著系列

奥数鼎级培优教程

AOSHU DINGJI PEIYOU JIAOCHENG (GAOER FENCE · SHANG)

（高二分册·上）

马茂年 编著

哈爾濱工業大學出版社
HARBIN INSTITUTE OF TECHNOLOGY PRESS

内容简介

本书以高二数学教学大纲为基础，归纳并总结了高二数学竞赛的热点专题，给出了不同的剖析与解法，同时对数学竞赛中的热点问题进行详细讲解，使学习者逐渐熟悉数学竞赛对学生的各项要求，积累有关答题策略方面的经验. 本书为高二分册的上册.

本书适合于参加高中数学竞赛的考生使用，以及高中数学教师参考使用.

图书在版编目(CIP)数据

奥数鼎级培优教程. 高二分册. 上/马茂年编著. —哈尔滨：哈尔滨工业大学出版社，2018.4

ISBN 978－7－5603－6923－5

Ⅰ.①奥… Ⅱ.①马… Ⅲ.①中学数学课－高中－教学参考资料 Ⅳ.①G634.603

中国版本图书馆 CIP 数据核字(2017)第 216770 号

策划编辑 刘培杰 张永芹
责任编辑 李广鑫
封面设计 孙茵艾
出版发行 哈尔滨工业大学出版社
社　　址 哈尔滨市南岗区复华四道街 10 号 邮编 150006
传　　真 0451－86414749
网　　址 http://hitpress.hit.edu.cn
印　　刷 哈尔滨市石桥印务有限公司
开　　本 787mm×1092mm 1/16 印张 22 字数 395 千字
版　　次 2018 年 4 月第 1 版 2018 年 4 月第 1 次印刷
书　　号 ISBN 978－7－5603－6923－5
定　　价 68.00 元

◎前言

众所周知，数学学习首先应该注重基础知识，基础知识包括基本理论、基本概念和基本运算，其次应该注重解题方法和技巧的研究. 后者如何实施？许多人都说多做题，“熟读唐诗三百首，不会作诗也能吟”. 诚然，多做题不失为一种方法，但不是捷径. 经过多年高中数学竞赛教学实践，我们认为最有效的方法应该是注重题型和解题技巧的总结.

带着新学年的希望，《奥数鼎级培优教程》将陪伴大家一起成长，一同进取，一路思索，在求知殿堂里博取更广阔的天地. 我们将以更充实的内容、更清晰的知识划分，依据课程标准与考试说明，依靠编者的深厚底蕴，集权威性、科学性、实用性、新颖性于一体，力求为大家在新学期的学习中助力，为大家在高考和竞赛中获取优异的成绩修桥铺路.

本书本着依据大纲、服务高考和竞赛、突出重点、推陈出新的编写理念，主要目的为巩固和强化高中数学竞赛知识，力求使同学们的数学解题能力有大幅度提高；同时进一步深化高中数学竞赛常见的数学思想与数学方法，归纳总结高中数学竞赛的热点专题，锻炼大家灵活运用数学竞赛基础知识和基本思想方法解题的能力，提醒大家对数学竞赛中的热点问题加以关注，使大家逐渐熟悉数学竞赛对学生的各项要求，积累有关答题策略方面的经验.

本书从历年的竞赛、高考试卷和国内外书刊、QQ 群、网页等资料中认真分析筛选出重要题型，然后归纳总结出各种题型的解题方法和技巧，旨在帮助广大数学爱好者在研究数学问题时能起到事半功倍、举一反三、触类旁通的效果.

本书是一套为快速提高数学竞赛解题水平和解密解题技巧而编写的顶尖之作，具有如下一些特点：

(1)遴选题型恰当，具有典型性、代表性、穿透性. 所选题型有一定的难度、深度和广度，同时注意与高考、竞赛和研究紧密结合.

(2)针对题型精选例题的详尽分析和解答，对许多数学题的研究很有启发性.通过学习书中的解题过程和解法研究，考生能达到高考、竞赛试题解答口述和“秒杀”的从容境界.

(3)总结了一些全新的数学解题方法和技巧，可以大大提高学生的解题速度，拓宽解题思路，使其在高考和竞赛中一路高歌.

本书所选的都是一些经典的数学题，当然会有一定的深度，一定的难度.但作者充分了解这些问题的出题背景，求解和证明的过程中尽量做到深入浅出.任何事情都难以做到完美无缺，若偶有疏漏，或有考虑不周的地方，从某种意义上说，这种不足毋宁说是一种优点：它给读者留下思考、想象的空间.

作者虽倾心倾力，但限于能力和水平，难免有不妥之处，敬请广大读者和数学同行指正.

马茂年

2017.10

◎目录

第 1 讲　均值不等式

知识呈现

两个、三个或 n 个($n \in \mathbf{N}^*$)正数的算术平均数不小于它的几何平均数，即

$$\frac{a+b}{2} \geqslant \sqrt{ab} \quad (a,b \in \mathbf{R}^+)$$

$$\frac{a+b+c}{3} \geqslant \sqrt[3]{abc} \quad (a,b,c \in \mathbf{R}^+)$$

$$\frac{a_1+a_2+\cdots+a_n}{n} \geqslant \sqrt[n]{a_1a_2\cdots a_n} \quad (a_1,a_2,\cdots,a_n \in \mathbf{R}^+)$$

典例展示

例 1　求证：对任意实数 $a>1,b>1$，有 $\frac{a^2}{b-1}+\frac{b^2}{a-1} \geqslant 8$.

讲解　由对称性，容易算出当 $a=b=2$ 时等号成立，此时

$$\frac{a^2}{b-1}=4(b-1)=\frac{b^2}{a-1}=4(a-1)=4$$

所以有

$$\frac{a^2}{b-1}+4(b-1) \geqslant 2\sqrt{\frac{a^2}{b-1}\cdot 4(b-1)}$$

即

$$\frac{a^2}{b-1}+4(b-1) \geqslant 4a$$

同理

$$\frac{b^2}{a-1}+4(a-1) \geqslant 4b$$

两同向不等式相加得 $\frac{a^2}{b-1}+\frac{b^2}{a-1} \geqslant 8$，$a=b=2$ 时等号成立.

说明 不等式中什么时候等号成立,应该看作是一种信息,有时能帮助我们找到证题的入口.本题对均值不等式用得巧妙、简捷,富有启发性.

例 2 已知 $a_1,a_2,\cdots,a_n$ 是 n 个正数,满足 $a_1\cdot a_2\cdot\cdots\cdot a_n=1$.

求证:$(2+a_1)(2+a_2)\cdots(2+a_n)\geqslant 3^n$.

讲解 考虑到已知条件 $a_1\cdot a_2\cdot\cdots\cdot a_n=1$,因此如何从$(2+a_1)(2+a_2)\cdot\cdots\cdot(2+a_n)$过渡到能用已知条件就成为关键.再注意到$2+a_1,2+a_2$等都与 3 比较接近,并且还有相等的可能,因此证法便自然得到.

由 $1+1+a_1\geqslant 3\sqrt[3]{1\cdot 1\cdot a_1}$,可得 $2+a_1\geqslant 3\sqrt[3]{a_1}$.

同理 $2+a_2\geqslant 3\sqrt[3]{a_2},\cdots,2+a_n\geqslant 3\sqrt[3]{a_n}$.

将这 n 个同向不等式相乘得

$$(2+a_1)(2+a_2)\cdots(2+a_n)\geqslant 3^n\cdot\sqrt[3]{a_1a_2\cdots a_n}=3^n$$

当 $a_1=a_2=\cdots=a_n$ 时等号成立.

说明 本题证明中将 $2+a_1$ 拆成 $1+1+a_1$,这种恒等变形(分拆)还有形形色色的"凑"和"配",在解题时是经常用到的.这些技巧的运用并无固定的程式和章法可套,只能根据题目的特点,因题而异.经验是要通过我们不断地解题实践而积累起来的.

例 3 设 $a>b>0$,求证:$a^2+\dfrac{1}{b(a-b)}\geqslant 4$.

讲解 本题取自课本中的一道习题(人教版,高中第二册(上)),题中有两个变量 a,b,解题时总希望字母越少越好,故最好把原式处理成一个变量问题,再证明它大于或等于一个常数.在这中间我们又注意到b和$(a-b)$之和为a,因为

$$\sqrt{b(a-b)}\leqslant\frac{b+a-b}{2}=\frac{a}{2}$$

所以有

$$\sqrt{b(a-b)}\leqslant\frac{a}{2}\Rightarrow\frac{1}{b(a-b)}\geqslant\frac{4}{a^2}$$

$$a^2+\frac{1}{b(a-b)}\geqslant a^2+\frac{4}{a^2}\geqslant 4$$

因此 $a^2+\dfrac{1}{b(a-b)}$ 的最小值是 4,当$\begin{cases}a=\sqrt{2}\\ b=\dfrac{\sqrt{2}}{2}\end{cases}$时取得最小值.

说明 当若干个变量的和为常量或积为常量时,我们就可以考虑用均值不等式,在短短的演算过程中两次使用了平均值不等式.

例 4　已知 $abc = 0$,求证

$$\frac{a^4}{4a^4+b^4+c^4}+\frac{b^4}{a^4+4b^4+c^4}+\frac{c^4}{a^4+b^4+4c^4}\leqslant\frac{1}{2}$$

讲解　通分或去分母也许能行得通,但计算量太大,因此这种情况下往往考虑利用"$\leqslant$"或"$\geqslant$"的变形(而不是恒等变形)统一分母.因为

$$4a^4+b^4+c^4=2a^4+a^4+b^4+a^4+c^4\geqslant 2a^4+2a^2b^2+2a^2c^2$$

所以

$$\frac{a^4}{4a^4+b^4+c^4}\leqslant\frac{a^4}{2a^2(a^2+b^2+c^2)}=\frac{a^2}{2(a^2+b^2+c^2)}$$

同理可得

$$\frac{b^4}{a^4+2b^4+c^4}\leqslant\frac{b^2}{2(a^2+b^2+c^2)}$$

$$\frac{c^4}{a^4+b^4+4c^4}\leqslant\frac{c^2}{2(a^2+b^2+c^2)}$$

三式相加得

$$\frac{a^4}{4a^4+b^4+c^4}+\frac{b^4}{a^4+4b^4+c^4}+\frac{c^4}{a^4+b^4+4c^4}\leqslant\frac{a^2+b^2+c^2}{2(a^2+b^2+c^2)}=\frac{1}{2}$$

当 $a^2=b^2=c^2\neq 0$ 时,上式等号成立.

说明　均值不等式还有一些特殊形式,从中还能推导出另外一些"副产品",而所有这些在证题中是常常用得到的,例如:$a^2+b^2\geqslant 2ab(a,b\in\mathbf{R})$;$a+\frac{1}{a}\geqslant 2(a\in\mathbf{R}^+)$;$\frac{a}{b}+\frac{b}{a}\geqslant 2(ab>0)$;$a^3+b^3+c^3\geqslant 3abc(a,b,c\in\mathbf{R}^+)$;$\frac{a+b}{2}\leqslant\sqrt{\frac{a^2+b^2}{2}}(a,b\in\mathbf{R})$;$\frac{a+b+c}{3}\leqslant\sqrt{\frac{a^2+b^2+c^2}{3}}(a,b,c\in\mathbf{R})$;此外该题处理分母的方法令我们印象深刻,值得借鉴.

例 5　已知 a,b,c 是正数且 $abc\leqslant 1$.求证:$\frac{a+b}{c}+\frac{b+c}{a}+\frac{c+a}{b}\geqslant 2(a+b+c)$.

讲解　不等式的左边是分式,处理分式的原则一般是能不通分时尽量不通分,能不去分母时尽量不去分母,避开它,绕道走,减小计算量,却同样达到解题目的.改变结构,转换命题,使得新命题便于用已知条件,便于使用均值不等式.

原题等价于证明

$$\frac{a+b}{c(a+b+c)}+\frac{b+c}{a(a+b+c)}+\frac{c+a}{b(a+b+c)}\geqslant 2$$

而

$$\frac{a+b}{c(a+b+c)}=\frac{(a+b+c)-c}{c(a+b+c)}=\frac{1}{c}-\frac{1}{a+b+c}$$

因而

$$\frac{a+b}{c(a+b+c)}+\frac{b+c}{a(a+b+c)}+\frac{c+a}{b(a+b+c)}=$$

$$\frac{1}{a}+\frac{1}{b}+\frac{1}{c}-\frac{3}{a+b+c}\geqslant$$

$$3\sqrt[3]{\frac{1}{abc}}-\frac{3}{3\sqrt[3]{abc}}=2\sqrt[3]{\frac{1}{abc}}\geqslant 2$$

当 $a=b=c=1$ 时等号成立.

说明 转换命题或加强命题是证题的一个重要手段,也是一个策略.例5与例4都是分式不等式,都用均值不等式解决问题,但途径、风格截然不同.

例6 设 a,b,c 是正实数,且满足 $abc=1$,求证:

$$\left(a-1+\frac{1}{b}\right)\left(b-1+\frac{1}{c}\right)\left(c-1+\frac{1}{a}\right)\leqslant 1$$

讲解 不等式左边三个括号所代表的数有可能为负数(或零),因此,不能直接用均值不等式.但仔细观察、计算发现三个括号最多只能有一个不是正数.因此,应先讨论.此外,即使全正,用三个正数的算术平均,推导也难以进行.故应该用两个正数的算术平均不小于相应的几何平均来证.

解法一:(1) $a-1+\frac{1}{b}$,$b-1+\frac{1}{c}$,$c-1+\frac{1}{a}$ 三个式子的值如果一个不为正(即为零或负),另两个为非负,不等式显然成立.

(2) 以上三个式子的值最多有一个不为正数,证明如下.假设有两个不为正数,不妨设

$$\begin{cases}a-1+\frac{1}{b}\leqslant 0\\ b-1+\frac{1}{c}\leqslant 0\end{cases}(abc=1)\Rightarrow\begin{cases}1+ab-b\leqslant 0\\ 1+bc-c\leqslant 0\end{cases}\Rightarrow\begin{cases}1+ab-b\leqslant 0\\ abc+bc-c\leqslant 0\end{cases}\Rightarrow$$

$$\begin{cases}1+ab-b\leqslant 0\\ ab+b-1\leqslant 0\end{cases}(\text{相加})\Rightarrow 2ab\leqslant 0$$

这不可能,故三个式子的值最少两个为正.

(3) 如三个数全为正

$$\left(a-1+\frac{1}{b}\right)\left(b-1+\frac{1}{c}\right)=\frac{1}{b}(1-b+ab)(b-1+ab)\leqslant$$

$$\frac{1}{b}\left(\frac{b-1+ab+1-b+ab}{2}\right)^2=a^2b$$

同理

$$\left(b-1+\frac{1}{c}\right)\left(c-1+\frac{1}{a}\right)\leqslant b^2c$$

$$\left(c-1+\frac{1}{a}\right)\left(a-1+\frac{1}{b}\right)\leqslant c^2a$$

三式相乘得

$$\left[\left(a-1+\frac{1}{b}\right)\left(b-1+\frac{1}{c}\right)\left(c-1+\frac{1}{a}\right)\right]^2\leqslant (abc)^3=1$$

因此

$$\left(a-1+\frac{1}{b}\right)\left(b-1+\frac{1}{c}\right)\left(c-1+\frac{1}{a}\right)\leqslant 1$$

当 $a=b=c=1$ 时等号成立.综上原不等式成立.

解法二:令 $a=\frac{x}{y},b=\frac{y}{z},c=\frac{z}{x}(x,y,z\in\mathbf{R}^+)$,代入后原欲证不等式化为要证

$$(x-y+z)(y-z+x)(z-x+y)\leqslant xyz$$

说明　两种证法殊途同归.第二种证法告诉我们,如果能把一个新问题转化为一个曾经解决过的问题,那么新问题也就得到解决.

例7　$x,y,z\in\mathbf{R}$,求证:$\frac{xy+2yz}{x+y^2+z^2}\leqslant\frac{\sqrt{5}}{2}$.

讲解　引入待定正的常数 λ_1,λ_2,则

$$xy+2yz\leqslant\frac{1}{2}(\lambda_1x^2+\frac{1}{\lambda_1}y^2)+\lambda_2y^2+\frac{1}{\lambda_2}z^2=$$

$$\frac{1}{2}\lambda_1x^2+\left(\frac{1}{2\lambda_1}+\lambda_2\right)y^2+\frac{1}{\lambda_2}z^2$$

令$\begin{cases}\frac{1}{2}\lambda_1=\frac{1}{2\lambda_1}+\lambda_2\\ \frac{1}{2}\lambda_1=\frac{1}{\lambda_2}\end{cases}$,解此方程组得$\begin{cases}\lambda_1=\sqrt{5}\\ \lambda_2=\frac{2\sqrt{5}}{5}\end{cases}$.这样便有

$$xy+2yz\leqslant\frac{\sqrt{5}}{2}(x^2+y^2+z^2)$$

$$\frac{xy+2yz}{x+y^2+z^2}\leqslant\frac{\sqrt{5}}{2}\cdot u_{\max}=\frac{\sqrt{5}}{2}$$

当$\begin{cases}y=\sqrt{5}x\\ y=\frac{\sqrt{5}}{2}z\end{cases}(x\neq 0)$时取得最大值.

说明 我们也可以从判别式入手,同样可以求得 $u=\dfrac{xy+2yz}{x+y^2+z^2}$ 的最大值.解法如下:

最大值应为正值,因此 $u>0$.

原式化为 $uz^2-2yz+(ux^2+uy^2-xy)=0$.将此式看作是关于 z 的方程,该方程必有解.故

$$\Delta_1=4y^2-4u(ux^2+uy^2-xy)\geqslant 0$$

即

$$u^2x^2-uyx+y^2(u^2-1)\leqslant 0$$

将此式看作是关于 x 的不等式,该不等式必定有解($u^2>0$),故 $\Delta_2=u^2y^2-4u^2y^2(u^2-1)\geqslant 0$. u 取正值时,原式中 $y\neq 0$,于是得 $4u^2\leqslant 5\Rightarrow u\leqslant\dfrac{\sqrt{5}}{2}$.也就是 $u_{\max}=\dfrac{\sqrt{5}}{2}$.

比较两种解法,后者显得自然流畅,而前者把待定系数法应用到不等式中使人感到耳目一新.

例 8 a,b 为正实数,$x\in\left(0,\dfrac{\pi}{2}\right)$,求证:$\dfrac{a}{\sin x}+\dfrac{b}{\cos x}\geqslant(a^{\frac{2}{3}}+b^{\frac{2}{3}})^{\frac{3}{2}}$.

讲解 这是一道含有三角函数的题.因此解题过程一定会用上三角公式,经验告诉我们如果直接不好求,则可转而求其平方的最值.

令 $\dfrac{a}{\sin x}+\dfrac{b}{\cos x}$ 为 $f(x)$,则

$$\begin{aligned}[f(x)]^2=&\frac{a^2}{\sin^2x}+\frac{2ab}{\sin x\cos x}+\frac{b^2}{\cos^2x}=\\&\frac{a^2(\sin^2x+\cos^2x)}{\sin^2x}+\frac{2ab(\sin^2x+\cos^2x)}{\sin x\cos x}+\\&\frac{b^2(\sin^2x+\cos^2x)}{\cos^2x}=\\&a^2+b^2+a^2\cot^2x+2ab\tan x+2ab\cot x+b^2\tan^2x=\\&a^2+b^2+(a^2\cot^2x+ab\tan x+ab\tan x)+\\&(b^2\tan^2x+ab\cot x+ab\cot x)\geqslant\\&a^2+b^2+3\sqrt[3]{a^4b^2}+3\sqrt[3]{a^2b^4}=(a^{\frac{2}{3}}+b^{\frac{2}{3}})^3\end{aligned}$$

所以

$$\frac{a}{\sin x}+\frac{b}{\cos x}\geqslant(a^{\frac{2}{3}}+b^{\frac{2}{3}})^{\frac{3}{2}}$$

当 $\tan x\cdot ab=a^2\cot x$,也就是 $\tan x=\dfrac{a}{b}$ 时取得最小值 $(a^{\frac{2}{3}}+b^{\frac{2}{3}})^{\frac{3}{2}}$.

例 9　设 u,v,w 为正实数,且满足 $u\sqrt{vw}+v\sqrt{wu}+w\sqrt{uv}\geqslant 1$,求证:$u+v+w\geqslant\sqrt{3}$.

讲解　从改造已知条件入手,$\sqrt{vw}$ 是 v 与 w 的几何平均,很容易想到 $\frac{v+w}{2}\geqslant\sqrt{vw}$,因此有

$$u\frac{v+w}{2}+v\frac{w+u}{2}+w\frac{u+v}{2}\geqslant u\sqrt{vw}+v\sqrt{wu}+w\sqrt{uv}\geqslant 1$$

也即 $uv+vw+wu\geqslant 1$,这个条件从形式上更接近于 $u+v+w$.

由于$\frac{u+v}{2}\geqslant\sqrt{uv}$,因此由已知条件可得 $uv+vw+wu\geqslant 1$,又

$$\begin{aligned}(u+v+w)^2=u^2+v^2+w^2+2uv+2vw+2wu\geqslant\\ uv+vw+wu+2uv+2vw+2wu=\\ 3(uv+vw+wu)\geqslant 3\end{aligned}$$

$$u+v+w\geqslant\sqrt{3}$$

另一方面,显然 $u=v=w=\frac{\sqrt{3}}{3}$ 满足题中条件,因此 $u+v+w$ 的最小值为 $\sqrt{3}$.

说明　本题实质是根据一个已知不等式,去证明另一个不等式,其中的过程就是一个简单的乘法公式和均值不等式的应用.

例 10　n 为任意正整数,求证:$\left(1+\frac{1}{n}\right)^n<\left(1+\frac{1}{n+1}\right)^{n+1}$.

讲解　原不等式等价于证明

$$\frac{n+2}{n+1}>\sqrt[n+1]{\left(1+\frac{1}{n}\right)^n}$$

该式左边可看作是某 $n+1$ 个正数的算术平均,如右边能写成相应的几何平均,则问题得证.

考虑 $n+1$ 个正数$\underbrace{\left(1+\frac{1}{n}\right),\left(1+\frac{1}{n}\right),\cdots,\left(1+\frac{1}{n}\right)}_{n\text{个}}$,1,由平均不等式

$$\frac{\left(1+\frac{1}{n}\right)+\left(1+\frac{1}{n}\right)+\cdots+\left(1+\frac{1}{n}\right)+1}{n+1}>\sqrt[n+1]{\left(1+\frac{1}{n}\right)^n\cdot 1}$$

即　$$\frac{n+1+1}{n+1}>\sqrt[n+1]{\left(1+\frac{1}{n}\right)^n}\Rightarrow\left(1+\frac{1}{n}\right)^n<\left(1+\frac{1}{n+1}\right)^{n+1}$$

说明　证题的关键是命题的改造和巧妙的"配"和"凑",有针对性的

“配”“凑”能使已知条件和相关定理得到最合理的运用.同时,它也使得条件和结论的内在联系显现出来.因此这种技能和技巧值得我们很好地学习和用心去体会.

从原题形式看不出它与均值不等式有什么直接联系,这需要我们对题目进行进一步的挖掘,并且增强运用均值不等式的意识.

课外训练

1.已知 $x,y,z\in\mathbf{R}^{+}$,且 $xyz(x+y+z)=1$,求证:$(x+y)(y+z)\geqslant 2$.

2.已知 $a,a_1,b,b_1\in\mathbf{R}^{+}$,$a_1^2+b_1^2=a^2+b^2=1$,求证:$\frac{a^3}{a_1}+\frac{b^3}{b_1}\geqslant 1$.

3.已知 $a,b,c\in\mathbf{R}^{+}$,求证:$\frac{a}{1+a+ab}+\frac{b}{1+b+bc}+\frac{c}{1+c+ca}\leqslant 1$.

4.已知 $x_1,x_2,x_3,x_4\in\mathbf{R}^{+}$,且 $\frac{x_1^2}{1+x_1^2}+\frac{x_2^2}{1+x_2^2}+\frac{x_3^2}{1+x_3^2}+\frac{x_4^2}{1+x_4^2}=1$,求证:$x_1\cdot x_2\cdot x_3\cdot x_4\leqslant\frac{1}{9}$.

5.设正实数 x,y 满足 $x^3+y^3=x-y$,求证:$x^2+4y^2<1$.

6.已知 $a,b,x,y\in\mathbf{R}^{+}$,并且 $x^2+y^2=1$,求证:$\sqrt{a^2x^2+b^2y^2}+\sqrt{a^2y^2+b^2x^2}\geqslant a+b$.

7.已知 $a,b,c\in\mathbf{R}^{+}$,求证:$\frac{1}{a^3+b^3+abc}+\frac{1}{b^3+c^3+abc}+\frac{1}{c^3+a^3+abc}\leqslant\frac{1}{abc}$.

8.设 a,b,c 为正实数,求证:$\frac{a+3c}{a+2b+c}+\frac{4b}{a+b+2c}-\frac{8c}{a+b+3c}\geqslant -17+12\sqrt{2}$.

9.设正实数 x,y,z 满足 $x+y+z=xyz$,求证:$x^7(yz-1)+y^7(zx-1)+z^7(xy-1)\geqslant 162\sqrt{3}$.

10.(1)设实数 a,b 满足 $ab>0$,求证:$\sqrt[3]{\frac{a^2b^2(a+b)^2}{4}}\leqslant\frac{a^2+10ab+b^2}{12}$,并求等号成立的条件;

(2)求证:对任意实数 a,b 均有 $\sqrt[3]{\frac{a^2b^2(a+b)^2}{4}}\leqslant\frac{a^2+ab+b^2}{3}$,并求等号成立的条件.

11. $a,b,c\in\mathbf{R}^{+}$,求证:

(1) $(a+b+c)\left(\frac{1}{a}+\frac{1}{b}+\frac{1}{c}\right)\geqslant 9$;

(2) $\frac{1}{a+b}+\frac{1}{b+c}+\frac{1}{c+a}\geqslant\frac{9}{2(a+b+c)}$;

(3) $\frac{c}{a+b}+\frac{a}{b+c}+\frac{b}{c+a}\geqslant\frac{3}{2}$.

第2讲　均值不等式的运用

知识呈现

当 $a,b\in\mathbf{R}$,则 $a^2+b^2\geqslant 2ab$,当且仅当 $a=b$ 时取得等号.

当 $a,b\in\mathbf{R}^+$,则 $a+b\geqslant 2\sqrt{ab}$,当且仅当 $a=b$ 时取得等号.

当 $a,b,c\in\mathbf{R}^+$,则 $a+b+c\geqslant 3\sqrt[3]{abc}$,当且仅当 $a=b=c$ 时取得等号.

均值不等式反映的数学含义就是算术平均数不小于几何平均数.

注意"一正、二定、三相等",有一个条件未达到,就无法取得等号.

积定和最小,和定积最大.

均值不等式是不等式链中重要一环,要特别注意配凑系数,以满足等号成立的条件.

典例展示

例1　已知 $a,b,c\in\mathbf{R}^+$,求证:$a^2+b^2+c^2+\left(\frac{1}{a}+\frac{1}{b}+\frac{1}{c}\right)^2\geqslant 6\sqrt{3}$,并确定 a,b,c 为何值时,等号成立.

讲解　解法一:因为 a,b,c 均为正数,由均值不等式得

$$a^2+b^2+c^2\geqslant 3\sqrt[3]{a^2b^2c^2}=3(abc)^{\frac{2}{3}}$$

$$\left(\frac{1}{a}+\frac{1}{b}+\frac{1}{c}\right)^2\geqslant\left(3\sqrt[3]{\frac{1}{abc}}\right)^2=9(abc)^{-\frac{2}{3}}$$

故

$$a^2+b^2+c^2+\left(\frac{1}{a}+\frac{1}{b}+\frac{1}{c}\right)^2\geqslant 3(abc)^{\frac{2}{3}}+9(abc)^{-\frac{2}{3}}\geqslant 2\sqrt{27}=6\sqrt{3}$$

当且仅当$\begin{cases}a=b=c\\3(abc)^{\frac{2}{3}}=9(abc)^{-\frac{2}{3}}\end{cases}$,即 $a=b=c=3^{\frac{1}{4}}$ 时等号成立.

解法二:因为 a,b,c 均为正数,由柯西不等式得

$$a^2+b^2+c^2\geqslant ab+bc+ca$$

$$\left(\frac{1}{a}+\frac{1}{b}+\frac{1}{c}\right)^2 \geqslant 3\frac{1}{ab}+3\frac{1}{bc}+3\frac{1}{ca}$$

故

$$a^2+b^2+c^2+\left(\frac{1}{a}+\frac{1}{b}+\frac{1}{c}\right)^2 \geqslant ab+bc+ca+3\frac{1}{ab}+3\frac{1}{bc}+3\frac{1}{ca} \geqslant$$
$$2\sqrt{3}+2\sqrt{3}+2\sqrt{3}=6\sqrt{3}$$

当且仅当$\begin{cases}a=b=c\\(ab)^2=(bc)^2=(ca)^2\end{cases}$，即 $a=b=c=3^{\frac{1}{4}}$ 时原式等号成立.

例 2　已知 $a,b,c\in\mathbf{R}^+$.

(1) 求证：$\dfrac{a+b+c}{9abc}\geqslant\dfrac{1}{ab+bc+ca}$；

(2) 求$\left(a+\dfrac{1}{b}\right)^2+\left(b+\dfrac{1}{c}\right)^2+\left(c+\dfrac{1}{a}\right)^2$的最小值.

讲解　(1) 解法一：

$$\frac{a+b+c}{9abc}\geqslant\frac{3\sqrt[3]{abc}}{9abc}=\frac{1}{3\sqrt[3]{(abc)^2}}$$

又因为

$$ab+bc+ca\geqslant 3\sqrt[3]{(abc)^2}$$

所以

$$\frac{1}{3\sqrt[3]{(abc)^2}}\geqslant\frac{1}{ab+bc+ca}$$

因此$\dfrac{a+b+c}{9abc}\geqslant\dfrac{1}{3\sqrt[3]{(abc)^2}}\geqslant\dfrac{1}{ab+bc+ca}$，得证.

解法二：由柯西不等式可得

$$(ab+bc+ca)\left(\frac{1}{ab}+\frac{1}{bc}+\frac{1}{ca}\right)\geqslant 9$$

即

$$\frac{1}{ab}+\frac{1}{bc}+\frac{1}{ca}\geqslant\frac{9}{ab+bc+ca}$$

整理得

$$\frac{a+b+c}{9abc}\geqslant\frac{1}{ab+bc+ca}$$

(2) 解法一：

$$\left(a+\frac{1}{b}\right)^2+\left(b+\frac{1}{c}\right)^2+\left(c+\frac{1}{a}\right)^2=$$

$$\frac{1}{3}\left[\left(a+\frac{1}{b}\right)^2+\left(b+\frac{1}{c}\right)^2+\left(c+\frac{1}{a}\right)^2\right](1+1+1)\geqslant$$

$$\frac{1}{3}\left(a+\frac{1}{b}+b+\frac{1}{c}+c+\frac{1}{a}\right)^2\geqslant\frac{1}{3}\times 6^2=12$$

当且仅当 $a=b=c$ 时取得等号.

解法二:

$$\left(a+\frac{1}{b}\right)^2+\left(b+\frac{1}{c}\right)^2+\left(c+\frac{1}{a}\right)^2=$$

$$a^2+\frac{1}{a^2}+b^2+\frac{1}{b^2}+c^2+\frac{1}{c^2}+2\left(\frac{a}{b}+\frac{b}{c}+\frac{c}{a}\right)\geqslant$$

$$2+2+2+2\times 3\sqrt[3]{\frac{a}{b}\cdot\frac{b}{c}\cdot\frac{c}{a}}=12$$

例 3 (1) 当 $0<x<1$ 时,求函数 $y=x^2(1-x)$ 的最大值;

(2) 当 $0<x<1$ 时,求函数 $y=x(1-x^2)$ 的最大值.

讲解 (1) 因为 $0<x<1$,所以 $1-x>0$,所以

$$y=x^2(1-x)=x\cdot x(1-x)=4\cdot\frac{x}{2}\cdot\frac{x}{2}\cdot(1-x)\leqslant$$

$$4\left[\frac{\frac{x}{2}+\frac{x}{2}+(1-x)}{3}\right]^3=\frac{4}{27}$$

当且仅当 $\frac{x}{2}=1-x$,即 $x=\frac{2}{3}$ 时取得等号.

所以 $y=x^2(1-x)$ 的最大值为 $\frac{4}{27}$.

(2) $$y^2=x^2(1-x^2)^2=\frac{1}{2}(2x^2)(1-x^2)(1-x^2)\leqslant$$

$$\frac{1}{2}\left[\frac{2x^2+(1-x^2)+(1-x^2)}{3}\right]^3=\frac{4}{27}$$

当且仅当 $2x^2=1-x^2$,即 $x=\frac{\sqrt{3}}{3}$ 时取得等号.

所以 $y=x(1-x^2)$ 的最大值为 $\frac{2\sqrt{3}}{9}$.

说明 (1) 第一小题,构造三数之和等于定值,和定积最大.

(2) 第二小题,有同学用如下做法,请找出错误的原因.

$$y=x(1-x^2)=x(1+x)(1-x)=\frac{1}{2}x(1+x)(2-2x)\leqslant$$

$$\frac{1}{2}\left(\frac{x+1+x+2-2x}{3}\right)^3=\frac{1}{2}$$

错误的原因在于等号无法取得.

例 4　(1) 已知 $a,b\in(0,1)$,求证:$\sqrt[3]{a^2(1-b)}\leqslant\frac{1}{\sqrt[3]{4}}\cdot\frac{4a-b+1}{3}$;

(2) 若 $a,b,c\in\mathbf{R}^+$,且 $a+b+c=1$,求 $S=\sqrt[3]{a^2(1-b)}+\sqrt[3]{b^2(1-c)}+\sqrt[3]{c^2(1-a)}$ 的最大值.

讲解　(1) $\sqrt[3]{a^2(1-b)}=\sqrt[3]{2a\cdot 2a\cdot(1-b)}\cdot\frac{1}{\sqrt[3]{4}}\leqslant$

$$\frac{1}{\sqrt[3]{4}}\cdot\frac{2a+2a+(1-b)}{3}=$$

$$\frac{1}{\sqrt[3]{4}}\cdot\frac{4a-b+1}{3}$$

(2) 由(1) 知

$$\sqrt[3]{a^2(1-b)}=\sqrt[3]{2a\cdot 2a\cdot(1-b)}\cdot\frac{1}{\sqrt[3]{4}}\leqslant\frac{1}{\sqrt[3]{4}}\cdot\frac{4a+(1-b)}{3}$$

同理

$$\sqrt[3]{b^2(1-c)}=\sqrt[3]{2b\cdot 2b\cdot(1-c)}\cdot\frac{1}{\sqrt[3]{4}}\leqslant\frac{1}{\sqrt[3]{4}}\cdot\frac{4b+(1-c)}{3}$$

$$\sqrt[3]{c^2(1-a)}=\sqrt[3]{2c\cdot 2c\cdot(1-a)}\cdot\frac{1}{\sqrt[3]{4}}\leqslant\frac{1}{\sqrt[3]{4}}\cdot\frac{4c+(1-a)}{3}$$

三式相加得

$$S=\sqrt[3]{a^2(1-b)}+\sqrt[3]{b^2(1-c)}+\sqrt[3]{c^2(1-a)}\leqslant$$

$$\frac{1}{\sqrt[3]{4}}\,\frac{3(a+b+c)+3}{3}=\sqrt[3]{2}$$

当且仅当 $a=b=c=\frac{1}{3}$ 时,取得最大值$\sqrt[3]{2}$.

说明　一定要注意等号成立的条件,这样才能真正配凑好系数.

例 5　已知 $a,b,c\in(1,2)$.

(1) 求证:$\frac{1}{(a-1)(2-a)}\geqslant 4$;

(2) 求 $y=\frac{1}{\sqrt{(a-1)(2-b)}}+\frac{1}{\sqrt{(b-1)(2-c)}}+\frac{1}{\sqrt{(c-1)(2-a)}}$ 的最小值.

讲解 (1) 由二元均值不等式得

$$\frac{1}{(a-1)(2-a)}\geqslant\frac{1}{\left[\frac{(a-1)+(2-a)}{2}\right]^2}=4$$

(2) 因为

$$\frac{1}{\sqrt{(a-1)(2-b)}}\geqslant\frac{1}{\frac{(a-1)+(2-b)}{2}}=\frac{2}{a-b+1}$$

$$\frac{1}{\sqrt{(b-1)(2-c)}}\geqslant\frac{1}{\frac{(b-1)+(2-c)}{2}}=\frac{2}{b-c+1}$$

$$\frac{1}{\sqrt{(c-1)(2-a)}}\geqslant\frac{1}{\frac{(c-1)+(2-a)}{2}}=\frac{2}{c-a+1}$$

所以

$$y=\frac{1}{\sqrt{(a-1)(2-b)}}+\frac{1}{\sqrt{(b-1)(2-c)}}+\frac{1}{\sqrt{(c-1)(2-a)}}\geqslant$$
$$\frac{2}{a-b+1}+\frac{2}{b-c+1}+\frac{2}{c-a+1}$$

又由柯西不等式得

$$[(a-b+1)+(b-c+1)+(c-a+1)]\cdot$$
$$\left(\frac{2}{a-b+1}+\frac{2}{b-c+1}+\frac{2}{c-a+1}\right)\geqslant 18$$

即

$$\frac{2}{a-b+1}+\frac{2}{b-c+1}+\frac{2}{c-a+1}\geqslant 6$$

所以 $y_{\min}=6$.

当且仅当 $a=b=c=\frac{3}{2}$ 时取得最小值.

例6 已知正实数 x,y,z 满足 $x^2+2y^2+4z^2=1$,求 $xy+2yz$ 的最大值.

讲解

$$xy+2yz\leqslant\frac{x^2+y^2}{2}+\frac{y^2+4z^2}{2}=\frac{1}{2}(x^2+2y^2+4z^2)=\frac{1}{2}$$

当且仅当 $x=y=2z=\frac{1}{2}$ 时取等号,$xy+2yz$ 的最大值为$\frac{1}{2}$.

说明 注意均值不等式中的乘积因子,将平方项一拆为二,有时可以利用待定系数法确定拆分的系数.

例 7　设 $a_1,a_2,a_3\in\mathbf{R}^+$，且 $\frac{1}{a_1}+\frac{1}{a_2}+\frac{1}{a_3}=1$，求证：$\frac{1}{\sqrt{a_1a_2}}+\frac{\sqrt{3}}{\sqrt{a_2a_3}}\leqslant 1$.

讲解　$1=\frac{1}{a_1}+\frac{1}{4a_2}+\frac{3}{4a_2}+\frac{1}{a_3}\geqslant 2\sqrt{\frac{1}{4a_1a_2}}+2\sqrt{\frac{3}{4a_2a_3}}=\sqrt{\frac{1}{a_1a_2}}+\sqrt{\frac{3}{a_2a_3}}$

所以

$$\frac{1}{\sqrt{a_1a_2}}+\frac{\sqrt{3}}{\sqrt{a_2a_3}}\leqslant 1$$

例 8　已知正数 x,y,z 满足 $x+y+z=1$.

(1) 求证：$\frac{x^2}{y+2z}+\frac{y^2}{z+2x}+\frac{z^2}{x+2y}\geqslant\frac{1}{3}$；

(2) 求 $4^x+4^y+4^{z^2}$ 的最小值.

讲解　(1) $\frac{x^2}{y+2z}+\frac{y^2}{z+2x}+\frac{z^2}{x+2y}\geqslant\frac{(x+y+z)^2}{3x+3y+3z}=\frac{x+y+z}{3}=\frac{1}{3}$.

(2)
$$4^x+4^y+4^{z^2}\geqslant 3\cdot 4^{\frac{x+y+z^2}{3}}$$

因为

$$x+y+z^2=1-z+z^2=\left(z-\frac{1}{2}\right)^2+\frac{3}{4}\geqslant\frac{3}{4}$$

所以

$$4^x+4^y+4^{z^2}\geqslant 3\cdot 4^{\frac{x+y+z^2}{3}}=3\cdot 4^{\frac{1}{4}}=3\sqrt{2}$$

当且仅当 $\begin{cases}x=y=z^2\\ z=\frac{1}{2}\end{cases}$，即 $x=y=\frac{1}{4}$，$z=\frac{1}{2}$ 时等号成立，所以最小值为 $3\sqrt{2}$.

例 9　已知正数 x,y,z 满足 $5x+4y+3z=10$.

(1) 求证：$\frac{25x^2}{4y+3z}+\frac{16y^2}{3z+5x}+\frac{9z^2}{5x+4y}\geqslant 5$；

(2) 求 $9^{x^2}+9^{y^2+z^2}$ 的最小值.

讲解　(1) 根据柯西不等式，得

$$\frac{25x^2}{4y+3z}+\frac{16y^2}{3z+5x}+\frac{9z^2}{5x+4y}\geqslant\frac{(5x+4y+3z)^2}{10x+8y+6z}=\frac{5x+4y+3z}{2}=5$$

(2) 根据均值不等式，得

$$9^{x^2}+9^{y^2+z^2}\geqslant 2\sqrt{9^{x^2}\cdot 9^{y^2+z^2}}=2\cdot 3^{x^2+y^2+z^2}$$

当且仅当 $x^2=y^2+z^2$ 时，等号成立.

根据柯西不等式，得

$$(x^2+y^2+z^2)(5^2+4^2+3^2)\geqslant(5x+4y+3z)^2=100$$

即
$$x^2+y^2+z^2\geqslant 2$$

当且仅当$\frac{x}{5}=\frac{y}{4}=\frac{z}{3}$时,等号成立.

综上,$9^{x^2}+9^{y^2+z^2}\geqslant 2\cdot 3^2=18.$

当且仅当$x=1,y=\frac{4}{5},z=\frac{3}{5}$时,等号成立.

例 10 设$x,y,z>0,x+y+z=3$,依次证明下列不等式:

(1) $\sqrt{xy}(2-\sqrt{xy})\leqslant 1$;

(2) $\frac{x+y}{xy(4-xy)}\geqslant\frac{4}{4+x+y}$;

(3) $\frac{x+y}{xy(4-xy)}+\frac{y+z}{yz(4-yz)}+\frac{z+x}{zx(4-zx)}\geqslant 2.$

讲解 (1) 解法一:由均值不等式得
$$\sqrt{xy}(2-\sqrt{xy})\leqslant\left(\frac{\sqrt{xy}+2-\sqrt{xy}}{2}\right)^2=1$$

解法二:由
$$\sqrt{xy}(2-\sqrt{xy})=-\left[(\sqrt{xy})^2-2\sqrt{xy}+1\right]+1=(\sqrt{xy}-1)^2\leqslant 1$$
得
$$\sqrt{xy}(2-\sqrt{xy})\leqslant 1$$

(2)
$$\frac{x+y}{xy(4-xy)}\geqslant\frac{2\sqrt{xy}}{xy(4-xy)}=\frac{2}{\sqrt{xy}(2-\sqrt{xy})(2+\sqrt{xy})}$$

因为$2+\sqrt{xy}\leqslant 2+\frac{x+y}{2}$,且$\sqrt{xy}(2-\sqrt{xy})\leqslant 1$,所以
$$\frac{x+y}{xy(4-xy)}\geqslant\frac{2}{2+\frac{x+y}{2}}=\frac{4}{4+x+y}$$

(3) 同理可得
$$\frac{y+z}{yz(4-yz)}\geqslant\frac{4}{4+y+z}$$
$$\frac{z+x}{zx(4-zx)}\geqslant\frac{4}{4+z+x}$$

所以

$$\frac{x+y}{xy(4-xy)}+\frac{y+z}{yz(4-yz)}+\frac{z+x}{zx(4-zx)}\geqslant$$

$$\frac{4}{4+x+y}+\frac{4}{4+y+z}+\frac{4}{4+z+x}\geqslant$$

$$\frac{(2+2+2)^2}{4+x+y+4+y+z+4+z+x}=\frac{36}{12+2(x+y+z)}=2$$

课外训练

1. 当 $x>0$ 时，求 $y=2x^2+\frac{3}{x}$ 的最小值.

2. 已知 $a>0,b>0$，若不等式 $\frac{m}{3a+b}-\frac{3}{a}-\frac{1}{b}\leqslant 0$ 恒成立，求 m 的最大值.

3. 设正实数 x,y,z 满足 $x^2-3xy+4y^2-z=0$，则当 $\frac{xy}{z}$ 取得最大值时，求 $\frac{2}{x}+\frac{1}{y}-\frac{2}{z}$ 的最大值.

4. 定义"$*$"是一种运算，对于任意的 x,y，都满足 $x*y=axy+b(x+y)$，其中 a,b 为正实数，已知 $1*2=4$，ab 取最大值时，求 a 的值.

5. (1) 若正实数 x,y 满足 $2x+y+6=xy$，求 xy 的最小值；

(2) 求函数 $y=\frac{x^2+7x+10}{x+1}(x>-1)$ 的最小值.

6. 设 $a,b,c\in\mathbf{R}^+$ 且 $a+b+c=3$，求 $\log_2(a+2b)+2\log_2(a+2c)$ 的最大值.

7. 已知实数 $x>0,y>0$，$A=x^2+y^2+1$，$B=\frac{1}{3}(x+y+1)^2$，$C=x+y+xy$，试指出 A,B,C 三个数的大小关系，并给出证明.

8. 已知正数 a,b,c 满足 $a+b+c=1$，求证：$a^3+b^3+c^3\geqslant\frac{a^2+b^2+c^2}{3}$.

9. (1) 已知 $0<x<\frac{2}{5}$，求 $y=2x-5x^2$ 的最大值；

(2) 已知 $x>0,y>0$，且 $x+y=1$，求 $\frac{8}{x}+\frac{2}{y}$ 的最小值.

10. 已知 $a>0,b>0$，$\frac{1}{a}+\frac{1}{b}=\sqrt{ab}$.

(1) 求 a^3+b^3 的最小值；

(2) 是否存在 a,b,使得 $2a+3b=6$? 并说明理由.

11. 经市场调查,某旅游城市在过去的一个月内(以30天计),第 t 天($1\leqslant t\leqslant 30,t\in \mathbf{N}^*$)的旅游人数 $f(t)$(万人)近似地满足 $f(t)=4+\dfrac{1}{t}$,而人均消费 $g(t)$(元)近似地满足 $g(t)=120-|t-20|$.

(1) 求该城市的旅游日收益 $W(t)$(万元)与时间 $t(1\leqslant t\leqslant 30,t\in \mathbf{N}^*)$ 的函数关系式;

(2) 求该城市旅游日收益的最小值.

第 3 讲　柯西不等式

知识呈现

柯西不等式的二维形式：若 a,b,c,d 都是实数，则 $(a^2+b^2)(c^2+d^2)\geqslant(ac+bd)^2$，当且仅当 $ad=bc$ 时，等号成立.

柯西不等式的一般形式：设 $a_1,a_2,a_3,\cdots,a_n,b_1,b_2,b_3,\cdots,b_n$ 是实数，则 $(a_1^2+a_2^2+\cdots+a_n^2)(b_1^2+b_2^2+\cdots+b_n^2)\geqslant(a_1b_1+a_2b_2+\cdots+a_nb_n)^2$ 当且仅当 $b_i=0(i=1,2,\cdots,n)$ 或存在一个数 k，使得 $a_i=kb_i(i=1,2,\cdots,n)$ 时，等号成立.

柯西不等式的变形形式：

变形 1：设 $a_i\in\mathbf{R},b_i>0(i=1,2,\cdots,n)$，则

$$\frac{a_1^2}{b_1}+\frac{a_2^2}{b_2}+\cdots+\frac{a_n^2}{b_n}\geqslant\frac{(a_1+a_2+\cdots+a_n)^2}{b_1+b_2+\cdots+b_n}$$

当且仅当 $b_1=b_2=\cdots=b_n$ 时，等号成立.

变形 2：设 $a_i,b_i(i=1,2,\cdots,n)$ 同号且不为 0，则

$$\frac{a_1}{b_1}+\frac{a_2}{b_2}+\cdots+\frac{a_n}{b_n}\geqslant\frac{(a_1+a_2+\cdots+a_n)^2}{a_1b_1+a_2b_2+\cdots+a_nb_n}$$

当且仅当 $b_1=b_2=\cdots=b_n$ 时，等号成立.

典例展示

例 1　实数 a,b,c 满足 $a+b+2c=1$.

(1) 求 $a^2+b^2+2c^2$ 的最小值；

(2) 求 $ab+2ac+2bc$ 的最大值.

讲解　(1) 由柯西不等式得

$$(a^2+b^2+2c^2)(1^2+1^2+2^2)\geqslant(a+b+2c)^2$$

即 $a^2+b^2+2c^2\geqslant\frac{1}{4}$，当且仅当 $a=b=c=\frac{1}{4}$ 时取等号. 所以 $a^2+b^2+2c^2$ 的

最小值为$\frac{1}{4}$.

(2) 由

$$(a+b+2c)^2=a^2+b^2+4c^2+2ab+4bc+4ac=1$$

得

$$ab+2ac+2bc=\frac{1}{2}[1-(a^2+b^2+4c^2)]$$

又由柯西不等式得

$$(a^2+b^2+4c^2)(1+1+1)\geqslant(a+b+2c)^2=1$$

所以

$$a^2+b^2+4c^2\geqslant\frac{1}{3}$$

所以

$$ab+2ac+2bc\leqslant\frac{1}{2}\left(1-\frac{1}{3}\right)=\frac{1}{3}$$

当且仅当$a=b=\frac{1}{3}$,$c=\frac{1}{6}$时取等号.

所以$ab+2ac+2bc$的最大值为$\frac{1}{3}$.

例2 实数a,b,c满足$a+2b+2c=1$.

(1) 求$(a+1)^2+b^2+4c^2$的最小值;

(2) 求$ab+ac+2bc$的最大值.

讲解 (1) 由柯西不等式知

$$[(a+1)^2+b^2+4c^2](1+4+1)\geqslant[(a+1)+2b+2c]^2=4$$

故

$$(a+1)^2+b^2+4c^2\geqslant\frac{2}{3}$$

当且仅当$a+1=\frac{b}{2}=2c$,即$a=-\frac{2}{3}$,$b=\frac{2}{3}$,$c=\frac{1}{6}$时取到等号.

所以$(a+1)^2+b^2+4c^2$的最小值为$\frac{2}{3}$.

(2) $$1=(a+2b+2c)^2=a^2+4b^2+4c^2+4ab+4ac+8bc$$

所以

$$4ab+4ac+8bc=1-(a^2+4b^2+4c^2)$$

由柯西不等式得

$$(a^2+4b^2+4c^2)(1+1+1)\geqslant(a+2b+2c)^2=1$$

所以

$$a^2+4b^2+4c^2\geqslant\frac{1}{3}$$

所以

$$4ab+4ac+8bc=1-(a^2+4b^2+4c^2)\leqslant\frac{2}{3}$$

即

$$ab+ac+2bc\leqslant\frac{1}{6}$$

当且仅当 $a=2b=2c$,即 $a=\frac{1}{3},b=c=\frac{1}{6}$ 时取等号,所以 $ab+ac+2bc$ 的最大值为$\frac{1}{6}$.

例 3　(1) 设 a,b,c 为正数且 $a+b+c=1$,求证:$\left(a+\frac{1}{a}\right)^2+\left(b+\frac{1}{b}\right)^2+\left(c+\frac{1}{c}\right)^2\geqslant\frac{100}{3}$;

(2) 已知实数 a,b,c,d 满足 $a+b+c+d=3,a^2+2b^2+3c^2+6d^2=5$,试求 a 的最值.

讲解　(1)

$$\frac{1}{3}(1^2+1^2+1^2)\left[\left(a+\frac{1}{a}\right)^2+\left(b+\frac{1}{b}\right)^2+\left(c+\frac{1}{c}\right)^2\right]\geqslant$$

$$\frac{1}{3}\left[\left(a+\frac{1}{a}\right)+\left(b+\frac{1}{b}\right)+\left(c+\frac{1}{c}\right)\right]^2=$$

$$\frac{1}{3}\left[1+\left(\frac{1}{a}+\frac{1}{b}+\frac{1}{c}\right)\right]^2=$$

$$\frac{1}{3}\left[1+(a+b+c)\left(\frac{1}{a}+\frac{1}{b}+\frac{1}{c}\right)\right]^2\geqslant\frac{1}{3}(1+9)^2=\frac{100}{3}$$

(2) 由柯西不等式得

$$(2b^2+3c^2+6d^2)\left(\frac{1}{2}+\frac{1}{3}+\frac{1}{6}\right)\geqslant(b+c+d)^2$$

即

$$2b^2+3c^2+6d^2\geqslant(b+c+d)^2$$

由条件可得,$5-a^2\geqslant(3-a)^2$,解得 $1\leqslant a\leqslant 2$,当且仅当$\frac{\sqrt{2}b}{\sqrt{\frac{1}{2}}}=\frac{\sqrt{3}c}{\sqrt{\frac{1}{3}}}=$

$\dfrac{\sqrt{6}d}{\sqrt{\dfrac{1}{6}}}$ 时等号成立,代入得 $b=1,c=\dfrac{1}{3},d=\dfrac{1}{6}$ 时,$a_{\max}=2$;$b=1,c=\dfrac{2}{3},d=\dfrac{1}{3}$ 时,$a_{\min}=1$.

例 4 已知实数 x,y,z 满足 $x+y+2z=1$,设 $t=x^2+y^2+2z^2$.

(1) 求 t 的最小值;

(2) 当 $t=\dfrac{1}{2}$ 时,求 z 的取值范围.

讲解 (1) 由柯西不等式得

$$(x^2+y^2+2z^2)(1+1+2)\geqslant(x+y+2z)^2=1$$

所以 $t\geqslant\dfrac{1}{4}$,当且仅当 $x=y=z=\dfrac{1}{4}$ 时取得等号.

(2) 由题意得

$$x+y=1-2z,x^2+y^2=\frac{1}{2}-2z^2$$

因为

$$(x^2+y^2)(1+1)\geqslant(x+y)^2$$

所以 $1-4z^2\geqslant(1-2z)^2$,解得 $0\leqslant z\leqslant\dfrac{1}{2}$.

例 5 已知 $x,y,z\in\mathbf{R}^+$,且 $x+y+z=1$.

(1) 求证:$x^2+y^2+4z^2\geqslant\dfrac{4}{9}$;

(2) 若 $2x^2+3y^2+tz^2\geqslant1$ 恒成立,求正数 t 的取值范围.

讲解 (1) 由柯西不等式得

$$(x^2+y^2+4z^2)\left(1+1+\frac{1}{4}\right)\geqslant(x+y+z)^2=1$$

所以

$$x^2+y^2+4z^2\geqslant\frac{4}{9}$$

当且仅当 $x=y=4z$,即 $x=\dfrac{4}{9},y=\dfrac{4}{9},z=\dfrac{1}{9}$ 时取等号.

(2) 因为

$$(2x^2+3y^2+tz^2)\left(\frac{1}{2}+\frac{1}{3}+\frac{1}{t}\right)\geqslant(x+y+z)^2=1$$

所以

$$(2x^2+3y^2+tz^2)_{\min}=\frac{1}{\dfrac{5}{6}+\dfrac{1}{t}}$$

因为 $2x^2+3y^2+tz^2\geqslant 1$ 恒成立，所以$\dfrac{1}{\dfrac{5}{6}+\dfrac{1}{t}}\geqslant 1$，所以 $t\geqslant 6$.

例 6　已知$\dfrac{3}{2}\leqslant x\leqslant 5$.

(1) 求函数 $f(x)=|x-2|-2|x-3|$ 的值域；

(2) 求证：$2\sqrt{x+1}+\sqrt{2x-3}+\sqrt{15-3x}<\sqrt{78}$.

讲解　(1)

$$y=\begin{cases}4-x & (3<x\leqslant 5)\\ 3x-8 & (2\leqslant x\leqslant 3)\\ x-4 & \left(\dfrac{3}{2}\leqslant x<2\right)\end{cases}$$

当 $3<x\leqslant 5$ 时，$f(x)\in[-1,1)$.

当 $2\leqslant x\leqslant 3$ 时，$f(x)\in[-2,1]$.

当$\dfrac{3}{2}\leqslant x<2$ 时，$f(x)\in[-\dfrac{5}{2},-2)$.

所以值域为$[-\dfrac{5}{2},1]$.

(2)

$$(2\sqrt{x+1}+\sqrt{2x-3}+\sqrt{15-3x})^2\leqslant$$
$$(2^2+1^2+1^2)\left[(\sqrt{x+1})^2+(\sqrt{2x-3})^2+(\sqrt{15-3x})^2\right]$$

即

$$2\sqrt{x+1}+\sqrt{2x-3}+\sqrt{15-3x}\leqslant\sqrt{78}$$

当且仅当 $2\sqrt{x+1}=\sqrt{2x-3}=\sqrt{15-3x}$ 时取等号，但此时 x 无解，即等号取不到.

所以 $2\sqrt{x+1}+\sqrt{2x-3}+\sqrt{15-3x}<\sqrt{78}$.

例 7　(1) 求证：$\sqrt{x^2-3}+\sqrt{63-6x^2}<\dfrac{15}{2}$；

(2) 设 $x\in[\sqrt{3},3]$，求$\sqrt{x^2-3}+\sqrt{63-6x^2}+\sqrt{2}x$ 的最大值.

讲解　(1) 由柯西不等式得

$$(\sqrt{x^2-3}+\sqrt{63-6x^2})^2\leqslant\left[(x^2-3)+\left(\frac{21}{2}-x^2\right)\right](1+6)=\frac{105}{2}$$

而$\dfrac{105}{2}=\dfrac{210}{4}<\dfrac{225}{4}$，所以$\sqrt{x^2-3}+\sqrt{63-6x^2}<\dfrac{15}{2}$.

(2) 由柯西不等式得

$$(\sqrt{x^2-3}+\sqrt{63-6x^2}+\sqrt{2}x)^2 \leqslant$$
$$[(\sqrt{x^2-3})^2+(\sqrt{21-2x^2})^2+x^2][1+(\sqrt{3})^2+(\sqrt{2})^2]=18\times 6$$

所以$\sqrt{x^2-3}+\sqrt{63-6x^2}+\sqrt{2}x\leqslant 6\sqrt{3}$,当且仅当 $x=\sqrt{6}$ 时取得等号.

例 8 已知 $x,y,z\in\mathbf{R}^+$,且 $x+y+z=1$.

(1) 若$\sqrt{x+1}+\sqrt{y+1}+\sqrt{z+1}=2\sqrt{3}$,求 x,y,z 的值;

(2) 求证:$\frac{x}{1+x}+\frac{y}{1+y}+\frac{z}{1+z}\leqslant\frac{3}{4}$.

讲解 (1) 因为

$$(x+1+y+1+z+1)(1^2+1^2+1^2)\geqslant(\sqrt{x+1}+\sqrt{y+1}+\sqrt{z+1})^2$$

所以

$$4\times 3\geqslant(\sqrt{x+1}+\sqrt{y+1}+\sqrt{z+1})^2$$

所以

$$\sqrt{x+1}+\sqrt{y+1}+\sqrt{z+1}\leqslant 2\sqrt{3}$$

当且仅当$\frac{x+1}{1}=\frac{y+1}{1}=\frac{z+1}{1}$,即 $x=y=z=\frac{1}{3}$ 时,上式取到等号.

由已知$\sqrt{x+1}+\sqrt{y+1}+\sqrt{z+1}=2\sqrt{3}$,所以 $x=y=z=\frac{1}{3}$.

(2) 因为

$$\frac{x}{1+x}+\frac{y}{1+y}+\frac{z}{1+z}=3-\frac{1}{1+x}-\frac{1}{1+y}-\frac{1}{1+z}$$

又由

$$\left(\frac{1}{1+x}+\frac{1}{1+y}+\frac{1}{1+z}\right)(x+1+y+1+z+1)\geqslant(1+1+1)^2$$

即

$$\frac{1}{1+x}+\frac{1}{1+y}+\frac{1}{1+z}\geqslant\frac{9}{4}$$

所以

$$\frac{x}{1+x}+\frac{y}{1+y}+\frac{z}{1+z}=3-\frac{1}{1+x}-\frac{1}{1+y}-\frac{1}{1+z}\leqslant 3-\frac{9}{4}=\frac{3}{4}$$

所以

$$\frac{x}{1+x}+\frac{y}{1+y}+\frac{z}{1+z}\leqslant\frac{3}{4}$$

例 9 已知 $x_1,x_2,x_3,x_4\in\mathbf{R}^+$,求证:$\frac{x_1}{x_2+x_3}+\frac{x_2}{x_3+x_4}+\frac{x_3}{x_4+x_1}+$

$\frac{x_4}{x_1+x_2} \geqslant 2$.

讲解　本题已知条件很少，又不便直接应用柯西不等式. 这时候常常尝试配上一个因子，选择因子的原则是既能用上柯西不等式，继续往下推进，又要有路可走.

由柯西不等式，得

$$[x_1(x_2+x_3)+x_2(x_3+x_4)+x_3(x_4+x_1)+x_4(x_1+x_2)]\times \left(\frac{x_1}{x_2+x_3}+\frac{x_2}{x_3+x_4}+\frac{x_3}{x_4+x_1}+\frac{x_4}{x_1+x_2}\right)\geqslant (x_1+x_2+x_3+x_4)^2 \quad ①$$

另一方面，由于

$$(x_1+x_2+x_3+x_4)^2-2[x_1(x_2+x_3)+x_2(x_3+x_4)+x_3(x_4+x_1)+x_4(x_1+x_2)]= x_1^2+x_2^2+x_3^2+x_4^2-2x_1x_3-2x_2x_4= (x_1-x_3)^2+(x_2-x_4)^2\geqslant 0$$

所以

$$(x_1+x_2+x_3+x_4)^2\geqslant 2[x_1(x_2+x_3)+x_2(x_3+x_4)+x_3(x_4+x_1)+x_4(x_1+x_2)] \quad ②$$

不等式 ①,② 相乘，即得

$$\frac{x_1}{x_2+x_3}+\frac{x_2}{x_3+x_4}+\frac{x_3}{x_4+x_1}+\frac{x_4}{x_1+x_2}\geqslant 2$$

当且仅当 $\begin{cases}x_1=x_3\\x_2=x_4\end{cases}$ 时等号成立.

说明　仿此，同样可以证明 $\frac{x_1}{x_2+x_3}+\frac{x_2}{x_3+x_4}+\frac{x_3}{x_4+x_5}+\frac{x_4}{x_5+x_1}+\frac{x_5}{x_1+x_2}\geqslant\frac{5}{2}$.

例 10　设 $n(n\geqslant 2)$ 为正整数，求证：$\frac{4}{7}<1-\frac{1}{2}+\frac{1}{3}-\frac{1}{4}+\cdots+\frac{1}{2n-1}-\frac{1}{2n}<\frac{\sqrt{2}}{2}$.

讲解　首先证明恒等式

$$1-\frac{1}{2}+\frac{1}{3}-\frac{1}{4}+\cdots+\frac{1}{2n-1}-\frac{1}{2n}=\frac{1}{n+1}+\frac{1}{n+2}+\cdots+\frac{1}{2n}$$

$$1-\frac{1}{2}+\frac{1}{3}-\frac{1}{4}+\cdots+\frac{1}{2n-1}-\frac{1}{2n}=$$

$$1-\frac{1}{2}+\frac{1}{3}-\frac{1}{4}+\cdots+\frac{1}{2n-1}-\frac{1}{2n}+\left(1+\frac{1}{2}+\frac{1}{3}+\cdots+\frac{1}{n}\right)-$$

$$\left(1+\frac{1}{2}+\frac{1}{3}+\cdots+\frac{1}{n}\right)=$$

$$1+\left(1-\frac{1}{2}\right)+\frac{1}{3}+\left(\frac{1}{2}-\frac{1}{4}\right)+\frac{1}{5}+\left(\frac{1}{3}-\frac{1}{6}\right)+\cdots+$$

$$\frac{1}{2n-1}+\left(\frac{1}{n}-\frac{1}{2n}\right)-\left(1+\frac{1}{2}+\frac{1}{3}+\cdots+\frac{1}{n}\right)=$$

$$1+\frac{1}{2}+\frac{1}{3}+\cdots+\frac{1}{n}+\frac{1}{n+1}+\cdots+$$

$$\frac{1}{2n-1}+\frac{1}{2n}-\left(1+\frac{1}{2}+\frac{1}{3}+\cdots+\frac{1}{n}\right)=$$

$$\frac{1}{n+1}+\frac{1}{n+2}+\cdots+\frac{1}{2n}$$

再证

$$1-\frac{1}{2}+\frac{1}{3}-\frac{1}{4}+\cdots+\frac{1}{2n-1}-\frac{1}{2n}>\frac{4}{7}$$

$$1-\frac{1}{2}+\frac{1}{3}-\frac{1}{4}+\cdots+\frac{1}{2n-1}-\frac{1}{2n}=$$

$$\left(1-\frac{1}{2}\right)+\left(\frac{1}{3}-\frac{1}{4}\right)+\cdots+\left(\frac{1}{2n-1}-\frac{1}{2n}\right)\geqslant 1-\frac{1}{2}+\frac{1}{3}-\frac{1}{4}=$$

$$\frac{7}{12}>\frac{4}{7}\quad(n\geqslant 2)$$

又根据柯西不等式

$$\frac{1}{n+1}+\frac{1}{n+2}+\cdots+\frac{1}{n+n}=1\cdot\frac{1}{n+1}+1\cdot\frac{1}{n+2}+\cdots+1\cdot\frac{1}{n+n}<$$

$$\sqrt{(1^2+1^2+\cdots+1^2)\left[\frac{1}{(n+1)^2}+\frac{1}{(n+2)^2}+\cdots+\frac{1}{(2n)^2}\right]}<$$

$$\sqrt{n\left[\frac{1}{n(n+1)}+\frac{1}{(n+1)(n+2)}+\cdots+\frac{1}{(2n-1)2n}\right]}=$$

$$\sqrt{n\left(\frac{1}{n}-\frac{1}{n+1}+\frac{1}{n+1}-\frac{1}{n+2}+\cdots+\frac{1}{2n-1}-\frac{1}{2n}\right)}=\sqrt{n\left(\frac{1}{n}-\frac{1}{2n}\right)}=\frac{\sqrt{2}}{2}$$

综上得$\frac{4}{7}<1-\frac{1}{2}+\frac{1}{3}-\frac{1}{4}+\cdots+\frac{1}{2n-1}-\frac{1}{2n}<\frac{\sqrt{2}}{2}$.

说明 令$S_n=1-\frac{1}{2}+\frac{1}{3}-\frac{1}{4}+\cdots+\frac{1}{2n-1}-\frac{1}{2n}$,由以上结论知$\{S_n\}$是

单调递增有界数列，而$\frac{4}{7} < S_n < \frac{\sqrt{2}}{2}$，指出了 S_n 的比较精确的取值范围，在微积分里可以进一步求出$\lim\limits_{n \to \infty} S_n = \ln 2$.

课外训练

1. 已知实数 x, y, z 满足 $x + y + z = 1$，求 $x^2 + 4y^2 + 9z^2$ 的最小值.

2. 若正数 a, b, c 满足 $a + b + c = 1$.

(1) 求证：$\frac{1}{3} \leqslant a^2 + b^2 + c^2 < 1$；

(2) 求$\frac{1}{2a+1} + \frac{1}{2b+1} + \frac{1}{2c+1}$ 的最小值.

3. 已知 $a, b, c \in \mathbf{R}^+$，$a + b + c = 1$.

(1) 求$(a+1)^2 + 4b^2 + 9c^2$ 的最小值；

(2) 求证：$\frac{1}{\sqrt{a}+\sqrt{b}} + \frac{1}{\sqrt{b}+\sqrt{c}} + \frac{1}{\sqrt{c}+\sqrt{a}} \geqslant \frac{3\sqrt{3}}{2}$.

4. 已知正实数 a, b, c 满足 $a + b + c = 1$.

(1) 求$\left(a + \frac{1}{a}\right)^2 + \left(b + \frac{1}{b}\right)^2 + \left(c + \frac{1}{c}\right)^2$ 的最小值；

(2) 若$\sqrt{a + \frac{1}{2}} + \sqrt{b + \frac{1}{3}} + \sqrt{c + \frac{1}{4}} = \frac{5}{2}$，求 a, b, c 的值.

5. 已知正数 a, b, c 满足：$a + b + c = 1$.

(1) 求证：$\sqrt{3a+1} + \sqrt{3b+1} + \sqrt{3c+1} \leqslant 3\sqrt{2}$；

(2) 求证：$\sqrt{a}(1-a) \leqslant \frac{2}{9}\sqrt{3}$；

(3) 求$\frac{\sqrt{a}}{1-a} + \frac{\sqrt{b}}{1-b} + \frac{\sqrt{c}}{1-c}$ 的最小值.

6. 设 $a, b, c \in (0, +\infty)$，$a + b + c = 3$.

(1) 求证：$\frac{a}{3-a} + \frac{b}{3-b} + \frac{c}{3-c} \geqslant \frac{3}{2}$；

(2) 求$\sqrt{3-a^2} + \sqrt{3-b^2} + \sqrt{3-c^2}$ 的最大值.

7. 设 $a_i \in \mathbf{R}^+$，$i = 1, 2, \cdots, 5$，求 $\frac{a_1}{a_2 + 3a_3 + 5a_4 + 7a_5} + \frac{a_2}{a_3 + 3a_4 + 5a_5 + 7a_1} + \cdots + \frac{a_5}{a_1 + 3a_2 + 5a_3 + 7a_4}$ 的最小值.

8. a_1,a_2,a_3,k 为正数,求证:$\frac{a_1}{a_2+ka_3}+\frac{a_2}{a_3+ka_1}+\frac{a_3}{a_1+ka_2}\geqslant\frac{3}{1+k}$.

9. 设 a,b,c,x,y,z 为实数,且 $a^2+b^2+c^2=25,x^2+y^2+z^2=36,ax+by+cz=30$,求$\frac{a+b+c}{x+y+z}$的值.

10. 设正数 x_i 满足$\sum\limits_{i=1}^{n}x_i=1,n\geqslant2$,求证:$\sum\limits_{i=1}^{n}\frac{x_i}{\sqrt{1-x_i}}\geqslant\frac{1}{\sqrt{n-1}}\sum\limits_{i=1}^{n}\sqrt{x_i}$.

11. 设 $x_1,x_2,\cdots,x_n$ 为任意实数,求证:$\frac{x_1}{1+x_1^2}+\frac{x_2}{1+x_1^2+x_2^2}+\cdots+\frac{x_n}{1+x_1^2+x_2^2+\cdots+x_n^2}<\sqrt{n}$.

第 4 讲　一些重要不等式的证明

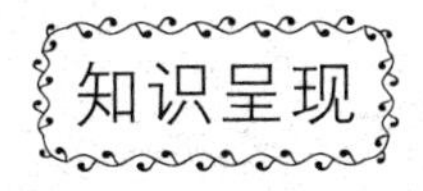

知识呈现

排序不等式(又称排序定理):给定两组实数 $a_1,a_2,\cdots,a_n;b_1,b_2,\cdots,b_n$.如果 $a_1\leqslant a_2\leqslant\cdots\leqslant a_n;b_1\leqslant b_2\leqslant\cdots\leqslant b_n$.那么 $a_1b_n+a_2b_{n-1}+\cdots+a_nb_1$(反序和)$\leqslant a_1b_{i_1}+a_2b_{i_2}+\cdots+a_nb_{i_n}$(乱序和)$\leqslant a_1b_1+a_2b_2+\cdots+a_nb_n$(同序和),其中 $i_1,i_2,\cdots,i_n$ 是 $1,2,\cdots,n$ 的一个排列.

该不等式所表达的意义是和式 $\sum\limits_{j=1}^{n}a_jb_{i_j}$ 在同序和反序时分别取得最大值和最小值.

切比雪夫不等式:设有两个有序数组 $a_1\leqslant a_2\leqslant\cdots\leqslant a_n;b_1\leqslant b_2\leqslant\cdots\leqslant b_n$,则

$$\frac{1}{n}(a_1b_n+a_2b_{n-1}+\cdots+a_nb_1)\leqslant\frac{a_1+a_2+\cdots+a_n}{n}\cdot\frac{b_1+b_2+\cdots+b_n}{n}\leqslant\frac{1}{n}(a_1b_1+a_2b_2+\cdots+a_nb_n)$$

其中等号仅当 $a_1=a_2=\cdots=a_n$ 或 $b_1=b_2=\cdots=b_n$ 时取得.

琴生不等式又称凸函数不等式,它建立在凸函数的基础上.

定义 1　设连续函数 $f(x)$ 的定义域是$[a,b]$(开区间(a,b)或$(-\infty,+\infty)$上均可),如果对于区间$[a,b]$内的任意两点 x_1,x_2,有 $f\left(\frac{x_1+x_2}{2}\right)\geqslant\frac{1}{2}[f(x_1)+f(x_2)]$,则称 $f(x)$ 为$[a,b]$上的上凸函数,如图 1 所示.

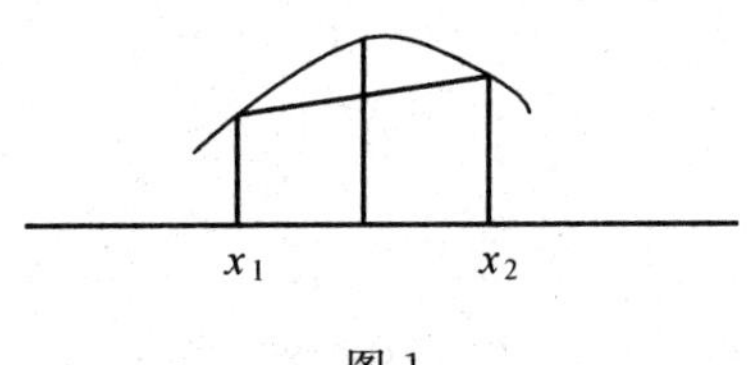

图 1

定理 1 若 $f(x)$ 是上凸函数，则对其定义域中的任意几个点 x_1，x_2，…，x_n，恒有

$$f\left(\frac{x_1+x_2+\cdots+x_n}{n}\right) \geqslant \frac{1}{n}[f(x_1)+f(x_2)+\cdots+f(x_n)]$$

定义 2 设连续函数 $f(x)$ 的定义域是$[a,b]$(开区间(a,b)或$(-\infty,+\infty)$上均可)，如果对于区间$[a,b]$内的任意两点 x_1，x_2，有

$$f\left(\frac{x_1+x_2}{2}\right) \geqslant \frac{1}{2}[f(x_1)+f(x_2)]$$

则称 $f(x)$ 为$[a,b]$上的下凸函数，如图 2 所示.

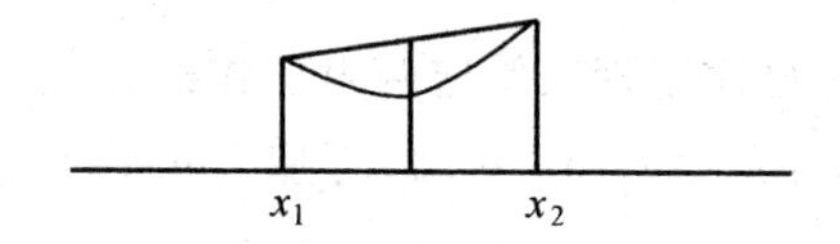

图 2

定理 2 若 $f(x)$ 是下凸函数，则对其定义域中的任意 n 个点 x_1，x_2，…，x_n 恒有

$$f\left(\frac{x_1+x_2+\cdots+x_n}{n}\right) \leqslant \frac{1}{n}[f(x_1)+f(x_2)+\cdots+f(x_n)]$$

容易验证 $f(x)=\tan x$，$\log_{\frac{1}{2}}x$ 分别是$\left(0,\frac{\pi}{2}\right)$，$(0,+\infty)$上的下凸函数. $f(x)=\sin x$，$\lg x$ 分别是$[0,\pi]$，$(0,+\infty)$上的上凸函数. 定理 1 和定理 2 所表达的不等关系，统称为琴生不等式.

幂平均：设 $a_1,a_2,\cdots,a_n$ 是任意 n 个正数，我们称$\left(\frac{a_1^r+a_2^r+\cdots+a_n^r}{n}\right)^{\frac{1}{r}}$ $(r\neq 0)$为这一组数的 r 次幂平均，记为 $M_r(a_1,a_2,\cdots,a_n)$，简记作 $M_r(a)$. 由定义容易得到 $M_1(a)=\frac{a_1+a_2+\cdots+a_n}{n}$，可以证明 $\lim\limits_{r\to 0} M_r(a)=\sqrt[n]{a_1+a_2+\cdots+a_n}$.

幂平均不等式：设 $a_1,a_2,\cdots,a_n$ 是任意 n 个正数. 如果 $\alpha<\beta$，那么一定有 $M_\alpha(a)\leqslant M_\beta(a)$，等号只有当 n 个数全相等时才能成立. 例如 $n=3$ 时，$\frac{a_1+a_2+a_3}{3}\leqslant\sqrt{\frac{a_1^2+a_2^2+a_3^2}{3}}\leqslant\sqrt[3]{\frac{a_1^3+a_2^3+a_3^3}{3}}$，显然 $M_r(a)$ 是 r 的递增函数.

典例展示

例 1 求证：$\tan 66^\circ+\tan 46^\circ+\tan 25^\circ>3$.

讲解　证法一：

$$\tan 66^\circ+\tan 46^\circ+\tan 25^\circ>(\tan 65^\circ+\tan 25^\circ)+\tan 46^\circ>$$
$$2\sqrt{\tan 65^\circ\tan 25^\circ}+\tan 45^\circ=3$$

证法二：$f(x)=\tan x$ 在 $\left(0,\frac{\pi}{2}\right)$ 上是下凸函数.

根据琴生不等式

$$\frac{\tan 66^\circ+\tan 46^\circ+\tan 25^\circ}{3}>\tan\frac{66^\circ+46^\circ+25^\circ}{3}=\tan\frac{137^\circ}{3}>\tan 45^\circ$$

因此

$$\tan 66^\circ+\tan 46^\circ+\tan 25^\circ>3$$

说明　如原题改为求证 $\tan 66^\circ+\tan 44^\circ+\tan 25^\circ>3$，则证法二仍可，证法一则不适用.

例 2　$\triangle ABC$ 中求 $\sin A+\sin B+\sin C$ 的最大值.

讲解　考察函数 $f(x)=\sin x, x\in[0,\pi]$，对任意 $x_1,x_2\in[0,\pi]$，$\frac{1}{2}[f(x_1)+f(x_2)]-f\left(\frac{x_1+x_2}{2}\right)=\frac{1}{2}(\sin x_1+\sin x_2)-\sin\frac{x_1+x_2}{2}=\sin\frac{x_1+x_2}{2}\cos\frac{x_1-x_2}{2}-\sin\frac{x_1+x_2}{2}=\sin\frac{x_1+x_2}{2}\left(\cos\frac{x_1-x_2}{2}-1\right)\leqslant 0$，所以

$$f\left(\frac{x_1+x_2}{2}\right)\geqslant\frac{1}{2}[f(x_1)+f(x_2)]$$

因此 $f(x)$ 是上凸函数. 据琴生不等式

$$\frac{\sin A+\sin B+\sin C}{3}\leqslant\sin\frac{A+B+C}{3}\Rightarrow\sin A+\sin B+\sin C\leqslant\frac{3\sqrt{3}}{2}$$

当且仅当 $A=B=C=60^\circ$ 时取得最大值 $\frac{3\sqrt{3}}{2}$.

说明　用琴生不等式可以轻而易举地得到一系列三角不等式，例如在 $\triangle ABC$ 中

$$\sin A\sin B\sin C\leqslant\frac{3\sqrt{3}}{8},\cos\frac{A}{2}+\cos\frac{B}{2}+\cos\frac{C}{2}\leqslant\frac{3\sqrt{3}}{2}$$
$$\sin\frac{A}{2}+\sin\frac{B}{2}+\sin\frac{C}{2}\leqslant\frac{3}{2}$$

例 3　设 x,y,z 都是正数，且 $x^2+y^2+z^2=8$，求证：$x^3+y^3+z^3\geqslant 16\sqrt{\frac{2}{3}}$.

讲解　据幂平均不等式$\sqrt[3]{\frac{x^3+y^3+z^3}{3}}\geqslant\sqrt{\frac{x^2+y^2+z^2}{3}}$,因此有

$$x^3+y^3+z^3\geqslant\sqrt{\left(\frac{8}{3}\right)^3\cdot 9}$$

也就是

$$x^3+y^3+z^3\geqslant 16\sqrt{\frac{2}{3}}$$

例 4　若不等式$\sqrt{a}+\sqrt{b}\leqslant m\sqrt[4]{a^2+b^2}$对所有正实数$a,b$都成立,求$m$的最小值.

讲解　据幂平均不等式

$$\left(\frac{a^{\frac{1}{2}}+b^{\frac{1}{2}}}{2}\right)^2\leqslant\left(\frac{a^2+b^2}{2}\right)^{\frac{1}{2}}\Rightarrow\frac{\sqrt{a}+\sqrt{b}}{2}\leqslant\frac{\sqrt[4]{a^2+b^2}}{\sqrt[4]{2}}$$

因此$\frac{\sqrt{a}+\sqrt{b}}{\sqrt[4]{a^2+b^2}}\leqslant 2^{\frac{3}{4}}$,故$m$的最小值是$2^{\frac{3}{4}}$.

例 5　已知非负实数x,y,z满足$x^2+y^2+z^2+x+2y+3z=\frac{13}{4}$,求证:$\frac{\sqrt{22}-3}{2}\leqslant x+y+z\leqslant\frac{3}{2}$.

讲解　由已知,配方可得$\left(x+\frac{1}{2}\right)^2+(y+1)^2+\left(z+\frac{3}{2}\right)^2=\frac{27}{4}$(这表明点$p(x,y,z)$在以$\left(-\frac{1}{2},-1,-\frac{3}{2}\right)$为球心,半径为$\frac{3\sqrt{3}}{2}$的球面上),据幂平均不等式

$$\frac{x+\frac{1}{2}+y+1+z+\frac{3}{2}}{3}\leqslant\sqrt{\frac{\left(x+\frac{1}{2}\right)^2+(y+1)^2+\left(z+\frac{3}{2}\right)^2}{3}}\Rightarrow$$

$$x+y+z+3\leqslant 3\sqrt{\frac{27}{4}\times\frac{1}{3}}\Rightarrow$$

$$x+y+z\leqslant\frac{3}{2}$$

当且仅当$\begin{cases}x=1\\y=\frac{1}{2}\\z=0\end{cases}$时取等号.

又x,y,z为非负实数,所以

$$(x+y+z)^2 \geqslant x^2+y^2+z^2, 3(x+y+z) \geqslant x+2y+3z$$

相加得

$$(x+y+z)^2+3(x+y+z) \geqslant \frac{13}{4} \Rightarrow$$

$$4(x+y+z)^2+12(x+y+z)-13 \geqslant 0$$

解此不等式得 $x+y+z \geqslant \frac{\sqrt{22}-3}{2}$，当且仅当$\begin{cases} x=y=0 \\ z=\frac{\sqrt{22}-3}{2} \end{cases}$时等号成立.

综上可得$\frac{\sqrt{22}-3}{2} \leqslant x+y+z \leqslant \frac{3}{2}$.

例 6　设 $0 \leqslant a \leqslant b \leqslant c \leqslant d \leqslant e$，且 $a+b+c+d+e=1$.

求证：$ad+dc+cb+be+ea \leqslant \frac{1}{5}$.

讲解　因为 $a \leqslant b \leqslant c \leqslant d \leqslant e$，所以 $d+e \geqslant c+e \geqslant b+d \geqslant a+c \geqslant a+b$，利用切比雪夫不等式，有

$$a(d+e)+b(c+e)+c(b+d)+d(a+c)+e(a+b) \leqslant$$

$$\frac{1}{5}(a+b+c+d+e)[(d+e)+(c+e)+(b+d)+$$

$$(a+c)+(a+b)]=\frac{2}{5}$$

也即

$$2(ad+dc+cb+be+ea) \leqslant \frac{2}{5}$$

因此

$$ad+dc+cb+be+ea \leqslant \frac{1}{5}$$

说明　排序不等式与切比雪夫不等式有共同之处，它们都有已经排序的两组实数 $a_1, a_2, \cdots, a_n$ 和 $b_1, b_2, \cdots, b_n$，都涉及反序和及同序和. 不同的是在排序不等式中没有每组数的算术平均，而在切比雪夫不等式中却有 $\frac{a_1+a_2+\cdots+a_n}{n}$，$\frac{b_1+b_2+\cdots+b_n}{n}$. 正因为有共性，因此它们是相通的，又由于有差异，作为数学工具，它们又有不同的功能和作用. 在使用时，我们必须把握住问题的结构特点，选择最佳的切入点和突破口.

例 7　设 $\triangle ABC$ 的三内角 A, B, C 所对的边分别为 a, b, c，其周长为 1，求证：$\frac{1}{A}+\frac{1}{B}+\frac{1}{C} \geqslant 3\left(\frac{a}{A}+\frac{b}{B}+\frac{c}{C}\right)$.

讲解 由问题的对称性，不妨设$a\geqslant b\geqslant c$，三角形中大边对大角，于是有$A\geqslant B\geqslant C\Rightarrow \frac{1}{C}\geqslant\frac{1}{B}\geqslant\frac{1}{A}$(这种形式是题目所需要的). 这样既不改变问题的实质，又增加了已知条件：两组有序实数$a\geqslant b\geqslant c$，及$\frac{1}{C}\geqslant\frac{1}{B}\geqslant\frac{1}{A}$. 这就为应用排序原理创设了很好的情境.

证法一：用排序原理. 不妨设$a\geqslant b\geqslant c$，于是有$A\geqslant B\geqslant C\Rightarrow\frac{1}{C}\geqslant\frac{1}{B}\geqslant\frac{1}{A}$. 由排序不等式$a\cdot\frac{1}{C}+c\cdot\frac{1}{A}\geqslant a\cdot\frac{1}{A}+c\cdot\frac{1}{C}$(同序和大于或等于反序和)，也就是$\frac{a}{C}+\frac{c}{A}\geqslant\frac{a}{A}+\frac{c}{C}$.

同理$\frac{b}{C}+\frac{c}{B}\geqslant\frac{b}{B}+\frac{c}{C}$，$\frac{a}{B}+\frac{b}{A}\geqslant\frac{a}{A}+\frac{b}{B}$，相加得

$$\frac{a+b}{C}+\frac{a+c}{B}+\frac{b+c}{A}\geqslant\frac{2a}{A}+\frac{2b}{B}+\frac{2c}{C}$$

不等式两边同加$\frac{a}{A}+\frac{b}{B}+\frac{c}{C}$，并注意到$a+b+c=1$，就得$\frac{1}{A}+\frac{1}{B}+\frac{1}{C}\geqslant 3\left(\frac{a}{A}+\frac{b}{B}+\frac{c}{C}\right)$.

证法二：比较法：

$$\left(\frac{1}{A}+\frac{1}{B}+\frac{1}{C}\right)-3\left(\frac{a}{A}+\frac{b}{B}+\frac{c}{C}\right)=$$

$$\frac{b+c-2a}{A}+\frac{a+c-2b}{B}+\frac{a+b-2c}{C}=$$

$$\frac{(b-a)+(c-a)}{A}+\frac{(a-b)+(c-b)}{B}+\frac{(a-c)+(b-c)}{C}=$$

$$\left(\frac{b-a}{A}+\frac{a-b}{B}\right)+\left(\frac{c-a}{A}+\frac{a-c}{C}\right)+\left(\frac{c-b}{B}+\frac{b-c}{C}\right)=$$

$$\frac{(a-b)(A-B)}{AB}+\frac{(a-c)(A-C)}{AC}+\frac{(b-c)(B-C)}{BC}\geqslant 0$$

因此

$$\frac{1}{A}+\frac{1}{B}+\frac{1}{C}\geqslant 3\left(\frac{a}{A}+\frac{b}{B}+\frac{c}{C}\right)$$

说明 利用排序原理证明其他不等式时，必须制造出两个合适的有序数组.

例 8 设$a_1,a_2,\cdots,a_n$为两两不等的正整数，求证：对任何正整数n，下列

不等式成立：$\sum\limits_{k=1}^{n}\frac{a_k}{k^2}\geqslant\sum\limits_{k=1}^{n}\frac{1}{k}$.

讲解　证法一：用排序原理. 对于任意给定的正整数 n，将 $a_1,a_2,\cdots,a_n$ 按从小到大顺序排列为 $a'_1\leqslant a'_2\leqslant\cdots\leqslant a'_n$，因为

$$\frac{1}{n^2}<\frac{1}{(n-1)^2}<\cdots<\frac{1}{3^2}<\frac{1}{2^2}<\frac{1}{1^2}$$

根据排序原理得

$$a'_1\frac{1}{1^2}+a'_2\frac{1}{2^2}+\cdots+a'_n\frac{1}{n^2}\leqslant a_1\frac{1}{1^2}+a_2\frac{1}{2^2}+\cdots+a_n\frac{1}{n^2}$$

即 $\sum\limits_{k=1}^{n}a_k\frac{1}{k^2}\geqslant\sum\limits_{k=1}^{n}\frac{a'_k}{k^2}$. 又因为 $a'_1,a'_2,\cdots,a'_n$ 为两两不等的正整数，所以 $a'_k\geqslant k(k=1,2,\cdots,n)$，于是 $\sum\limits_{k=1}^{n}\frac{a'_k}{k^2}\geqslant\sum\limits_{k=1}^{n}\frac{k}{k^2}=\sum\limits_{k=1}^{n}\frac{1}{k}$，故 $\sum\limits_{k=1}^{n}\frac{a_k}{k^2}\geqslant\sum\limits_{k=1}^{n}\frac{1}{k}$.

证法二：用平均值不等式. 根据平均值不等式的变形形式 $\frac{a^2}{b}\geqslant 2a-b$，取 $a=\frac{1}{k},b=\frac{1}{a_k}$，有

$$\frac{a_k}{k^2}=\frac{\left(\frac{1}{k}\right)^2}{\left(\frac{1}{a_k}\right)^2}\geqslant\frac{2}{k}-\frac{1}{a_k}$$

这样便有

$$\sum_{k=1}^{n}\frac{a_k}{k^2}\geqslant 2\sum_{k=1}^{n}\frac{1}{k}-\sum_{k=1}^{n}\frac{1}{a_k}$$

而

$$\sum_{k=1}^{n}\frac{1}{a_k}\leqslant\sum_{k=1}^{n}\frac{1}{k}$$

故

$$\sum_{k=1}^{n}\frac{a_k}{k^2}\geqslant 2\sum_{k=1}^{n}\frac{1}{k}-\sum_{k=1}^{n}\frac{1}{k}=\sum_{k=1}^{n}\frac{1}{k}$$

证法三：用柯西不等式. 根据柯西不等式有

$$\left(\sum_{k=1}^{n}\frac{1}{k}\right)^2=\left[\sum_{k=1}^{n}\frac{\sqrt{a_k}}{k}\frac{1}{\sqrt{a_k}}\right]^2\leqslant\left(\sum_{k=1}^{n}\frac{a_k}{k^2}\right)\left(\sum_{k=1}^{n}\frac{1}{a_k}\right)\leqslant\left(\sum_{k=1}^{n}\frac{a_k}{k^2}\right)\left(\sum_{k=1}^{n}\frac{1}{k}\right)$$

两边约去正因式 $\sum\limits_{k=1}^{n}\frac{1}{k}$ 即得.

说明　这道题证法很多，除了上述的证法之外还可用比较法、放缩法、增量法、构造法、数学归纳法来证得，读者不妨一试.

例 9　设 $x,y,z>0$,求证:$\frac{y^2-x^2}{z+x}+\frac{z^2-y^2}{x+y}+\frac{x^2-z^2}{y+z}\geqslant 0$.

讲解　证法一:用排序原理.考察两组实数 x^2,y^2,z^2 及 $y+z,x+z,x+y$,由对称性,不妨设 $x\geqslant y\geqslant z$,由此得

$$x^2\geqslant y^2\geqslant z^2,x+y\geqslant x+z\geqslant y+z\Rightarrow \frac{1}{y+z}\geqslant\frac{1}{x+z}\geqslant\frac{1}{x+y}$$

由排序原理

$$x^2\frac{1}{y+z}+y^2\frac{1}{x+z}+z^2\frac{1}{x+y}\geqslant$$

$$x^2\frac{1}{z+x}+z^2\frac{1}{y+z}+y^2\frac{1}{x+y}$$

(顺序和不小于乱序和)

移项后得

$$\frac{y^2-x^2}{z+x}+\frac{z^2-y^2}{x+y}+\frac{x^2-z^2}{y+z}\geqslant 0$$

证法二:代换法.令

$$\begin{cases}z+x=u\\x+y=v\\y+z=w\end{cases}$$

则得

$$\begin{cases}x=\frac{1}{2}(u+v-w)\\y=\frac{1}{2}(v+w-u)\\z=\frac{1}{2}(u+w-v)\end{cases}$$

代入后原不等式化为证明

$$\frac{vw}{u}+\frac{wu}{v}+\frac{uv}{w}-(u+v+w)\geqslant 0 \qquad (*)$$

由于

$$\frac{vw}{u}+\frac{wu}{v}\geqslant 2\sqrt{\frac{vw}{u}\cdot\frac{wu}{v}}$$

即

$$\frac{vw}{u}+\frac{wu}{v}\geqslant 2w$$

同理可证

$$\frac{wu}{v}+\frac{uv}{w}\geqslant 2u,\frac{vw}{u}+\frac{uv}{w}\geqslant 2v$$

三个不等式相加便得

$$\frac{vw}{u}+\frac{wu}{v}+\frac{uv}{w}\geqslant u+v+w$$

例 10　设 $a_1,a_2,\cdots,a_n\in\mathbf{R}^+$，且 $a_1+a_2+\cdots+a_n=1$，求证：当 $m\geqslant 1$ 时，有 $\left(a_1+\frac{1}{a_1}\right)^m+\left(a_2+\frac{1}{a_2}\right)^m+\cdots+\left(a_n+\frac{1}{a_n}\right)^m\geqslant n\left(n+\frac{1}{n}\right)^m$.

讲解　由幂平均不等式

$$\left[\frac{\left(a_1+\frac{1}{a_1}\right)^m+\left(a_2+\frac{1}{a_2}\right)^m+\cdots+\left(a_n+\frac{1}{a_n}\right)^m}{n}\right]^{\frac{1}{m}}\geqslant$$

$$\frac{a_1+\frac{1}{a_1}+a_2+\frac{1}{a_2}+\cdots+a_n+\frac{1}{a_n}}{n}=\frac{1+\left(\frac{1}{a_1}+\frac{1}{a_2}+\cdots+\frac{1}{a_n}\right)}{n}$$

这样便有

$$\left(a_1+\frac{1}{a_1}\right)^m+\left(a_2+\frac{1}{a_2}\right)^m+\cdots+\left(a_n+\frac{1}{a_n}\right)^m\geqslant n\left[\frac{1+\frac{1}{a_1}+\frac{1}{a_2}+\cdots+\frac{1}{a_n}}{n}\right]^m \tag{①}$$

由于 $a_1+a_2+\cdots+a_n=1$，由柯西不等式（或平均值不等式）易知 $(a_1+a_2+\cdots+a_n)\left(\frac{1}{a_1}+\frac{1}{a_2}+\cdots+\frac{1}{a_n}\right)\geqslant n^2$，于是得

$$\frac{1}{a_1}+\frac{1}{a_2}+\cdots+\frac{1}{a_n}\geqslant n^2 \tag{②}$$

由不等式 ①② 得

$$\left(a_1+\frac{1}{a_1}\right)^m+\left(a_2+\frac{1}{a_2}\right)^m+\cdots+\left(a_n+\frac{1}{a_n}\right)^m\geqslant n\left(n+\frac{1}{n}\right)^m$$

说明　我们注意到许多不等式就是该不等式的特例. 例如，设 a,b 都是正数，且 $a+b=1$，那么 $\left(a+\frac{1}{a}\right)^2+\left(b+\frac{1}{b}\right)^2\geqslant\frac{25}{2}$. 设 a,b,c 都是正数，且 $a+b+c=1$，那么 $\left(a+\frac{1}{a}\right)^2+\left(b+\frac{1}{b}\right)^2+\left(c+\frac{1}{c}\right)^2\geqslant\frac{100}{3}$.

课外训练

1. 若 $a+2b=12$，求 2^a+2^{b+1} 的最小值.

2.设 $a_1,a_2,\cdots,a_n(n\geqslant 2)$ 都是正数,且 $\sum\limits_{i=1}^{n}a_i=1$,求证:$\sum\limits_{i=1}^{n}\dfrac{a_i}{\sqrt{1-a_i}}\geqslant\dfrac{1}{n}\sum\limits_{i=1}^{n}\dfrac{1}{\sqrt{1-a_i}}$.

3.$n(n\geqslant 3)$ 是给定的正整数,求单位圆的内接 n 边形面积的最大值.

4.设 $x_i\in[0,\frac{\pi}{2}]$,$i=1,2,3,4,5$,满足 $\sin^2x_1+\sin^2x_2+\cdots+\sin^2x_5=1$,求证:$2(\sin x_1+\sin x_2+\cdots+\sin x_5)\leqslant\cos x_1+\cos x_2+\cdots+\cos x_5$.

5.设 $x_1,x_2,\cdots,x_n$ 是正数,p 是正整数,求证:

$$\frac{1}{n}(x_1^p+x_2^p+\cdots+x_n^p)\geqslant[\frac{1}{n}(x_1+x_2+\cdots+x_n)]^p$$

6.记 $\triangle ABC$ 的三边长为 a,b,c;$p=\frac{1}{2}(a+b+c)$.求证:$\sqrt{p}<\sqrt{p-a}+\sqrt{p-b}+\sqrt{p-c}\leqslant\sqrt{3p}$.

7.已知 $\theta_1,\theta_2,\cdots,\theta_n$ 都非负且 $\theta_1+\theta_2+\cdots+\theta_n=\pi$,求 $\sin^2\theta_1+\sin^2\theta_2+\cdots+\sin^2\theta_n$ 的最大值.

8.设 $x_1\leqslant x_2\leqslant\cdots\leqslant x_n$,$y_1\leqslant y_2\leqslant\cdots\leqslant y_n$,又 $z_1,z_2,\cdots,z_n$ 是 $y_1,y_2,\cdots,y_n$ 的一个排列,求证:$\sum\limits_{i=1}^{n}(x_i-y_i)^2\leqslant\sum\limits_{i=1}^{n}(x_i-z_i)^2$.

9.设 a,b,c 是三角形的边长,求证:$a^2b(a-b)+b^2c(b-c)+c^2a(c-a)\geqslant 0$.

10.设 $x_1,x_2,\cdots,x_n$ 与 $a_1,a_2,\cdots,a_n$ 是任意两组实数,它们满足条件:

(1)$x_1+x_2+\cdots+x_n=0$;

(2)$|x_1|+|x_2|+\cdots+|x_n|=1$;

(3)$a_1\geqslant a_2\geqslant\cdots\geqslant a_n(n\geqslant 2)$,为了使不等式 $|a_1x_1+a_2x_2+\cdots+a_nx_n|\leqslant A(a_1-a_n)$ 成立,那么数 A 的最小值是多少?

11.平面上给定 n 个不同的点,求证:一定可以画一个圆,使圆内恰有 k 个点,而其余 $n-k$ 个点都在所画的圆外面.

第 5 讲　初等函数基本不等式的解法

知识呈现

本讲主要内容为高次不等式、分式不等式、无理不等式、指数不等式、对数不等式、含绝对值的不等式的解法.

解不等式的根据是不等式的性质和不等式的同解原理.

解不等式与解方程以及函数的图像、性质有着较为密切的联系,它们互相转化、相互渗透,又有所区别.

典例展示

例 1　解不等式:$(x^2-x+1)(x+1)(x-4)(6-x)(x^2+x+1)>0$.

讲解　对任意 x,$x^2-x+1>0$,$x^2+x+1>0$,因此这两个式子可省略,再把 $6-x$ 变为 $x-6$,不等号方向做相应改变,即原不等式与不等式 $(x+1)(x-4)(x-6)<0$ 同解.

用数轴标根法,见图 1.

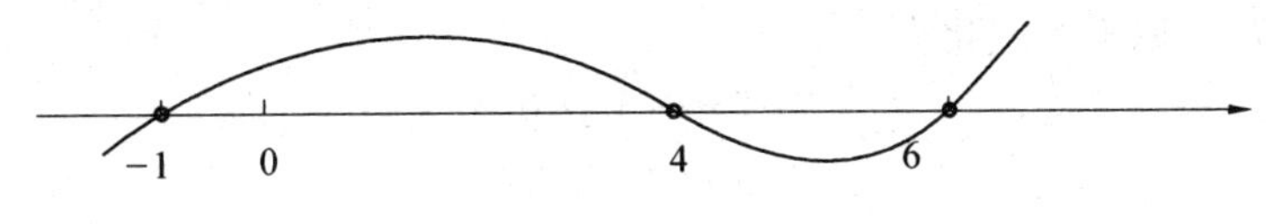

图 1

原不等式的解集为 $\{x \mid x<-1$ 或 $4<x<6\}$.

说明　高于二次的不等式称为高次不等式.解高次不等式一般都将多项式尽可能地分解,使每个因式成为一次或二次式,而且各因式中 x 的最高次数的那一项的系数应为正数.

例 2　解关于 x 的不等式:$\dfrac{a(x-1)}{x-2}>1(a\neq 1)$.

讲解　原不等式可化为

$$\frac{(a-1)x+(2-a)}{x-2}>0$$

即

$$[(a-1)x+(2-a)](x-2)>0$$

当 $a>1$ 时,原不等式与 $\left(x-\dfrac{a-2}{a-1}\right)(x-2)>0$ 同解.

若 $\dfrac{a-2}{a-1}\geqslant 2$,即 $0\leqslant a<1$ 时,原不等式无解;

若 $\dfrac{a-2}{a-1}<2$,即 $a<0$ 或 $a>1$,于是 $a>1$ 时原不等式的解为 $\left(-\infty,\dfrac{a-2}{a-1}\right)\cup(2,+\infty)$.

当 $a<1$ 时,若 $a<0$,解集为 $\left(\dfrac{a-2}{a-1},2\right)$;若 $0<a<1$,解集为 $\left(2,\dfrac{a-2}{a-1}\right)$.

综上所述:当 $a>1$ 时,解集为 $\left(-\infty,\dfrac{a-2}{a-1}\right)\cup(2,+\infty)$;当 $0<a<1$ 时,解集为 $\left(2,\dfrac{a-2}{a-1}\right)$;当 $a=0$ 时,解集为 $\varnothing$;当 $a<0$ 时,解集为 $\left(\dfrac{a-2}{a-1},2\right)$.

说明 解不等式讲究一个"化"字,也就是将原不等式化为同解的最简单的不等式.

解分式不等式时都是把它化成同解的整式不等式.例如不等式 $\dfrac{f(x)}{g(x)}>1$ 与不等式 $\dfrac{f(x)-g(x)}{g(x)}>0$ 同解,也就是与 $[f(x)-g(x)]\cdot g(x)>0$ 同解.

一般情况下分式不等式是不能去分母的,但若能判定分母恒大于0或恒小于0,则可以去分母.

例3 解不等式:$\sqrt{2x+5}>x+1$.

讲解 原不等式化为

$$\begin{cases}2x+5\geqslant 0\\ x+1<0\end{cases} \quad ①$$

或

$$\begin{cases}2x+5>0\\ x+1\geqslant 0\\ 2x+5>(x+1)^2\end{cases} \quad ②$$

对于①

$$\begin{cases}x\geqslant -\dfrac{5}{2}\\ x<-1\end{cases}\Rightarrow -\dfrac{5}{2}\leqslant x<-1$$

对于②

$$\begin{cases}x>-\dfrac{5}{2}\\ x\geqslant -1\\ -1<x<2\end{cases}\Rightarrow -1\leqslant x<2$$

因此，原不等式的解集为$\{x \mid -\frac{5}{2} \leqslant x < 2\}$.

说明　解无理不等式时，为了化成有理不等式，一般都有乘方. 但这时候一定要注意式子的取值范围，否则乘方后会破坏不等式的同解性. 例如 $x=1$ 是不等式$\sqrt{x} > -10$解集中的一个元素，而 $x=1$ 就不是不等式 $x > (-10)^2$ 解集中的元素.

一般地，

$$\sqrt{f(x)} > \sqrt{\varphi(x)} \Leftrightarrow \begin{cases} \varphi(x) \geqslant 0 \\ f(x) > \varphi(x) \end{cases}$$

$$\sqrt{f(x)} > \varphi(x) \Leftrightarrow \begin{cases} f(x) \geqslant 0 \\ \varphi(x) < 0 \end{cases} \text{或} \begin{cases} f(x) > [\varphi(x)]^2 \\ \varphi(x) \geqslant 0 \end{cases}$$

$$\sqrt{f(x)} < \varphi(x) \Leftrightarrow \begin{cases} f(x) \geqslant 0 \\ \varphi(x) > 0 \\ f(x) < [\varphi(x)]^2 \end{cases}$$

另外在解题过程中，集合之间的“交”“并”关系也必须理清楚，这样才能保证答案的正确性.

例4　(1) 解不等式：$4^x + 6^x > 9^x$；

(2) 若 $0 < a < 1$，解不等式：$\log_a x > 6\log_x a - 1$.

讲解　(1) 这是一个指数不等式. 注意到其底数 4,6,9 有如下关系$\frac{4}{9} = \left(\frac{2}{3}\right)^2$，$\frac{6}{9} = \frac{2}{3}$，$\frac{9}{9} = 1$，因此类似于解指数方程，可以将不等式两边同除以 9^x.

原不等式化为$\left(\frac{4}{9}\right)^x + \left(\frac{6}{9}\right)^x > 1$，令$\left(\frac{2}{3}\right)^x = u$，则$\left(\frac{4}{9}\right)^x = u^2 (u > 0)$，则有

$$u^2 + u - 1 > 0 \Rightarrow \left(u - \frac{-1+\sqrt{5}}{2}\right)\left(u + \frac{1+\sqrt{5}}{2}\right) > 0 \Rightarrow$$

$$u > \frac{-1+\sqrt{5}}{2} \Rightarrow$$

$$\left(\frac{2}{3}\right)^x > \frac{-1+\sqrt{5}}{2} \Rightarrow$$

原不等式的解为 $x < \log_{\frac{2}{3}} \sqrt{5} - 1$

(2) 令 $\log_a x = u$，由对数换底公式 $\log_x a = \frac{1}{u}$，原不等式化为 $u > \frac{6}{u} - 1 \Rightarrow \frac{u^2 + u - 6}{u} > 0 \Rightarrow u(u-2)(u+3) > 0$. 由数轴标根法(图2)得：

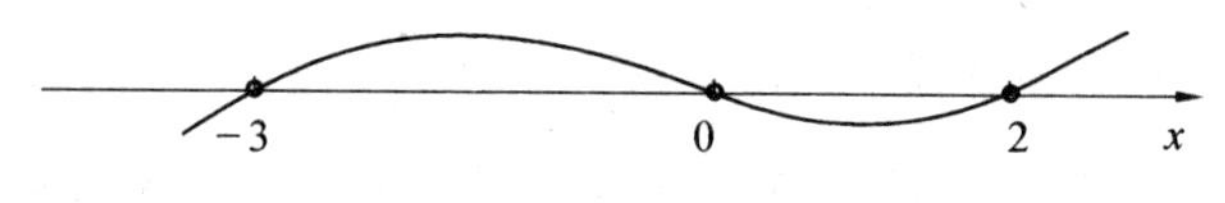

图 2

$-3<u<0$ 或 $u>2$,注意到 $0<a<1\Rightarrow$ 原不等式解集为 $\{x \mid 1<x<a^{-3}$ 或 $0<x<a^2\}$.

说明 (1)$y=\left(\frac{2}{3}\right)^x$ 为减函数,疏忽了这一点,解的最后一步就会出错.解指数不等式一般应先解出 a^x 的范围,进而再求 x 的范围.

(2) 由 $u>2$,得 $\log_a x>2\Rightarrow x<a^2$,注意到 $y=\log_a x$ 中,$x>0$,因此这部分的结果应是 $0<x<a^2$.如仅写成 $x<a^2$ 那就不正确了.

例 5 已知 $m\in\mathbf{R}$,解关于 x 的不等式:$1-x\leqslant|x-m|\leqslant 1+x$.

讲解 解法一:等价变形去绝对值符号.

原不等式等价于

$$\begin{cases}|x-m|\leqslant 1+x & ①\\ |x-m|\geqslant 1-x & ②\end{cases}$$

由 ① 得 $\begin{cases}x-m\leqslant 1+x\\ x-m\geqslant -1-x\end{cases}$,即

$$\begin{cases}m\geqslant -1\\ x\geqslant \dfrac{m-1}{2}\end{cases} \qquad ③$$

实际上 ③ 等价于当 $m\geqslant -1$ 时,$x\geqslant\frac{m-1}{2}$;当 $m<-1$ 时,$x\in\varnothing$ ④

由 ② 得 $x-m\geqslant 1-x$ 或 $x-m\leqslant x-1$,即 $x\geqslant\frac{m+1}{2}$ 或 $m\geqslant 1$ ⑤

实际上 ⑤ 等价于当 $m\geqslant 1$ 时,$x\in\mathbf{R}$;当 $m<1$ 时,$x\geqslant\frac{m+1}{2}$ ⑥

最后综合 ④ 和 ⑥ 可得:当 $m\geqslant 1$ 时,$x\geqslant\frac{m-1}{2}$;

当 $-1\leqslant m<1$ 时,$x\geqslant\frac{m+1}{2}$;

当 $m<-1$ 时,$x\in\varnothing$.

解法二:数形结合.

分别作出函数 $y=1-x$,$y=|x-m|$,$y=1+x$ 的图像,则 $1-x\leqslant|x-m|\leqslant 1+x$ 表示 $y=|x-m|$ 介于直线 $y=1+x$ 下方和直线 $y=1-x$ 上方之间的部分.

当 $m\geqslant 1$ 时，由 $\begin{cases}y=1+x\\y=-x+m\end{cases}$ 得交点坐标为 $\left(\dfrac{m-1}{2},\dfrac{m+1}{2}\right)$，如图 3 所示.

因此不等式的解集为 $\left[\dfrac{m-1}{2},+\infty\right)$.

当 $-1\leqslant m<1$ 时，由 $\begin{cases}y=1-x\\y=x-m\end{cases}$ 得交点坐标为 $\left(\dfrac{m+1}{2},\dfrac{1-m}{2}\right)$，如图 4 所示. 因此不等式的解集为 $\left[\dfrac{m+1}{2},+\infty\right)$.

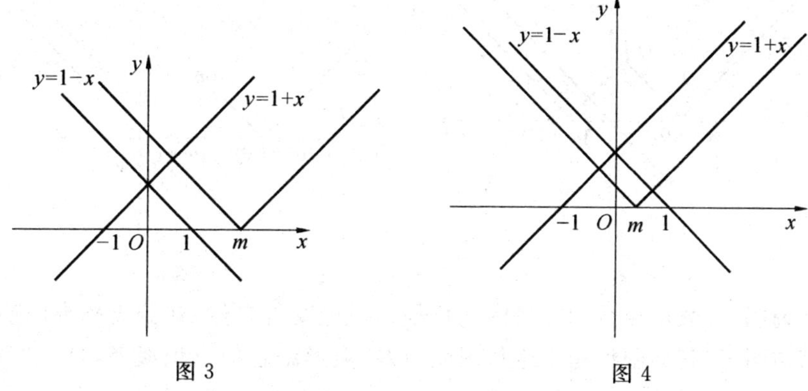

图 3　　　　图 4

当 $m<-1$ 时，不等式的解集为 $\varnothing$，如图 5 所示.

解法三：数形结合.

不等式 $1-x\leqslant|x-m|\leqslant 1+x$ 等价于 $-x\leqslant|x-m|-1\leqslant x$，等价于 $||x-m|-1|\leqslant x$，于是作出函数 $y=||x-m|-1|$ 和函数 $y=x$ 的图像.

当 $m-1\geqslant 0$，即 $m\geqslant 1$ 时，由 $\begin{cases}y=x\\y=-x+m-1\end{cases}$ 得交点坐标为 $\left(\dfrac{m-1}{2},\dfrac{m-1}{2}\right)$，如图 6 所示.

因此不等式的解集为 $\left[\dfrac{m-1}{2},+\infty\right)$.

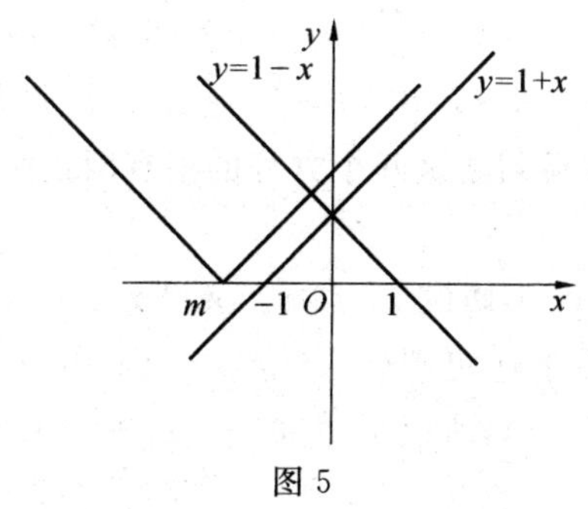

图 5

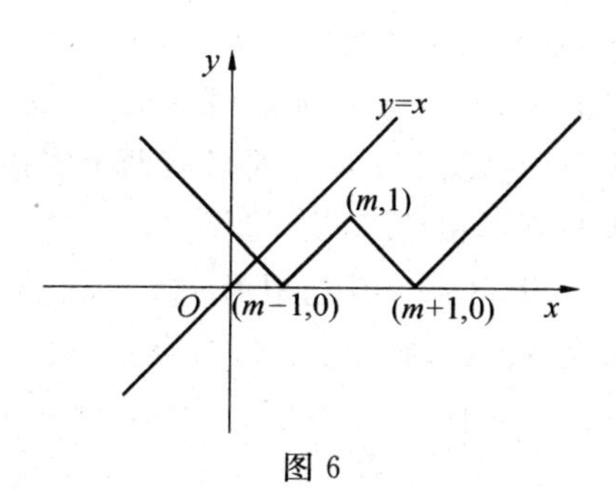

图 6

当$\begin{cases}m-1<0\\m+1\geqslant 0\end{cases}$,即$-1\leqslant m<1$时,由$\begin{cases}y=x\\y=-x+m+1\end{cases}$得交点坐标为$\left(\dfrac{m+1}{2},\dfrac{m+1}{2}\right)$,如图7所示.因此不等式的解集为$\left[\dfrac{m+1}{2},+\infty\right)$.

当$m+1<0$,即$m<-1$时,不等式的解集为$\varnothing$,如图8所示.

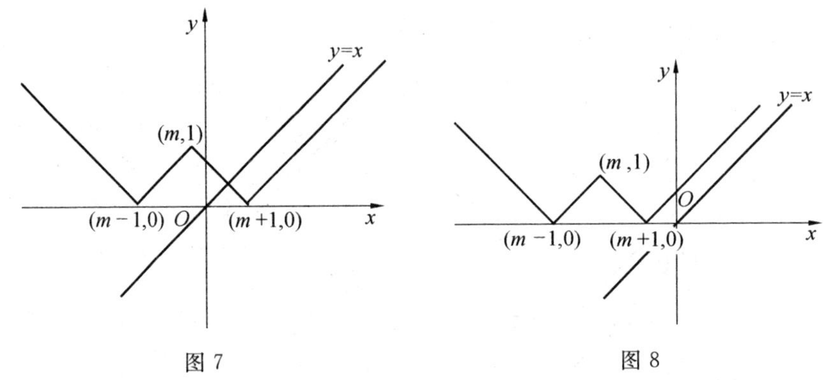

图7　　　图8

说明　数形结合的方法的优势是让讨论变得自然,让分类标准明确,答案简洁明了.其局限性是学生作图能力差,数形结合的意识淡薄,自行处理图像有困难.

一般地,$|f(x)|>g(x)$与$f(x)>g(x)$或$f(x)<-g(x)$同解,$|f(x)|<g(x)$与$\begin{cases}f(x)<g(x)\\f(x)>-g(x)\end{cases}$同解.有些不等式用图像法既准确又直观,在特定条件下这种做法不能被其他的方法取代.

例6　若关于x的不等式$\dfrac{x^2+(2a^2+2)x-a^2+4a-7}{x^2+(a^2+4a-5)x-a^2+4a-7}<0$的解集是一些区间的并集,且这些区间的长度的和不小于4,求实数a的取值范围.

讲解　区间的长度取决于数轴上点与点的距离.因此本题应从整体着眼研究根的分布,应用韦达定理.如果求每个根的数值势必会陷入烦冗的计算之中,解题效率极低.$-a^2+4a-7=-(a-2)^2-3<0$,令$f(x)=x^2+(2a^2+2)x-a^2+4a-7$,$g(x)=x^2+(a^2+4a-5)x-a^2+4a-7$,则方程$f(x)=0$及$g(x)=0$都各有两个实根,容易判断这两个方程的根有两正两负,而且互不相等.

设$f(x)=0$的根为$x_1,x_2,x_1x_2<0$,不妨设$x_1<x_2$.又设$g(x)=0$的根为x_3,x_4,则$x_3x_4<0$,令$x_3<x_4$,由韦达定理$(x_3+x_4)-(x_1+x_2)=-(a^2+4a-5)+2a^2+2=a^2-4a+7>0$,所以$x_3+x_4-(x_1+x_2)>0$.

我们证明$\begin{cases}x_4>x_2\\x_3>x_1\end{cases}$.

反证：设 $x_4\leqslant x_2\Rightarrow\dfrac{x_4}{x_2}\leqslant 1$，又$\dfrac{x_4}{x_2}=\dfrac{x_1}{x_3}\leqslant 1(x_3<0)\Rightarrow x_1\geqslant x_3$，这样便有$\begin{cases}x_4\leqslant x_2\\x_3\leqslant x_1\end{cases}\Rightarrow x_3+x_4\leqslant x_1+x_2$，此与已有事实 $x_3+x_4>x_1+x_2$ 矛盾，故 $x_4>x_2$. 再由 $x_4>x_2$ 及 $x_1x_2=x_3x_4$，得 $x_3>x_1$. 因此有 $x_1<x_3<0<x_2<x_4$.

原不等式等价于 $f(x)\cdot g(x)<0$，由数轴标根法(图 9)，得原不等式解为 $(x_1,x_3)\cup(x_2,x_4)$，区间长度之和为 $x_4-x_2+x_3-x_1=(x_3+x_4)-(x_1+x_2)=a^2-4a+7$.

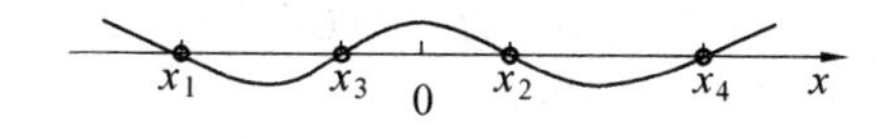

图 9

由题设 $a^2-4a+7\geqslant 4\Rightarrow a\geqslant 3$ 或 $a\leqslant 1$，这就是 a 的取值范围.

说明　以上解题过程稍长，主要是对根的分布情况做了严格论证，解填空题，只要关键之处能把握得准，中间过程可大大压缩.

例 7　设 a_0 为常数，对任意 $n\geqslant 1$ 的正整数 $a_n=\dfrac{1}{5}[3^n+(-1)^{n-1}\cdot 2^n]+(-1)^n\cdot 2^n\cdot a_0$，且有 $a_n>a_{n-1}$，求 a_0 的取值范围.

讲解　由 a_n 的表达式，

$$a_n-a_{n-1}=\frac{2\times 3^{n-1}+(-1)^{n-1}\cdot 3\cdot 2^{n-1}}{5}+(-1)^n\cdot 3\cdot 2^{n-1}\cdot a_0$$

对于任意正整数 n，$a_n>a_{n-1}$ 等价于

$$(-1)^{n-1}(5a_0-1)<\left(\frac{3}{2}\right)^{n-2} \quad ①$$

当 $n=2k-1(k=1,2,\cdots)$ 时，式 ① 即为

$$(-1)^{2k-2}(5a_0-1)<\left(\frac{3}{2}\right)^{2k-3}\Rightarrow a_0<\frac{1}{5}\left(\frac{3}{2}\right)^{2k-3}+\frac{1}{5}$$

$\left(\dfrac{3}{2}\right)^{2k-3}$ 为单调递增函数，因此此时 a_0 应小于$\dfrac{1}{5}\left(\dfrac{3}{2}\right)^{2k-3}+\dfrac{1}{5}$ 的最小值($k=1$) 时，$a_0<\dfrac{1}{5}\cdot\dfrac{2}{3}+\dfrac{1}{5}$，得 $a_0<\dfrac{1}{3}$.

当 $n=2k(k=1,2,\cdots)$ 时，式 ① 即为

$$(-1)^{2k-1}(5a_0-1)<\left(\frac{3}{2}\right)^{2k-2}\Rightarrow a_0>-\frac{1}{5}\left(\frac{3}{2}\right)^{2k-2}+\frac{1}{5}$$

此时 a_0 应大于 $-\frac{1}{5}\left(\frac{3}{2}\right)^{2k-2}+\frac{1}{5}$ 的最大值($k=1$),即 $a_0>-\frac{1}{5}\left(\frac{2}{3}\right)^{0}+\frac{1}{5}$,即 $a_0>0$.

对 n 取奇数或偶数时,总有 $a_n>a_{n-1}$,那么 $\begin{cases}a_0<\frac{1}{3}\\a_0>0\end{cases}\Rightarrow a_0\in\left(0,\frac{1}{3}\right)$.

说明 由于 a_n 与 a_{n-1} 的差式中含有 $(-1)^{n-1}$,而 $(-1)^{n-1}$ 的符号不确定,因此对 n 分奇数和偶数讨论就是顺理成章的事,当然也是解这道题的必经之路.

例 8 解不等式:$\sqrt{a(a-2x)}>1-x(a>0)$.

讲解 原不等式化为不等式组一:

$$\begin{cases}a-2x\geqslant 0\\1-x<0\end{cases}$$

或不等式组二:

$$\begin{cases}a-2x>0\\1-x\geqslant 0\\a(a-2x)>(1-x)^2\end{cases}$$

不等式组一化为 $\begin{cases}x\leqslant\frac{a}{2}\\x>1\end{cases}\Rightarrow$ (1) 如 $0<a\leqslant 2$,解集为 $\varnothing$.

(2) 如 $0<a\leqslant 2$,解集为 $1<x\leqslant\frac{a}{2}$.

不等式组二化为

$$\begin{cases}x<\frac{a}{2}\\x\leqslant 1\\x^2-(2-2a)x+1-a^2<0\end{cases}\quad(\Delta=8a(a-1))\Rightarrow$$

(1) $\Delta\leqslant 0$ 时,即 $0<a\leqslant 1$,解集为 $\varnothing$.

(2) $\begin{cases}\Delta>0\\1<a\leqslant 2\end{cases}$ 时,原不等式组二化为

$$\begin{cases}x<\frac{a}{2}\\1-a-\sqrt{2a(a-1)}<x<1-a+\sqrt{2a(a-1)}\end{cases}$$

由于 $1-a+\sqrt{2a(a-1)}\leqslant\frac{a}{2}$($a=2$ 时取等号),因此不等式解为 $1-a-\sqrt{2a(a-1)}<x<1-a+\sqrt{2a(a-1)}$.

(3) $\begin{cases}\Delta > 0\\ a > 2\end{cases}$ 时，原不等式组二化为

$$\begin{cases}x \leqslant 1\\ 1-a-\sqrt{2a(a-1)} < x < 1-a+\sqrt{2a(a-1)}\end{cases}$$

由于$\sqrt{2a(a-1)} > a(a > 2$ 时)，因此不等式解为 $1-a-\sqrt{2a(a-1)} < x \leqslant 1$.

将不等式组一、二合并便得原不等式解为：

$$\begin{cases}0 < a \leqslant 1 \text{ 时}, x \in \varnothing.\\ 1 < a \leqslant 2 \text{ 时}, 1-a-\sqrt{2a(a-1)} < x < 1-a+\sqrt{2a(a-1)}.\\ a > 2 \text{ 时}, 1-a-\sqrt{2a(a-1)} \leqslant \dfrac{a}{2}.\end{cases}$$

说明　对含参数的不等式，除去原有的基本解法之外，还要学会讨论，讨论要把握住时机和线索. 本题就是以 a 的取值为线索，条理清楚有分有合，不重复不遗漏，步步紧扣，一气呵成. 善于讨论是学好数学的必备基本功.

例 9　解不等式：$\log_5(1+\sqrt{x}) > \log_{16} x$.

讲解　原不等式等价于不等式 $\log_5(1+\sqrt{x}) > \log_4\sqrt{x}$，直觉告诉我们 $x=16$ 时，$\log_5(1+\sqrt{x})=\log_4\sqrt{x}$. 令$\sqrt{x}=u(u>0)$，画个图像(图 10) 试试：

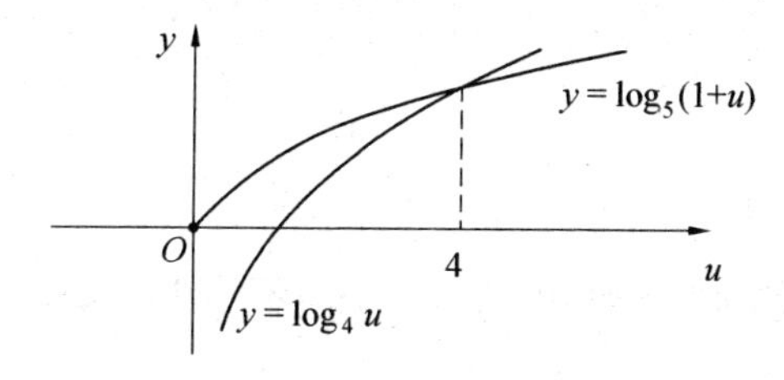

图 10

根据图像猜测 $0 < x < 16$ 时，$\log_5(1+\sqrt{x}) > \log_4\sqrt{x}$.

(1) $0 < x < 16$ 时，$4 > \sqrt{x}$，由 $b > 1, m > 1$ 时，$\log_b a > \log_{bm} am$，可得

$$\log_4\sqrt{x} < \log_{4\left(1+\frac{1}{4}\right)} \sqrt{x}\left(1+\frac{1}{4}\right)=$$

$$\log_5\left(\frac{\sqrt{x}}{4}+\sqrt{x}\right) < \log_5\left(\frac{\sqrt{16}}{4}+\sqrt{x}\right)=\log_5(1+\sqrt{x})$$

因此 $0 < x < 16$ 是原不等式的解.

(2) $x=16$ 时，$\log_4\sqrt{x}=\log_5(1+\sqrt{x})$.

(3) $x > 16$ 时，$\sqrt{x} > 4$，由 $b > 1, m > 1$ 时，$\log_b a > \log_{bm} am$，可得

$$\log_4\sqrt{x}>\log_{4\times\frac{5}{4}}\left(\sqrt{x}\cdot\frac{5}{4}\right)=$$

$$\log_5\left(\sqrt{x}+\frac{\sqrt{x}}{4}\right)>\log_5\left(\sqrt{x}+\frac{\sqrt{16}}{4}\right)=$$

$$\log_5(1+\sqrt{x})$$

综合(1)(2)(3)知,原不等式的解是 $0<x<16$.

例 10 已知函数 $f(x)=ax-\frac{3}{2}x^2$ 的最大值不大于$\frac{1}{6}$,又当 $x\in\left[\frac{1}{4},\frac{1}{2}\right]$时,$f(x)\geqslant\frac{1}{8}$. 设 $0<a_1<\frac{1}{2}$,$a_{n+1}=f(a_n)$,$n\in\mathbf{N}^*$. 证明:$a_n<\frac{1}{n+1}$.

讲解 由于$f(x)=ax-\frac{3}{2}x^2$ 的最大值不大于$\frac{1}{6}$,所以$f\left(\frac{a}{3}\right)=\frac{a^2}{6}\leqslant\frac{1}{6}$,即

$$a^2\leqslant 1 \quad ①$$

又 $x\in\left[\frac{1}{4},\frac{1}{2}\right]$时,$f(x)\geqslant\frac{1}{8}$,所以$\begin{cases}f\left(\frac{1}{2}\right)\geqslant\frac{1}{8}\\ f\left(\frac{1}{4}\right)\geqslant\frac{1}{8}\end{cases}$,即$\begin{cases}\frac{a}{2}-\frac{3}{8}\geqslant\frac{1}{8}\\ \frac{a}{4}-\frac{3}{32}\geqslant\frac{1}{8}\end{cases}$,解得

$$a\geqslant 1 \quad ②$$

由 ①② 得 $a=1$.

解法一:(ⅰ) 当 $n=1$ 时,$0<a_1<\frac{1}{2}$,不等式 $0<a_0<\frac{1}{n+1}$ 成立;

因 $f(x)>0$,$x\in\left(0,\frac{2}{3}\right)$,所以$0<a_2=f(a_1)\leqslant\frac{1}{6}<\frac{1}{3}$,故 $n=2$ 时不等式也成立.

(ⅱ) 假设 $n=k(k\geqslant 2)$ 时,不等式$0<a_k<\frac{1}{k+1}$成立,因为 $f(x)=x-\frac{3}{2}x^2$ 的对称轴为 $x=\frac{1}{3}$,知 $f(x)$ 在$\left[0,\frac{1}{3}\right]$为增函数,所以由 $0<a_k<\frac{1}{k+1}\leqslant\frac{1}{3}$ 得

$$0<f(a_k)<f\left(\frac{1}{k+1}\right)$$

于是有

$$0 < a_{k+1} < \frac{1}{k+1} - \frac{3}{2} \cdot \frac{1}{(k+1)^2} + \frac{1}{k+2} - \frac{1}{k+2} =$$

$$\frac{1}{k+2} - \frac{k+4}{2(k+1)^2(k+2)} < \frac{1}{k+2}$$

所以，当 $n = k+1$ 时，不等式也成立.

根据（ⅰ）（ⅱ）可知，对任何 $n \in \mathbf{N}^*$，不等式 $a_n < \frac{1}{n+1}$ 成立.

解法二：（ⅰ）当 $n=1$ 时，$0 < a_1 < \frac{1}{2}$，不等式 $0 < a_n < \frac{1}{n+1}$ 成立；

（ⅱ）假设 $n = k(k \geqslant 1)$ 时不等式成立，即 $0 < a_k < \frac{1}{k+1}$，则当 $n = k+1$ 时

$$a_{k+1} = a_k\left(1 - \frac{3}{2}a_k\right) = \frac{1}{k+2}(k+2)a_k\left(1 - \frac{3}{2}a_k\right)$$

因 $(k+2)a_k > 0, 1 - \frac{3}{2}a_k > 0$，所以

$$(k+2)a_k\left(1 - \frac{3}{2}a_k\right) \leqslant \left[\frac{1 + \left(k + 2 - \frac{3}{2}\right)a_k}{2}\right]^2 = \left[\frac{1 + \left(k + \frac{1}{2}\right)a_k}{2}\right]^2 > 1$$

于是 $0 < a_{k+1} < \frac{1}{k+2}$. 因此当 $n = k+1$ 时，不等式也成立.

根据（ⅰ）（ⅱ）可知，对任何 $n \in \mathbf{N}^*$，不等式 $a_n < \frac{1}{n+1}$ 成立.

课外训练

1. 解不等式：$\frac{1}{x^2 - x} \leqslant \frac{1}{|x|}$.

2. 求 $\log_2(-x) < x + 1$ 成立的 x 的取值范围.

3. 解不等式：$\lg(x-1) + \lg(3-x) \geqslant \lg(a-x)$.

4. 已知 $a > 0, a \neq 1$，试求使方程 $\log_a(x - ak) = \log_{a^2}(x^2 - a^2)$ 有解的 k 的取值范围.

5. 解不等式：$\frac{x}{\sqrt{1+x^2}} + \frac{1-x^2}{1+x^2} > 0$.

6. 已知对实数 a, b，不等式 $a\cos x + b\cos 3x > 1$ 无解，求证：$|b| \leqslant 1$.

7. $x \in \mathbf{R}$，解不等式：$\frac{|x-4| - |x-1|}{|x-3| - |x-2|} < \frac{|x-3| + |x-2|}{|x-4|}$.

8. 解不等式:$2\sqrt{5 \cdot 6^x - 2 \cdot 9^x - 3 \cdot 4^x} + 3^x < 2^{x+1}$.

9. 解不等式:$\log_{4x^2} x^2 \cdot \log_{8x^2} x^4 \leqslant 1$.

10. 已知 $x \in (1,2)$ 总满足关于 x 的不等式$\dfrac{\lg 2ax}{\lg(a+x)} < 1$,求实数 a 的取值范围.

11. 关于 x 的不等式$\sqrt{ax - a^2} < x - 3a(a \neq 0)$ 在$[-4,-3]$上恒成立,求实数 a 的取值范围.

第 6 讲　初等函数基本不等式的证明

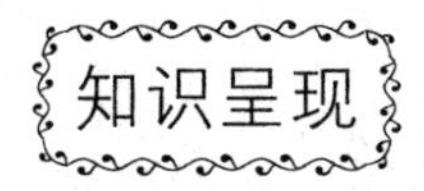

1. 三角型、反三角型不等式

(1) $x-\frac{1}{6}x^3\leqslant \sin x\leqslant \min\left\{x-\frac{1}{6}x^3+\frac{1}{120}x^5,x\right\},x\geqslant 0$;

(2) $\sin x\geqslant \frac{x}{\sqrt{1+\left(1-\frac{4}{\pi^2}\right)x^2}}\geqslant \frac{2}{\pi}x\left(0\leqslant x\leqslant \frac{\pi}{2}\right)$;

$\sin x\leqslant \frac{x}{1+\frac{1}{6}x^2}\leqslant \frac{x}{\sqrt{1+\frac{1}{3}x^2}}\leqslant x(0\leqslant x\leqslant \pi)$;

(3) $1-\frac{1}{2}x^2\leqslant \cos x\leqslant 1-\frac{1}{2}x^2+\frac{1}{24}x^4$;

(4) $1-\frac{1}{2}x^2\leqslant \cos x\leqslant \frac{1}{\sqrt{1+x^2}},0\leqslant x\leqslant \frac{\pi}{2}$;

(5) $\frac{3x}{3+x^2}\leqslant \frac{x}{\sqrt{1+\frac{2}{3}x^2}}\leqslant \arctan x\leqslant \frac{x}{\sqrt[3]{1+x^2}}\leqslant x,x\geqslant 0$;

$\arctan x\leqslant \frac{x}{1+\left(\frac{4}{\pi}-1\right)x^2},0\leqslant x\leqslant 1$;

$\arctan x\leqslant \frac{x}{\sqrt{1+\frac{4}{\pi^2}x^2}},x\geqslant 0.$

(5) 的证明：$\arctan x\leqslant \frac{x}{\sqrt[3]{1+x^2}},x\geqslant 0.$

设 $f(x)=\arctan x-\frac{x}{\sqrt[3]{1+x^2}},x\geqslant 0,m=\sqrt[3]{1+x^2}>0.$

则 $f'(x)=\frac{1}{1+x^2}-\frac{\sqrt[3]{1+x^2}-\frac{2x^2}{3}(1+x^2)^{-\frac{2}{3}}}{\sqrt[3]{(1+x^2)^2}}=-\frac{1}{3}(m-1)^2(m+2)/m^4\leqslant 0$,$f(x)\leqslant f(0)=0$,不等式得证!(其余部分证明类似,此处略)

2.对数型不等式

(1) $$x-\frac{1}{2}x^2\leqslant\frac{x}{1+\frac{1}{2}x}\leqslant\ln(1+x)\leqslant\frac{x}{\sqrt{1+x}}\leqslant\frac{1}{2}\left(1+x-\frac{1}{1+x}\right)\leqslant x,x\geqslant 0$$

(2) $$\frac{1}{2}\left(1+x-\frac{1}{1+x}\right)\leqslant\frac{x}{\sqrt{1+x}}\leqslant\ln(1+x)\leqslant\frac{x}{1+\frac{1}{2}x}\leqslant x-\frac{1}{2}x^2\leqslant x,x<0$$

3.指数型不等式

(1)$e^x\geqslant 1+x+\frac{x^2}{2!}+\cdots+\frac{x^m}{m!}$($m\geqslant 1,x\geqslant 0$;或 $x<0$,m 为奇数);

(2)$e^x\leqslant 1+x+\frac{x^2}{2!}+\cdots+\frac{x^m}{m!}$($x\leqslant 0$,$m$ 为偶数).

4.幂不等式

伯努利不等式:

(1)$(1+x)^\alpha\geqslant 1+\alpha x,x>-1,\alpha\geqslant 1$ 或 $\alpha\leqslant 0$;

(2)$(1+x)^\alpha\leqslant 1+\alpha x,x>-1,0<\alpha<1$;

赫尔德不等式:

(3)$x^\alpha y^{1-\alpha}\leqslant\alpha x+(1-\alpha)y,x,y>0,0\leqslant\alpha\leqslant 1$;

(4)$x^\alpha y^{1-\alpha}\leqslant\alpha x+(1-\alpha)y,x,y>0,\alpha<0$ 或 $\alpha>1$.

事实上 $x^\alpha y^{1-\alpha}\leqslant(\geqslant)\alpha x+(1-\alpha)y,x,y>0$,也就是$\left(\frac{x}{y}\right)^\alpha\leqslant(\geqslant)1+\alpha\left(\frac{x}{y}-1\right)$,可见伯努利不等式与赫尔德不等式是等价的.

典例展示

例1 求证:$\arctan\sin x\geqslant\frac{x}{1+\frac{1}{2}x^2}\left(0\leqslant x\leqslant\frac{\pi}{2}\right)$.

讲解　先证 $\dfrac{x}{1+\frac{1}{2}x^2}\leqslant \arctan\sin x\left(0\leqslant x\leqslant\dfrac{\pi}{2}\right)$；

设 $f(x)=\arctan\sin x-\dfrac{x}{1+\frac{1}{2}x^2}, 0\leqslant x\leqslant\dfrac{\pi}{2}$，则求导得到

$$f'(x)=\frac{\cos x}{1+\sin^2 x}-\frac{1-\frac{1}{2}x^2}{\left(1+\frac{1}{2}x^2\right)^2}$$

利用 $\cos x\geqslant\max\left\{0,1-\dfrac{1}{2}x^2\right\}$，$0\leqslant\sin x\leqslant x$，得到 $1+\sin^2 x\leqslant 1+x^2\leqslant\left(1+\dfrac{1}{2}x^2\right)^2$，$f'(x)\geqslant 0$．于是 $f(x)\geqslant f(0)=0$，不等式 $\dfrac{x}{1+\frac{1}{2}x^2}\leqslant\arctan\sin x\left(0\leqslant x\leqslant\dfrac{\pi}{2}\right)$ 得证.

例 2　求证：$\arctan\sin x\leqslant\dfrac{x}{\sqrt{1+x^2}}(x\geqslant 0)$.

讲解　事实上只需考虑 $0\leqslant x<\dfrac{\pi}{2}$ 时 $\arctan\sin x\leqslant\dfrac{x}{\sqrt{1+x^2}}$ 成立即可.

设 $g(x)=\arctan\sin x-\dfrac{x}{\sqrt{1+x^2}}, 0\leqslant x<\dfrac{\pi}{2}$，则

$$g'(x)=\frac{\cos x}{1+\sin^2 x}-\frac{1}{(1+x^2)^{\frac{3}{2}}}, g'(x)\leqslant 0$$

即

$$\frac{\cos^2 x}{(1+\sin^2 x)^2}\leqslant\frac{1}{(1+x^2)^3}$$

也就是

$$\frac{1+\tan^2 x}{(1+2\tan^2 x)^2}\leqslant\frac{1}{(1+x^2)^3}$$

令 $t=\tan x\geqslant 0, s=\sqrt[3]{1+t^2}\geqslant 1$.

要证明 $(\arctan t)^2\leqslant\sqrt[3]{\dfrac{(1+2t^2)^2}{1+t^2}}-1$，利用 1(5) 中的反正切不等式 $\arctan t\leqslant\dfrac{t}{\sqrt[3]{1+t^2}}$，这样只需证明

$$t^2\leqslant\sqrt[3]{(1+2t^2)^2(1+t^2)}-\sqrt[3]{(1+t^2)^2}$$

$$s^3-1\leqslant\sqrt[3]{s^3(2s^3-1)^2}-s^2$$

移项,立方整理为

$$(s-1)^3(3s^6+6s^5+6s^4+s^3-3s^2-3s-1)\geqslant 0$$

因 $s\geqslant 1$,此不等式成立.

于是 $g'(x)\leqslant 0, g(x)\leqslant g(0)=0$,不等式 $\arctan\sin x\leqslant\dfrac{x}{\sqrt{1+x^2}}(x\geqslant 0)$ 成立.

特别地,在此不等式中令 $x=\tan\theta, 0\leqslant\theta<\dfrac{\pi}{2}$,得到

$$\sin(\tan\theta)\leqslant\tan(\sin\theta)$$

例 3 求证:$\arcsin\tan x\geqslant x\sqrt{1+x^2}, 0\leqslant x\leqslant\dfrac{\pi}{4}$.

讲解 构造函数

$$f(x)=\arcsin\tan x-x\sqrt{1+x^2}, 0\leqslant x<\frac{\pi}{4}$$

求导得

$$f'(x)=\frac{\sec^2 x}{\sqrt{1-\tan^2 x}}-\frac{1+2x^2}{\sqrt{1+x^2}}\geqslant 0$$

设 $t=\tan x\in[0,1)$,就是 $\dfrac{1+t^2}{\sqrt{1-t^2}}\geqslant\dfrac{1+2(\arctan t)^2}{\sqrt{1+(\arctan t)^2}}$,利用1(5)中的不等式 $\arctan t\leqslant t$,知

$\dfrac{1+2(\arctan t)^2}{\sqrt{1+(\arctan t)^2}}\leqslant\dfrac{1+2t^2}{\sqrt{1+t^2}}$(因为 $g(t)=\dfrac{1+2t^2}{\sqrt{1+t^2}}, t\geqslant 0$ 单调递增)

于是只需 $\dfrac{1+t^2}{\sqrt{1-t^2}}\geqslant\dfrac{1+2t^2}{\sqrt{1+t^2}}$,平方整理为 $5t^6+3t^4\geqslant 0$,于是 $f'(x)\geqslant 0$,$f(x)\geqslant f(0)=0$,不等式 $x\sqrt{1+x^2}\leqslant\arcsin\tan x, 0\leqslant x\leqslant\dfrac{\pi}{4}$ 成立.

例 4 求证:$\dfrac{\sin x}{x}-\dfrac{2}{\pi}\geqslant\left(1-\dfrac{2}{\pi}\right)\cos x, 0\leqslant x\leqslant\dfrac{\pi}{2}$.

讲解 设 $t=\tan\dfrac{x}{2}\in[0,1]$,则利用万能代换 $\sin x=\dfrac{2t}{1+t^2}, \cos x=\dfrac{1-t^2}{1+t^2}$,不等式转化为 $\dfrac{2t}{(1+t^2)2\arctan t}-\dfrac{2}{\pi}\geqslant\left(1-\dfrac{2}{\pi}\right)\cdot\dfrac{1-t^2}{1+t^2}$,整理为 $\arctan t\leqslant\dfrac{t}{1+\left(\dfrac{4}{\pi}-1\right)t^2}$,这正是不等式1(5).

例 5　求证:斯特林不等式 $n! > \left(\frac{n}{\mathrm{e}}\right)^n$.

讲解　不等式即 $f(n)=\sum_{i=1}^{n}\ln i-n\ln n+n>0$,利用不等式 2(1):$\ln(1+x)\leqslant x,x\geqslant 0$,在其中取 $x=\frac{1}{n}$ 得到

$$\ln\left(1+\frac{1}{n}\right)<\frac{1}{n}$$

即

$$n\ln\left(1+\frac{1}{n}\right)<1$$

这样

$$f(n+1)-f(n)=1-n\ln\left(1+\frac{1}{n}\right)>0$$

于是

$$f(n)>f(n-1)>\cdots>f(1)=1>0$$

例 6　已知 $x,y>0$,求证:$\frac{x^2+y^2}{x+y}\geqslant x^{\frac{x}{x+y}}y^{\frac{y}{x+y}}\geqslant\sqrt{\frac{x^2+y^2}{2}}$.

讲解　先证明右边.考虑到不等式的齐次对称性不妨设 $x\geqslant 1=y$,不等式转化为

$$x^{\frac{x}{x+1}}\geqslant\sqrt{\frac{x^2+1}{2}}$$

即

$$f(x)=\frac{x}{x+1}\ln x-\frac{1}{2}\ln\left(\frac{x^2+1}{2}\right)\geqslant 0,x\geqslant 1$$

而

$$f'(x)=\frac{\ln x}{(x+1)^2}+\frac{1}{x+1}-\frac{x}{x^2+1}\geqslant 0\Leftrightarrow\ln x\geqslant\frac{x^2-1}{x^2+1},x\geqslant 1$$

由不等式 2(1) 有

$$\ln(1+x)\geqslant\frac{x}{1+\frac{x}{2}}=\frac{2x}{2+x},x\geqslant 0$$

于是

$$\ln x=\frac{1}{2}\ln x^2\geqslant\frac{1}{2}\cdot\frac{2(x^2-1)}{2+(x^2-1)}=\frac{x^2-1}{x^2+1},x\geqslant 1$$

这样 $f'(x)\geqslant 0,f(x)\geqslant f(1)=0$.

再证右边:$\frac{x^2+y^2}{x+y} \geqslant x^{\frac{x}{x+y}}y^{\frac{y}{x+y}}$,只需$\frac{x^2+1}{x+1} \geqslant x^{\frac{x}{x+1}}$,$x \geqslant 1$成立即可.

即证明

$g(x)=\frac{x}{x+1}\ln x-\ln\frac{x^2+1}{x+1}=-\frac{\ln x}{x+1}-\ln\frac{x^2+1}{x(x+1)} \leqslant 0, x \geqslant 1$

利用2中不等式有

$$\ln(1+t) \geqslant \frac{t}{1+\frac{t}{2}}=\frac{2t}{2+t}, t \geqslant 0$$

$$\ln(1+t) \geqslant \frac{t}{\sqrt{1+t}}, t \leqslant 0$$

于是得到

$$\ln x \geqslant \frac{2(x-1)}{2+(x-1)}=\frac{2(x-1)}{x+1}, x \geqslant 1$$

$$\ln\frac{x^2+1}{x(x+1)} \geqslant \frac{\frac{x^2+1}{x(x+1)}-1}{\sqrt{\frac{x^2+1}{x(x+1)}}}=\frac{1-x}{\sqrt{x(x+1)(x^2+1)}}$$

这样

$$g(x) \leqslant -\frac{1}{x+1}\cdot\frac{2(x-1)}{x+1}-\frac{1-x}{\sqrt{x(x+1)(x^2+1)}}$$

只需

$$-\frac{1}{x+1}\cdot\frac{2(x-1)}{x+1}-\frac{1-x}{\sqrt{x(x+1)(x^2+1)}} \leqslant 0$$

即

$$2\sqrt{x(x+1)(x^2+1)} \geqslant (x+1)^2$$

也就是$4x(x^2+1) \geqslant (x+1)^3$,$(3x^2+1)(x-1) \geqslant 0$,显然成立.

右边的另一证明:由赫尔德不等式知

$$x^{\frac{x}{x+y}}y^{\frac{y}{x+y}} \leqslant \frac{x}{x+y}\cdot x+\frac{y}{x+y}\cdot y=\frac{x^2+y^2}{x+y}$$

例7 已知对任意$x \geqslant 1$,成立不等式$e^x \geqslant a+bx+cx^2+dx^3$,其中$a$,$b,c,d>0$.试求$abcd$的可能取到的最大值(其中e为自然对数的底数,为无理数).

讲解 考虑到$e^x \geqslant a+bx+cx^2+dx^3$,$x \geqslant 1$.由均值不等式$e^x \geqslant a+bx+cx^2+dx^3 \geqslant 4\sqrt[4]{abcdx^6}$,于是得到$4^4abcd \leqslant \frac{e^{4x}}{x^6}=f(x)$,$x \geqslant 1$.利用不

等式 3(1) 得到 $e^x \geqslant 1+x$，有

$$f(x)=\frac{e^6\cdot\left(e^{\frac{2}{3}x-1}\right)^6}{x^6}\geqslant\frac{e^6\left(1+\frac{2}{3}x-1\right)^6}{x^6}=\left(\frac{2}{3}e\right)^6$$

$x=\frac{3}{2}$ 取等(也可求导得到此结果). 这样 $abcd\leqslant\frac{1}{4}\left(\frac{e}{3}\right)^6$，取等条件是 $a=bx=cx^2=dx^3$，$x=\frac{3}{2}$，$abcd=\frac{1}{4}\left(\frac{e}{3}\right)^6$. 求得 $a=\frac{e^{\frac{3}{2}}}{4}$，$b=\frac{2a}{3}$，$c=\frac{4a}{9}$，$d=\frac{8a}{27}$.

对于上面给出的 a,b,c,d 的值，下面证明不等式 $e^x\geqslant a+bx+cx^2+dx^3$，$x\geqslant 1$ 成立，即

$$e^x\geqslant\frac{e^{\frac{3}{2}}}{4}\left[1+\left(\frac{2}{3}x\right)+\left(\frac{2}{3}x\right)^2+\left(\frac{2}{3}x\right)^3\right]$$

设 $t=\frac{2}{3}x$，不等式化为

$$4e^{\frac{3}{2}(t-1)}\geqslant 1+t+t^2+t^3=(1+t)(1+t^2),t\geqslant\frac{2}{3}$$

利用不等式 3(1) 得到

$$e^x\geqslant 1+x+\frac{1}{2}x^2+\frac{1}{6}x^3,x\in\mathbf{R}$$

这样有

$$e^{\frac{1}{2}(t-1)}\geqslant 1+\frac{1}{2}(t-1)+\frac{1}{2}\left[\frac{1}{2}(t-1)\right]^2+\frac{1}{6}\left[\frac{1}{2}(t-1)\right]^3$$

而 $t-1\geqslant-\frac{1}{3}$，可见

$$e^{\frac{1}{2}(t-1)}\geqslant 1+\frac{1}{2}(t-1)+\frac{1}{8}(t-1)^2-\frac{1}{48\cdot 3}(t-1)^2\geqslant\frac{t+1}{2}+\frac{(t-1)^2}{9}$$

这样

$$4e^{\frac{3}{2}(t-1)}\geqslant 4\left[\frac{t+1}{2}+\frac{(t-1)^2}{9}\right]^3\geqslant 4\left[\left(\frac{t+1}{2}\right)^3+3\left(\frac{t+1}{2}\right)^2\frac{(t-1)^2}{9}\right]$$

这样只需证明

$$\frac{(t+1)^3}{2}+\frac{(t+1)^2(t-1)^2}{3}\geqslant(t+1)(t^2+1)$$

即 $(t+1)(2t-1)(t-1)^2\geqslant 0$，此乃显然. 因此题中所求的 $(abcd)_{\max}=\frac{1}{4}\left(\frac{e}{3}\right)^6$.

例 8　已知 $x\geqslant y>0$，$1\leqslant\alpha\leqslant 2$，求证：$x^\alpha-y^\alpha\geqslant(x-y)(x+y)^{\alpha-1}$.

讲解　记 $t=\frac{y}{x}\geqslant 1$，则要证

$f(t)=(t-1)(t+1)^{\alpha-1}-t^{\alpha}+1\leqslant 0$, $f(t)=(t-1)t^{\alpha-1}\left(1+\frac{1}{t}\right)^{\alpha-1}-t^{\alpha}+1$

由伯努利不等式知

$$\left(1+\frac{1}{t}\right)^{\alpha-1}\leqslant 1+\frac{\alpha-1}{t}$$

于是

$$f(t)\leqslant(t-1)t^{\alpha-1}\left(1+\frac{\alpha-1}{t}\right)-t^{\alpha}+1=$$

$$1-\left[(2-\alpha)t^{\alpha-1}+(\alpha-1)\left(\frac{1}{t}\right)^{2-\alpha}\right]$$

由赫尔德不等式

$$(2-\alpha)t^{\alpha-1}+(\alpha-1)\left(\frac{1}{t}\right)^{2-\alpha}\geqslant t^{(\alpha-1)(2-\alpha)}\left(\frac{1}{t}\right)^{(2-\alpha)(\alpha-1)}=1$$

于是得到 $f(t)\leqslant 0$,不等式得证!

完全类似地,可以证明

$$x^{\alpha}-y^{\alpha}\leqslant(x-y)(x+y)^{\alpha-1}\quad(x\geqslant y>0,\alpha\geqslant 2)$$

甚至更一般的结果

$$x^{\alpha}-y^{\alpha}\leqslant(x^{\beta}-y^{\beta})(x+y)^{\alpha-\beta}\quad(x\geqslant y>0,\beta\geqslant 1,\alpha-\beta\geqslant 1)$$

例 9 求证:$1+\frac{1}{3}+\frac{1}{5}+\cdots+\frac{1}{2n-1}>\frac{1}{2}(2n+1)+\frac{n}{2n+1}(n\in\mathbf{N}^{*})$.

讲解 构造函数

$$f(x)=x-\frac{1}{x}-2\ln x\quad(x\geqslant 1)$$

$$f'(x)=\frac{(x-1)^{2}}{x^{2}}\geqslant 0$$

所以 $f(x)$ 在$[1,+\infty)$ 上递增.

令 $x=\frac{2n+1}{2n-1}>1$ 得

$$\frac{2n+1}{2n-1}-\frac{2n-1}{2n+1}>2\ln\frac{2n+1}{2n-1}$$

即

$$1+\frac{2}{2n-1}-\left(1-\frac{2}{2n+1}\right)>2\ln\frac{2n+1}{2n-1}$$

所以

$$\frac{1}{2n-1}>\frac{1}{2}\ln\frac{2n+1}{2n-1}+\frac{1}{2}\left(\frac{1}{2n-1}-\frac{1}{2n+1}\right)$$

上式中 $n=1,2,3,\cdots,n$,然后 n 个不等式相加得到

$$1+\frac{1}{3}+\frac{1}{5}+\cdots+\frac{1}{2n-1}>\frac{1}{3}\ln(2n+1)+\frac{n}{2n+1}$$

例 10　求证：$\left(1+\frac{1}{2^4}\right)\left(1+\frac{1}{3^4}\right)\cdots\left(1+\frac{1}{n^4}\right)<\mathrm{e}$.

讲解　构造函数 $f(x)=\ln(1+x^2)-x$，$f'(x)=\frac{-(x-1)^2}{1+x^2}\leqslant 0$，所以 $f(x)$ 在 $(-\infty,+\infty)$ 上递减.

所以当 $x\in(0,+\infty)$ 时有 $f(x)<f(0)$.

故 $f(x)=\ln(1+x^2)-x<0$，即 $\ln(1+x^2)<x$，所以

$$\ln\left(1+\frac{1}{2^4}\right)+\ln\left(1+\frac{1}{3^4}\right)+\cdots+\ln\left(1+\frac{1}{n^4}\right)=$$

$$\ln\left[\left(1+\frac{1}{2^4}\right)\left(1+\frac{1}{3^4}\right)\cdots\ln\left(1+\frac{1}{n^4}\right)\right]<$$

$$\frac{1}{2^2}+\frac{1}{3^2}+\cdots+\frac{1}{n^2}<$$

$$\frac{1}{1\times2}+\frac{1}{2\times3}+\cdots+\frac{1}{n(n-1)}<$$

$$1-\frac{1}{n}<1$$

所以有

$$\left(1+\frac{1}{2^4}\right)\left(1+\frac{1}{3^4}\right)\cdots\left(1+\frac{1}{n^4}\right)<\mathrm{e}$$

课外训练

1. 求证：$\frac{1}{2}+\frac{1}{3}+\frac{1}{4}+\cdots+\frac{1}{n+1}<\ln(1+n)$.

2. 求证：$\ln(1+n)<1+\frac{1}{2}+\frac{1}{3}+\frac{1}{4}+\cdots+\frac{1}{n}$.

3. 求证：$\frac{2}{n(n+1)}<\ln 2\cdot\ln 3\cdot\ln 4\cdot\cdots\cdot\ln n$.

4. 求证：$\frac{\ln 2}{2}\cdot\frac{\ln 3}{3}\cdot\frac{\ln 4}{4}\cdot\cdots\cdot\frac{\ln n}{n}<\frac{1}{n}$.

5. 求证：$\ln 2<\frac{1}{n+1}+\frac{1}{n+2}+\cdots+\frac{1}{3n}<\ln 3$.

6. 求证：对于任意正整数 n，均有 $1+\frac{1}{2}+\frac{1}{3}+\cdots+\frac{1}{n}\geqslant\ln\frac{\mathrm{e}^n}{n!}$.

7. 求证：$\frac{\ln 2}{2^4}+\frac{\ln 3}{3^4}+\cdots+\frac{\ln n}{n^4}<\frac{1}{2\mathrm{e}}$.

8. 求证：$\frac{\ln 2}{2^5}+\frac{\ln 3}{3^5}+\cdots+\frac{\ln n}{n^5}<\frac{1}{2\mathrm{e}}$.

9. 求证：$\log_2 \mathrm{e}+\log_3 \mathrm{e}+\cdots+\log_n \mathrm{e}>\frac{3n^2-n-2}{2n(n+1)}$.

10. 求证：$\frac{\ln 2}{3}+\frac{\ln 3}{4}+\frac{\ln 4}{5}+\cdots+\frac{\ln n}{n+1}<\frac{n(n-1)}{4}$.

11. 求证：$\ln(n+1)>\frac{1}{3}+\frac{1}{5}+\frac{1}{7}+\cdots+\frac{1}{2n+1}$.

第 7 讲　排列与组合

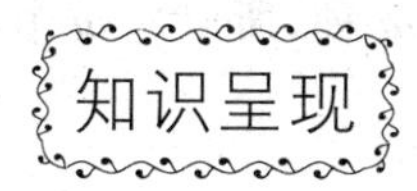

1. 排列组合题的求解策略

(1) 排除:对有限条件的问题,先从总体考虑,再把不符合条件的所有情况排除,这是解决排列组合题的常用策略.

(2) 分类与分步:有些问题的处理可分成若干类,用加法原理,要注意每两类的交集为空集,所有各类的并集是全集;有些问题的处理分成几个步骤,把各个步骤的方法数相乘,即得总的方法数,这是乘法原理.

(3) 对称思想:两类情形出现的机会均等,可用总数取半得每种情形的方法数.

(4) 插空:某些元素不能相邻或某些元素在特殊位置时可采用插空法.即先安排好没有限制条件的元素,然后将有限制条件的元素按要求插入到排好的元素之间.

(5) 捆绑:把相邻的若干特殊元素"捆绑"为一个"大元素",然后与其他"普通元素"全排列,然后再"松绑",将这些特殊元素在这些位置上全排列.

(6) 隔板模型:对于将不可辨的球装入可辨的盒子中,求装的方法数,常用隔板模型.如将 12 个完全相同的球排成一列,在它们之间形成的 11 个缝隙中任意插入 3 块隔板,把球分成 4 堆,分别装入 4 个不同的盒子中的方法数应为 C_{11}^{3},这也就是方程 $a+b+c+d=12$ 的正整数解的个数.

2. 圆排列

(1) 由 $A=\{a_1,a_2,a_3,\cdots,a_n\}$ 的 n 个元素中,每次取出 r 个元素排在一个圆环上,叫作一个圆排列(或叫环状排列).

(2) 圆排列有三个特点:(ⅰ) 无头无尾;(ⅱ) 按照同一方向转换后仍是同一排列;(ⅲ) 两个圆排列只有在元素不同或者元素虽然相同,但元素之间的顺序不同时,才是不同的圆排列.

(3) 定理:在$A=\{a_1,a_2,a_3,\cdots,a_n\}$的$n$个元素中,每次取出$r$个不同的元素进行圆排列,圆排列数为$\frac{A_n^r}{r}$.

3. 可重排列

允许元素重复出现的排列,叫作有重复的排列.

在m个不同的元素中,每次取出n个元素,元素可以重复出现,按照一定的顺序那么第一,第二,…,第n位选取元素的方法都是m种,所以从m个不同的元素中,每次取出n个元素的可重复的排列数为m^n.

4. 不尽相异元素的全排列

如果n个元素中,有p_1个元素相同,又有p_2个元素相同,……,又有p_s个元素相同($p_1+p_2+\cdots+p_s\leqslant n$),这$n$个元素全部取的排列叫作不尽相异的$n$个元素的全排列,它的排列数是$\frac{n!}{p_1!\cdot p_2!\cdot\cdots\cdot p_s!}$

5. 可重组合

(1) 从n个元素,每次取出p个元素,允许所取的元素重复出现$1,2,\cdots,p$次的组合叫作从n个元素取出p个有重复的组合.

(2) 定理:从n个元素每次取出p个元素有重复的组合数为:$H_n^p=C_{n+(p-1)}^p$.

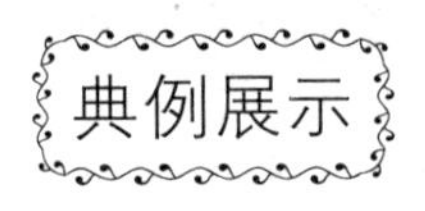

例1 (1)4个不同的小球放入编号为1,2,3,4的4个盒中,求恰有一个空盒的放法数;

(2) 在正方体的8个顶点,12条棱的中点,6个面的中心及正方体的中心共27个点中,求共线三点组的个数.

讲解 (1) 排列组合中诸如把教师医生分到各所学校;把不同的小球放入盒中等问题都可以归类为分组问题,分组问题解题的原则是:分组先分堆.

把4个球分成"2,1,1"三堆,有$\frac{C_4^2C_2^1C_1^1}{A_2^2}$种分法,把三堆球分别放入4个盒子的任意3个中,有$A_4^3$种放法,由乘法原理,恰有一个空盒的放法共有$\frac{C_4^2C_2^1C_1^1}{A_2^2}\cdot A_4^3=144$(种).

(2) 正方体中,共线三点组的两个端点可能有三种情形:① 两端点都是顶点;② 两端点都是面的中心;③ 两端点都是棱的中点,除此之外没有别的情形.

两端点都是顶点的共线组有 $C_8^2=28$(个),两端点都是面的中心的共线组有 3 个,两端点都是棱的中点的共线组有 $\frac{12\times 3}{2}=18$(个).所以满足条件的共线组共有 49 个.

说明　本题也可以分类讨论求解,若 1 号盒空,2 号盒放两个球,3,4 号盒各放一个球有 $C_4^2\cdot A_2^2=12$ 种放法;同理,若 1 号盒空,3 号盒放两个球,2,4 号盒各放一个球也是 12 种放法;1 号盒空,4 号盒放两个球,2,3 号盒各放一个球同样是 12 种放法.所以,1 号盒空共有 $12\times 3=36$(种)放法.故满足题设的总放法种数为 $4\times 36=144$.

分类讨论是解决较复杂的排列组合问题的常用思想,分类讨论的关键是找到合适的分类标准,做到不重不漏.

例 2　6 名同学排成一排.

(1) 其中甲、乙两个必须排在一起的不同排法有________种;

(2) 甲、乙两人不能相邻的排法有________种.

分析　排列组合中,处理"在与不在""邻与不邻""接与不接"等问题时,常常利用捆绑法或插空法.

讲解　(1) 把甲、乙两人看作 1 人,这样 6 个人可看成 5 个人,共有 A_5^5 种排法,甲、乙两人有 2 种顺序,故共有 $A_5^5\cdot A_2^2=240$(种).

(2) 先排其他 4 名同学,有 A_4^4 种,再把甲、乙两人插入到 4 名同学的 5 个空挡中有 A_5^2 种,所以共有 $A_4^4\cdot A_5^2=480$(种).

例 3　某城市在中心广场建造一个花圃,花圃分为 6 个部分,如图 1 所示,现要栽种 4 种不同颜色的花,每部分栽种一种且相邻部分不能栽种同样颜色的花,求不同的栽种方法数.

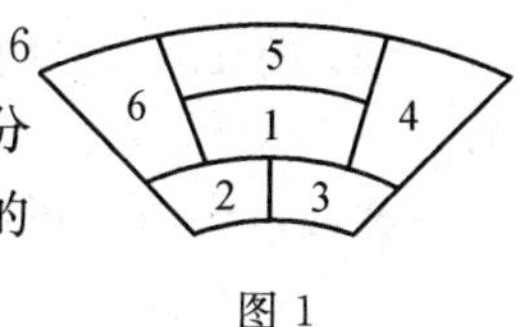

图 1

分析　本题是近几年出现的排列组合问题中难度最大的问题之一.基本解题思想是运用分步记数原理.

讲解　如图 2,把花圃视为一个圆环,先排区域 1,有 $C_4^1=4$ 种.由于 1 与其余 5 个位置均相邻,故其余 5 个位置共有 3 种颜色可选.由任意两个相邻位置不能同色,故必有 2 种颜色各种两块地,第一种颜色只有一块地,有 $C_3^1\cdot C_5^1$ 种方法,另两种颜色种 4 个位置,只有两种选择,故共有 $C_4^1\cdot C_3^1\cdot C_5^1\cdot 2=120$(种).

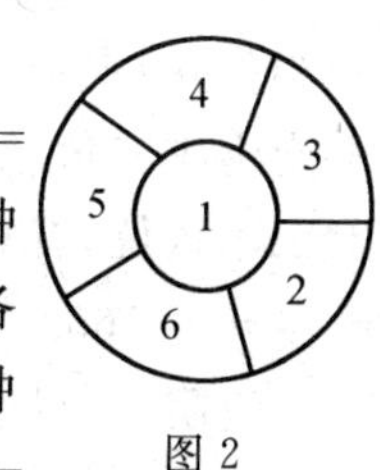

图 2

例 4 在某次乒乓球单打比赛中,原计划每两名选手恰比赛一场,但有 3 名选手各比赛了 2 场之后就退出了,这样,全部比赛只进行了 50 场.求上述 3 名选手之间的比赛场数.

分析 3 名选手共比赛了 6 场,设他们之间比赛了 x 场,故只有这 3 名选手参加的比赛共 $6-x$ 场.

讲解 设 3 名选手之间的比赛为 x 场,共有 n 名选手参赛,由题得 $50=C_{n-3}^{2}+6-x$,即

$$\frac{(n-3)(n-4)}{2}=44+x$$

由于 $0\leqslant x\leqslant 3$,经检验知,仅当 $x=1$ 时,$n=13$ 为正整数.

说明 求解简单的二元一次不定方程时,可逐个代入检验是否满足题设.

例 5 (1) 四面体的顶点和棱的中点共 10 个点,取 4 个不共面的点,共有几种不同的取法?

(2) 设三位数 $n=\overline{abc}$,若以 a,b,c 为三条边的长可以构成一个等腰(含等边)三角形,则这样的三位数 n 有几个?

讲解 (1) 从所有的取法中减去共面的取法.其中 4 点共面的情形有三类:第一类,取出的 4 个点位于四面体的同一个面内有 $4C_6^4$ 种;第二类,取任一条棱上的 3 个点及该棱对棱中点,共 6 种;第三类,由中位线构成的平行四边形,两组对边分别平行于四面体相对的两条棱,有 3 种.

由上述分析知共有 $C_{10}^4-4C_6^4-6-3=141$(种).

(2) 设 a,b,c 能构成三角形的边长,显然均不为 0,即 $a,b,c\in\{1,2,\cdots,9\}$.

若构成等边三角形,设这样的三位数的个数为 n_1,易知 $n_1=9$.

若构成等腰(非等边)三角形,设这样的三位数的个数为 n_2,由于三位数中只有 2 个不同数码.设为 a,b,注意到三角形腰与底可以置换,所以可取的数码组 (a,b) 共有 $2C_9^2$ 个.但当大数为底时,设 $a>b$,必须满足 $b<a<2b$.此时,不能构成三角形的数码共 20 种情况.同时,每个数码组 (a,b) 中的两个数码填上三个数位,有 C_3^2 种情况.故 $n_2=C_3^2(2C_9^2-20)=6(C_9^2-10)=156$.综上,$n=n_1+n_2=165$.

说明 对于第(1) 小题,"排除法"是常用方法之一,其难点在于排除那些不合条件的组合.

例 6 (1)8 个女孩和 25 个男孩围成一圈,任何两个女孩之间至少站两个男孩,问共有多少种不同的排列方法(只要把圈旋转一下就重合的排法认为是

相同的)；

(2) 整数 $1,2,\cdots,n$ 的排列满足：每个数或者大于它之前的所有数，或者小于它之前的所有数. 试问有多少个这样的排列？

讲解　(1) 以 1 个女孩和 2 个男孩为一组，且使女孩恰好站在两个男孩中间，余下的 9 个男孩和这 8 个组被看成是 17 个元素，显然这 17 个元素任意的圆排列是满足题意的. 先从 25 个男孩中选出 9 个男孩共有 C_{25}^{9} 种可能. 其次，上述 17 个元素的圆排列数为 A_{16}^{16} 种. 再次，分在 8 个组内的 16 个男孩在 16 个位置上的排列是 A_{16}^{16}，所以总的排列方法数为

$$C_{25}^{9}\cdot A_{16}^{16}\cdot A_{16}^{16}=\frac{25!\ 16!}{9!}$$

(2) 记所求的排列的个数是 a_n.

显然，$a_1=1$.

对于 $n\geqslant 2$，考虑最大的数 n，如果 n 排在第 i 位，则它之后的 $(n-i)$ 个数排序完全确定，即只能是 $n-i,n-i-1,\cdots,1$；而它之前的 $(i-1)$ 个数有 a_{i-1} 种排法，考虑到 n 的所有不同的位置，由加法原理知

$$a_n=1+a_1+a_2+\cdots+a_{n-1}$$

于是

$$a_{n-1}=1+a_1+a_2+\cdots+a_{n-2}$$

有 $a_n=2a_{n-1}$，又 $a_1=1$，故 $a_n=2^{n-1}$.

例 7　(1) 将 24 个志愿者名额分配给 3 个学校，则每校至少有一个名额且各校名额互不相同的分配方法共有多少种？

(2) 某大学欲将 9 个新生安排到甲、乙、丙三个宿舍，每宿舍至多 4 人(床铺不分次序)，求共有多少种不同的安排方法(用数字作答).

讲解　(1) 解法一：用 4 条棍子间的空隙代表 3 个学校，而用 * 表示名额，如

$$|\ *\ *\ *\ *\ |\ *\cdots *\ |\ *\ *\ |$$

表示第一、二、三个学校分别有 4,18,2 个名额. 若把每个“*”与每个“|”都视为一个位置，由于左右两端必须是“|”，故不同的分配方法相当于 $24+2=26$(个) 位置(两端不在内) 被 2 个“|”占领的一种“占位法”.“每校至少有一个名额的分法”相当于在 24 个“*”之间的 23 个空隙中选出 2 个空隙插入“|”，故有 $C_{23}^{2}=253$(种). 又在“每校至少有一个名额的分法”中“至少有两个学校的名额数相同”的分配方法有 31 种. 综上可知，满足条件的分配方法共有 $253-31=222$(种).

解法二：设分配给 3 个学校的名额数分别为 x_1,x_2,x_3，则每校至少有一

个名额的分法数为不定方程 $x_1+x_2+x_3=24$ 的正整数解的个数，即方程 $x_1+x_2+x_3=21$ 的非负整数解的个数，它等于3个不同元素中取21个元素的可重组合：$H_3^{21}=C_{23}^{21}=C_{23}^{2}=253$. 又在“每校至少有一个名额的分法”中“至少有两个学校的名额数相同”的分配方法有31种. 综上可知，满足条件的分配方法共有 $253-31=222$(种).

(2) 将9人分成4,4,1三组有 $\dfrac{C_9^4C_5^4}{A_2^2}$ 种分法，分成4,3,2三组有 $C_9^4C_5^3$ 种分法，分成3,3,3三组有 $\dfrac{C_9^3C_6^3}{A_3^3}$ 种分法，再将三组人分到甲、乙、丙三宿舍有 A_3^3 种分法，故共有 $\left(\dfrac{C_9^4C_5^4}{A_2^2}+C_9^4C_5^3+\dfrac{C_9^3C_6^3}{A_3^3}\right)A_3^3=11\ 130$(种)不同的安排方法.

例8 已知方程 $x+y+z=2\ 010$，求满足 $x\leqslant y\leqslant z$ 的正整数解 (x,y,z) 的个数.

讲解 整数解的个数问题我们首先想到“隔板法”，然后对 $x\leqslant y\leqslant z$ 这个条件分三种情况进行讨论.

首先易知 $x+y+z=2\ 010$ 的正整数解的个数为 $C_{2\ 009}^{2}=2\ 009\times 1\ 004$.

把 $x+y+z=2\ 010$ 满足 $x\leqslant y\leqslant z$ 的正整数解分为三类：

(1) x,y,z 均相等的正整数解的个数显然为1，即 $x=y=z=670$.

(2) x,y,z 中有且仅有2个相等的正整数解的个数，分两种情况讨论：

(ⅰ) 设 $x=y<z$，则 $2x+z=2\ 010$，易知 $x=1,2,3,\cdots,669$，共669个.

(ⅱ) 设 $x<y=z$，则 $x+2y=2\ 010$，易知 x 为偶数，取值为 $x=2,4,6,\cdots,668$，共334个，所以共有 $669+334=1\ 003$.

(3) 设 x,y,z 两两均不相等的正整数解为 k.

易知 $1+3\times 1\ 003+6k=2\ 009\times 1\ 004$，解得 $k=335\ 671$.

从而满足 $x\leqslant y\leqslant z$ 的正整数解的个数为 $1+1\ 003+335\ 671=336\ 675$.

例9 (1) 如果自然数 a 的各位数字之和等于7，那么称 a 为“吉祥数”. 将所有“吉祥数”从小到大排成一列 $a_1,a_2,a_3,\cdots$. 已知 $a_n=2\ 014$，求 a_{2n}；

(2) 将周长为24的圆周等分成24段，从24个分点中选取8个点，使得其中任意两点之间所夹的弧长都不等于3和8. 问满足条件的8点组的不同取法共多少种?

讲解 (1) 因为方程 $x_1+x_2+\cdots+x_k=m$ 的非负整数解的个数为 C_{m+k-1}^{m}. 而使 $x_1\geqslant 1, x_i\geqslant 0(i\geqslant 2)$ 的整数解个数为 C_{m+k-2}^{m-1}. 现取 $m=7$，可知，k 位“吉祥数”的个数为 $P(k)=C_{k+5}^{6}$. 因为2 014是形如 $\overline{2abc}$ 的数中的第二个“吉祥数”. 由于 $P(1)=C_6^6=1, P(2)=C_7^6=7, P(3)=C_8^6=28$，对于四位“吉祥

数”$\overline{1abc}$,其个数为满足 $a+b+c=6$ 的非负整数解个数,即 $C_{6+3-1}^{6}=28$ 个.所以 2 014 是第 $1+7+28+28+2=66$(个)“吉祥数”,即 $a_{66}=2\ 014$,从而 $n=66$,$2n=132$.又 $P(4)=C_9^6=84$.而 $\sum_{k=1}^{4}P(k)=120$,则从小到大前十二个五位“吉祥数”依次是:10 006,10 015,10 024,10 033,…,10 141.

所以第 132 个“吉祥数”是 10 141,即 $a_{2n}=10\ 141$.

(2) 将 24 点依次记为 1,2,…,24,排成

1,	4,	7,	10,	13,	16,	19,	22
9,	12,	15,	18,	21,	24,	3,	6
17,	20,	23,	2,	5,	8,	11,	14

则三行分别取数:4,4,0;4,3,1;4,2,2;3,3,2.

(1) 对于 4,4,0;任取一行为 3 种,另外从第一行取 4 个不相邻的 4 个数,有两种,余下 4 列为另一行所取 4 个数所在的列,唯一确定,故有 6 种.

(2)4,3,1,有 48 种.

(3)4,2,2,有 36 种.

(4)3,2,2.任取一行,并取两个不相邻的数,则选行有 3 种,选数有 $C_7^2-1=20$(减 1 是除掉两数在第 1 与第 8 列)余下 6 列分成两部分,有 3 种不同分法,{1,5},{2,4},{3,3},3 种分段种数分别为 8,8,4,对每种分段,取 3 列互不相邻,不同取法分别为 2,4,2,所以,共 $3(8\times2+8\times4+4\times2)=168$(种),故共有 258 种.

例 10　设 1,2,3,4,5 的排列 a_1,a_2,a_3,a_4,a_5 具有性质:对于 $1\leqslant i\leqslant4$,$a_1,a_2,\cdots,a_i$ 不构成 $1,2,\cdots,i$ 的某个排列,求满足这种性质的排列的个数.

分析　由题意显然 $a_1\neq1$,我们发现直接考虑比较困难,下面则对 a_1 进行分类讨论.

讲解　(1) 当 $a_1=5$ 时,无论怎样排列,$a_1,a_2,\cdots,a_i$ 都不可能是 $1,2,\cdots,i$ 的某个排列,此时有 $4!=24$ 个排列符合要求.

(2) 当 $a_1=4$ 时,唯有 a_1,a_2,a_3,a_4 可构成 1,2,3,4 的某个排列,此时 $a_5=5$,形如 4×××5 这样的排列有 $3!=6$ 个,所以符合要求的排列个数位 $4!-3!=18$.

(3) 当 $a_1=3$ 时,下面分两种情况讨论:

(ⅰ)a_1,a_2,a_3,a_4 可构成 1,2,3,4 的某个排列,此时 $a_5=5$,形如 3×××5 这样的排列有 $3!=6$ 个.

(ⅱ)a_1,a_2,a_3 可构成 1,2,3 的某个排列,此时 $a_4=5$,$a_5=4$($a_4=4$,$a_5=5$

已在(1)中考虑过了),形如3××54这样的排列有2!=2个.

所以符合要求的排列个数为4!-3!-2!=16.

(4)当$a_1=2$时,下面分三种情况讨论:

(ⅰ)a_1,a_2,a_3,a_4可构成1,2,3,4的某个排列,此时$a_5=5$,形如2×××5这样的排列有3!=6个.

(ⅱ)a_1,a_2,a_3可构成1,2,3的某个排列,此时$a_4=5,a_5=4$,形如2××54这样的排列有2!=2个.

(ⅲ)a_1,a_2可构成1,2的某个排列,则这样的排列有3个,分别是21 534,21 543,21 453,所以符合要求的排列个数为4!-3!-2!-3=13.

综上所述,所求的排列个数为24+18+16+13=71.

说明　本题利用分类讨论的思想,把一个复杂的问题分解成几个简单的小问题,从而解决题目.分类讨论的思想是我们高中非常重要的一种思想方法.

课外训练

1.8次射击,命中3次,其中恰有2次连续命中的情形共有________种.

2.如图3,一个地区分为5个行政区域,现给地图着色,要求相邻区域不得使用同一颜色,现有4种颜色可供选择,则不同的着色方法共有________种.

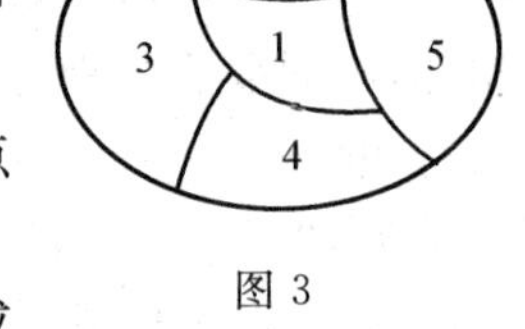

图3

3.正六边形的中心和顶点共7个点,以其中3个点为顶点的三角形有________个.

4.$n(n\geqslant 4)$个乒乓球运动员,每两个人都可以组成一对双打选手,从中选出两对的选法有________种.

5.已知两个实数集合$A=\{a_1,a_2,\cdots,a_{100}\}$与$B=\{b_1,b_2,\cdots,b_{50}\}$,若从$A$到$B$的映射$f$使得$B$中每个元素都有原象,且$f(a_1)\leqslant f(a_2)\leqslant\cdots\leqslant f(a_{100})$,则这样的映射共有________种.

6.在一个正六边形的六个区域种观赏植物,如图4所示,要求同一块中种同一植物,相邻的两块种不同的植物,现有4种不同的植物可供选择,则有________种栽种方案.

7.在1,2,3,4,5的排列a_1,a_2,a_3,a_4,a_5中,满足条件$a_1<a_2,a_2>a_3,a_3<a_4,a_4>a_5$的排列个数有________.

8."渐升数"是指每个数字比其左边的数字大的正整数,如34 689,已知有$C_9^5=126$个五位"渐升数",若把这些数按从小到大的顺序排列,则第100个数是________.

9. 把 1 996 个不加区别的小球放在 10 个不同的盒子里，使得第 i 个盒子中至少有 $i(i=1,2,\cdots,10)$ 个球，问不同放法的总数是多少？

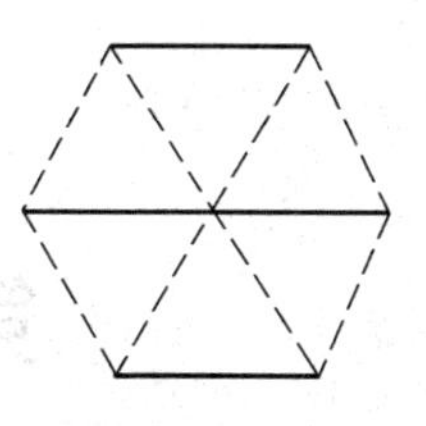

图 4

10. 用 6 种不同颜色中的几种染一个正方体各面，要求相邻两面不同色，问有多少种不同染色法？（两个染色正方形，如能通过转动、翻身使二者各面颜色对应相等，则认为是相同染色法）

11. 4 对夫妇去看电影，8 人坐成一排，若每位女性的邻座只能是丈夫或另外的女性，共有多少种坐法？

第8讲　二项式定理

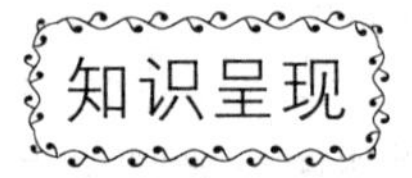

1.二项式定理

$$(a+b)^n=\sum_{k=0}^{n}C_n^k a^{n-k}b^k \quad (n\in \mathbf{N}^*)$$

2.二项展开式的通项

$$T_{r+1}=C_n^r a^{n-r}b^r \quad (0\leqslant r\leqslant n)$$

它是展开式的第 $r+1$ 项.

3.二项式系数

$$C_n^r \quad (0\leqslant r\leqslant n)$$

4.二项式系数的性质

(1)$C_n^r=C_n^{n-r}(0\leqslant r\leqslant n)$.

(2)$C_n^r=C_{n-1}^r+C_{n-1}^{r-1}(0\leqslant r\leqslant n-1)$.

(3) 若 n 是偶数,有 $C_n^0<C_n^1<\cdots<C_n^{\frac{n}{2}}>\cdots>C_n^{n-1}>C_n^n$,即中间一项的二项式系数 $C_n^{\frac{n}{2}}$ 最大.

若 n 是奇数,有 $C_n^0<C_n^1<\cdots<C_n^{\frac{n-1}{2}}=C_n^{\frac{n+1}{2}}>\cdots>C_n^{n-1}>C_n^n$,即中项两项的二项式系数 $C_n^{\frac{n-1}{2}}$ 和 $C_n^{\frac{n+1}{2}}$ 相等且最大.

(4)$C_n^0+C_n^1+C_n^2+\cdots+C_n^n=2^n$.

(5)$C_n^0+C_n^2+C_n^4+\cdots=C_n^1+C_n^3+C_n^5+\cdots=2^{n-1}$.

(6)$kC_n^k=nC_{n-1}^{k-1}$ 或 $C_n^k=\dfrac{n}{k}C_{n-1}^{k-1}$.

(7)$C_n^k\cdot C_k^m=C_n^m\cdot C_{n-m}^{k-m}=C_n^{k-m}C_{n-k+m}^m(m\leqslant k\leqslant n)$.

(8)$C_n^n+C_{n+1}^n+C_{n+2}^n+\cdots+C_{n+k}^n=C_{n+k+1}^{n+1}$.

5.证明组合恒等式的常用方法

(1) 公式法,利用上述基本组合恒等式进行证明.

(2) 利用二项式定理,通过赋值法或构造法解题.

(3) 利用数学归纳法.

(4) 构造组合问题模型,将证明方法划归为组合应用问题的解决方法.

典例展示

例 1　(1) 求$\left(x+1+\frac{1}{x}\right)^7$的展开式中的常数项;

(2) 求$(1+2x-3x^2)^6$的展开式里x^5的系数.

讲解　(1) 由二项式定理得

$$\left(x+1+\frac{1}{x}\right)^7=\left[1+\left(x+\frac{1}{x}\right)\right]^7=$$

$$C_7^0+C_7^1\left(x+\frac{1}{x}\right)+C_7^2\left(x+\frac{1}{x}\right)^2+\cdots+C_7^r\left(x+\frac{1}{x}\right)^r+\cdots+C_7^7\left(x+\frac{1}{x}\right)^7 \quad ①$$

其中第$r+1(0\leqslant r\leqslant 7)$项为

$$T_{r+1}=C_7^r\left(x+\frac{1}{x}\right)^r \quad ②$$

在$\left(x+\frac{1}{x}\right)^r$的展开式中,设第$k+1$项为常数项,记为$T_{k+1}$,则

$$T_{k+1}=C_r^k x^{r-k}\left(\frac{1}{x}\right)^k=C_r^k x^{r-2k} \quad (0\leqslant k\leqslant r) \quad ③$$

由 ③ 得$r-2k=0$,即$r=2k$,r为偶数,再根据 ①、② 知所求常数项为

$$C_7^0+C_7^2C_2^1+C_7^4C_4^2+C_7^6C_6^3=393$$

(2) 因为

$$(1+2x-3x^2)^6=(1+3x)^6(1-x)^6=$$
$$[1+C_6^1 3x+C_6^2(3x)^2+C_6^3(3x)^3+\cdots+C_6^6(3x)^6]\cdot$$
$$(1-C_6^1x+C_6^2x^2-C_6^3x^3+C_6^4x^4-C_6^5x^5+C_6^6x^6)$$

所以$(1+2x-3x^2)^6$的展开式里x^5的系数为$1(-C_6^5)+3C_6^1\cdot C_6^4+3^2C_6^2(-C_6^3)+3^3C_6^3\cdot C_6^2+3^4C_6^4\cdot(-C_6^1)+3^5C_6^5\cdot 1=-168$.

说明　第(2)小题也可将$(1+2x-3x^2)^6$化为$[1+(2x-3x^2)]^6$用第(1)小题的做法可求得.

例 2　已知i,m,n是正整数,且$1<i\leqslant m<n$,求证:

①$n^iA_m^i<m^iA_n^i$;

②$(1+m)^n>(1+n)^m$.

分析 本题以排列组合为依托，重点考查了式子的变形和计算能力.

讲解 ① 即证$\frac{A_m^i}{m^i}<\frac{A_n^i}{n^i}$. 因为

$$\frac{A_m^i}{m^i}=\frac{m(m-1)\cdots(m-i+1)}{n\cdot m\cdot\cdots\cdot m},\frac{A_n^i}{n^i}=\frac{n(n-1)\cdots(n-i+1)}{n\cdot n\cdot\cdots\cdot n}$$

由 $m<n$ 知

$$\frac{k}{m}>\frac{k}{n}\quad(k=1,2,\cdots,i-1)$$

所以$1-\frac{k}{m}<1-\frac{k}{n}$，即

$$\frac{m-k}{m}<\frac{n-k}{n}\quad(k=1,2,\cdots,i-1)$$

所以$\frac{A_m^i}{m^i}<\frac{A_n^i}{n^i}$成立.

② 因为

$$(1+m)^n=C_n^0+mC_n^1+m^2C_n^2+\cdots+m^nC_n^n$$
$$(1+n)^m=C_m^0+nC_m^1+m^2C_m^2+\cdots+n^mC_m^m$$

由 ① 知 $n^iA_m^i<m^iA_n^i(1<i\leqslant m<n)$，且 $A_m^i=C_m^i i!$，$A_n^i=C_n^i i!$，所以

$$n^iC_m^i<m^iC_n^i\quad(1<i\leqslant m<n)$$

所以

$$n^2C_m^2+n^3C_m^3+\cdots+n^mC_m^m<m^2C_n^2+m^3C_n^3+\cdots+m^mC_n^m$$

又因为当 $m<i\leqslant n$ 时，$m^iC_m^i>0$，所以

$$C_m^0+nC_m^1+n^2C_m^2+\cdots+n^mC_m^m<C_n^0+mC_n^1+m^2C_n^2+\cdots+m^nC_n^n$$

即$(1+m)^n>(1+n)^m$ 成立.

例 3 (1) 用二项式定理证明：$3^{4n+2}+5^{2n+1}$ 能被 14 整除；

(2) 求证：大于$(1+\sqrt{3})^{2n}$ 的最小整数能被 2^{n+1} 整除($n\in\mathbf{N}$).

讲解 (1) 用二项式定理证明整除问题时，首先须注意$(a\pm b)^n$ 中，a,b 中有一个必须是除数的倍数，其次，展开式的规律必须清楚，余项是什么，必须写出. 同理可处理余数的问题.

$$3^{4n+2}+5^{2n+1}=9^{2n+1}+5^{2n+1}=[(9+5)-5]^{2n+1}+5^{2n+1}=$$
$$(14-5)^{2n+1}+5^{2n+1}=$$
$$14^{2n+1}-C_{2n+1}^1 14^{2n}\cdot 5+C_{2n+1}^2\cdot 14^{2n-1}\cdot 5^2+\cdots+$$
$$C_{2n+1}^{2n}\cdot 14\cdot 5^{2n}-C_{2n+1}^{2n+1}\cdot 5^{2n+1}+5^{2n+1}=$$
$$14^{2n+1}-C_{2n+1}^1\cdot 14^{2n}\cdot 5+C_{2n+1}^2\cdot 14^{2n-1}\cdot 5^2+\cdots+$$
$$C_{2n+1}^{2n}\cdot 14\cdot 5^{2n}$$

是 14 的倍数,能被 14 整除,所以命题得证.

(2) 由$(1+\sqrt{3})^{2n}$联想到$(1-\sqrt{3})^{2n}\in(0,1)$,考虑二者之和.

注意到$0<(1-\sqrt{3})^{2n}<1$,结合二项式定理有

$$(1+\sqrt{3})^{2n}+(1-\sqrt{3})^{2n}=2(3^n+3^{n-1}C_{2n}^2+3^{n-1}C_{2n}^4+\cdots)$$

是一偶数,记为$2k(k\in\mathbf{N})$,则大于$(1+\sqrt{3})^{2n}$的最小整数必为$2k$.又

$$\begin{aligned}2k&=(1+\sqrt{3})^{2n}+(1-\sqrt{3})^{2n}=(\sqrt{3}+1)^{2n}+(\sqrt{3}-1)^{2n}=\\&[(\sqrt{3}+1)^2]^n+[(\sqrt{3}-1)^2]^n=\\&2^n[(2+\sqrt{3})^n+(2-\sqrt{3})^n]\end{aligned}$$

由二项式定理知$(2+\sqrt{3})^n+(2-\sqrt{3})^n$是一偶数,记为$2k_1(k_1\in\mathbf{N})$,所以$2k=2^{n+1}k_1$,即$2^{n+1}\mid 2k$,从而命题得证.

说明　这类整除问题也可用数学归纳法证明,利用二项式定理证明多项式的整除问题,关键是对被除式进行合理变形,把它写成恰当的二项式,使其展开后的每一项都含有除式的因式,即可证得整除.第(2)小题也可以用数学归纳法证明.

例 4　设$f(x)$是定义在$\mathbf{R}$上的函数,且$g(x)=C_n^0f\left(\frac{0}{n}\right)x^0(1-x)^n+C_n^1f\left(\frac{1}{n}\right)x^1(1-x)^{n-1}+C_n^2f\left(\frac{2}{n}\right)x^2(1-x)^{n-2}+\cdots+C_n^nf\left(\frac{n}{n}\right)x^n(1-x)^0$.

① 若$f(x)=1$,求$g(x)$;

② 若$f(x)=x$,求$g(x)$.

分析　考查二项式定理的逆用.

讲解　(1)$f(x)=1$,所以

$$f\left(\frac{0}{n}\right)=f\left(\frac{1}{n}\right)=\cdots=f\left(\frac{n}{n}\right)=1$$

所以

$$\begin{aligned}g(x)=&C_n^0x^0(1-x)^n+C_n^1x(1-x)^{n-1}+\cdots+\\&C_n^nx^n(1-x)^0=(1-x+x)^n=1\end{aligned}$$

又0^0无意义,即$g(x)=1$,且$x\neq0,x\neq1,x\in\mathbf{R}$.

(2) 因为$f(x)=x$,所以

$$f\left(\frac{k}{n}\right)=\frac{k}{n}\quad(k=0,1,\cdots,n)$$

所以

$$g(x)=C_n^0\,\frac{0}{n}x^0(1-x)^n+C_n^1\,\frac{1}{n}x^1(1-x)^{n-1}+\cdots+C_n^n\,\frac{n}{n}x^n$$

因为

$$\frac{r}{n}C_n^r=\frac{r}{n}\frac{n!}{r!\ (n-r)!}=\frac{(n-1)!}{(r-1)!\ (n-1-(r-1))!}=C_{n-1}^{r-1}$$

所以

$$g(x)=0+C_{n-1}^0x(1-x)^{n-1}+C_{n-1}^1x^2(1-x)^{n-2}+C_{n-1}^2x^3(1-x)^{n-3}+\cdots+C_{n-1}^{n-1}x^n=$$
$$[C_{n-1}^0(1-x)^{n-1}]+[C_{n-1}^1x(1-x)^{n-2}+C_{n-1}^2x^2(1-x)^{n-3}+\cdots+C_{n-1}^{n-1}x^{n-1}]x=$$
$$x(1-x+x)^{n-1}=x$$

所以 $g(x)=x$,且 $x\in\mathbf{R},x\neq0,x\neq1$.

例 5 设 $a,b\in\mathbf{R}^+$,且 $\frac{1}{a}+\frac{1}{b}=1$. 求证:对于每个 $n\in\mathbf{N}$,都有 $(a+b)^n-a^n-b^n\geqslant2^{2n}-2^{n+1}$.

分析 本题可以用数学归纳法证明,也可以用二项式定理展开后首尾配对用基本不等式.

讲解 证法一:由 $\frac{1}{a}+\frac{1}{b}\geqslant\frac{2}{\sqrt{ab}}\Rightarrow\sqrt{ab}\geqslant2$. 欲证的不等式的左边直接用二项式定理有

$$(a+b)^n-a^n-b^n=$$
$$C_n^1a^{n-1}b+C_n^2a^{n-2}b^2+\cdots+C_n^{n-2}a^2b^{n-2}+C_n^{n-1}ab^{n-1}=$$
$$\frac{1}{2}[(a^{n-1}b+ab^{n-1})C_n^1+(a^{n-2}b^2+a^2b^{n-2})C_n^2+\cdots]\geqslant$$
$$\sqrt{(ab)^n}(C_n^1+C_n^2+\cdots+C_n^{n-1})\geqslant$$
$$2^n(2^n-2)\geqslant2^{2n}-2^{n+1}$$

证法二:做变换后应用二项式定理:令 $a=1+\frac{1}{t},b=1+t(t\in\mathbf{R}^+)$,结合 $a+b=ab$ 有

$$(a+b)^n-a^n-b^n=a^nb^n-a^n-b^n=(a^n-1)(b^n-1)-1=$$
$$\left[\left(1+\frac{1}{t}\right)^n-1\right][(1+t)^n-1]-1=$$
$$(t^{-1}C_n^1+t^{-2}C_n^2+\cdots+t^{-n}C_n^n)(t\,C_n^1+t^2\,C_n^2+\cdots+t^nC_n^n)-1\geqslant$$
$$(C_n^1+C_n^2+\cdots+C_n^n)^2-1(\text{柯西不等式})=$$
$$(2^n-1)^2-1=2^{2n}-2^{n+1}$$

例 6 (1) 已知 x,y 为整数,P 为素数,求证:$(x+y)^P\equiv x^P+y^P(\bmod P)$;

(2) 若 $(\sqrt{5}+2)^{2r+1}=m+\alpha(r,m\in\mathbf{N}^*,0<\alpha<1)$,求证:$\alpha(m+\alpha)=1$.

讲解　(1)

$$(x+y)^P=x^P+C_P^1x^{P-1}y+C_P^2x^{P-2}y^2+\cdots+C_P^{P-1}xy^{P-1}+y^P$$

由于 $C_P^r=\dfrac{p(p-1)\cdots(p-r+1)}{r!}(r=1,2,\cdots,P-1)$ 为整数，可从分子中约去 $r!$，又因为 P 为素数，且 $r<P$，所以分子中的 P 不会约去，因此有 $P\mid C_P^r(r=1,2,\cdots,P-1)$，所以 $(x+y)^P\equiv x^P+y^P(\bmod P)$.

(2) 由已知 $m+\alpha=(\sqrt{5}+2)^{2r+1}$ 和 $(m+\alpha)\alpha=1$，猜想 $\alpha=(\sqrt{5}-2)^{2r+1}$，因此需要求出 α，即只需要证明 $(\sqrt{5}+2)^{2r+1}-(\sqrt{5}-2)^{2r+1}$ 为正整数即可.

首先证明，对固定为 r，满足条件的 m,α 是唯一的. 否则，设

$$(\sqrt{5}+2)^{2r+1}=m_1+\alpha_1=m_2+\alpha_2$$

$$(m_1,m_2\in\mathbf{N}^*,\alpha_1,\alpha_2\in(0,1),m_1\neq m_2,\alpha_1\neq\alpha_2)$$

则 $m_1-m_2=\alpha_1-\alpha_2\neq 0$，而 $m_1-m_2\in\mathbf{Z}$，$\alpha_1-\alpha_2\in(-1,0)\cup(0,1)$ 矛盾. 所以满足条件的 m 和 α 是唯一的，下面求 m 及 α.

因为

$$(\sqrt{5}+2)^{2r+1}-(\sqrt{5}-2)^{2r+1}=$$

$$C_{2r+1}^0(\sqrt{5})^{2r+1}+C_{2r+1}^1(\sqrt{5})^{2r}\cdot 2+C_{2r+1}^2(\sqrt{5})^{2r-1}\cdot 2^2+\cdots+2^{2r+1}-$$

$$[C_{2r+1}^0(\sqrt{5})^{2r+1}-C_{2r+1}^1(\sqrt{5})^{2r}\cdot 2+C_{2r+1}^2(\sqrt{5})^{2r-1}\cdot 2^2+\cdots-2^{2r+1}]=$$

$$2[C_{2r+1}^1(\sqrt{5})^{2r}\cdot 2+C_{2r+1}^3(\sqrt{5})^{2r-2}\cdot 2^3+\cdots+2^{2r+1}]=$$

$$2[C_{2r+1}^1 5^r\cdot 2+C_{2r+1}^3\cdot 5^{r-1}\cdot 2^3+\cdots+C_{2r+1}^{2r-1}5^{2r-1}+2^{2r+1}]\in\mathbf{N}^*$$

又因为 $\sqrt{5}-2\in(0,1)$，从而 $(\sqrt{5}-2)^{2r+1}\in(0,1)$，所以

$$m=2(C_{2r+1}^1\cdot 5^r\cdot 2+C_{2r+1}^3\cdot 5^{r-1}\cdot 2^3+\cdots+C_{2r+1}^{2r-1}\cdot 5^r\cdot 2^{2r-1}+2^{2r+1})$$

$$\alpha=(\sqrt{5}-2)^{2r+1}$$

故　$$\alpha(m+\alpha)=(\sqrt{5}-2)^{2r+1}\cdot(\sqrt{5}+2)^{2r+1}=(5-4)^{2r+1}=1$$

说明　第(1)小题，将 $(x+y)^P$ 展开就与 x^P+y^P 有联系，只要证明其余的数能被 P 整除是本题的关键. 第(2)小题，猜想 $\alpha=(\sqrt{5}-2)^{2r+1}$，$(\sqrt{5}+2)^{2r+1}$ 与 $(\sqrt{5}-2)^{2r+1}$ 进行运算是关键.

例7　已知 $a_0=0,a_1=1,a_{n+1}=8a_n-a_{n-1}(n=1,2,\cdots)$，试问：在数列 $\{a_n\}$ 中是否有无穷多个能被15整除的项？证明你的结论.

分析　先求出 a_n，再将 a_n 表示成与15有关的表达式，便知是否有无穷多项能被15整除.

讲解　在数列 $\{a_n\}$ 中有无穷多个能被15整除的项，下面证明之.

数列 $\{a_n\}$ 的特征方程为 $x^2-8x+1=0$，它的两个根为 $x_1=4+\sqrt{15}$，

$x_2=4-\sqrt{15}$，所以

$$a_n=A(4+\sqrt{15})^n+B(4-\sqrt{15})^n\quad(n=0,1,2,\cdots)$$

由 $a_0=0,a_1=1$ 得 $A=\dfrac{1}{2\sqrt{15}},B=-\dfrac{1}{2\sqrt{15}}$，则

$$a_n=\frac{1}{2\sqrt{15}}[(4+\sqrt{15})^n-(4-\sqrt{15})^n]$$

取 $n=2k(k=0,1,2,\cdots)$，由二项式定理得

$$\begin{aligned}a_n=&\frac{1}{2\sqrt{15}}[2\mathrm{C}_n^1\cdot4^{n-1}\cdot\sqrt{15}+2\mathrm{C}_n^3\cdot4^{n-3}\cdot(\sqrt{15})^3+\cdots+\\&2\mathrm{C}_n^{n-1}\cdot4\cdot(\sqrt{15})^{n-1}]=\\&\mathrm{C}_n^1\cdot4^{n-1}+\mathrm{C}_n^3\cdot4^{n-3}\cdot15+\cdots+\mathrm{C}_n^n\cdot4\cdot15^{\frac{n-2}{2}}=\\&\mathrm{C}_{2k}^1\cdot4^{2k-1}+\mathrm{C}_{2k}^3\cdot4^{2k-3}\cdot15+\cdots+\mathrm{C}_{2k}^{2k}\cdot4\cdot15^{k-1}=\\&\mathrm{C}_{2k}^1\cdot4^{2k-1}+15(\mathrm{C}_{2k}^3\cdot4^{2k-3}+\cdots+\mathrm{C}_{2k}^{2k-1}\cdot4\cdot15^{k-2})=\\&2k\cdot4^{2k-1}+15T\quad(\text{其中 }T\text{ 为整数})\end{aligned}$$

由上式知当 $15\mid k$，即 $30\mid n$ 时，$15\mid a_n$，因此数列 $\{a_n\}$ 中有无穷多个能被15整除的项.

说明　在二项式定理中，$(a+b)^n$ 与 $(a-b)^n$ 经常在一起结合使用.

例 8　当 $n\in\mathbf{N}^*$ 时，$(3+\sqrt{7})^n$ 的整数部分是奇数，还是偶数？证明你的结论.

分析　因为 $(3+\sqrt{7})^n$ 可表示为一个整数与一个纯小数之和，而这个整数即为所求. 要判断此整数的奇偶性，由 $3+\sqrt{7}$ 联想到其共轭根式 $3-\sqrt{7}\in(0,1)$，其和 $(3+\sqrt{7})+(3-\sqrt{7})$ 是一个偶数，即 $3+\sqrt{7}$ 的整数部分是奇数，于是可从研究对偶式 $(3+\sqrt{7})^n$ 与 $(3-\sqrt{7})^n$ 的和入手.

讲解　$(3+\sqrt{7})^n$ 的整数部分是奇数，事实上，因为 $0<(3-\sqrt{7})^n<1$，且

$$(3+\sqrt{7})^n+(3-\sqrt{7})^n=2(3^n\mathrm{C}_n^0+7\cdot3^{n-2}\mathrm{C}_n^2+7^2\cdot3^{n-4}\mathrm{C}_n^4+\cdots)$$

是一个偶数，记为 $2k(k\in\mathbf{N})$. 所以

$$(3+\sqrt{7})^n=2k-(3-\sqrt{7})^n=(2k-1)+1-(3-\sqrt{7})^n$$

即 $[(3+\sqrt{7})^n]=2k-1$，因此 $(3+\sqrt{7})^n$ 的整数部分是奇数.

例 9　一个整数列由下列条件确定

$$a_0=0,a_1=1\qquad①$$

$$a_n=2a_{n-1}+a_{n-2}\quad(n\geqslant2)\qquad②$$

求证：当且仅当 $2^k\mid a_n$ 时有 $2^k\mid n$.

讲解　由条件①②得

$$a_n=\frac{1}{2\sqrt{2}}[(1+\sqrt{2})^n-(1-\sqrt{2})^n]$$

设 $n=2^k(2l+1)(l=0,1,2,\cdots;k=0,1,2,\cdots)$，则

$$a_n=\frac{(1+\sqrt{2})^{2^k}-(1-\sqrt{2})^{2^k}}{2\sqrt{2}}\cdot$$
$$[(1+\sqrt{2})^{2^k\cdot 2l}+(1+\sqrt{2})^{2^k\cdot(2l-2)}+\cdots+(1-\sqrt{2})^{2^k\cdot 2l}]$$

后面括号里中间一项为1，其余的项每两个共轭根式之和为2的倍数.因此，后面括号的数之和为奇数，所以

$$2^k\mid a_n\Leftrightarrow 2^k\mid\frac{(1+\sqrt{2})^{2^k}-(1-\sqrt{2})^{2^k}}{2\sqrt{2}}$$

事实上，令 $b_k=\dfrac{(1+\sqrt{2})^{2^k}-(1-\sqrt{2})^{2^k}}{2\sqrt{2}}$，则有

$$b_{k+1}=\frac{(1+\sqrt{2})^{2^{k+1}}-(1-\sqrt{2})^{2^{k+1}}}{2\sqrt{2}}=$$
$$\frac{[(1+\sqrt{2})^{2^k}]^2-[(1-\sqrt{2})^{2^k}]^2}{2\sqrt{2}}=$$
$$\frac{(1+\sqrt{2})^{2^k}-(1-\sqrt{2})^{2^k}}{2\sqrt{2}}[(1+\sqrt{2})^{2^k}+(1-\sqrt{2})^{2^k}]$$

应用二项式定理，可得

$$[(1+\sqrt{2})^{2^k}+(1-\sqrt{2})^{2^k}]=2m_k(k\in\mathbf{N}),b_{k+1}=2m_kb_k$$

所以

$$b_k=2b_{k-1}m_{k-1}=\cdots=2^{k-1}m_1m_2\cdots m_{k-1}b_1=$$
$$2^km_1m_2\cdots m'_k\quad(m_i\in\mathbf{N},i=1,2,\cdots,k-1,m'_k\in\mathbf{N})$$

即

$$2^k\mid b_k\Leftrightarrow 2^k\mid a_n\Leftrightarrow 2^k\mid n$$

例10　设数列 $g(n)$ 定义如下：

$$g(1)=0,g(2)=1,g(n+2)=g(n+1)+g(n)+1\quad(n\geqslant 1)$$

如果 n 是大于5的素数，求证：$n\mid g(n)(g(n)+1)$.

分析　由 $g(n+2)=g(n+1)+g(n)+1$ 可求得通项公式——二项式模型，进而为利用数论知识铺平道路.

讲解　令 $f(n)=g(n)+1$，则

$$f(1)=1,f(2)=2\qquad①$$

$$f(n+2)=f(n+1)+f(n) \qquad ②$$

由①与②易推知

$$f(n)=\frac{1}{\sqrt{5}}\left[\left(\frac{1+\sqrt{5}}{2}\right)^{n+1}-\left(\frac{1-\sqrt{5}}{2}\right)^{n+1}\right]=$$

$$\frac{1}{2^n}(C_{n+1}^1+5C_{n+1}^3+5^2C_{n+1}^5+\cdots+5^{\frac{n-1}{2}}C_{n+1}^n) \qquad ③$$

注意到 n 为大于 5 的素数. 所以

$$(2,n)=1\Rightarrow(2^n,n)=1,\text{且 } n \mid C_{n+1}^i \quad (3\leqslant i\leqslant n-1)$$

由③知

$$2^n f(n)\equiv(n+1)(1+5^{\frac{n-1}{2}})\equiv 1+5^{\frac{n-1}{2}}\pmod n$$

$$2^n(f(n)-1)\equiv 1+5^{\frac{n-1}{2}}-2^n\equiv -1+5^{\frac{n-1}{2}}\pmod n$$

所以

$$f(n)(f(n)-1)\equiv 1-5^{n-1}\equiv 0\pmod n$$

而

$$n\mid g(n)(g(n)+1)\Leftrightarrow n\mid f(n)(f(n)-1)$$

说明 本题解法中用到了费马小定理,费马小定理是解决整除性问题的一个重要工具.

费马小定理:对于任意自然数 a 以及任一素数 p,差 a^p-a 可被 p 整除.

证明:$(1+a)^p=1+C_p^1a+C_p^2a^2+\cdots+C_p^ra^r+\cdots+C_p^{p-1}a^{p-1}+a^p$.

显然,$C_p^1,C_p^2,\cdots,C_p^{p-1}$ 都是整数,又因 $C_p^r=\dfrac{p(p-1)\cdots(p-r+1)}{r!}$,由于分母 $r!$ 中各因数都小于 p,且 p 是素数,所以 $r!$ 中各因数没有一个可整除 p,从而 $\dfrac{p(p-1)\cdots(p-r+1)}{r!}$ 必定是整数,即 C_p^r 必定是 p 的倍数,因此,C_p^1a,$C_p^2a^2,\cdots,C_p^ra^r,\cdots,C_p^{p-1}a^{p-1}$ 都应当是 P 的倍数,所以

$$(1+a)^p=1+a^p+pm \quad (m\in\mathbf{N})$$

两边同减 $1+a$,得 $(1+a)^p-(1+a)=a^p-a+pm$. 下面用数学归纳法证明 $(1+a)^p-(1+a)$ 能被 p 整除.

当 $a=1$ 时,得 $2^p-2=1^p-1+pm$ 可被 p 整除.

假定 $a=k-1$ 时,k^p-k 能被 p 整除,因为 $(1+k)^p-(1+k)=k^p-k+pm$,所以 $(1+k)^p-(1+k)$ 可被 p 整除,即 $a=k$ 时成立,故对任何自然数,a^p-a+pm 可被 p 整除,从而定理获证.

课外训练

1. 设 $(5\sqrt{2}+7)^{2n+1}$ $(n\in\mathbf{N})$ 的整数部分和小数部分分别是 I 和 F. 求

$F(I+F)$ 的值.

2. 若$\left(x\sqrt{x}-\dfrac{1}{x}\right)^{6}$的展开式中第 5 项的值为$\dfrac{15}{2}$,求$\lim\limits_{n\to\infty}(x^{-1}+x^{-2}+\cdots+x^{-n})$的值.

3. 设 $a,b\in\mathbf{R}^{+}$,$n\geqslant 2$,$n\in\mathbf{N}^{*}$. $f_n=\dfrac{1}{n+1}(a^n+a^{n-1}b+\cdots+ab^{n-1}+b^n)$,$g_n=\left(\dfrac{a+b}{2}\right)^n$. 试确定 f_n 与 g_n 的大小关系.

4. 求$(x-1)(x^3+6x^2+12x+8)^2$的展开式中含 x^5 项的系数.

5. 求$\left(|x|+\dfrac{1}{|x|}-2\right)^{3}$的展开式中的常数项.

6. 求证:对任意的正整数 n,不等式$(2n+1)^n\geqslant(2n)^n+(2n-1)^n$成立.

7. 求证:$(\mathrm{C}_n^0)^2+(\mathrm{C}_n^1)^2+\cdots+(\mathrm{C}_n^n)^2=\dfrac{(2n)!}{n!\ n!}$.

8. 设 $m=4l+1$,l 是非负整数. 求证:$a=\mathrm{C}_n^1+m\mathrm{C}_n^3+m^2\mathrm{C}_n^5+\cdots+m^{\frac{n-1}{2}}\mathrm{C}_n^n$ $(n=2k+1,k\in\mathbf{N})$能被 2^{n-1} 整除.

9. 设 a,b 都是正数,且 $a+b\sqrt{2}=(1+\sqrt{2})^{100}$,求 ab 的个位数字.

10. 求证:数列$\{b_n\}$:$b_n=\left(\dfrac{3+\sqrt{5}}{2}\right)^n+\left(\dfrac{3-\sqrt{5}}{2}\right)^n-2$的每一项都是自然数$(n\in\mathbf{N})$,且当 n 为偶数或奇数时分别有形式 $5m^2$ 或 $m^2(m\in\mathbf{N})$.

11. 已知数列 $a_0,a_1,a_2,\cdots(a_0\neq 0)$满足 $a_{i-1}+a_{i+1}=2a_i(i=1,2,3,\cdots)$,求证:对于任何自然数 n,$p(x)=a_0\mathrm{C}_n^0(1-x)^n+a_1\mathrm{C}_n^1x(1-x)^{n-1}+a_2\mathrm{C}_n^2x^2\cdot(1-x)^{n-2}+\cdots+a_{n-1}\mathrm{C}_n^{n-1}x^{n-1}(1-x)+a_n\mathrm{C}_n^nx^n$ 是 x 的一次多项式或零次多项式.

第9讲　复数的基本概念与运算

知识呈现

1.复数的四种表示形式

代数形式：$z=a+b\mathrm{i}(a,b\in\mathbf{R})$；

几何形式：复平面上的点 $Z(a,b)$ 或由原点出发的向量$\overrightarrow{OZ}$；

三角形式：$z=r(\cos\theta+\mathrm{i}\sin\theta),r\geqslant 0,\theta\in\mathbf{R}$;

指数形式：$z=r\mathrm{e}^{\mathrm{i}\theta}$.

复数的以上几种形式，沟通了代数、三角、几何等学科间的联系，使人们应用复数解决相关问题成为现实.

2.复数的运算法则

加、减法：$(a+b\mathrm{i})\pm(c+d\mathrm{i})=(a\pm c)+(b\pm d)\mathrm{i}$；

乘法：$(a+b\mathrm{i})(c+d\mathrm{i})=(ac-bd)+(bc+ad)\mathrm{i}$；

除法：$\dfrac{a+b\mathrm{i}}{c+b\mathrm{i}}=\dfrac{ac+bd}{c^2+d^2}+\dfrac{bc-ad}{c^2+d^2}\mathrm{i}(c+d\mathrm{i}\neq 0)$；

乘方：$[r(\cos\theta+\mathrm{i}\sin\theta)]^n=r^n(\cos n\theta+\mathrm{i}\sin n\theta)(n\in\mathbf{N})$；

开方：复数 $r(\cos\theta+\mathrm{i}\sin\theta)$ 的 n 次方根为

$$\sqrt[n]{r}\left(\cos\frac{\theta+2k\pi}{n}+\mathrm{i}\sin\frac{\theta+2k\pi}{n}\right)\quad(k=0,1,\cdots,n-1)$$

3.复数的模与共轭复数

复数的模的性质：

① $|z|\geqslant|\mathrm{Re}(z)|,|z|\geqslant\mathrm{Im}(z)|$；

② $|z_1\cdot z_2\cdot\cdots\cdot z_n|=|z_1|\cdot|z_2|\cdot\cdots\cdot|z_n|$；

③ $\left|\dfrac{z_1}{z_2}\right|=\dfrac{|z_1|}{|z_2|}(z_2\neq 0)$；

④ $||z_1|-|z_2||\leqslant|z_1+z_2|$，与复数 z_1,z_2 对应的向量$\overrightarrow{OZ_1},\overrightarrow{OZ_2}$反向时取等号；

⑤ $|z_1+z_2+\cdots+z_n|\leqslant|z_1|+|z_2|+\cdots+|z_n|$，与复数 $z_1,z_2,\cdots,z_n$ 对应的向量 $\overrightarrow{OZ_1},\overrightarrow{OZ_2},\cdots,\overrightarrow{OZ_n}$ 同时取等号.

共轭复数的性质：

①$z\cdot\bar{z}=|z|^2=|\bar{z}|^2$；

②$z+\bar{z}=2\mathrm{Re}(z)$，$z-\bar{z}=2\mathrm{Im}(z)$；

③$\bar{\bar{z}}=z$；

④ $\overline{z_1\pm z_2}=\overline{z_1}\pm\overline{z_2}$；

⑤ $\overline{z_1\cdot z_2}=\overline{z_1}\cdot\overline{z_1}$；

⑥ $\overline{\left(\dfrac{z_1}{z_2}\right)}=\dfrac{\overline{z_1}}{\overline{z_2}}(z_2\neq0)$；

⑦z 是实数的充要条件是 $\bar{z}=z$，z 是纯虚数的充要条件是 $\bar{z}=-z(z\neq0)$.

4. **复数与三角**

① $(\cos\theta+\mathrm{i}\sin\theta)^n=(\cos n\theta+\mathrm{i}\sin n\theta)(n\in\mathbf{R})$；

②$r_1(\cos\theta_1+\mathrm{i}\sin\theta_1)\cdot r_2(\cos\theta_2+\mathrm{i}\sin\theta_2)=r_1r_2[\cos(\theta_1+\theta_2)+\mathrm{i}\sin(\theta_1+\theta_2)]$；

③ $\dfrac{r_1(\cos\theta_1+\mathrm{i}\sin\theta_1)}{r_2(\cos\theta_2+\mathrm{i}\sin\theta_2)}=\dfrac{r_1}{r_2}[\cos(\theta_1-\theta_2)+\mathrm{i}\sin(\theta_1-\theta_2)]$.

5. 复数与不等式

$$||z_1|-|z_2||\leqslant|z_1\pm z_2|\leqslant|z_1|+|z_2|$$

典例展示

例1　求方程组 $x+y+z=3$，$x^2+y^2+z^2=5$，$x^5+y^5+z^5=33$ 的所有实根与复根.

讲解　设 x,y,z 是方程 $t^3+at^2+bt+c=0$ 的三个根.

显然 $a=-3$，$b=xy+yz+zx=2$，即方程为 $t^3-3t^2+2t+c=0$. 三式相加有

$$(x^3+y^3+z^3)-3(x^2+y^2+z^2)+2(x+y+z)+c=0$$

$$x^3+y^3+z^3=9-c$$

各式分别乘以 x,y,z，再相加有

$$(x^4+y^4+z^4)-3(x^3+y^3+z^3)+2(x^2+y^2+z^2)+c(x+y+z)=0$$

$$(x^4+y^4+z^4)-3(x^3+y^3+z^3)+10+3c=0$$

$$x^4+y^4+z^4=17-6c$$

各式分别乘以 x^2,y^2,z^2,再相加有

$$(x^5+y^5+z^5)-3(x^4+y^4+z^4)+2(x^3+y^3+z^3)+c(x^2+y^2+z^2)=0$$

$$33-3(17-6c)+2(9-c)+5c=0$$

$$c=0$$

至此,易知方程 $t^3-3t^2+2t=0$ 的三个根为 0,1,2.

例 2 设 $f(x)=x^{12}+7x^{11}+1$,若 $x_1,x_2,\cdots,x_{12}$ 为 $f(x)=0$ 的 12 个不同根,求证:

$$(x_1^2-x_1+1)(x_2^2-x_2+1)\cdots(x_{12}^2-x_{12}+1)=67$$

讲解 因为$(x-x_1)(x-x_2)\cdots(x-x_{12})=x^{12}+7x^{11}+1$,若令 $x=-1$,则有

$$(1+x_1)(1+x_2)\cdots(1+x_{12})=(-1)^{12}+7\cdot(-1)^{11}+1=-5$$

在 $f(x)=x^{12}+7x^{11}+1=0$ 中. 令 $x^3=y$,有 $y^4+7y^{\frac{11}{3}}+1=0$,$y^4+1=-7y^{\frac{11}{3}}$,$(y^4+1)^3=343y^{11}$,$(y^4+1)^3-343y^{11}=0$,所以 $x_1^3,x_2^3,\cdots,x_{12}^3$ 是 $(y^4+1)^3-343y^{11}=0$ 的根. 因此有

$$(y^4+1)^3+343y^{11}=(y-x_1^3)(y-x_2^3)\cdots(y-x_{12}^3)$$

令 $y=-1$,有

$$8-343=(-1-x_1^3)(-1-x_2^3)\cdots(-1-x_{12}^3)$$

即

$$(1+x_1^3)(1+x_2^3)\cdots(1+x_{12}^3)=-335$$

至此

$$(x_1^2-x_1+1)(x_2^2-x_2+1)\cdots(x_{12}^2-x_{12}+1)=$$

$$\frac{x_1^3+1}{x_1+1}\cdot\frac{x_2^3+1}{x_2+1}\cdot\cdots\cdot\frac{x_{12}^3+1}{x_{12}+1}=\frac{-335}{-5}=67$$

例 3 设 $p(x)$ 是实系数多项式,且对所有的 $x\geqslant 0$,都有 $p(x)>0$. 求证:存在一个正整数 n,使得 $(1+x)^n p(x)$ 是非负系数多项式.

讲解 先证明对于二次方程 $Q(x)=x^2+px+q=0$ 无实根,则存在正自然数 n,使得 $(1+x)^n(x^2+px+q)$ 的系数为非负.

$$(1+x)^n(x^2+px+q)=\sum_{k=0}^{n}C_n^k x^k(x^2+px+q)=$$

$$\sum_{k=0}^{n+2}(C_n^{k-2}+pC_n^{k-1}+qC_n^k)x^k$$

其中 C_n^m 在 $m<0,m>m$ 时都规定为 0. 因为 $p^2-4q<0$,所以 $q>0$. 上式 x^0 的系数为正. 当 n 充分大时,x 的系数 $p+nq$ 为正,x^{n+1} 的系数 $n+p$ 为正,而 x^{n+2} 的系数 1 显然为正. 下面考虑 $2\leqslant k\leqslant n$ 时,x^k 的系数的正负性.

$$C_n^{k-2}+pC_n^{k-1}+qC_n^k=\frac{n!}{k!\,(n-k+2)!}\cdot$$
$$[k(k-1)+pk(n-k+2)+q(n-k+1)(n-k+2)]=\qquad (*)$$
$$\frac{n!}{k!\,(n-k+2)!}\cdot$$
$$[(1+q-p)k^2+(2p-2qn+pn-1-3q)k+qn^2+3qn+2q]$$
$$Q(-1)=1-p+q>0$$

且

$$\Delta=(2p-2qn+pn-1-3q)^2-4(1+q-p)(qn^2+3qn+2q)=$$
$$(p^2-4q)n^2+(10pq-12q^2+4p^2-2p-8q)n+$$
$$4p^2+1+q^2-4p-4pq-2q$$

由于 $p^2-4q<0$,所以当 n 充分大时,上式为负,式(∗)为正.

下证本题结论. 显然 $p(x)$ 无非负根,所有的实根都是负数,记这些实根为 $-a_1,-a_2,\cdots,-a_k$. $p(x)$ 在实数范围内的分解式为

$$p(x)=(x+a_1)\cdots(x+a_k)(x^2+p_1x+q_1)\cdots(x^2+p_mx+q_m)$$

其中 $p_i^2-4q_i<0(i=1,2,\cdots,m)$. 对于 $x^2+p_ix+q_i$,存在正自然数 n_i,使得 $(1+x)^{n_i}(x^2+p_ix+q_i)$ 的系数为非负,现在取 $n=n_1+n_2+\cdots+n_m$ 即可.

例 4　(1) 若 $z\in\mathbf{C}$, $\arg(z^2-4)=\frac{5\pi}{6}$, $\arg(z^2+4)=\frac{\pi}{3}$,求 z 的值;

(2) 设复数 z_1,z_2 满足 $|z_1|=|z_1+z_2|=3$, $|z_1-z_2|=3\sqrt{3}$,求 $\log_2|(z_1\overline{z_2})^{2\,000}+(\overline{z_1}z_2)^{2\,000}|$ 的值.

讲解　(1) 令

$$z^2-4=\rho_1\left(\cos\frac{5\pi}{6}+\mathrm{i}\sin\frac{5\pi}{6}\right)\qquad①$$

$$z^2+4=\rho_2\left(\cos\frac{\pi}{3}+\mathrm{i}\sin\frac{\pi}{3}\right)\qquad②$$

$$(\rho_1>0,\rho_2>0)$$

① − ② 得

$$8=\left(\frac{1}{2}\rho_2+\frac{\sqrt{3}}{2}\rho_1\right)+\mathrm{i}\left(\frac{\sqrt{3}}{2}\rho_2-\frac{1}{2}\rho_1\right)$$

所以

$$\begin{cases}\frac{\sqrt{3}}{2}\rho_2-\frac{1}{2}\rho_1=0\\ \frac{1}{2}\rho_2+\frac{\sqrt{3}}{2}\rho_1=8\end{cases}$$

解得 $\rho_2=4,\rho_1=4\sqrt{3}$,代入后,① + ② 得 $2z^2=4(-1+\sqrt{3}\mathrm{i})$,所以

$$z=\pm 2\left(\cos\frac{\pi}{3}+\mathrm{i}\sin\frac{\pi}{3}\right)=\pm(1+\sqrt{3}\mathrm{i})$$

别解:如图 1,$\overrightarrow{OD}=z^2$.

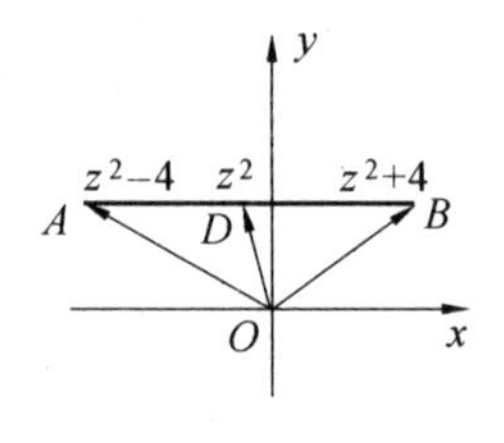

图 1

过 D 作与实轴平行的直线 AB,取 $AD=BD=4$,则 $\overrightarrow{OA}=z^2-4,\overrightarrow{OB}=z^2+4$. $\angle xOA=\frac{5\pi}{6},\angle xOB=\frac{\pi}{3}$,从而 $\angle BOA=\frac{\pi}{2}$.

在 $\mathrm{Rt}\triangle AOB$ 中,$|AD|=|DB|=|OD|=4$,$\angle xOD=\angle xOB+\angle BOD=2\angle xOB=\frac{2\pi}{3}$,所以 $z^2=4\left(\cos\frac{2\pi}{3}+\mathrm{i}\sin\frac{2\pi}{3}\right)$,所以

$$z=\pm 2\left(\cos\frac{\pi}{3}+\mathrm{i}\sin\frac{\pi}{3}\right)=\pm(1+\sqrt{3}\mathrm{i})$$

(2) 由题设知

$$9=|z_1+z_2|^2=|z_1|^2+|z_2|^2+z_1\overline{z_2}+\overline{z_1}z_2$$

$$27=|z_1-z_2|^2=|z_1|^2+|z_2|^2-(z_1\overline{z_2}+\overline{z_1}z_2)$$

因为 $|z_1|=3$,故 $|z_2|=3$,$z_1\overline{z_2}+\overline{z_1}z_2=-9$,并且 $|z_1\overline{z_2}|+|\overline{z_1}z_2|=9$.

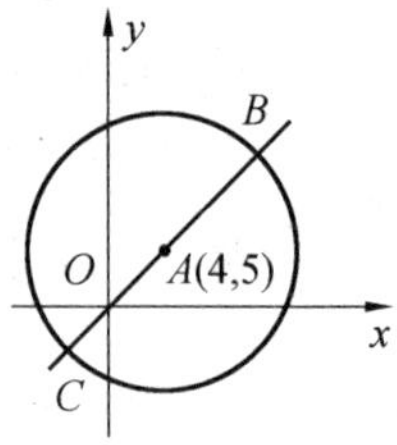

设 $z_1\overline{z_2}=9(\cos\theta+\mathrm{i}\sin\theta)$,则 $\overline{z_1}z_2=9(\cos\theta-\mathrm{i}\sin\theta)$.

由 $-9=z_1\overline{z_2}+\overline{z_1}z_2=18\cos\theta$,得 $\cos\theta=-\frac{1}{2}$.

于是 $z_1\overline{z_2}=9\omega$ 或者 $z_1\overline{z_2}=9\omega^2$.

这里 $\omega=-\frac{1}{2}+\frac{\sqrt{3}}{2}\mathrm{i}$.

图 2

当 $z_1\overline{z_2}=9\omega$ 时,可得

$$(z_1\overline{z_2})^{2\,000}+(\overline{z_1}z_2)^{2\,000}=-9^{2\,000}$$

故

$$\log_2|(z_1\overline{z_2})^{2\,000}+(\overline{z_1}z_2)^{2\,000}|=4\,000$$

当 $\overline{z_1}z_2=9\omega^2$ 时,可得同样结果,故答案为 4 000.

例 5 x 的二次方程 $x^2+z_1x+z_2+m=0$ 中,z_1,z_2,m 均是复数,且 $z_1^2-4z_2=16+20\mathrm{i}$.

设这个方程的两个根为 α,β,且满足 $|\alpha-\beta|=2\sqrt{7}$.求 $|m|$ 的最大值和

最小值.

讲解　解法一:根据韦达定理有

$$\begin{cases}\alpha+\beta=-z_1\\ \alpha\beta=z_2+m\end{cases}$$

因为

$$(\alpha-\beta)^2=(\alpha+\beta)^2-4\alpha\beta=z_1^2-4z_2-4m$$

所以

$$|\alpha-\beta|^2=|4m-(z_1^2-4z_2)|=28$$

所以 $\left|m-\frac{1}{4}(z_1^2-4z_2)\right|=7$,即 $|m-(4+5\mathrm{i})|=7$.

这表明复数 m 在以 $A(4,5)$ 为圆心,以 7 为半径的圆周上.

因为 $|OA|=\sqrt{4^2+5^2}=\sqrt{41}<7$,故原点 O 在圆 A 之内. 联结 OA,延长交圆 A 于两点 B 与 C,则 $|OB|=|OA|+|AB|=\sqrt{41}+7$ 为 $|m|$ 的最大值.

$|OC|=|CA|-|AO|=7-\sqrt{41}$ 为 $|m|$ 的最小值.

所以 $|m|$ 的最大值是 $\sqrt{41}+7$,$|m|$ 的最小值是 $7-\sqrt{41}$.

解法二:同解法一,得 $|m-(4+5\mathrm{i})|=7$,令 $m=x+y\mathrm{i}(x,y\in\mathbf{R})$,则

$$\begin{cases}x=7\cos\alpha+4\\ y=7\sin\alpha+5\end{cases}$$

所以

$$|m|^2=x^2+y^2=90+56\cos\alpha+70\sin\alpha=$$
$$90+14\sqrt{41}\left(\frac{4}{\sqrt{41}}\cos\alpha+\frac{5}{\sqrt{41}}\sin\alpha\right)=$$
$$90+14\sqrt{41}\sin(\alpha+\varphi)$$

其中 $\sin\varphi=\frac{4}{41}$.

所以 $|m|$ 的最大值 $=\sqrt{90+14\sqrt{41}}=7+\sqrt{41}$,$|m|$ 的最小值 $=\sqrt{90-14\sqrt{41}}=7-\sqrt{41}$.

解法三:根据韦达定理,有

$$\begin{cases}\alpha+\beta=-z_1\\ \alpha\beta=z_2+m\end{cases}$$

$$(\alpha-\beta)^2=(\alpha+\beta)^2-4\alpha\beta=z_1^2-4z_2-4m$$

所以

$$|\alpha-\beta|^2=|4m-(z_1^2-4z_2)|=|4m-(16+20\mathrm{i})|=28$$

即

$$|m-(4+5\mathrm{i})|=7$$

所以

$$|m|=|m-(4+5\mathrm{i})+(4+5\mathrm{i})|\leqslant|m-(4+5\mathrm{i})|+|4+5\mathrm{i}|=7+\sqrt{41}$$

等号成立的充要条件是 $m-(4+5\mathrm{i})$ 与$(4+5\mathrm{i})$ 的辐角主值相差 π，即

$$m-(4+5\mathrm{i})=-7\left(\frac{4}{\sqrt{41}}+\frac{5}{\sqrt{41}}\mathrm{i}\right)$$

所以当 $m=(-7+\sqrt{41})\left(\frac{4}{\sqrt{41}}+\frac{5}{\sqrt{41}}\mathrm{i}\right)$ 时，$|m|$ 取最小值为 $7-\sqrt{41}$.

说明　3 种解法，各有千秋.解法一运用数形结合法，揭示复数 m 的几何意义，直观清晰；解法二则活用三角知识，把 $56\cos\alpha+70\sin\alpha$ 化为角“$\alpha+\varphi$”的正弦；解法三运用不等式中等号成立的条件获得答案；3 种解法从不同侧面刻画了本题的内在结构特征.

例 6　若 $M=\left\{z\mid z=\frac{t}{1+t}+\mathrm{i}\cdot\frac{1+t}{t},t\in\mathbf{R},t\neq-1,t\neq0\right\}$，$N=\{z\mid z=\sqrt{2}[\cos(\arcsin t)+\mathrm{i}\cos(\arccos t)],t\in\mathbf{R},|t|\leqslant1\}$，则 $M\cap N$ 中元素的个数有几个？

讲解　设复数 $z=x+y\mathrm{i},x,y\in\mathbf{R}$，在 $M=\left\{z\mid z=\frac{t}{1+t}+\mathrm{i}\cdot\frac{1+t}{t},t\in\mathbf{R},t\neq-1,t\neq0\right\}$ 中，$xy=1$，且 $y\neq1$.

在 $N=\{z\mid z=\sqrt{2}[\cos(\arcsin t)+\mathrm{i}\cos(\arccos t)],t\in\mathbf{R},|t|\leqslant1\}$ 中，

$$\begin{cases}x=\sqrt{2}\cos(\arcsin t)=\sqrt{2(1-t^2)}\\y=\sqrt{2}\cos(\arccos t)=\sqrt{2}t\end{cases}$$，则 $x^2+y^2=2$，且 $x\geqslant0$.

则 $M\cap N$ 中元素的个数表示曲线 $xy=1$，且 $y\neq1$ 与半圆 $x^2+y^2=2$，且 $x\geqslant0$ 的交点个数，有 0 个.

例 7　(1) 设 $\sin t+\cos t=1$，$s=\cos t+\mathrm{i}\sin t$，求 $f(t)=1+s+s^2+\cdots+s^n$；

(2) 已知 $\alpha=\frac{\pi}{2\,005}$，求$(1+2\cos\alpha)(1+2\cos2\alpha)(1+2\cos3\alpha)\cdots(1+2\cos2\,004\alpha)$ 的值.

讲解　(1) 由

$$\sin t+\cos t=1\Rightarrow\begin{cases}\sin t=1\\\cos t=0\end{cases}\text{或}\begin{cases}\sin t=0\\\cos t=1\end{cases}$$

当$\begin{cases}\sin t=1\\ \cos t=0\end{cases}$时，$s=\mathrm{i}$，$f(t)=1+\mathrm{i}+\mathrm{i}^2+\mathrm{i}^3+\cdots+\mathrm{i}^n=\dfrac{1-\mathrm{i}^{n+1}}{1-\mathrm{i}}$；

当$\begin{cases}\sin t=0\\ \cos t=1\end{cases}$时，$s=1$，$f(t)=1+n$.

(2) 因为 $z^{4\,010}=1$ 的根为 ± 1，$\cos k\alpha \pm \sin k\alpha$（$k=1,2,\cdots,2\,004$）. 因此

$$z^{4\,010}-1=(z^2-1)\prod_{k=1}^{2\,004}[(z-\cos k\alpha+\mathrm{i}\sin k\alpha)(z-\cos k\alpha-\mathrm{i}\sin k\alpha)]$$

即

$$z^{4\,010}-1=(z^2-1)\prod_{k=1}^{2\,004}(z^2+1-2z\cos k\alpha)$$

取 $z=\omega$（$\omega^3=1$，$\omega^2+\omega+1=0$）代入上式，得

$$\omega^{4\,010}-1=(\omega^2-1)\prod_{k=1}^{2\,004}(-\omega-2\omega\cos k\alpha)$$

$$\omega^2-1=(\omega^2-1)\omega^{2\,004}\prod_{k=1}^{2\,004}(1+2\cos k\alpha)$$

因此

$$(1+2\cos\alpha)(1+2\cos 2\alpha)(1+2\cos 3\alpha)\cdots(1+2\cos 2\,004\alpha)=1$$

例 8　已知 a,b 均为正整数，且 $a>b$，$\sin\theta=\dfrac{2ab}{a^2+b^2}\left(0<\theta<\dfrac{\pi}{2}\right)$，$A_n=(a^2+b^2)^n\cdot\sin n\theta$，求证：对一切 $n\in\mathbf{N}^*$，A_n 均为整数.

讲解　由 $\sin n\theta$ 联想到复数棣莫弗定理，复数需要 $\cos\theta$，然后分析 A_n 与复数的关系.

因为 $\sin\theta=\dfrac{2ab}{a^2+b^2}$，且 $0<\theta<\dfrac{\pi}{2}$，$a>b$，所以 $\cos\theta=\sqrt{1-\sin^2\theta}=\dfrac{a^2-b^2}{a^2+b^2}$. 显然 $\sin n\theta$ 为 $(\cos\theta+\mathrm{i}\sin\theta)^n$ 的虚部，由于

$$(\cos\theta+\mathrm{i}\sin\theta)^n=\left(\frac{a^2-b^2}{a^2+b^2}+\frac{2ab}{a^2+b^2}\mathrm{i}\right)^n=$$

$$\frac{1}{(a^2+b^2)^n}(a^2-b^2+2ab\mathrm{i})^n=$$

$$\frac{1}{(a^2+b^2)^n}(a+b\mathrm{i})^{2n}$$

所以

$$(a^2+b^2)^n(\cos n\theta+\mathrm{i}\sin n\theta)=(a+b\mathrm{i})^{2n}$$

从而 $A_n=(a^2+b^2)^n\sin n\theta$ 为 $(a+b\mathrm{i})^{2n}$ 的虚部.

因为 a,b 为整数，根据二项式定理，$(a+b\mathrm{i})^{2n}$ 的虚部当然也为整数，所以

对一切 $n\in\mathbf{N}^*$,A_n 为整数.

例 9 对于给定角 $\alpha_1,\alpha_2,\cdots,\alpha_n$,试讨论方程 $x^n+x^{n-1}\sin\alpha_1+x^{n-2}\sin\alpha_2+\cdots+x\sin\alpha_{n-1}+\sin\alpha_n=0$ 是否有模大于 2 的复数根.

讲解 假设 $|x_0|>2$,则

$$-x^n=x^{n-1}\sin\alpha_1+x^{n-2}\sin\alpha_2+\cdots+x\sin\alpha_{n-1}+\sin\alpha_n$$

两边取模,得

$$\begin{aligned}|-x^n|=&|x^{n-1}\sin\alpha_1+x^{n-2}\sin\alpha_2+\cdots+x\sin\alpha_{n-1}+\sin\alpha_n|\leqslant\\&|x^{n-1}\sin\alpha_1|+|x^{n-2}\sin\alpha_2|+\cdots+|\sin\alpha_n|\leqslant\\&|x^{n-1}|+|x^{n-2}|+\cdots+|x_0|+1=\\&\frac{|x_0|^n-1}{|x_0|-1}<\frac{|x_0|^n}{|x_0|-1}<\frac{|x_0|^n}{2-1}=|x_0|^n\end{aligned}$$

矛盾.

例 10 给定实数 a,b,c,已知复数 z_1,z_2,z_3 满足$\begin{cases}|z_1|=|z_2|=|z_3|=1\\\dfrac{z_1}{z_2}+\dfrac{z_2}{z_3}+\dfrac{z_3}{z_1}=1\end{cases}$,试求$|az_1+bz_2+cz_3|$的值.

讲解 由$\dfrac{z_1}{z_2}+\dfrac{z_2}{z_3}+\dfrac{z_3}{z_1}\in\mathbf{R}$得

$$\frac{z_1}{z_2}+\frac{z_2}{z_3}+\frac{z_3}{z_1}=\overline{\frac{z_1}{z_2}+\frac{z_2}{z_3}+\frac{z_3}{z_1}}$$

又

$$|z_1|=|z_2|=|z_3|=1\Rightarrow\overline{z_k}=\frac{1}{z_k}$$

由上两式得,$(z_1-z_2)(z_2-z_3)(z_3-z_1)=0$,分别将 $z_1=z_2,z_2=z_3,z_3=z_1$ 代入得

$$|az_1+bz_2+cz_3|=\sqrt{(a+b)^2+c^2}\text{ 或}\sqrt{(c+b)^2+a^2}\text{ 或}\sqrt{(a+c)^2+b^2}$$

课外训练

1. 已知 $m\in\mathbf{R}$,复数$\dfrac{m+\mathrm{i}}{1+\mathrm{i}}-\dfrac{1}{2}$的实部和虚部相等,则 m 等于________.

2. 设 A,B 为锐角三角形的两个内角,则复数 $z=(\cot B-\tan A)+\mathrm{i}(\tan B-\cot A)$ 对应点位于复平面的第________象限.

3. 设复数 $z=\lg(m^2-2m-2)+(m^2+3m+2)\mathrm{i}$,当实数 m 取何值时.

(1)z 是纯虚数;

(2) z 是实数.

(3) z 对应的点位于复平面的第二象限.

4. 设 z 是虚数,$\omega = z + \frac{1}{z}$ 是实数,且 $-1 < \omega < 2$.

(1) 求 z 的实部的取值范围;

(2) 设 $u = \frac{1-z}{1+z}$,那么 u 是不是纯虚数? 并说明理由.

5. 将一颗质地均匀的正方体骰子(六个面的点数分别为 1,2,3,4,5,6) 先后抛掷两次,记第一次出现的点数为 a,第二次出现的点数为 b.

(1) 设复数 $z = a + b\mathrm{i}$(i 为虚数单位),求事件"$z - 3\mathrm{i}$ 为实数" 的概率;

(2) 求点 $P(a,b)$ 落在不等式组 $\begin{cases} a - b + 2 \geqslant 0 \\ 0 \leqslant a \leqslant 4 \\ b \geqslant 0 \end{cases}$ 表示的平面区域内(含边界) 的概率.

6. 非零复数 a,b,c 满足 $\frac{a}{b} = \frac{b}{c} = \frac{c}{a}$,试求 $\frac{a+b-c}{a-b+c}$ 的值.

7. 设 $\omega = \cos\frac{\pi}{5} + \mathrm{i}\sin\frac{\pi}{5}$,求以 $\omega, \omega^3, \omega^7, \omega^9$ 为根的一个方程.

8. 求证:$\sum_{k=1}^{n} \sin k \leqslant \frac{1}{\sin\frac{1}{2}}$.

9. 已知 $f(z) = c_0 z^n + c_1 z^{n-1} + \cdots + c_{n-1} z + c_n$ 是 n 次复系数多项式($c_0 \neq 0$).

求证:一定存在一个复数 z_0,$|z_0| \leqslant 1$,并且 $|f(z_0)| \geqslant |c_0| + |c_n|$.

10. 已知 $z = \sum_{k=1}^{n} z_k^2$,$z_k = x_k + y_k\mathrm{i}$($x_k, y_k \in \mathbf{R}$,$k = 1,2,\cdots,n$),$p$ 是 z 的平方根的实部,求证:$|p| \leqslant \sum_{k=1}^{n} |x_k|$.

11. 平面上给定 $\triangle A_1A_2A_3$ 及点 p_0,定义 $A_s = A_{s-3}$,$s \geqslant 4$,构造点列 p_0,p_1,p_2,$\cdots$,使得 p_{k+1} 为绕中心 A_{k+1} 顺时针旋转 $120°$ 时 p_k 所到达的位置,$k=0$,$1,2,\cdots$,若 $p_{1\,986} = p_0$. 求证:$\triangle A_1A_2A_3$ 为等边三角形.

第10讲　多项式的理论与运用

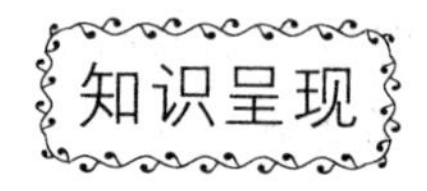

1.多项式恒等定理

设 $n \in \mathbf{N}$,关于复数 x 的表达式

$$f(x)=a_n x^n+a_{n-1}x^{n-1}+\cdots+a_0 \quad (a_n \neq 0) \qquad ①$$

其中 $a_n,a_{n-1},a_{n-2},\cdots,a_0 \in K$($K$ 为某个数集),称为系数在 K 中的一元多项式,也可称为 K 上的一元多项式.

表达式①中的 n 称为多项式 $f(x)$ 的次数,记为 $deg\ f$ · a_n 称为 $f(x)$ 的首项系数,a_0 称为常数项. $f(x)\equiv 0$ 称为零多项式,其次数不予定义. K 上的一元多项式全体记为 $K[x]$.

多项式 $f(x)=a_n x^n+\cdots+a_1 x+a_0$ 与 $g(x)=b_m x^m+\cdots+b_1 x+b_0$ 相加减是将它们的同次项相加减,即

$$f(x)\pm g(x)=(a_0\pm b_0)+(a_1\pm b_1)x+\cdots$$

$$deg(f\pm g)\leqslant \max\{deg\ f,deg\ g\}$$

它们的乘积 $f(x)\cdot g(x)=c_{m+n}x^{m+n}+c_{m+n-1}x^{m+n-1}+\cdots+c_1 x+c_0$,其中 $c_k=a_0 b_k+a_1 b_{k-1}+a_2 b_{k-2}+\cdots+a_k b_0$,$k=1,2,\cdots,m+n$,这里 $a_i=0$,$i=n+1,n+2,\cdots,n+m$;$b_j=0$,$j=m+1,m+2,\cdots,m+n$,即 $c_{m+n}=a_n b_m$,$c_{m+n-1}=a_n b_{m-1}+a_{n-1}b_m$,$\cdots$,$c_1=a_1 b_0+a_0 b_1$,$c_0=a_0 b_0$,并且 $deg(f\cdot g)=deg\ f+deg\ g$.

如果对任意的复数 x,多项式 $f(x)$ 与 $g(x)$ 的值都相等,则称 $f(x)$ 与 $g(x)$ 恒等.下面给出两个多项式恒等的充要条件.

多项式恒等定理　两个 $K[x]$ 中的多项式 $f(x)$ 与 $g(x)$ 恒等的充要条件是 $deg\ f=deg\ g$,并且 $f(x)$ 与 $g(x)$ 各项系数对应相等.

推论　设 $n\in\mathbf{N}^*$,$f(x)$ 与 $g(x)$ 是 $K[x]$ 中两个次数不超过 n 的多项式,则 $f(x)$ 与 $g(x)$ 恒等的充要条件是存在 $n+1$ 个不同的复数 x,使得 $f(x)$ 与 $g(x)$ 的值相等.

2. 多项式的整除性

带余除法定理　对于多项式 $f(x)$，$g(x)$，$g(x) \neq 0$，必存在多项式 $q(x)$，$r(x)$，使得 $f(x) = g(x)q(x) + r(x)$，其中，$r(x) = 0$ 或者 $\deg r < \deg g$ ·$q(x)$，$r(x)$ 分别称为 $f(x)$ 除以 $g(x)$ 所得的商式与余式. 若 $r(x)=0$，则称 $g(x)$ 整除 $f(x)$，记为 $g(x) \mid f(x)$，否则称 $g(x)$ 不能整除 $f(x)$，记为 $g(x) \nmid f(x)$.

关于多项式的整除性，有如下性质：

性质 1　$f(x) \mid g(x)$ 且 $g(x) \mid f(x)$ 的充要条件是存在非零常数 c，使得 $f(x) = cg(x)$.

性质 2　若 $f(x) \mid g(x)$ 且 $g(x) \mid h(x)$，则 $f(x) \mid h(x)$.

性质 3　若 $f(x) \mid g_i(x)$，$i=1,2,\cdots,n$，则 $f(x) \mid \sum_{k=1}^{n} k_i(x)g_i(x)$，其中，$k_i(x)$ 是任意多项式，$i=1,2,\cdots,n$.

余数定理　$f(x)=a_nx^n+a_{n-1}x^{n-1}+\cdots+a_1x+a_0$，$x-a$ 除 $f(x)$ 所得的余数等于 $f(a)$，即 $f(x)=(x-a)q(x)+f(a)$.

由余式定理我们容易得到下面的因式定理.

因式定理　多项式 $f(x)$ 含因式 $x-a$ 的充要条件是 $f(a)=0$.

下面这个定理非常有用，并且用综合法不难证得.

定理　设 $f(x)$ 是 n 次整系数多项式，则它被另一个最高次项系数为 1 的 $m(m \leqslant n)$ 次整系数多项式 $g(x)$ 除(不一定整除)，所得的商及余式也是整系数多项式.

多项式的整除性与数论中数的整除性有许多类似的性质，我们引入一些概念，并且不加证明地列出一些结果.

定义 1　若 $q(x) \mid f(x)$，$q(x) \mid g(x)$，则称 $q(x)$ 为 $f(x)$ 与 $g(x)$ 的公因式. 多项式 $f(x)$，$g(x)$ 的公因式中次数最高的多项式称为 $f(x)$ 与 $g(x)$ 的最大公因式，并用 $(f(x),g(x))$ 表示 $f(x)$ 与 $g(x)$ 的最大公因式中首项系数为 1 的多项式.

关于最大公因式，有如下性质：

性质 4(裴蜀定理)　设 $(f(x),g(x))=d(x)$，则存在多项式 $u(x)$ 与 $v(x)$，使得

$$u(x)f(x)+v(x)g(x)=d(x)$$

特别的 $d(x)=1$(这时称 $f(x)$ 与 $g(x)$ 互质) 的充要条件是存在多项式 $u(x)$ 与 $v(x)$，使得 $u(x)f(x)+v(x)g(x)=1$.

性质 5　若 $q(x)$ 为 $f(x)$ 与 $g(x)$ 的公因式，则 $q(x) \mid d(x)$，这里

$d(x)=(f(x),g(x))$.

性质 6 若 $f(x)\mid h(x),g(x)\mid h(x)$，并且 $(f(x),g(x))=1$，则 $f(x)g(x)\mid h(x)$.

3. 插值多项式

对于一个次数不超过 n 的多项式，只要知道它在 $n+1$ 个不同的点上的值，就可以唯一确定该多项式. 已有下面的著名公式：

拉格朗日插值公式 设 $f(x)$ 是一个次数不超过 n 的多项式，$a_1,a_2,\cdots,a_{n+1}$ 是 $n+1$ 个不同的数，则

$$\begin{aligned}f(x)=&f(a_1)\frac{(x-a_2)(x-a_3)\cdots(x-a_{n+1})}{(a_1-a_2)(a_1-a_3)\cdots(a_1-a_{n+1})}+\\&f(a_2)\frac{(x-a_1)(x-a_3)\cdots(x-a_{n+1})}{(a_2-a_1)(a_2-a_3)\cdots(a_2-a_{n+1})}+\cdots+\\&f(a_{n+1})\frac{(x-a_1)(x-a_2)\cdots(x-a_n)}{(a_{n+1}-a_1)(a_{n+1}-a_2)\cdots(a_{n+1}-a_n)}\end{aligned}$$

牛顿插值多项式 一般的，设 $x_0,x_1,\cdots,x_n$ 是 $n+1$ 个不同的数，则任何一个次数不超过 n 的多项式 $f(x)$ 可以唯一地表示为 $f(x)=a_0+a_1(x-x_0)+a_2(x-x_0)(x-x_1)+\cdots+a_n(x-x_0)(x-x_1)\cdots(x-x_{n-1})$，其中 $a_0,a_1,\cdots,a_n$ 待定(由 $f(x_0),f(x_1),\cdots,f(x_n)$ 容易逐个确定).

4. 多项式的根

许多与多项式有关的问题需从该多项式的根出发进行分析，多项式的根与系数之间存在着很密切的联系，一些结果罗列如下，它们是处理多项式问题的一些出发点.

(1) 代数基本定理：任意一个次数不小于 1 的多项式至少有一个复数根.

(2) 根的个数定理：任意一个 $n(n\geqslant 1)$ 次多项式恰有 n 个复根，其中 k 重根按 k 个根计算.

(3) 虚根成对定理：设 $P(x)\in\mathbf{R}[x]$，且 $P(\alpha)=0$，则 $\overline{P(\alpha)}=P(\bar{\alpha})=0$，即若 α 为 $P(x)$ 的根，则 $\bar{\alpha}$ 也是 $P(x)$ 的根. 进一步，若 α 为 $P(x)$ 的 k 重根，则 $\bar{\alpha}$ 也是 $P(x)$ 的 k 重根.

上述是实系数多项式的性质，对 $P(x)\in\mathbf{C}[x]$，上述定理不成立.

(4) 实系数多项式因式分解定理：任意一个 n 次实系数多项式 $f(x)$ 都可以表示为 $f(x)=a_n(x-x_1)\cdots(x-x_m)(x^2+2b_1x+c_1)\cdots(x^2+2b_lx+c_l)$，如果不计因式的书写顺序，这种表示是唯一的，其中 m,l 是非负整数，$m+2l=n$；$x_1,x_2,\cdots,x_m$ 是 $f(x)$ 的全部实根，而 $b_1,\cdots,b_l,c_1,\cdots,c_l$ 是实数，并且二次三项式 $x^2+2b_1x+c_1,\cdots,x^2+2b_lx+c_l$ 都没有实根，即 $b_1^2<c_1,\cdots,b_l^2<c_l$.

于是我们还可以知道：奇数次实系数多项式至少有一个实根.

(5) 整系数多项式有理根定理：设 $\frac{q}{p}(\neq 0)$ 是整系数多项式 $f(x)=a_nx^n+\cdots+a_1x+a_0$ 的有理根，其中 $p,q\in\mathbf{Z},(p,q)=1$，则 $q\mid a_n,q\mid a_0$.

特别的，整系数多项式 $f(x)=x^n+a_{n-1}x^{n-1}+\cdots+a_0$ 的有理根都为整数.

多项式的根与系数之间成立如下关系：

(6) 韦达定理：若 n 次多项式 $f(x)=a_nx^n+\cdots+a_1x+a_0(a_n\neq 0)$ 的根为 $x_1,x_2,\cdots,x_n$，则有如下关系成立：

$$\begin{cases} x_1+x_2+\cdots+x_n=\dfrac{a_{n-1}}{a_n} \\ \sum\limits_{1\leqslant i<j\leqslant n} x_ix_j=\dfrac{a_{n-2}}{a_n} \\ \sum\limits_{1\leqslant i<j<k\leqslant n} x_ix_jx_k=-\dfrac{a_{n-3}}{a_n} \\ \cdots\cdots \\ \prod\limits_{i=1}^{n} x_i=\dfrac{(-1)^n a_0}{a_0} \end{cases}$$

5. **多项式的不可约性**

对 $K[x]$ 中的 n 次多项式 $f(x)$，如果 $f(x)$ 不能表示为 K 上的两个次数都小于 n 的多项式 $g(x)$ 与 $h(x)$ 的乘积，则称 $f(x)$ 为 K 上的不可约多项式.

由于 $\mathbf{C}[x]$ 中的每一个多项式都可以表示为 $\mathbf{C}$ 上的一次多项式之积，故 $\mathbf{C}[x]$ 中的不可约多项式的次数不超过 1. 利用虚根成对原理可知 $\mathbf{R}[x]$ 中的不可约多项式次数不超过 2. 我们重点讨论 $\mathbf{Z}[x]$ 中的不可约多项式.

对于 $\mathbf{Z}[x]$ 中的不可约多项式，我们有下面的差别法则：

艾森斯坦因判别法则：设 $f(x)=a_nx^n+a_{n-1}x^{n-1}+\cdots+a_0\in\mathbf{Z}[x]$. 若存在质数 p，使得：

(1) $p\mid a_i,i=0,1,2,\cdots,n-1$；(2) $p\nmid a_n$；(3) $p^2\nmid a_0$. 则 $f(x)$ 不能表示为两个次数都小于 n 的有理数系数多项式的乘积.

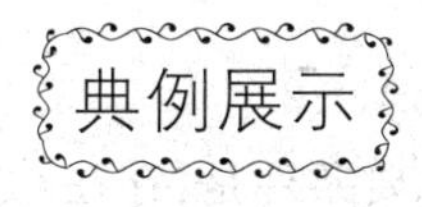

例 1　试将多项式 x^4+3x^2-2x+3 表示为两个不同次数的整系数多项式的平方差，并求出所有解.

讲解　如果 $x^4+3x^2-2x+3=f^2-g^2$，f,g 是整系数多项式，$\deg f\neq$

deg g,则$(-f,g)$,$(f,-g)$,$(-f,-g)$也是解.所以不妨设f,g的首项系数都为正数,因此可设$f(x)=x^2+ax+b,g(x)=cx+d$满足条件,其中a,b,c,d是待定系数,且$c>0,a,b,c,d$是整数,于是

$$f^2-g^2=(x^2+ax+b)^2-(cx+d)^2$$

所以

$$x^4+3x^2-2x+3=x^4+2ax^3+(a^2+2b-c^2)x^2+(2ab-2cd)x+b^2-d^2$$

由多项式恒等定理,得方程组

$$\begin{cases}2a=0\\a^2+2b-c^2=3\\2ab-2cd=-2\\b^2-d^2=3\end{cases}$$

解得$a=0,b=2,c=1,d=1$,所以$f(x)=x^2+2,g(x)=x+1$.

其余三组解为$-f(x),g(x);f(x),-g(x);-f(x),-g(x)$.

例 2 已知$f(x)$是x的$n(n>0)$次多项式,且对任意的实数x,满足

$$8f(x^3)-x^6f(2x)-2f(x^2)+12=0 \qquad ①$$

求$f(x)$.

讲解 设$f(x)$的最高次项为$a_nx^n(a_n\neq0)$,那么$8f(x^3),x^6f(2x),2f(x^2)$的最高次项分别为$8a_nx^{3n},2^na_nx^{n+6},2a_nx^{2n}$.因为$2n<3n$,由式①和多项式恒等定理得$\begin{cases}3n=n+6\\8a_n-2^na_n=0\end{cases}$,解得$n=3$,于是设$f(x)=a_3x^3+a_2x^2+a_1x+a_0$.在(1)中令$x=0$,得$8a_0-2a_0+12=0$,所以$a_0=-2$,把$f(x)=a_3x^3+a_2x^2+a_1x-2$代入式①并整理得

$$-4a_2x^8-2a_1x^7+(8a_2+2-2a_3)x^6-2a_2x^4+8a_1x^3-2a_1x^2=0$$

由多项式恒等定理,得

$$\begin{cases}-4a_2=0\\-2a_1=0\\8a_2+2-2a_3=0\end{cases}$$

解得$a_3=1,a_2=a_1=0$,因此所求的多项式为$f(x)=x^3-2$.

例 3 求证:整系数多项式$f(x)$与$g(x)$相等的充要条件是:存在$t\in\mathbf{Z}$,使得$f(t)=g(t)$,这里t是大于$f(x)$及$g(x)$的所有系数绝对值2倍的某个整数.

讲解 必要性是显然的.下面证明充分性.设

$$f(x)=a_nx^n+a_{n-1}x^{n-1}+\cdots+a_1x+a_0$$
$$g(x)=b_mx^m+b_{m-1}x^{m-1}+\cdots+b_1x+b_0$$

若 $f(t)=g(t)$,其中 t 是大于 $f(x)$ 及 $g(x)$ 的所有系数绝对值 2 倍的某个整数,于是

$$a_nt^n+a_{n-1}t^{n-1}+\cdots+a_1t+a_0=b_mt^m+b_{m-1}t^{m-1}+\cdots+b_1t+b_0 \quad ①$$

由此可知,$t\mid a_0-b_0$.但是 $|a_0-b_0|\leqslant|a_0|+|b_0|<\frac{t}{2}+\frac{t}{2}=t$,因此 $|a_0-b_0|=0$,即 $a_0=b_0$.从而,式 ① 中消去 a_0 与 b_0,再除以 t 得

$$a_nt^{n-1}+a_{n-1}t^{n-2}+\cdots+a_2t+a_1=b_mt^{m-1}+b_{m-1}t^{m-2}+\cdots+b_2t+b_1$$

根据同样道理,又得 $a_1=b_1$.如此继续下去,便得 $m=n$,而且 $a_k=b_k$,$k=0,1,2,\cdots,n$,即 $f(x)=g(x)$.

例 4　试确定所有的实系数多项式 $p(x)$,使得 $xp(x-1)=(x-2)p(x)$ 对所有实数 x 都成立.

讲解　取 $x=2$,则 $2p(1)=0$,$p(1)=0$;取 $x=1$,则 $p(0)=-p(1)=0$.由余数定理,$p(x)$ 有因式 x 和 $x-1$,因此,设 $p(x)=x(x-1)q(x)$,其中 $q(x)$ 是一个实系数多项式.将 $p(x)=x(x-1)q(x)$ 代入 $xp(x-1)=(x-2)p(x)$ 得

$$x(x-1)(x-2)q(x-1)=(x-2)x(x-1)q(x)$$

所以

$$q(x-1)=q(x),x\neq 0,1,2$$

由 $q(x-1)=q(x)$,$x\neq 0,1,2$ 得,当 $x\geqslant 3$,$x\in\mathbf{N}^*$ 时

$$q(x)=q(x-1)=q(x-2)=\cdots=q(3)$$

即 $q(x)=q(3)$ 有无数多个根,因此,$q(x)$ 只能是常数多项式,即 $q(x)\equiv q(3)$.

令 $c=q(3)$,则 $p(x)=cx(x-1)$.

例 5　已知多项式 $p(x)\neq x$,求证:$p(x)-x\mid \underbrace{p(p(\cdots p(p}_{n\text{次}}(x))))-x$.

讲解　记 $p_n(x)=\underbrace{p(p(\cdots p(p}_{n\text{次}}(x))))$,其中 $p_1(x)=p(x)$.

先考虑 $n=2$ 的情况:要证明

$$p(x)-x\mid p_2(x)-x=p_2(x)-p(x)+p(x)-x$$

故只需证明

$$p(x)-x\mid p_2(x)-p(x)$$

事实上,对多项式 $p(x)$ 恒有 $x-y\mid p(x)-p(y)$,用 $p(x)$ 代替 x,x 代替 y 即可,所以

$$p(x)-x \mid p_2(x)-p(x)$$

则

$$p_2(x)-p(x) \mid p_3(x)-p_2(x)$$

$$\cdots\cdots$$

$$p_{n-1}(x)-p_{n-2}(x) \mid p_n(x)-p_{n-1}(x)$$

所以 $p_n(x)-x=p_n(x)-p_{n-1}(x)+p_{n-1}(x)-p_{n-2}(x)+\cdots+p(x)-x$ 能被 $p(x)-x$ 整除.

例 6 设 $a_1,a_2,\cdots,a_{100},b_1,b_2,\cdots,b_{100}$ 为互不相同的实数,将它们按如下法则填入 100×100 的方格表:即在位于第 i 行、第 j 列之相交处的方格内填入数字 a_i+b_j. 现知道任何一列数的乘积都等于1,求证:任何一行数的乘积都等于 -1.

讲解 构造多项式 $f(x)=(x+a_1)(x+a_2)\cdots(x+a_{100})-1$. 由题意便知 $f(b_i)=0,i=1,2,\cdots,100$. 所以由因式定理知(因 $f(x)$ 的次数为100,首项系数为1)

$$f(x)=(x-b_1)(x-b_2)\cdots(x-b_{100})$$

于是就有恒等式

$$(x+a_1)(x+a_2)\cdots(x+a_{100})-1=(x-b_1)(x-b_2)\cdots(x-b_{100})$$

令 $x=-a_i(i=1,2,\cdots,100)$,并代入上式,得

$$-1=(-1)^{100}(a_i+b_1)(a_i+b_2)\cdots(a_i+b_{100})$$

即第 i 行中所有各数的乘积等于 -1,命题得证.

例 7 设 $f(x)$ 是系数均为 ±1 的 n 次多项式,且以 $x=1$ 为 m 重根. 若 $m\geqslant 2^k(k\geqslant 2,k\in\mathbf{N})$,求证:$n\geqslant 2^{k+1}-1$.

讲解 由于 $f(x)$ 以 $x=1$ 为 m 重根,故存在多项式 $g(x)$,使 $f(x)=(x-1)^m g(x)$.

由 $f(x)$ 及 $(x-1)^m$ 均为整系数多项式,可推出 $g(x)$ 也是整系数多项式.

设 $n+1=2^l M$,其中 M 是奇数. 记 $x-1=y$,则有

$$f(x)=f(1+y)=y^m g(1+y)=a_m y^m+a_{m+1}y^{m+1}+\cdots \quad (a_i\in\mathbf{Z}) \qquad ①$$

另一方面,由于 $f(x)$ 的系数均为 ±1,故 mod 2 有

$$f(x)\equiv x^n+x^{n-1}+\cdots+x+1=\frac{1}{y}(y^{n+1}-1)=$$

$$\frac{1}{y}[(1+y)^{2^l M}-1]\equiv\frac{1}{y}[(1+y^{2^l})^M-1]\equiv$$

$$y^{2^l-1}+\cdots \pmod 2 \qquad ②$$

(此处利用了二项式定理)

比较 ① 与 ② 即得 $2^l-1\geqslant m$,又由于 $m\geqslant 2^k$,故 $l\geqslant k+1$,即 $n\geqslant 2^l-1\geqslant 2^{k+1}-1$,证毕.

例 8　已知 $P(z)=z^n+c_1z^{n-1}+c_2z^{n-2}+\cdots+c_{n-1}z+c_n$ 是复变量 z 的实系数多项式.若 $|P(i)|<1$,求证:存在实数 a,b,使得 $P(a+bi)=0$,且 $(a^2+b^2+1)^2<4b^2+1$.

讲解　设 $r_1,r_2,\cdots,r_n$ 是多项式 $P(z)$ 的 n 个根,那么

$$P(z)=(z-r_1)(z-r_2)\cdots(z-r_n)$$

由题设 $|P(i)|<1$,知 $|i-r_1||i-r_2|\cdots|i-r_n|<1$.

因为对于实数 r,$|i-r|=\sqrt{1+r^2}>1$,所以 $r_1,r_2,\cdots,r_n$ 中一定有非实根,设其为 r_j,由于系数 $c_k(k=1,2,\cdots,n)$ 都是实数,因而非实根是成对共轭的,即 $\overline{r_j}$ 也是 $P(z)$ 的根,且使得 $|i-r_j|\cdot|i-\overline{r_j}|<1$.

令 $r_j=a+bi$,则 $P(a+bi)=0$,且

$$1>|\mathrm{i}-(a+b\mathrm{i})|\cdot|\mathrm{i}-(a-b\mathrm{i})|=\sqrt{a^2+(1-b)^2}\cdot\sqrt{a^2+(1+b)^2}=$$

$$\sqrt{(a^2+b^2+1)-2b}\cdot\sqrt{(a^2+b^2+1)+2b}=\sqrt{(a^2+b^2+1)^2-4b^2}$$

所以

$$(a^2+b^2+1)^2<4b^2+1$$

例 9　设 $P(x)=x^n+a_{n-1}x^{n-1}+\cdots+a_1x+a_0$,是实系数多项式.求证:在任意互不相同的 $n+1$ 个整数 $b_1,b_2,\cdots,b_n,b_{n+1}$ 中,一定存在一个 $b_j(1\leqslant j\leqslant n+1)$,使得 $|P(b_j)|\geqslant\dfrac{n!}{2^n}$.

讲解　不妨设 $b_1<b_2<\cdots<b_n<b_{n+1}$,并记 $P(b_j)=y_j$,$j=1,2,\cdots,n+1$.由拉格朗日插值公式,得

$$P(x)=\sum_{j=1}^{n+1}y_j\frac{\prod\limits_{i\neq j}(x-b_i)}{\prod\limits_{i\neq j}(b_j-b_i)}$$

由于 $P(x)$ 的首项系数为 1,所以

$$\sum_{j=1}^{n+1}\frac{y_j}{\prod\limits_{i\neq j}(b_j-b_i)}=1 \qquad ①$$

因为 $b_k(k=1,2,\cdots,n+1)$ 是整数,$b_1<b_2<\cdots<b_{n+1}$,所以对 $1\leqslant i,j\leqslant n+1$,有 $|b_j-b_i|\geqslant|j-i|$.记 $M=\max\limits_{1\leqslant j\leqslant n+1}\{|y_i|\}$,那么由式 ① 得

$$M\sum_{j=1}^{n+1}\frac{1}{\prod\limits_{i\neq j}(b_j-b_i)}\geqslant 1$$

所以

$$1 \leqslant M\sum_{j=1}^{n+1}\frac{1}{(j-1)!\ (n+1-j)!}=$$

$$M\sum_{j=0}^{n}\frac{1}{j!\ (n-j)!}=$$

$$M\sum_{j=0}^{n}\frac{\binom{n}{j}}{n!}=\frac{M}{n!}\sum_{j=0}^{n}\binom{n}{j}=$$

$$\frac{M\cdot 2^n}{n!}$$

即 $M \geqslant \frac{n!}{2^n}$,从而存在一个 b_j,使得 $|P(b_j)|=M \geqslant \frac{n!}{2^n}$.

例 10 求证:对每个 $n \geqslant 2$,存在 n 次整系数多项式 $f(x)=x^n+a_1x^{n-1}+\cdots+a_n$,满足:

(1)$a_1,a_2,\cdots,a_n$ 均不为 0;

(2)$f(x)$ 不能分解为两个次数为正的整系数多项式之积;

(3) 对任何整数 x,$|f(x)|$ 不是素数.

讲解 取 $f(x)=x^n+210(x^{n-1}+x^{n-2}+\cdots+x^2)+105x+12$.

由 Eisenstein 判别法($p=3$) 知,$f(x)$ 不能分解为两个次数为正的整系数多项式之积.

对于任何整数 x,$f(x)$ 取值为偶数.若 $f(x)=2$ 有整数解,则

$$f(x)=x^n+210(x^{n-1}+x^{n-2}+\cdots+x^2)+105x+10$$

有整数根,但由 Eisenstein 判别法($p=5$) 知

$$f(x)=x^n+210(x^{n-1}+x^{n-2}+\cdots+x^2)+105x+10$$

不可约,矛盾! 所以 $f(x)=2$ 没有整数解.

若 $f(x)=-2$ 有整数解,则

$$f(x)=x^n+210(x^{n-1}+x^{n-2}+\cdots+x^2)+105x+14$$

有整数根,但由 Eisenstein 判别法($p=7$) 知

$$f(x)=x^n+210(x^{n-1}+x^{n-2}+\cdots+x^2)+105x+14$$

不可约,矛盾! 所以 $f(x)=-2$ 没有整数解.

因此,对任何整数 x,$|f(x)|$ 是不为 2 的偶数,从而不是素数.

课外训练

1.将关于 x 的多项式 $f(x)=1-x+x^2-x^3+\cdots-x^{19}+x^{20}$ 表为关于 y 的多项式 $g(y)=a_0+a_1y+a_2y^2+\cdots+a_{19}y^{19}+a_{20}y^{20}$,其中 $y=x-4$.求

$a_0+a_1+\cdots+a_{20}$ 的值.

2. 在一次数学课上，老师让同学们解一个五次方程，明明因为上课睡觉，没有将方程抄下，到下课时，由于黑板被擦去了大半，明明仅抄到如下残缺的方程 $x^5-15x^4\cdots-120=0$，若该方程的五个根恰构成等差数列，且公差 $|d|\leqslant 1$，试帮明明解出该方程.

3. 若 $f(x)=x^4+px^2+qx+a^2$ 可被 x^2-1 整除，求 $f(a)$.

4. 已知 x_1,x_2,x_3 是多项式 $f(x)=x^3+ax^2+bx+c$ 的 3 个零点，试求一个以 x_1^2,x_2^2,x_3^2 为零点的三次多项式 $g(x)$.

5. 设 a,b,c,d 是 4 个不同实数，$p(x)$ 是实系数多项式，已知：(1) $p(x)$ 除以 $(x-a)$ 的余数为 a；(2) $p(x)$ 除以 $(x-b)$ 的余数为 b；(3) $p(x)$ 除以 $(x-c)$ 的余数为 c；(4) $p(x)$ 除以 $(x-d)$ 的余数为 d. 求多项式 $p(x)$ 除以 $(x-a)\cdot(x-b)(x-c)(x-d)$ 的余数.

6. 当 $a^3-a-1=0$ 时，$a+\sqrt{2}$ 是某个整系数多项式的根，求满足上述条件的次数最低的首项系数为 1 的多项式.

7. 设 $f(x)=x^4+ax^3+bx^2+cx+d$，若 $f(1)=10$，$f(2)=20$，$f(3)=30$，求 $f(10)+f(-6)$ 的值.

8. 求以有理数 a,b,c 为根的三次多项式 $f(x)=x^3+ax^2+bx+c$.

9. 多项式 $f(x)=x^7+x^4+x^2+1$ 在实数范围内有多少个零点？

10. 设 $p(x),q(x),r(x)$ 及 $s(x)$ 都是多项式，且 $p(x^5)+xq(x^5)+x^2r(x^5)=(x^4+x^3+x^2+x+1)s(x)$，求证：$x-1$ 是 $p(x),q(x),r(x),s(x)$ 的公因式.

11. 设 $p(x)$ 是 $2n$ 次多项式，满足 $p(0)=p(2)=\cdots=p(2n)=0$，$p(1)=p(3)=\cdots=p(2n-1)=2$，及 $p(2n+1)=-30$，求 n 及 $p(x)$.

第11讲　奇偶性分析

知识呈现

奇偶性分析利用了奇数与偶数的一些性质：

1. 奇数不等于偶数；

2. 在自然数数列中，奇数与偶数是相间排列的；

3. 奇数±奇数=偶数，偶数±偶数=偶数，奇数±偶数=奇数；奇数个奇数的和是奇数，偶数个奇数的和是偶数，任意一个偶数的和是偶数；

4. 奇数×奇数=奇数，偶数×偶数=－4的倍数，偶数×整数=偶数；

5. 两个整数的和与这两个整数的差具有相同的奇偶性；

6. 奇数的平方被4除余1，偶数平方为4的倍数；

奇偶分析也常表现为染色，把一个图形染成黑白两色，往往可视为其中一色为奇数，另一色为偶数；也可视为用+1与－1(或1与0)标号…… 总之，在分成两类对问题进行讨论时，常常可以看成是在进行奇偶分析.

典例展示

例1　(1) 求证：平面上的格点中，任取5点，必有两点其连线中点是格点；

(2) 至多可以取出多少个格点，使这些点中任取三点为顶点的三角形面积都不是整数.

讲解　(1) 按横坐标与纵坐标的奇偶性把平面格点分类，用抽屉原理证明.

按横坐标与纵坐标的奇偶性把平面上的所有格点分类，共有4类：(奇，奇)，(奇，偶)，(偶，奇)，(偶，偶).

任取5个格点，必有两点属于同一类，设$A(x_1,y_1)$，$B(x_2,y_2)$这两点是属于同一类的两点，则其连线的中点$M\left(\frac{1}{2}(x_1+x_2),\frac{1}{2}(y_1+y_2)\right)$即为格

点. 故得证.

(2) 考虑三角形的面积如何计算.

由三角形面积表达式 $S=\frac{1}{2}[(x_1-x_2)(y_2-y_3)-(x_2-x_3)(y_1-y_2)]$ 知,如果三角形有某两个顶点属于同一类(上题中的分类),则其面积为整数;如果 3 个顶点都不同类,则其面积不为整数.

于是取分属于 4 个不同的类的 4 个格点,以这 4 个点中的任三点为顶点的三角形面积都不为整数,但如果取 5 个格点,则必有某两点属于同一类,此时以这两个点及另外任一点为顶点的三角形面积为整数.

故至多取 4 个点,且此四点应分属不同的四类.

说明　把整数分成“奇数”与“偶数”两类,就相当于构造了两个抽屉,从而奇偶分析常常用抽屉原理为工具解决问题.

例 2　设 $a_1,a_2,\cdots,a_{64}$ 是 $1,2,\cdots,63,64$ 的任意一种排列. 令

$$b_1=|a_1-a_2|,b_2=|a_3-a_4|,\cdots,b_{32}=|a_{63}-a_{64}|$$

$$c_1=|b_1-b_2|,c_2=|b_3-b_4|,\cdots,c_{16}=|b_{31}-b_{32}|$$

$$d_1=|c_1-c_2|,d_2=|c_3-c_4|,\cdots,d_8=|c_{15}-c_{16}|$$

……

这样一直做下去,最后得到一个整数 x. 求证:x 为偶数.

讲解　可以从后向前推:若 x 为奇数,则其前一次运算时的两个数必一奇一偶,……,这样直到开始时的 64 个数的奇偶性. 这就是证法一的思路;也可以从前向后推:第一次运算得到的 32 个数的奇偶性与原来各数的奇偶性有什么关联?第二次运算所得 16 个数又与第一次运算的 32 个数有什么关联?又与原来的 64 个数有何关联?……这样直到最后一个数. 这就是证法二的思路.

证法一:假定 x 为奇数,则上述计算过程中倒数第二步的两个数是一奇一偶,倒数第三步的四个数或者是三奇一偶或者是一奇三偶. 仿此推知,计算过程中的每一步只能有奇数个奇数,那么在 $a_1,a_2,\cdots,a_{64}$ 中也该有奇数个奇数. 但它们是 $1,2,\cdots,64$ 的某一排列,其中奇数有 32 个,这就产生了矛盾. 所以最后一个数只能是偶数.

证法二:因为整数 a 与 $|a|$ 的奇偶性一致,整数 a,b 的和 $a+b$ 与其差 $a-b$ 的奇偶性也一致,所以上述计算过程的第二步中的 32 个数:$|a_1-a_2|$,$|a_3-a_4|,\cdots,|a_{63}-a_{64}|$,分别与 $a_1+a_2,a_3+a_4,\cdots,a_{63}+a_{64}$ 的奇偶性一致,于是,可改为考虑:

第一步:$a_1,a_2,\cdots,a_{64}$;

第二步:$a_1+a_2,a_3+a_4,\cdots,a_{63}+a_{64}$;

第三步:$a_1+a_2+a_3+a_4,\cdots,a_{61}+a_{62}+a_{63}+a_{64}$;

……

很明显,这样做最后所得的数是 $a_1+a_2+a_3+a_4+\cdots+a_{63}+a_{64}$. 而 x 与它的奇偶性一致. 由于 $a_1,a_2,\cdots,a_{64}$ 是 $1,2,\cdots,64$ 的某一排列,因此,$a_1+a_2+a_3+a_4+\cdots+a_{63}+a_{64}=1+2+\cdots+64=32\times 65$,这是一个偶数,故知 x 为偶数.

例 3 有 $n\times n(n>3)$ 的一张空白方格表,在它的每一个方格内任意地填入 $+1$ 与 -1 这两个数中的一个,先将表内 n 个两两既不同行又不同列的方格中的数的乘积称为一个基本项. 求证:按上述方式所填成的每一个方格表,它的全部基本项之和总能被 4 整除(即总能表示成 $4k$ 的形式,其中 $k\in\mathbf{Z}$).

讲解 一下子证明基本项之和总能被 4 整除较难,可以分两步走:先证明基本项的和能被 2 整除,再证其能被 4 整除. 这样就较容易了.

基本项共有 $n!$ 个,$n>3$,故基本项的个数为 4 的倍数,设基本项共有 $4m$ 项.

设第 i 行第 j 列的格子中填入了 $a_{ij}(a_{ij}=+1$ 或 $-1,1\leqslant i,j\leqslant n)$,每个基本项都是由 n 个 $+1$ 或 -1 相乘而得,故每个基本项都等于 $+1$ 或 -1.

其次,每个数 a_{ij} 都要在 $(n-1)!$ 个基本项中出现,由于 $n>3$,故 $(n-1)!$ 为偶数. 所以,把所有基本项乘起来后,每个 a_{ij} 都乘了 $(n-1)!$ 次,于是所有基本项的乘积等于 1. 这说明等于 -1 的基本项有偶数个,同样,等于 $+1$ 的基本项也有偶数个.

若等于 -1 的基本项有 $4l$ 个,则等于 $+1$ 的基本项有 $4m-4l$ 个,其和为 $4m-4l-4l=4(m-2l)$ 为 4 的倍数;

若等于 -1 的基本项有 $4l-2$ 个,则等于 $+1$ 的基本项有 $4m-4l+2$ 个,其和为 $(4m-4l+2)-(4l-2)=4(m-2l+1)$ 为 4 的倍数. 故证.

例 4 设 $P(x)=a_0x^n+a_1x^{n-1}+\cdots+a_{n-1}x+a_n$ 是整系数多项式,如果 $P(0)$ 与 $P(1)$ 都是奇数,求证:$P(x)$ 无整数根.

讲解 奇数 h 与整数 n 积的奇偶性与 n 的奇偶性相同. 要证 $P(x)$ 没有整数根,只要证明 $P(x)$ 既没有奇数根,又没有偶数根即可.

$P(0)=a_n$,故 a_n 为奇数;

$P(1)=a_0+a_1+\cdots+a_{n-1}+a_n$ 为奇数,故 $a_0+a_1+\cdots+a_{n-1}$ 为偶数,从而 $a_0,a_1,\cdots,a_{n-1}$ 中有偶数个奇数.

任取一奇数 k,则 $k^i(i=1,2,\cdots,n)$ 为奇数,从而 $a_{n-i}k^i(i=1,2,\cdots,n)$ 的奇偶性与 a_{n-i} 的奇偶性相同,于是,$a_0k^n+a_1k^{n-1}+\cdots+a_{n-1}k$ 的奇偶性与 a_0+

$a_1+\cdots+a_{n-1}$ 的奇偶性相同，即 $a_0k^n+a_1k^{n-1}+\cdots+a_{n-1}k$ 为偶数，从而 $P(k)=a_0k^n+a_1k^{n-1}+\cdots+a_{n-1}k+a_n$ 与 a_n 的奇偶性相同，即 $P(k)$ 为奇数，从而 $P(k)\neq 0$，故 k 不是 $P(x)$ 的根.

任取一偶数 h，则 $h^i(i=1,2,\cdots,n)$ 为偶数，从而 $a_{n-i}h^i(i=1,2,\cdots,n)$ 为偶数，于是 $a_0h^n+a_1h^{n-1}+\cdots+a_{n-1}h$ 为偶数，从而 $P(h)=a_0h^n+a_1h^{n-1}+\cdots+a_{n-1}h+a_n$ 与 a_n 的奇偶性相同，即 $P(h)$ 为奇数，从而 $P(h)\neq 0$，故 h 不是 $P(x)$ 的根.

因为任何奇数与任何偶数都不是 $P(x)$ 的根，所以 $P(x)$ 没有整数根.

例 5　在圆周上按任意顺序写上 4 个 1 与 5 个 0，然后进行下面的运算：在相邻的相同数字之间写上 0，而在不同的相邻数字之间写上 1，并擦掉原来的数字. 接着进行同样的运算，如此继续. 求证：不管这种运算进行多少次，都不可能得到 9 个 0.

讲解　若经过 k 次操作，第一次出现 9 个 0(即前面 $k-1$ 次操作都没有出现 9 个 0 的情况). 这说明，第 $k-1$ 次应该出现 9 个相同的数字，但不是 0，而应出现全部是 1，于是第 $k-2$ 次操作所得应是全部 0，1 相间. 于是圆周上的标数个数应为偶数个. 但原来只标出 9 个数字，是奇数个，而经过 1 次操作，并不改变标出数字的个数.

例 6　设 $d_1,d_2,\cdots,d_k$ 是正整数 n 的所有因数，这里，$1=d_1<d_2<\cdots<d_k=n$，$k\geqslant 4$，求所有满足 $d_1^2+d_2^2+d_3^2+d_4^2=n$ 的正整数 n.

讲解　若 n 为奇数，则其每个因数都是奇数，于是 $d_1^2+d_2^2+d_3^2+d_4^2=n$ 为偶数，矛盾. 故 n 为偶数. 故 $d_1=1$，$d_2=2$，且 d_3，d_4 必一奇一偶. 若 $d_3=3$，则 $d_4\leqslant 6$ 且 d_4 必为偶数. 当 $d_4=4$ 时，$d_1^2+d_2^2+d_3^2+d_4^2=30$，不满足 $d_4=4$；当 $d_4=6$ 时 $d_1^2+d_2^2+d_3^2+d_4^2=50$，不满足 $d_4=6$. 故 $d_3>3$，$3\nmid n$. 若 $d_3=4$，则 $4\mid n$，且 d_4 为奇. 由于 $d_1^2+d_2^2+d_3^2+d_4^2=n\equiv 0(\mathrm{mod}\ 4)$，而 $d_1^2\equiv 1(\mathrm{mod}\ 4)$，$d_2^2\equiv 0(\mathrm{mod}\ 4)$，$d_3^2\equiv 0(\mathrm{mod}\ 4)$，$d_4^2=1$，与 $d_1^2+d_2^2+d_3^2+d_4^2\equiv 0(\mathrm{mod}\ 4)$ 矛盾. 故 $d_3>4$，$4\nmid n$. 从而 d_3 必为奇数，于是由 $d_1^2+d_2^2+d_3^2+d_4^2=n\equiv 2(\mathrm{mod}\ 4)$ 故 d_4 为偶数，从而 $d_4=2d_3$，故 $1+4+d_3^2+4d_3^2=5+5d_3^2=5(1+d_3^2)=n$，即 $5\mid n$，$d_3=5$，$d_4=10\Rightarrow n=130$.

例 7　在 $1^2,2^2,3^2,\cdots,1\,989^2$ 这 1 989 个连续的完全平方数的每个数前都添“+”或“−”号，使其代数和为最小的非负数，并写出算式.

讲解　要求该和式的最小非负值，由于该和式为整数，而最小非负整数为 0，所以首先考虑此和能否等于 0？如果不能，应该证明和式不能等于 0，再研究和式能否等于 1？如果和能等于 1，则也要证明和式不能等于 1，……，这样依此类推，直到找出和式的最小值为止.

要求这1 989个完全平方数的和式的最小值,可以考虑找到某种规律,把这些数分成若干小段,每个小段的和为0,最后再处理少数几个数,这样就容易得出结果.为此可对照研究一个简单的问题:

在1,2,…,1 989这1 989个连续整数的每个数前都添"+"或"−"号,使其代数和为最小的非负数.

这1 989个数中有995个奇数,994个偶数,故其和为奇数,所以,这1 989个平方数的和不可能等于0.而改变和式中任一个的符号("+"号改为"−"号)都不改变结果的奇偶性,所以,无论怎样安排各数前的"+""−"号,都不可能使此代数和为0,故所求最小非负代数和大于等于1.由于

$$n^2-(n+1)^2-(n+2)^2+(n+3)^2=4$$

因此可以把连续8个整数取出,使其前4个的符号按此安排,其和为4,后4个的符号则与之相反,其和为−4,则此8个数的代数和为0,即

$$n^2-(n+1)^2-(n+2)^2+(n+3)^2-(n+4)^2+(n+5)^2+(n+6)^2-(n+7)^2=0$$

而
$$1\,989=8\times 248+5$$

现从14^2开始,每连续8个完全平方数为一组,共得247组,每组的第1,4,6,7个数前取"+"号,第2,3,5,8个数前取"−"号,则这组8个数之和为0.按此安排,可以使从14^2起到$1\,989^2$止的数的代数和为0.

又$1^2+2^2+3^2+\cdots+13^2=819$,而$\left[\frac{819}{2}\right]=409$.

经试验知,$4^2+9^2+12^2+13^2=16+81+144+169=410$,故知

$$-1^2-2^2-3^2+4^2-5^2-6^2-7^2-8^2+9^2-10^2-11^2+12^2+13^2=1$$

于是可得,所求最小非负代数和为1.

说明 若只把前5个平方数留下,从6^2起,每8个数分成一组,按上述安排,可以使从6^2起到$1\,989^2$止的数的代数和为0.但$1^2+2^2+3^2+4^2+5^2=55$,而这5个平方数中找不到其中几个,其和为$\left[\frac{55}{2}\right]=27$.如果据此断言,此代数和不可能为1就错了.本解中继续取出6^2到13^2这8个数与前5个平方数在一起再加以考察,得出代数和可以等于1的最佳结果.

试考虑下面问题:试研究把$1\,989^2$改成n^2后的一般结论.

例8 设$E=\{1,2,3,\cdots,200\}$,$G=\{a_1,a_2,\cdots,a_{100}\}$是$E$的真子集,且$G$具有下列两条性质:

(1) 对于任何$1\leqslant i<j\leqslant 100$,恒有$a_i+a_j\neq 201$;

(2)$a_1+a_2+\cdots+a_{100}=10\,080$.

求证：G 中的奇数的个数是 4 的倍数，且 G 中所有数的平方和为一定数.

讲解　要证 G 中奇数的个数是 4 的倍数，可以分两步走：先证 G 中有偶数个奇数，再进而证明 G 中的奇数个数是 4 的倍数. 这可以通过考虑奇数与偶数的表示方法做到：偶数是所有被 2 整除的数，也可看成是被 4 除余 0 或 2 的数；奇数是被 2 除余 1 的数，也是被 4 除余 1 或 3 的数.

要证明这 100 个数的平方和为定值，由于这 100 个数不确定，但 E 中 200 个数是确定的，因此应把 G 中的元与 E 中不是 G 的元的那 100 个元合起来一起考虑它们的平方和.

(1) 把 E 中的 200 个数分成 100 组，每组两个数，且同组两个数的和为 201：

$$A_i=\{i,201-i\}\quad(i=1,2,\cdots,100)$$

(即分成 $\{1,200\}$，$\{2,199\}$，$\{3,198\}$，$\cdots$，$\{100,101\}$ 这 100 个组)；

于是同组的两个数不能都是 G 的元素，这说明 G 中的元素不能超过 100 个. 又若某一组中的两个数都不是 G 的元素，则 G 中的元素个数将少于 100. 这说明上述分组中的每个组都必须有 1 个数且只能有 1 个数是 G 的元素.

设 G 的元素中，$x_1,x_2,\cdots,x_i$ 为奇数，$y_1,y_2,\cdots,y_j$ 为偶数，且 $i+j=100$($x_1,x_2,\cdots,x_i,y_1,y_2,\cdots,y_j$ 是 $a_1,a_2,\cdots,a_{100}$ 的一个排列).

$$x_1+x_2+\cdots+x_i+y_1+y_2+\cdots+y_j=10\,080$$

由于 i 个奇数的和为偶数，故 i 为偶数，令 $i=2p(p\in\mathbf{N})$.

又由于 $201\equiv1(\bmod 4)$，故 A_i 中两个数或被 4 除余 0 与 1，或被 4 除余 2 与 3.

把 A_i 中两数被 4 除的余数这 100 组再分两类：

$\{4k+1,4(50-k)\}$ 型的组共有 50 个(即 $A_1,A_4,A_5,A_8,\cdots,A_{97},A_{100}$ 这 50 组)，$\{4k+3,4(50-k)-2\}$ 型的组共有 50 个(即 $A_2,A_3,A_6,A_7,\cdots,A_{98}$，$A_{99}$ 这 50 组).

设 G 中 $4k+1$ 型的奇数共有 m 个，则 $4k+3$ 型的奇数共有 $2p-m$ 个，$4(50-k)$ 型的偶数共有 $50-m$ 个，$4(50-k)-2$ 型的数共有 $50-2p+m$ 个.

所以，和 $a_1+a_2+\cdots+a_{100}\equiv m\times1+(2p-m)\times3+(50-m)\times0+(50-2p+m)\times2(\bmod 4)$.

即 $2p+100$ 应能被 4 整除. 所以，$2\mid p$，即 $4\mid i$.

即是 G 中奇数的个数是 4 的倍数.

(2) 因

$$\{a_1,a_2,\cdots,a_{100},201-a_1,201-a_2,\cdots,201-a_{100}\}=\{1,2,3,\cdots,200\}$$

故 $a_1^2+a_2^2+\cdots+a_{100}^2+(201-a_1)^2+(201-a_2)^2+\cdots+(201-a_{100})^2=1^2+$

$2^2+3^2+\cdots+200^2$ 为定值$\left(=\frac{1}{6}\times200\times201\times401=2\ 686\ 700\right)$.

展开即是

$$a_1^2+a_2^2+\cdots+a_{100}^2+201^2\times100-2\times201\times(a_1+a_2+\cdots+a_{100})+$$
$$a_1^2+a_2^2+\cdots+a_{100}^2=$$
$$2(a_1^2+a_2^2+\cdots+a_{100}^2)+201^2\times100-$$
$$2\times201\times10\ 080\text{ 为定值}(=2\ 686\ 700)$$

即 $a_1^2+a_2^2+\cdots+a_{100}^2$ 为定值(=1 349 380).

例 9 设有一个顶点都是格点的 100 边形,它的边都与 x 轴或 y 轴平行,且边长都是奇数.求证:它的面积也是奇数.

讲解 先研究这个 100 边形的形状,必定是凹的多边形;再研究如何求这个多边形的面积,由于其形状不能确定,但其边与坐标轴平行,故可以用向 x 轴作垂线的方法(如例 2 的链接中所用的方法)把该多边形面积转化为一批矩形的面积和.再研究各矩形面积的奇偶性.

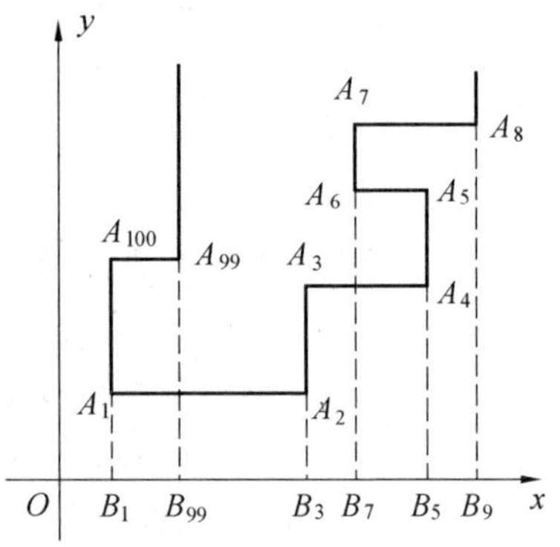

图 1

显然,这些边必是一横一竖相间.从而这 100 条边中有 50 条为横边,50 条为竖边.

如图,不妨把这个 100 边形放在第一象限的 x 轴上方,并设 A_1A_2 为横边,A_2A_3 为竖边,分别过 $A_1,A_3,A_5,\cdots,A_{99}$ 作 x 轴的垂线 $A_1B_1,A_3B_3,A_5B_5,\cdots,A_{99}B_{99}$,垂足分别为 $B_1,B_3,B_5,\cdots,B_{99}$. 则该 100 边形可以看作 50 个矩形 $A_1A_2B_3B_1,A_3A_4B_5B_3,A_5A_6B_7B_5,\cdots,A_{99}A_{100}B_1B_{99}$ 的面积的代数和.

由于 $A_3B_3=A_1B_1\pm A_3B_3$,而 A_3B_3 的长度为奇数,故 A_1B_1 与 A_3B_3 的长度数值奇偶性相反,于是,$A_1B_1,A_3B_3,\cdots,A_{99}B_{99}$ 这 50 条线段的长度数值奇偶性相间.

但 $A_1A_2,A_3A_4,\cdots,A_{99}A_{100}$ 的长度数值都是奇数,从而这 50 个矩形的面积数值也是奇偶相间,故其中有 25 个奇数,25 个偶数.所以,这 50 个矩形面积的代数和为 25 个奇数与 25 个偶数的代数和,必为奇数.故证.

例 10 求所有具有下述性质的 $n\in\mathbf{N}^*$,能够把 $2n$ 个数 $1,1,2,2,3,3,\cdots,n,n$ 排成一行,使得当 $k=1,2,\cdots,n$ 时,在两个 k 之间恰有 k 个数.

讲解 设 $n\in\mathbf{N}^*$,$a_1,a_2,\cdots,a_{2n}$ 是满足要求的排列.设数 k 排在第 m_k 及 m_k+k+1 位,故这 $2n$ 个数的数位和(即 $\{a_i\}$ 的下标和)为

$$\sum_{k=1}^{n}(m_k+m_k+k+1)=2\sum_{k=1}^{n}m_k+\frac{1}{2}n(n+3)$$

但这 $2n$ 个数的数位和又等于

$$1+2+\cdots+2n=n(2n+1)$$

所以

$$2\sum_{k=1}^{n}m_k=n(2n+1)-\frac{1}{2}n(n+3)=\frac{1}{2}n(3n-1)$$

于是$\frac{1}{4}n(3n-1)$为整数，但 n 与 $3n-1$ 奇偶性不同，故当 $n=4l$ 或 $3n-1=4l'$ 时，即 $n=4l$ 或 $n=4l'-1$ 时$\frac{1}{4}n(3n-1)$为整数.

所以当 $n\equiv 1,2 \pmod 4$ 时，不存在满足要求的排列.

当 $n\equiv 0 \pmod 4$ 时，可把这 $1\sim 4l$ 这些数如下排列：

$l=1$ 时：2，3，4，2，1，3，1，4.

$l=2$ 时：4，6，1，7，1，4，8，5，6，2，3，7，2，5，3，8.

一般的：$4l-4,\cdots,2l,4l-2,2l-3,\cdots,1,4l-1,1,\cdots,2l-3,2l,\cdots,4l-4,4l,4l-3,\cdots,2l+1,4l-2,2l-2,\cdots,2,2l-1,4l-1,2,\cdots,2l-2,2l+1,\cdots,4l-3,2l-1,4l$.

当 $n\equiv -1 \pmod 4$ 时，可把这 $4l-1$ 个数如下排列：

$l=1$ 时：2，3，1，2，1，3；

$l=2$ 时：4，6，1，7，1，4，3，5，6，2，3，7，2，5.

一般的，$4l-4,\cdots,2l,4l-2,2l-3,\cdots,1,4l-1,1,\cdots,2l-3,2l,\cdots,4l-4,2l-1,4l-3,\cdots,2l+1,4l-2,2l-2,\cdots,2,2l-1,4l-1,2,\cdots,2l-2,2l+1,\cdots,4l-3$.

其中，“…”表示一个公差为 2 或 -2 的等差数列.

课外训练

1. 一天，某旅行者乘火车来到某个城市游玩，他玩了一天后于晚上回到来时的火车站，求证：他总可以沿着他当天走过奇数次的街道回到火车站.

2. 将正方形 $ABCD$ 分割成 n^2 个相等的小方格（n 是正整数），把相对的顶点 A，C 染成红色，把 B，D 染成蓝色，其他交点任意染红、蓝两色中的一种颜色. 求证：恰有 3 个顶点同色的小方格数目必是偶数.

3. 在黑板上写有若干个 0，1 和 2，现在可以擦掉两个不同的数字，并用另一个数字代替它们（用 2 代替 0 与 1，用 1 代替 0 与 2，用 0 代替 1 与 2）. 求证：

如果这种做法,最后在黑板上只留下一个数字,那么,留下的数字与操作顺序无关.

4.已知多项式 x^3+bx^2+cx+d 的系数都是整数,并且 $bd+cd$ 是奇数,则这个多项式不能分解成为两个整系数多项式的乘积.

5.是否存在整数 a,b,c,d,使得对所有的整数 x,等式 $x^4+2x^2+2\ 000x+30=(x^2+ax+b)(x^2+cx+d)$ 成立.

6.能否将 1 990 × 1 990 方格表中的每个小方格涂成黑色或白色,使得关于表的中心对称的方格涂有不同的颜色,并且任一行及任一列中黑格与白格都各占一半.

7.在 99 枚外观相同的硬币中,要找出其中的某些假币.已知每枚假币与真币的质量相差奇数克,而所给硬币质量和恰等于真币的质量,现有带指针标明整克数的双盘天平,求证:只要称一次就可辨别指定的硬币是否是假币.

8.从集$\{0,1,2,\cdots,14\}$中选出不同的数,填入图 2 中的 10 个小圆圈中,使得由线段联结的两个数的差的绝对值均不相等,这可能吗?证明你的结论.

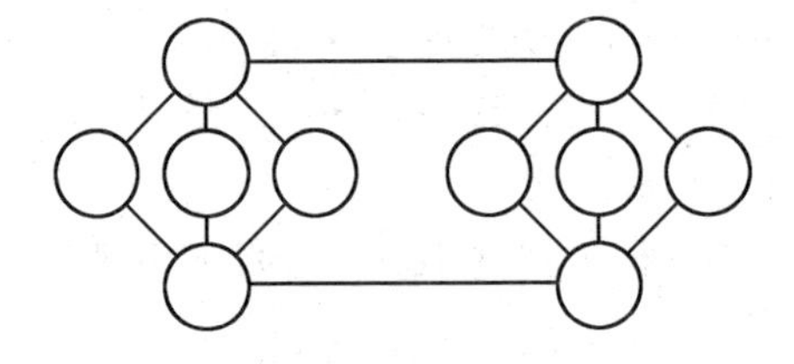

图 2

9.设正整数 d 不等于 2,5,13,证明:在集合$\{2,5,13,d\}$中,可以找到两个不同元素的 a,b,使 $ab-1$ 不是完全平方数.

10.设 $P_0,P_1,P_2,\cdots,P_{1\ 993}=P_0$ 为 xy 平面上不同的点,具有下列性质:

(1)P_i 的坐标均为整数,$i=0,1,2,3,\cdots,1\ 992$;

(2)在线段 P_iP_{i+1} 上没有其他的点,坐标均为整数,$i=0,1,2,3,\cdots,1\ 992$.

求证:对某个 i,$0\leqslant i\leqslant 1\ 992$,在线段 P_iP_{i+1} 上有一个点 $Q(q_x,q_y)$ 使 $2q_x$,$2q_y$ 均为奇整数.

11.设 $n\geqslant 2$,$a_1,a_2,\cdots,a_n$ 都是正整数,且 $a_k\leqslant k(1\leqslant k\leqslant n)$.求证:当且仅当 $a_1+a_2+\cdots+a_n$ 为偶数时,可适当选取"+"号与"−"号,使 $a_1\pm a_2\pm\cdots\pm a_n=0$.

第 12 讲　抽屉原理

知识呈现

抽屉原理Ⅰ:把 $n+1$ 件东西任意放入 n 只抽屉里,那么至少有一个抽屉里有两件东西.

抽屉原理Ⅱ:把 m 件东西放入 n 个抽屉里,那么至少有一个抽屉里有 $\left[\frac{m}{n}\right]$ 件东西.

抽屉原理Ⅲ:如果有无穷件东西,把它们放在有限多个抽屉里,那么至少有一个抽屉里含无穷件东西.

应用抽屉原理解题,关键在于构造抽屉.构造抽屉的常见方法有:图形分割、区间划分、整数分类(剩余类分类、表达式分类等)、坐标分类、染色分类等.

典例展示

例 1　在边长为 1 的正方形内任意放入 9 个点,求证:存在 3 个点,以这 3 个点为顶点的三角形的面积不超过 $\frac{1}{8}$.

讲解　根据题意,构造的"抽屉"中至少要有 3 点,且以这三个点为顶点的三角形的面积不超过 $\frac{1}{8}$.如图 1,四等分正方形,得到 4 个矩形.在正方形内任意放入九个点,则一定存在一个矩形,其内至少存在 $\left[\frac{9-1}{4}\right]+1=3$ 个点,设三点为 A,B,C,具体考察其所在的矩形(图 2),过 3 个点分别作矩形长边的平行线,过 A 的平行线交 BC 于点 A',设点 A 到矩形长边的距离为 h,则 $\triangle ABC$ 的面积

$$S_{\triangle ABC}=S_{\triangle AA'C}+S_{\triangle AA'B}\leqslant$$
$$\frac{1}{2}\times1\times h+\frac{1}{2}\times1\times\left(\frac{1}{4}-h\right)=\frac{1}{8}$$

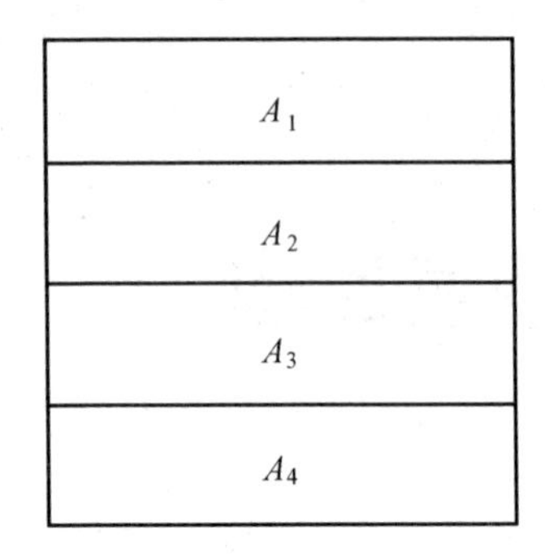

图 1

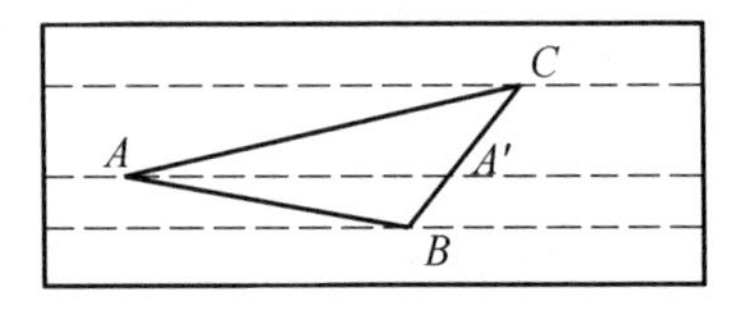

图 2

例 2 如图 3,分别标有 1 到 8 的两组滚珠均匀放在内外两个圆环上,开始时相对的滚珠所标数字都不相同,当两个圆环按不同方向转动时,必有某一时刻,内外两环中至少有两对数字相同的滚珠相对.

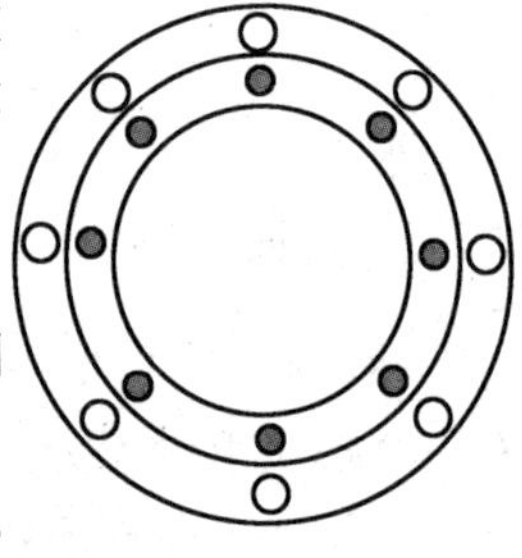

图 3

讲解 转动一周形成 7 个内外两环两对数字相同的时刻,以此构造抽屉.

内外两个圆环转动可把一个看成是相对静止的,只有一个外环在转动.当外环转动一周后,每个滚珠都会有一次内环上标有相同数字的滚珠相对的时刻,这样的时刻将出现 8 次.

但一开始没有标有相同数字的滚珠相对,所以外环转动一周的过程中最多出现 7 个时刻内外标有相同数字的滚珠相对,故必有一个时刻内外两环中至少有两对数字相同的滚珠相对.

说明 转动一周内外两环两对的 8 个时刻排除显然不合题意的初始时刻是本题的突破口.

例 3 点 P 为 $\triangle ABC$ 内任意一点,与点 A,B,C 的连线分别交对边于 D,E,F.求证:在$\frac{AP}{PD},\frac{BP}{PE},\frac{CP}{PF}$中必有一个不大于 2,也必有一个不小于 2.

讲解 由 $S_{\triangle PBC}+S_{\triangle PCA}+S_{\triangle PAB}=S_{\triangle ABC}$,寻求关于$\frac{AP}{PD},\frac{BP}{PE},\frac{CP}{PF}$的关系式展开分析.利用

$$S_{\triangle PBC}+S_{\triangle PCA}+S_{\triangle PAB}=S_{\triangle ABC}$$

以及

$$\frac{S_{\triangle PBC}}{S_{\triangle ABC}}=\frac{PD}{AD}=\frac{1}{1+\frac{PA}{PD}},\cdots\text{(其余两个类似)}$$

得

$$\frac{1}{1+\frac{PA}{PD}}+\frac{1}{1+\frac{PB}{PE}}+\frac{1}{1+\frac{PC}{PF}}=1$$

三个正数的和为 1，必有一个不小于$\frac{1}{3}$，也必有一个不大于$\frac{1}{3}$. 不妨设 $\frac{1}{1+\frac{PA}{PD}}\geqslant\frac{1}{3}$，得$\frac{PA}{PD}\leqslant 2$. $\frac{1}{1+\frac{PC}{PF}}\leqslant\frac{1}{3}$，得$\frac{PC}{PF}\geqslant 2$.

所以在$\frac{AP}{PD}$，$\frac{BP}{PE}$，$\frac{CP}{PF}$中必有一个不大于 2，也必有一个不小于 2.

例 4　质点沿直线方向往前跳，每跳一步前进$\sqrt{5}$ m，而前进方向上距离起点每隔 1 m 都有一个以此点为中心长为 2×10^{-3} m 的陷阱，求证：该质点迟早要掉进某个陷阱里.

讲解　若该质点跳了 m 步后掉进了第 l 个陷阱里，则本题等价于：存在正整数 m，l，使得 $|l-m\sqrt{5}|<10^{-3}$.

把区间[0,1) 分成 1 000 等份，每一等分都是左闭右开的小区间，它们的长都是 10^{-3}. 考虑 1 001 个实数 $k\sqrt{5}-[k\sqrt{5}]$，$k=1,2,\cdots,1\,001$，由于 $k\sqrt{5}-[k\sqrt{5}]\in[0,1)$，则这 1 001 个实数都在区间[0,1) 内. 由抽屉原理，必有两个实数设为 $i\sqrt{5}-[i\sqrt{5}]$ 和 $j\sqrt{5}-[j\sqrt{5}]$ 都在同一小区间内(不妨设 $i>j$). 于是有 $|(i\sqrt{5}-[i\sqrt{5}])-(j\sqrt{5}-[j\sqrt{5}])|<10^{-3}$，即 $|(i-j)\sqrt{5}-([i\sqrt{5}]-[j\sqrt{5}])|<10^{-3}$，设 $m=i-j$，$l=[i\sqrt{5}]-[j\sqrt{5}]$，则有 $|l-m\sqrt{5}|<10^{-3}$. 从而当质点跳了 m 步后掉进了第 l 个陷阱里.

例 5　(1) 对于任意的 5 个正整数，求证：其中必有 3 个数的和能被 3 整除；

(2) 对于任意的11个正整数，求证：其中一定有6个数，它们的和能被6整除.

分析　(1) 可借助于 3 的同余类构造抽屉；(2) 若仿造(1) 借助于 6 的同余类构造抽屉情形较为烦琐，不妨借助于(1) 的结论从中构造出能满足被 2 整除的数.

讲解　(1) 任何自然数除以 3 的余数只能是 0,1,2，不妨分别构造 3 个抽屉：{0}，{1}，{2}，将这 5 个数按其余数放置到这 3 个抽屉中：

① 若这 5 个正整数分布在这 3 个抽屉中，从 3 个抽屉中各取一个，其和必能被 3 整除；

② 若这5个自然数分布在其中的2个抽屉中，则必有一个抽屉中含有至少3个数，取其3个，其和必能被3整除；

③ 若这5个自然数分布在其中的1个抽屉中，取其3个，其和必能被3整除.

(2) 设11个整数为$a_1,a_2,\cdots,a_{11}$，因为$6=2\times3$.

① 先考虑被3整除的情形. 由(1)知：在11个任意整数中，必存在：$3\mid a_1+a_2+a_3$，不妨设$a_1+a_2+a_3=b_1$；同理，剩下的8个任意整数中，由(1)知，必存在：$3\mid a_4+a_5+a_6$，不妨设$a_4+a_5+a_6=b_2$；同理，其余的5个任意整数中，有$3\mid a_7+a_8+a_9$，设$a_7+a_8+a_9=b_3$.

② 再考虑b_1,b_2,b_3中存在两数之和被2整除. 依据抽屉原理，b_1,b_2,b_3这3个整数中，至少有两个是同奇或同偶，这两个同奇(或同偶)的整数之和必为偶数.

不妨设$2\mid b_1+b_2$，则$6\mid b_1+b_2$，即$6\mid a_1+a_2+a_3+a_4+a_5+a_6$.

所以任意11个整数，其中必有6个数的和是6的倍数.

例6 910瓶红、蓝墨水，排成130行，每行7瓶. 证明：不论怎样排列，红、蓝墨水瓶的颜色次序必定出现下述两种情况之一：

(1) 至少三行完全相同；

(2) 至少有两组(四行)，每组的两行完全相同.

分析 每行7个位置有128种不同放置方式，以此构造抽屉.

讲解 910瓶红、蓝墨水，排成130行，每行7瓶. 每行中的7个位置中的每个位置都有红、蓝两种可能，因而总计共有$2^7=128$种不同的行式(当且仅当两行墨水瓶颜色及次序完全相同时称为"行式"相同).

任取130行中的129行，依抽屉原理可知，必有两行(记为A,B)"行式"相同.

在除A,B外的其余128行中若有一行P与$A(B)$"行式"相同，则P,A,B满足"至少有三行完全相同"；在其余(除A,B外)的128行中若没有与$A(B)$行式相同者，则128行至多有127种不同的行式，依抽屉原理，必有两行(不妨记为C,D)行式相同，这样便找到了$(A,B),(C,D)$两组(四行)，每组两行完全相同.

说明 本题构造抽屉时用到分步计数原理，$2^7=128$个"行式"是构造"抽屉"的关键.

例7 将平面上每个点以红、蓝两色之一着色，求证：存在这样的两个相似三角形，它们的相似比为1 995，并且每一个三角形的3个顶点同色.

分析　构造相似比为1 995的九点组.

讲解　如图4,作两个半径分别为1和1 995的同心圆,在内圆上任取9个点,必有五点同色,记为A_1,A_2,A_3,A_4,A_5.联结半径OA_i交大圆于$B_i(i=1,2,3,4,5)$,对B_1,B_2,B_3,B_4,B_5,必有三点同色,记为B_i,B_j,B_k,则$\triangle B_iB_jB_k$与$\triangle A_iA_jA_k$为三顶点同色的相似三角形,相似比等于1 995,满足题设条件.

说明　这里连续用了两次抽屉原理(以染色作抽屉).也可以一开始就取位似比为1 995的9个位似点组$(A_i,B_i)(i=1,2,\cdots,9)$,对4个抽屉(红,红),(红,蓝),(蓝,红),(蓝,蓝)应用抽屉原理,得出必有3个位似点属于同一抽屉,从题目的证明过程中可以看出,相似比1 995可以改换成另外一个任意的正整数、正实数.当然,不用同心圆也可证得,如在平面上取任三点都不共线的九点(图5),由抽屉原理必有五点同色,设为A,B,C,D,E;以A为位似中心,以1 995为相似比作$ABCDE$的相似形$AB'C'D'E'$,则五点A,B',C',D',E'中必有三点同色,设为B',D',E',则即为所求.

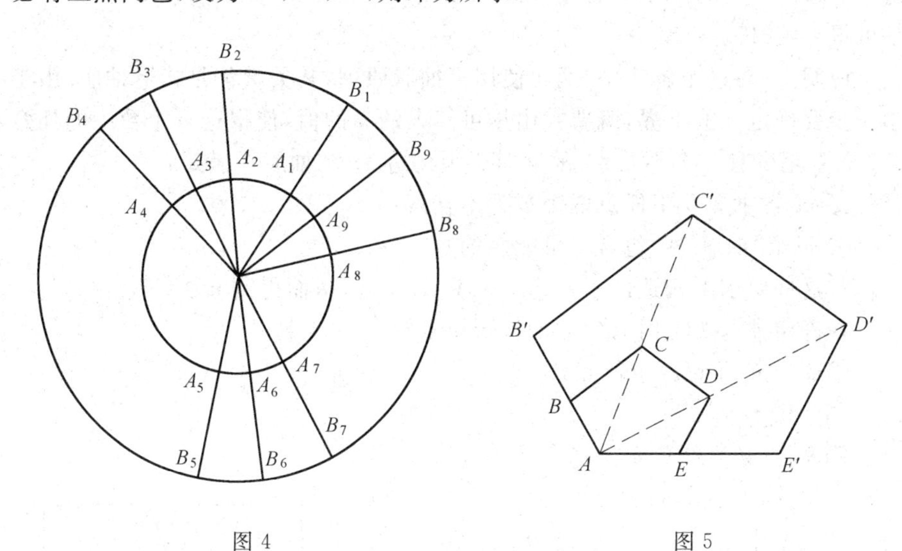

图4　　　　图5

例8　设$S=\{1,2,3,\cdots,280\}$.求最小的自然数n,使得S的每个有n个元素的子集都含有5个两两互素的数.

分析　本题一方面要确定n的下界,另一方面须构造符合题意的集合.$1\sim280$内的素数如图6所示.

讲解　令$A_i=\{a\mid a\in S,i\mid a\}$,$i=2,3,5,7$.记$A=A_2\cup A_3\cup A_5\cup A_7$,利用容斥原理,容易算出$|A|=216$.由于在$A$中任取5个数必有两个数在同一个$A_i$之中,从而它们不互素.所以$n\geqslant217$.

另一方面,令

$B_1=\{1$和S中的一切素数$\}$，$B_2=\{2^2,3^2,5^2,7^2,11^2,13^2\}$，$B_3=\{2\times131,3\times89,5\times53,7\times37,11\times23,13\times19\}$，$B_4=\{2\times127,3\times83,5\times47,7\times31,11\times19,13\times17\}$，$B_5=\{2\times113,3\times79,5\times43,7\times29,11\times17\}$，$B_6=\{2\times109,3\times73,5\times41,7\times23,11\times13\}$.

1~280 内的素数				
2	3	5	7	11
13	17	19	23	29
31	37	41	43	47
53	59	61	67	71
73	79	83	89	97
101	103	107	109	113
127	131	137	139	149
151	157	163	167	173
179	181	191	193	197
199	211	223	227	229
233	239	241	251	257
263	269	271	277	281

图 6

易知$|B_1|=60$.令$B=B_1\cup B_2\cup B_3\cup B_4\cup B_5\cup B_6$，则$|B|=88$，从而$|\overline{B}|=192$，在$S$中任取217个数，由于$217-192=25$，这217个数中必有25个数在$B$中，于是一定存在$B_i$，使得至少有$\left[\frac{25-1}{6}\right]+1=5$个数在其中，这5个数显然是两两互素的.所以$n\leqslant217$，于是可得$n=217$.

说明 在这个解法中，两次使用了抽屉原理，其关键都是构造抽屉.由于第一步要确定n的下界，既要找出尽可能大的n的值，使得这n个数中的任意5个数中至少有2个不互素.故这时必须构造4个“抽屉”，满足：

① 每个“抽屉”中任意两个数都不互素；

② 每个“抽屉”中包含尽可能多的数.

在这些要求下构造出了集合A_2,A_3,A_5,A_7，从而得到$n\geqslant217$.

在确定$n\leqslant217$时，诸B_i的构造要求是：

①B_i中的任意两个数互素；

②$|B_i|\geqslant5$.

例9 9条直线的每一条都把一个正方形分成两个梯形，而且它们的面积之比为2∶3.求证：这9条直线中至少有3条通过同一个点.

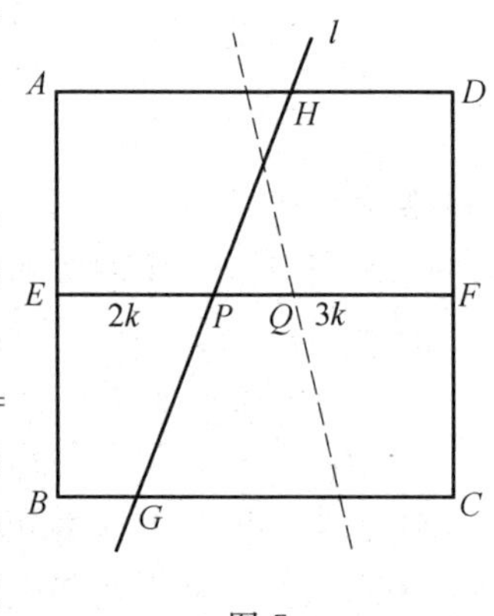

图 7

讲解 设正方形为$ABCD$，E，F分别是AB，CD的中点.设直线l把正方形$ABCD$分成两个梯形$ABGH$和$CDHG$，并且与EF相交于P(图7).

梯形$ABGH$的面积∶梯形$CDHG$的面积$=2:3$，EP是梯形$ABGH$的中位线，PF是梯形$CDHG$的中位线，由于梯形的面积$=$中位线$\times$梯形的高，并且两个梯形的高相等($AB=CD$)，所以梯形$ABGH$的面积∶梯形$CDHG$的面积$=EP$∶

PF，也就是 $EP:PF=2:3$. 这说明，直线 l 通过 EF 上一个固定的点 P，这个点把 EF 分成长度为 $2:3$ 的两部分. 这样的点在 EF 上还有一个，如图 7 上的点 $Q(FQ:QE=2:3)$.

同样地，如果直线 l 与 AB，CD 相交，并且把正方形分成两个梯形面积之比是 $2:3$，那么这条直线必定通过 AD，BC 中点连线上的两个类似的点(五等分点).

这样，在正方形内就有 4 个固定的点，凡是把正方形面积分成两个面积为 $2:3$ 的梯形的直线，一定通过这 4 个点中的某一个. 根据抽屉原理，必有一个点，至少有 $\left[\frac{9-1}{4}\right]+1=3$(条) 直线通过此点.

例 10　已知斐波那契数列：0，1，1，2，3，5，8，…，试问：在前100 000 002项中，是否会有某一项的末四位数字全是 0？(不指第一项)

讲解　注意到斐波那契数列是严格递增的，故满足要求的项至少是五位以上的数.

再注意到斐波那契数列的特点是每一项等于前面两项的和，而 $100\,000\,002=10^8+2$，我们可以以相邻两项的末四位数字所成的有序对为抽屉，而末四位数字组成的数一共有10^4 个(不足四位前面补 0)，抽屉的个数正好是$10^4\times10^4=10^8$. 现有10^8+1个数对，至少有两个数对，它们的末四位完全相同. 设为 (a_i,a_{i+1})，$(a_j,a_{j+1})(i<j)$，即有 $10^4\mid(a_j-a_i)$，且 $10^4\mid(a_{j+1}-a_{i+1})$.

于是$10^4\mid[(a_{j+1}-a_{i+1})-(a_j-a_i)]$，而

$$(a_{j+1}-a_{i+1})-(a_j-a_i)=(a_{j+1}-a_j)-(a_{i+1}-a_i)=a_{j-1}-a_{i-1}$$

就是说 a_{j-1} 和 a_{i-1} 的末四位相同，从而数对 (a_{i-1},a_i)，(a_{j-1},a_j) 的末四位相同.(事实上我们得到了两个连续三个数，(a_{i-1},a_i,a_{i+1}) 和 (a_{j-1},a_j,a_{j+1}) 对应末四位全部相同.)

依此类推，我们可以得到 $(a_1,a_2,\cdots,a_{i+1})$ 和 $(a_{j-i+1},a_{j-i+2},\cdots,a_{j+1})$ 的对应末四位全部相同，从而 a_{j-i+1} 与 a_1(即 0) 的末四位相同，所以 a_{j-i+1} 的末四位全为 0.

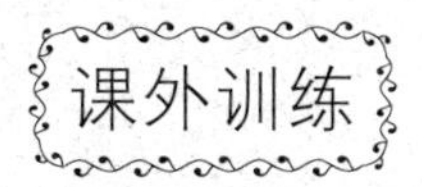

1. 从集合 $A=\{1,2,\cdots,2n\}$ 中任取 $n+1$ 个数，求证：其中必有两个数互素.

2. 任意给定 7 个整数，求证：其中必有两个数，其和或差可被 10 整除.

3. 任给 7 个实数，求证：其中必有至少两个数(记为 x,y) 满足 $0 \leqslant \frac{x-y}{1+xy} < \frac{\sqrt{3}}{3}$.

4. 某厂生产一种直径为 10 mm 的圆形零件，由加工水平可知零件直径之差不会超过 0.5 mm，并且其直径不小于 10 mm，现在要挑出两个零件，使它们的直径之差小于 0.01 mm，若任意抽取，问至少要抽取多少件?

5. 求证：在凸 $n(n \geqslant 7)$ 边形中，至少存在两个内角 α, β，使得 $|\cos \alpha - \cos \beta| < \frac{1}{2(n-6)}$.

6. 我们称点 $\left(\frac{x_1+x_2+\cdots+x_n}{n}, \frac{y_1+y_2+\cdots+y_n}{n}\right)$ 为 n 个点 (x_i, y_i) $(i=1,2,\cdots,n)$ 的重心. 求证：平面上任意 13 个整点中，必有某 4 个点的重心为整点.

7. 从正整数集 $\{1,2,3,\cdots,99,100\}$ 中，任意选出 51 个数. 求证：其中一定有两个数，它们中的一个可以整除另一个.

8. 从前 39 个正整数中任意取出 8 个数，求证：取出的数中一定有两个数，这两个数中大数不超过小数的 1.5 倍.

9. 已知整数 $a_1, a_2, \cdots, a_{10}$. 求证：存在一个非零数列 $x_1, x_2, \cdots, x_{10}$ 使得对 $x_i \in \{-1,0,1\}$ 和 $x_1a_1+x_2a_2+\cdots+x_{10}a_{10}$ 能被 1 001 整除.

10. 两两不等高的 n^2+1 个人，随便排成一列，求证：可以从中挑选 $n+1$ 个人向前一步出列，使他们的身高从左到右是递增或递减的.

11. 某运动队的队员编号无重复地取自正整数 1 到 100. 如果其中任一队员的编号都不是另两队员编号之和，也不是另一队员编号的 2 倍，问这个运动队最多有几人?

第13讲　染色问题

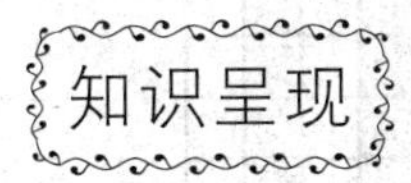

染色，是一种辅助解题的手段，通过染色，把研究对象分类标记，以便直观形象地解决问题，因此染色就是分类的思想的具体化，例如染成两种颜色，就可以看成是奇偶分析的一种表现形式．染色，也是构造抽屉的一个重要方法，利用染色分类，从而构造出抽屉，用抽屉原理来解题．

典例展示

例1　(1) 有一个 6×6 的棋盘，剪去其左上角和右下角各一个小格(边长为1)后，剩下的图形(图1)能不能剪成17个 1×2 的小矩形？

(2) 剪去国际象棋棋盘左上角 2×2 的正方形后(图2(a))，能不能用15个由四个格子组成的L形格子(图2(b))完全覆盖？

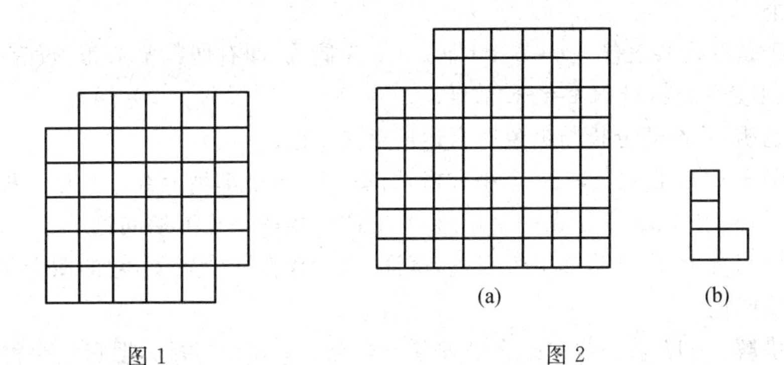

图1　　图2

讲解　把棋盘的格子用染色分成两类，由此说明留下的图形不能满足题目的要求．

(1) 如图3，把 6×6 棋盘相间染成黑、白二色，使相邻两格染色不同．则剪去的两格同色．但每个 1×2 小矩形都由一个白格一个黑格组成，故不可能把剩下的图形剪成17个 1×2 矩形．

(2) 如图 4,把 8×8 方格按列染色,第 1,3,5,7 列染黑,第 2,4,6,8 列染白.这样染色,其中黑格有偶数个.由于每个 L 形盖住三黑一白或三白一黑,故 15 个 L 形一定盖住奇数个黑格,故不可能.

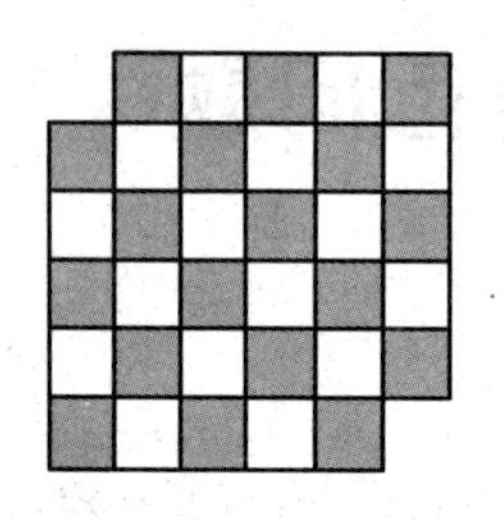

图 3

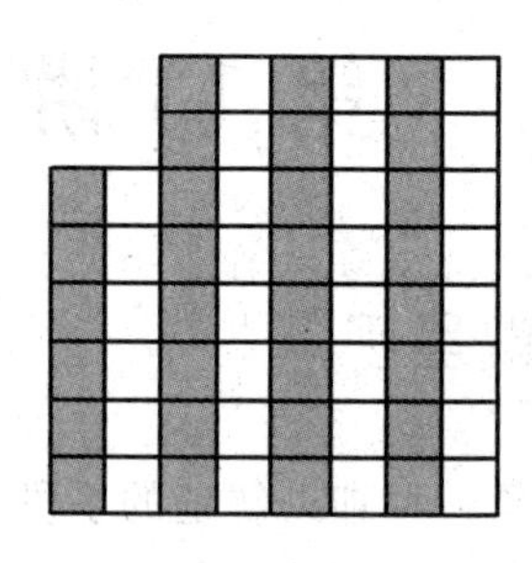

图 4

说明 用不同的染色方法解决不同的问题.

例 2 用若干个由四个单位正方形组成的"L"形纸片无重叠地拼成一个 $m\times n$ 的矩形,则 mn 必是 8 的倍数.

讲解 易证 mn 是 4 的倍数,再用染色法证 mn 是 8 的倍数.

每个 L 形有 4 个方格,故 $4\mid mn$.于是 m,n 中至少有一个为偶数.设列数 n 为偶数,则按奇数列染红,偶数列染蓝.于是红格与蓝格各有 $\frac{1}{2}mn$ 个,而 $\frac{1}{2}mn$ 是偶数.每个 L 形或盖住 3 红 1 蓝,或盖住 1 红 3 蓝,设前者有 p 个,后者有 q 个.

于是红格共盖住 $3p+q$ 个,即 $p+q$ 为偶数,即有偶数个 L 形.设有 $2k$ 个 L 形,于是 $mn=2k\times 4=8k$.故证.

说明 奇偶分析与染色联合运用解决本题.

例 3 (1) 设有 4×28 个小方格,给每个小方格都染上红、蓝、黄三种颜色中的一种.求证:至少存在一个矩形,它的四个角的小正方形同色.

(2)4×19 小方格如上染三色,试证:至少存在一个矩形,它的四个角的小正方形同色.

讲解 (1) 第一行中必有一种颜色有至少 10 个设为红,把它们换到前 10 列,下面 3 行的前 10 列中,若有某一行有 2 个红格,则可得证.设每行至多有 1 个红格,于是至少有 7 列中没有红色格.这个 3×7 矩形可证.

(2) 由于一列 4 格染成 3 色,必有某色至少染 2 格.每种颜色染 2 格的方案都各有 6 种,故共有 18 种可能.在 19 列中,必有两列染两格的方法相同.故证.

例 4 图 5 是俄罗斯方块的七个图形:

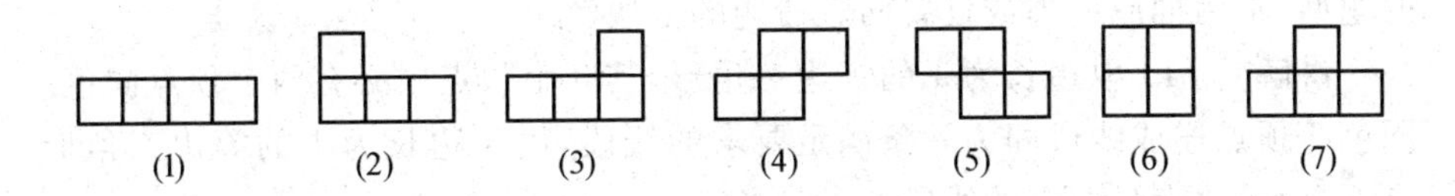

图 5

请你用它们拼出图 6 中的(A)图，再用它们拼出(B)图(每块只能用一次，并且不准翻过来用)．如果能拼出来，就在图形上画出拼法，并写明七个图形的编号；如果不能拼出来，就说明理由．

讲解　将(A)的方格染成黑白两色，使相邻的方格都不同色(图(C))，则此图中黑白方格的个数相等，但如将(1)～(7)染色，则(1)～(6)都可染成黑白相间的两黑两白，但(7)只能染成一黑三白或三黑一白，于是(1)～(7)染色后黑白方格数不等，所以(A)图不能被(1)～(7)完全覆盖．

而图(B)则因染色后黑白格相差 1 格，故有被盖住的可能．经试验，可如图(D)沿粗线分开的方格分别用(1)～(7)盖住．

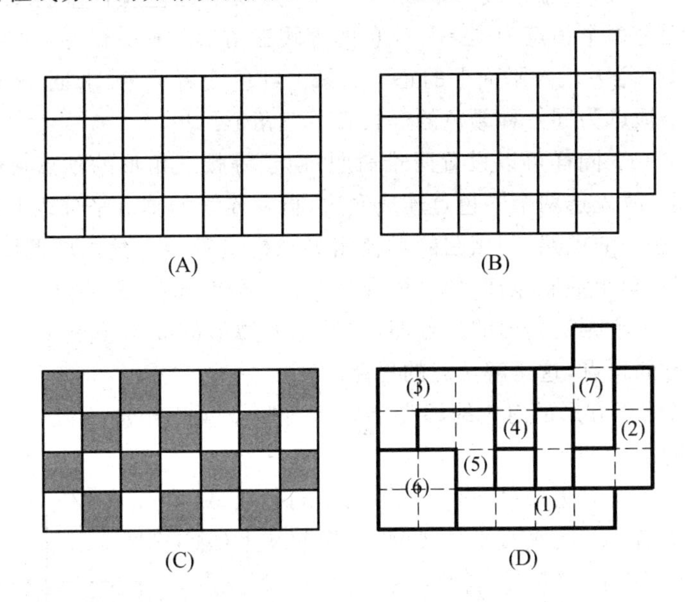

图 6

例 5　(1) 以任意方式对平面上的每一点染上红色或者蓝色．求证：一定存在无穷条长为 1 的线段，这些线段的端点为同一颜色．

(2) 以任意方式对平面上的每一点染上红色或者蓝色．求证：存在同色的 3 个点，且其中一点为另两点中点．

分析　任意染色而又要求出现具有某种性质的图形，这是染色问题常见的题型,常用抽屉原理或设置两难命题的方法解.

讲解 (1) 取边长为1的等边三角形,其3个顶点中必有两个顶点同色.同色两顶点连成线段即为一条满足要求的线段,由于边长为1的等边三角形有无数个,故满足要求的线段有无数条.

(2) 取同色两点A,B,延长AB到点C,使$BC=AB$,再延长BA到点D,使$AD=AB$,若C,D中有一点为红色,例如,点C为红色,则点B为AC中点,则命题成立.否则,C,D全蓝,考虑AB中点M,它也是CD中点.故无论M染红还是蓝,均得证.

说明 (1) 中,两种颜色就是两个"抽屉",3个点就是3个"苹果",于是根据抽屉原理,必有两个点落入同一抽屉.

(2) 中,这里实际上构造了一个两难命题:非此即彼,二者必居其一.让同一点既是某两个红点的中点,又是两个蓝点的中点,从而陷入两难选择的境地,于是满足条件的图形必然存在.达到证明的目的.

例6 (1) 以任意方式对平面上的每一点染上红色或者蓝色.求证:一定可以找到无穷多个顶点为同一种颜色的等腰三角形.

(2) 以任意方式对平面上的每一点染上红色或者蓝色.求证:一定可以找到无穷多个顶点为同一种颜色的等腰直角三角形.

分析 (1) 同样可以设置两难命题:由于等腰三角形的顶点在底边的垂直平分线上,故先选两个同色点连成底边,再在连线的垂直平分线上找同色的点,这是解法一的思路.利用圆的半径相等来构造等腰三角形的两腰,这是解法二的思路.利用抽屉原理,任5个点中必有3个点同色,只要这5个点中任3个点都是一个等腰三角形的顶点即可,而正五边形的5个顶点中任3个都是等腰三角形的顶点,这是解法三的思路.

(2) 联结正方形的对角线即得到两个等腰直角三角形,所以从正方形入手解决本题第(2)问.

讲解 (1) 解法一:如图7,任取两个同色点A,B(设同红),作AB的垂直平分线MN,若MN上(除与AB交点外)有红色点,则有红色三角形,若无红色点,则MN上至多一个红点其余均蓝,取关于AB对称的两点C,D均蓝.则若AB上有(除交点外)蓝点,则有蓝色三角形,若无蓝点,则在矩形$EFGH$内任取一点K(不在边上).若K为蓝,则可在CD上取两点与之构成蓝色三角形,若K为红,则可在AB上找到两点与之构成红色三角形.

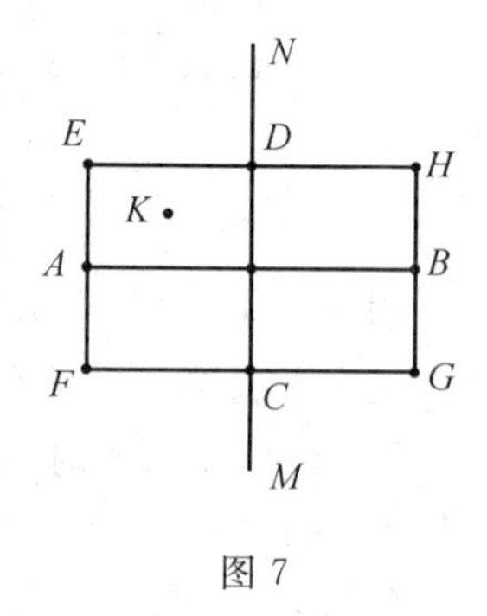

图7

解法二：如图8，任取一红点O，以O为圆心任作一圆，若此圆上有不是同一直径端点的两个红点A，B，则出现红色顶点等腰$\triangle OAB$，若圆上只有一个红点或只有同一直径的两个端点是红点，则圆上有无数蓝点，取两个蓝点(不关于红点为端点的直径对称)C，D，于是CD的垂直平分线与圆的两个交点E，F为蓝点，于是存在蓝色顶点的等腰$\triangle CDE$.

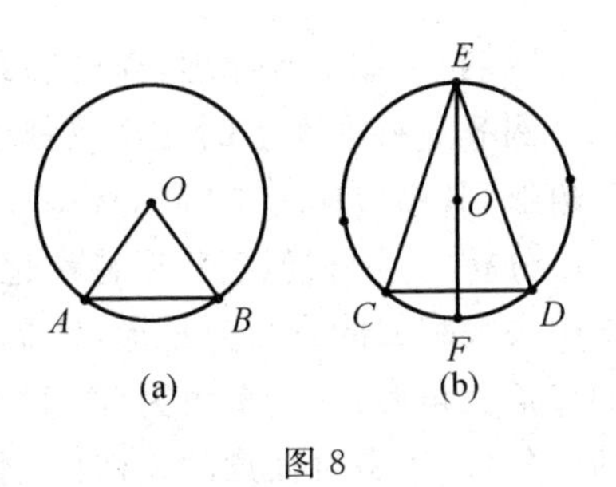

图8

解法三：如图9，取一个正五边形$ABCDE$，根据抽屉原理，它的5个顶点中，必有3个顶点(例如A，B，C)同色，则$\triangle ABC$即为等腰三角形.

(2) 如图10，任取两个蓝点A，B，以AB为一边作正方形$ABCD$，若C，D有一个为蓝色，则出现蓝色三角形. 若C，D均红，则对角线交点E或红或蓝，出现红色或蓝色等腰直角三角形. 显然按此做法可以得到无数个等腰直角三角形.

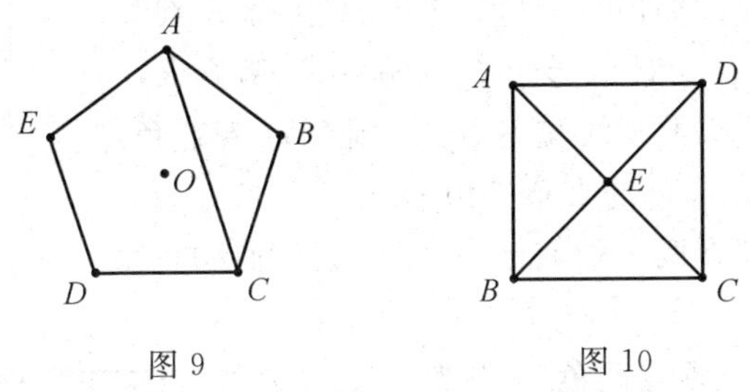

图9　　　　图10

例7　设平面上给出了有限个点(不少于5点)的集合S，其中若干个点被染成红色，其余点被染成蓝色，且任意3个同色点不共线. 求证：存在一个三角形，具有下述性质：

(1) 以S中的3个同色点为顶点；

(2) 此三角形至少有一条边上不含另一种颜色的点.

分析　要证明存在同色三角形不难，而要满足第(2)个条件，可以用最小数原理.

讲解　由于S中至少有5个点，这些点染成两种颜色，故必存在三点同色. 且据已知，此三点不共线，故可连成三角形.

取所有同色三角形，由于S只有有限个点，从而能连出的同色三角形只有有限个，故其中必有面积最小的，其中面积最小的三角形即为所求.

首先，这个三角形满足条件(1)，其次，若其三边上均有另一种颜色的点，则此三点必可连出三角形，此连出三角形面积更小，矛盾.

说明 最小数原理，即极端原理.

例 8 将平面上的每个点都染上红、蓝二色之一，求证：存在两个相似的三角形，其相似比为 1 995，且每一个三角形的 3 个顶点同色.

分析 把相似三角形特殊化，变成证明相似的直角三角形，在矩形的网格中去找相似的直角三角形，这是证法一的思路. 证法二则是研究形状更特殊的直角三角形：含一个角为 $30°$ 的直角三角形. 证明可以找到任意边长的这样的三角形，于是对任意的相似比，本题均可证. 证法三则是考虑两个同心圆上三条半径交圆得的三组对应点连出的两个三角形一定相似，于是只要考虑找同心圆上的同色点，而要得到 3 个同色点，只要任取 5 个只染了两种颜色的点就行；而要得到 5 个同色点，则只要取 9 个只染了两种颜色的点即可.

讲解 证法一：首先证明平面上一定存在 3 个顶点同色的直角三角形.

如图 11，任取平面上的一条直线 l，则直线 l 上必有两点同色. 设此两点为 P,Q，不妨设 P,Q 同着红色. 过 P,Q 作直线 l 的垂线 l_1,l_2，若 l_1 或 l_2 上有异于 P,Q 的点着红色，则存在红色直角三角形. 若 l_1,l_2 上除 P,Q 外均无红色点，则在 l_1 上任取异于 P 的两点 R,S，则 R,S 必着蓝色，过 R 作 l_1 的垂线交 l_2 于 T，则 T 必着蓝色. $\triangle RST$ 即为三顶点同色的直角三角形.

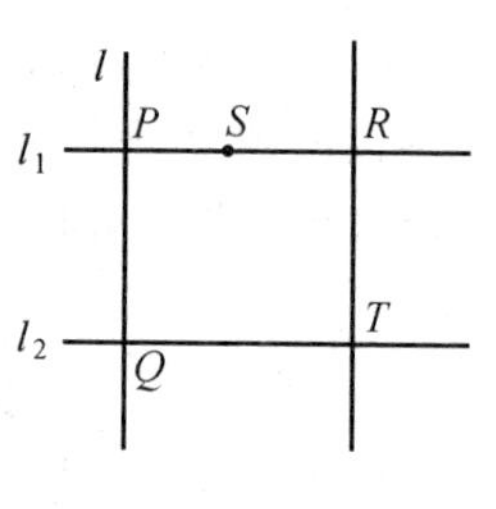

图 11

下面再证明存在两个相似比为1 995 的相似的直角三角形.

设 $\mathrm{Rt}\triangle ABC$ 三顶点同色（$\angle B$ 为直角）. 把 $\triangle ABC$ 补成矩形 $ABCD$（图 12）. 把矩形的每边都分成 n 等份（n 为正奇数，$n>1$，本题中取 $n=1\ 995$）. 联结对边相应分点，把矩形 $ABCD$ 分成 n^2 个小矩形.

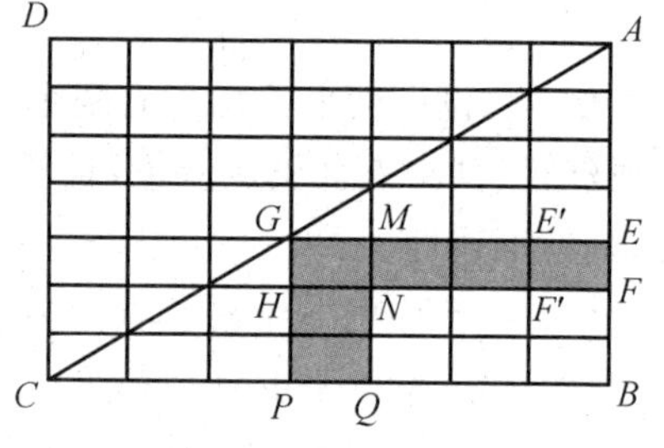

图 12

AB 边上的分点共有 $n+1$ 个，由于 n 为奇数，故必存在其中两个相邻的分点同色（否则任两个相邻分点异色，则可得 A,B 异色），不妨设相邻分点 E,F 同色. 考察 E,F 所在的小矩形的另两个顶点 E',F'，若 E',F' 异色，则 $\triangle EFE'$ 或 $\triangle DFF'$ 为 3 个顶点同色的小直角三角形. 若 E',F' 同色，再考察以此两点为顶点而在其左边的小矩形，……. 这样依次考察过去，不妨设这一行小矩形的每条竖边的两个顶点都同色.

同样，BC 边上也存在两个相邻的顶点同色，设为 P,Q，则考察 PQ 所在的小矩形，同理，若 P,Q 所在小矩形的另一横边两个顶点异色，则存在三顶点同色的小直角三角形. 否则，PQ 所在列的小矩形的每条横边两个顶点都同色.

现考察 EF 所在行与 PQ 所在列相交的矩形 $GHNM$，如上述，M,H 都与 N 同色，$\triangle MNH$ 为顶点同色的直角三角形.

由 $n=1\ 995$，故 $\triangle MNH \backsim \triangle ABC$，且相似比为 1 995，且这两个直角三角形的顶点分别同色.

证法二：首先证明：设 a 为任意正实数，存在距离为 $2a$ 的同色两点. 任取一点 O(设为红色点)，以 O 为圆心，$2a$ 为半径作圆，若圆上有一个红点，则存在距离为 $2a$ 的两个红点，若圆上没有红点，则任一圆内接六边形 $ABCDEF$ 的六个顶点均为蓝色，但此六边形边长为 $2a$. 故存在距离为 $2a$ 的两个蓝色点.

下面证明：存在边长为 a,$\sqrt{3}a$,$2a$ 的直角三角形，其 3 个顶点同色. 如上证，存在距离为 $2a$ 的同色两点 A,B(设为红点)，如图 13，以 AB 为直径作圆，并取圆内接六边形 $ACDBEF$，若 C,D,E,F 中有任一点为红色，则存在满足要求的红色三角形. 若 C,D,E,F 为蓝色，则存在满足要求的蓝色三角形.

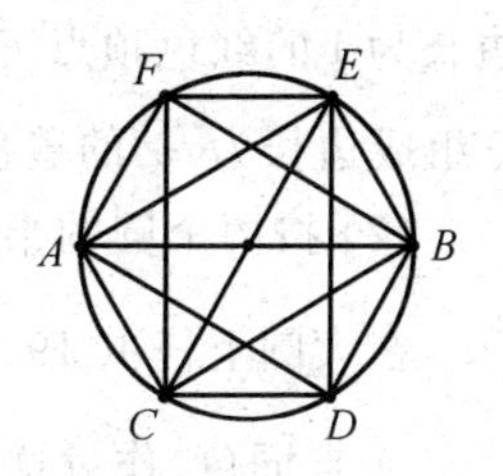

图 13

下面再证明本题：由上证知，存在边长为 a,$\sqrt{3}a$,$2a$ 及 $1\ 995a$,$1\ 995\sqrt{3}a$,$1\ 995\times 2a$ 的两个同色三角形，满足要求.

证法三：以任一点 O 为圆心，a 及 $1\ 995a$ 为半径作两个同心圆，在小圆上任取 9 个点，其中必有 5 个点同色，设为 A,B,C,D,E，作射线 OA,OB,OC,OD,OE，交大圆于 A',B',C',D',E'，则此 5 个点中必存在 3 个点同色，设为 A',B',C'，则 $\triangle ABC$ 与 $\triangle A'B'C'$ 为满足要求的三角形.

例 9　(1) 把平面上每个点都以红、黄两色之一着色. 求证：一定存在一个边长为 1 或 $\sqrt{3}$ 的正三角形，它的 3 个顶点是同色的.

(2) 有两个同心圆，圆上的每个点都用红、蓝、黄三色之一染色. 求证：可以分别在每个圆上找到同色的 3 个点连成圆的内接三角形，且这两个三角形相似.

讲解　(1) 边长为 1 及 $\sqrt{3}$ 的三角形在半径为 1 的圆内接正六边形中出现，故应设法在这样的圆内接正六边形内找满足要求的三角形. 以红点 M 为圆心，1 为半径作圆，六等分此圆，若其中没有红点，则存在边长为 $\sqrt{3}$ 的黄顶点三角形，若有红点 R，则与之相邻的两分点中有红点，则有边长为 1 的红顶点三角形，若与 R 相邻的两分点均黄，则考虑直径 RQ 的另一端点 Q，若为黄则可证. 故应相距为 2 的两点 R,Q，这样就可构造两难命题了.

(ⅰ)如图14,任取一染成红色的点P,以P为圆心,1为半径作圆,如果圆上及圆内的点都是红色,则存在边长为1及$\sqrt{3}$的三角形,其三个顶点同为红色.

若圆上及圆内的点不全染成红色,则存在圆上或圆内一染成黄色的点Q,$|PQ|\leqslant 1$.作$\triangle PQR$,使$PR=QR=2$,则R必与P,Q之一染色不同.设R与Q染色不同,即R染红色.

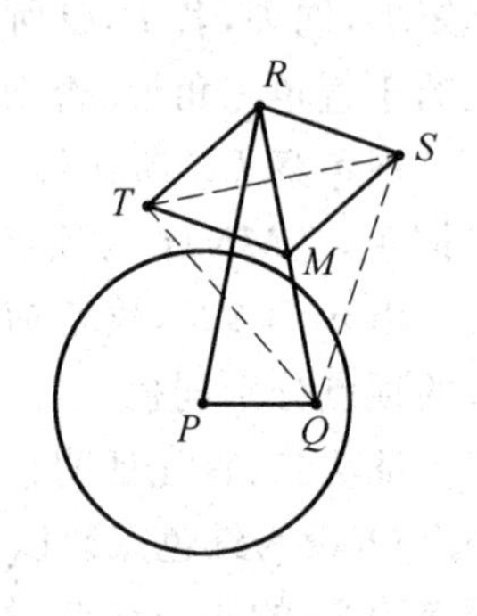

图14

(ⅱ)取QR中点M,则M必与Q,R之一同色.设与R同色,即同为红色.以$RM=1$为一边,作正三角形$\triangle RMS$,$\triangle RMT$.若S,T中任一点染红,则存在边长为1的红色顶点三角形.若S,T都为黄色,则与Q组成边长为$\sqrt{3}$的黄色顶点三角形.

(2)按两个圆的半径的大小称这两个圆为大圆与小圆.

在大圆上任取19个点,这19个点都染了3种颜色,故其中必有$\left[\frac{19}{3}\right]+1=7$个点同色,作过这7个同色点的半径,交小圆于7个点.于是,这7个点中必有$\left[\frac{7}{3}\right]+1=3$个点同色.这3个点不可能在同一条直线上,可连成一个三角形,过这3个点的半径与大圆的3个交点再连成三角形,这两个三角形就满足要求.

例10 (1)在一张100×100的方格纸内,能否把数字0,1,2分别放在每一个小方格内(每格放一个数),使得任意由3×4(及4×3)小方格构成的矩形中都有3个0,4个1及5个2.

(2)100×100小方格表中每一个都被染成4种颜色之一,使得每行与每列恰有每种颜色的小方格各25个.求证:可以在表中找到2行与2列,它们交得的4个小方格所染的颜色互不相同.

讲解 (1)3×4方格由4个3×1方格组成,因此研究这样的方格的可能填法.

设存在这样的填法.两个图形中填入的0,1,2的个数如果完全相同,就称这两个图形是填法相同的图形.

(ⅰ)现在研究图15中的4个3×1或1×3矩形(阴影部分),由于它们都与中心的3×3矩形组成3×4矩形,若存在满足要求的填法时,它们的填法必相同.

(ⅱ)对于任一$3\times n$矩形(如图16中部),比较只相错一个1×3矩形的两

个 3×4 矩形知，同色的 1×3 矩形的填法应相同，即染色是周期出现的.

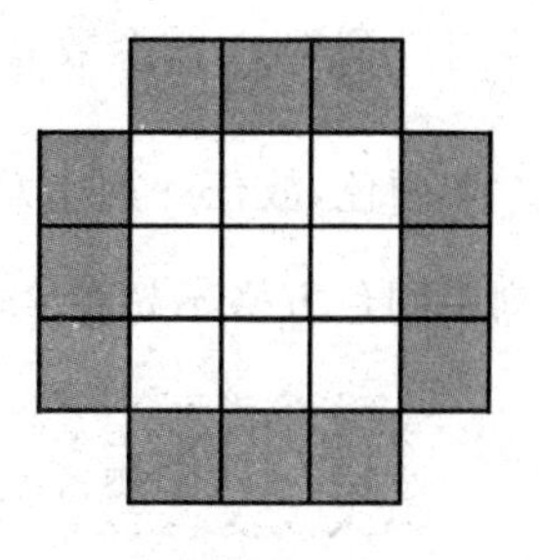
图 15

(ⅲ) 现考虑 1×12 矩形，如图 16，根据(1)的结果可知，图 16 中同色的 1×3 或 3×1 矩形的填法相同. 于是每个 1×12 矩形应与一个 3×4 矩形的填法相同. 即图中一面的 1×12 矩形含有 4 个 1×3 矩形，分别有 4 种颜色.

(ⅳ) 但 1×12 矩形中填了 5 个 2，从而必有某个 1×3 矩形中填了 2 个 2. 不妨设黄色的 1×3 矩形中填了 2 个 2. 于是用下面的 1×12 矩形的染色法知每个 1×12 矩形中至少有 6 个 2.

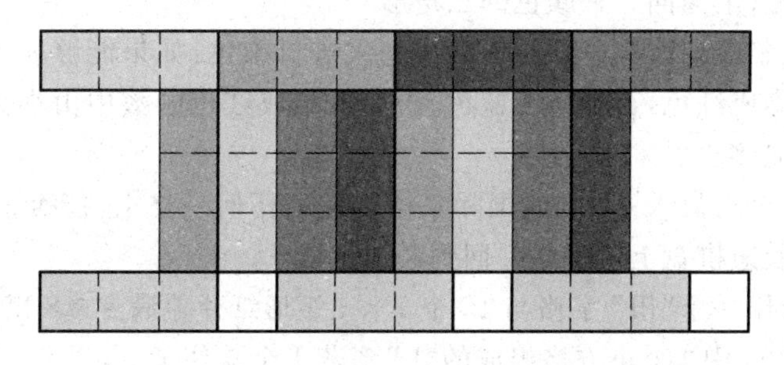
图 16

由(ⅲ)(ⅳ)矛盾，知这样的填法不存在.

(2) 设 4 种颜色为 A,B,C,D，计算同一行的"异色对"数，共有 $C_4^2\times25^2=6\times25^2$ 个"异色对". 所以各行共有 $100\times6\times25^2$ 个"异色对".

而每个"异色对"的两小格都在不同的列中，不同的"列对"数共有 C_{100}^2 对.

于是必有某个"列对"中有 $\left[\dfrac{100\times6\times25^2-1}{99\times50}\right]+1=76$(个) 异色对.

现考虑这 2 列，76 行所成的 76×2 矩阵：其同行两格染色不同. 且每列中染某一色的格子至多 25 格. 如果 $\{A,B\}$ 与 $\{C,D\}$ 出现在两行中，则已证；同样，若 $\{A,C\}$ 与 $\{B,D\}$ 出现在两行中，或 $\{A,D\}$ 与 $\{B,C\}$ 出现在两行中，问题也解决. 设此 3 种组合中，每种都至多出现其中的一对. 则这 3 种对子中只能出现：① $\{A,B\},\{A,C\},\{A,D\}$；② $\{A,B\},\{A,C\},\{B,C\}$(或换成同组中另一对).

对于第一种情况，由于每行中都出现 A，故共有 76 个 A 出现在此二列，至

少有一列中 A 的个数有 $\left[\frac{76-1}{2}\right]+1=38$,第二种情况,由于只出现 A,B,C 3 种颜色,故任一列中总有某种颜色出现至少 $\left[\frac{76-1}{3}\right]+1=26$(个),均与“每列中同色方格不超过 25 个”矛盾.故证.

课外训练

1.以任意方式对数轴上的每一坐标为整数的点染上红色或者蓝色.求证:对任意正整数 n,都能找到无数个点,这些点同色且坐标能被 n 整除.

2.以任意方式对平面上的每一点染上红色或者蓝色.求证:一定可以找到无穷多个顶点全为同一种颜色的三角形.

3.对正整数列按照以下方法由小到大进行染色:如果能够表示为两个合数的和,则染成红色,否则染成蓝色.所有被染成红色的数中由小到大数的第 1 994 个数是多少?

4.把一个马放入 4×8 的国际象棋棋盘的任何一格上,能否把它连跳 32 步,使得马跳遍棋盘上每一格并回到最初位置?

5.能否用一个“田”字格与 15 个 1×4 矩形纸片盖满 8×8 棋盘?

6.用图 17 中 4 个小方格组成的“L”形若干个盖住了一个 $4\times n$ 矩形,那么,n 一定是偶数.

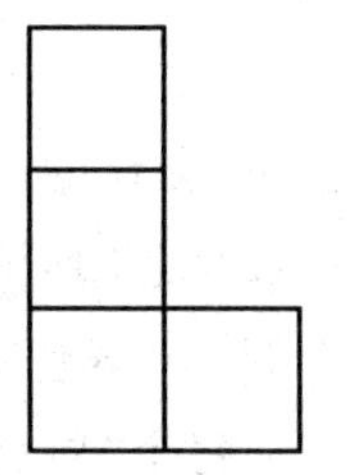

图 17

7.一个立方体的 8 个顶点分别染上红色或绿色,6 个面的中心也都分别染色,若一个面的 4 个顶点中有奇数个绿点,则这个面的中心也染成绿色,否则就染成红色.求证:这样得到的 14 个色点不可能一半是红色一半是绿色.

8.把 4 个同心圆的圆周各分成 100 等份.把这 400 个分点染成黑、白两色之一,使每个圆上都恰有 50 个黑点及 50 个白点.求证:可以适当旋转这 4 个圆,使得能够从圆心引出的 13 条射线,每条射线穿过的 4 个染色相同的分点.

9.将一个 $\triangle ABC$ 的 3 个顶点分别染上红、蓝、黑之一,在 $\triangle ABC$ 内部取若干点也任意涂红、黑、蓝三色之一,这些点间(没有三点共线)连有一些线段,把大三角形分成若干互相没有重叠部分的一些小三角形.求证:不论怎样涂,都有一个小三角形,其 3 个顶点涂的颜色全不同.

10.一个棱柱以五边形 $A_1A_2A_3A_4A_5$ 及 $B_1B_2B_3B_4B_5$ 分别为上、下底,这两个多边形的每一条边及线段 $A_iB_j(i,j=1,2,3,4,5)$ 均涂上红色与绿色,每个以棱柱的顶点为顶点，以涂色线段为边的三角形都有两边颜色不同，求证：上底与下底 10 条边的颜色相同.

11. 将凸 2 003 边形的每个顶点都染色，且任意相邻两个顶点都异色. 求证：对上述任何一种染色法，都可以用互不相交于内点的对角线将多边形完全剖分成若干三角形，使得剖分中所用每条对角线的两端点都不同色.

第 14 讲　极端原理

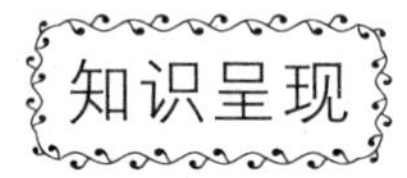

考虑极端情况，是解决数学问题的非常重要的思考方式.在具体解题过程中，常用到的极端元素有:数集中的最大数与最小数;两点间或点到直线距离的最大值与最小值;图形的最大面积或最小面积;数列的最大项或最小项;含元素最多或最少的集合，等等.

运用极端原理解决问题的基本思路，就是通过考虑问题的极端情形下的结果及解决极端情形的方法，寻找出解决问题的一般思路与方法，使问题得以顺利解决.

典例展示

例 1　有 201 人参加一次考试，规定用百分制记分，得分为整数，证明:(1) 总分为 9 999 分时，至少有 3 人得分相同;(2) 总分为 10 101 分时，至少有 3 个人得分相同.

分析　考虑无 3 人得分相同时的得分取值情况.

讲解　无 3 人得分相同的最低分值为:$2\times(0+1+\cdots+99)+100=10\ 000$.

无 3 人得分相同的最高分值为:$2\times(1+2+\cdots+100)+0=10\ 100$.

即无 3 人得分相同时的得分取值情况为 10 000,10 001,…,10 100.所以(1) 总分为 9 999 分时，至少有 3 人得分相同;(2) 总分为 10 101 分时，则至少有 3 个人得分相同.

说明　从极端情形考虑无 3 人得分相同的最低分值是得 0,1,…,99 分各 2 人，得 100 分 1 人;无三人得分相同的最高分值是得 1,2,…,100 分各 2 人，得 0 分 1 人.

例 2　已知对任意正自然数 n，不等式 $n\lg a<(n+1)\lg a^{a}\ (a>0)$ 恒成立，求实数 a 的取值范围.

分析　用分离变量的方法处理恒成立的问题，即 $a > f(x)$ 对任意 x 恒成立等价于 $a > \max\{f(x)\}$.

讲解　当 $\lg a > 0$，即 $a > 1$ 时，则不等式 $a > \frac{n}{n+1}$ 对任意正自然数 n 恒成立，因为当 n 无限增大时，n 无限接近于 1，且 $\frac{n}{n+1} < 1$，所以 $a > 1$；

当 $\lg a < 0$，即 $0 < a < 1$ 时，要使 $a < \frac{n}{n+1}$ 对任意正自然数 n 恒成立，因为 $\frac{n}{n+1}$ 的最小值为 $\frac{1}{2}$，所以 $a < \frac{1}{2}$，即 $0 < a < \frac{1}{2}$.

故所求实数 a 的取值范围是 $0 < a < \frac{1}{2}$ 或 $a > 1$.

说明　本题考虑了 $\frac{n}{n+1}$ 取值中的极端情形，而极值的取得充分利用了函数 $f(n) = \frac{n}{n+1}$ 单调递增的性质.

例 3　已知二次函数 $y = ax^2 + bx + c(a > 0)$ 的图像经过 $M(1-\sqrt{2}, 0)$，$N(1+\sqrt{2}, 0)$，$P(0, k)$ 3 点，若 $\angle MPN$ 是钝角，求 a 的取值范围.

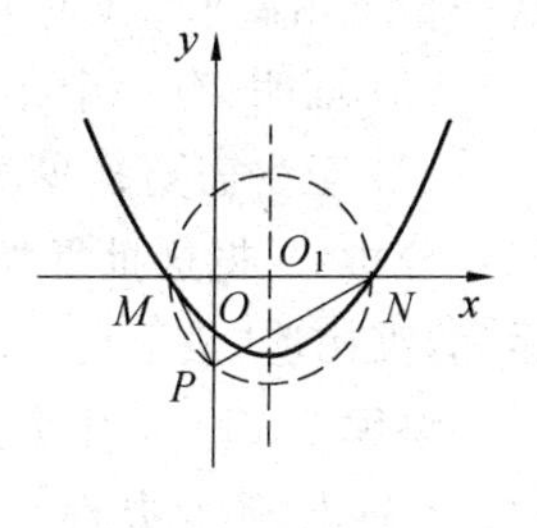

图 1

分析　若利用余弦定理，并由 $-1 < \cos\angle MPN < 0$，则将得到一个较复杂的不等式. 我们从钝角的极端情形直角着手.

讲解　当 $\angle MPN$ 为直角时，则点 P 在以 MN 为直径的圆 O_1 上，于是 P 是该圆与 y 轴的交点，如图 1，由勾股定理不难得出 $k = \pm 1$，所以当 $\angle MPN$ 为钝角时，点 P 在圆 O_1 内，由 $a > 0$ 知：点 P 应在 y 轴的负半轴上. 把 $P(0, k)$ 的坐标代入 $y = a(x-1+\sqrt{2})(x-1-\sqrt{2})$ 得 $a = -k$，因此，$0 < a < 1$.

说明　根据平面几何的知识，$\angle MPN$ 是钝角意味着点 P 在以 MN 为直径的圆内.

例 4　黑板上写着从 1 开始的 n 个连续正整数，擦去其中一个数后，其余各数的平均值是 $35\frac{7}{17}$，求擦去的数.

分析　此题的常规方法是转变为列出并处理一个不定方程的问题，但运算复杂，而从其极端情形考虑，很快获解，运算简洁，解法扼要.

讲解　考虑擦去数的极端情形，显然擦去 1 与 n 是其极端情形，若擦去的数是 1，则平均值为 $\dfrac{\dfrac{n(n+1)}{2}-1}{n-1}=\dfrac{n+2}{2}$；若擦去的数是 n，则平均值为 $\dfrac{\dfrac{n(n+1)}{2}-n}{n-1}=\dfrac{n}{2}$，根据极端状态下的平均值与已知平均值的联系，显然有 $\dfrac{n}{2}\leqslant 35\dfrac{7}{17}\leqslant\dfrac{n+2}{2}$，从而 $69\leqslant n\leqslant 70$，即 $68\leqslant n-1\leqslant 69$.

而 $n-1$ 个整数的平均数是 $35\dfrac{7}{17}$，所以 $n-1$ 是 17 的倍数，故 $n-1=68$，即 $n=69$. 最后，设擦去的数为 x，则 $\dfrac{1+2+\cdots+69-x}{68}=35\dfrac{7}{17}$.

所以 $x=7$，即擦去的数是 7.

说明 本题用到等差数列前 n 项的和 $1+2+3+\cdots+n=\dfrac{n(n+1)}{2}$.

例5 若干只箱子的总质量为 10 t，每一只箱子质量不超过 1 t，问为了把这些箱子用载重 3 t 的卡车运走.

(1) 证明：有一个办法至多分 5 次就可以把这批货物全部运完；

(2) 至少需要多少次一定可以把货物全部运完.

分析 把这批货物全部运完需构造装货最多的极端情形，4 次不一定能运完，需构造"最不利"的极端情形.

讲解 (1) 先往车上尽量装货，一直装到不超过 3 t，但再加上一箱便超过 3 t 为止，照此办理 5 次至少运输 $5\times 2=10$ (t)，得证；

(2) 可知 3 次至多运输 $3\times 3=9$ t，考察 4 次的情况，设每次装 x t，则由 $\begin{cases}x\leqslant 3\\ 10-3x>3\end{cases}$，得 $x<\dfrac{7}{3}$. 取 $x=2.3$，每箱质量为 $\dfrac{2.3}{3}$ t，即 12 只箱子质量为 $\dfrac{2.3}{3}$ t，一只箱子质量为 0.8 t，则 4 次不一定能运完. 而由(1)5 次一定可以把这此批货物全部运完，所以至少 5 次一定可以把货物全部运完.

说明 请注意"最不利"的极端情形的构造方式，当然方式不唯一.

例6 现有 20 张扑克牌，分别是 4 张 10，4 张 9，4 张 8，4 张 7，4 张 6. 为了确保摸出 4 对同数字扑克牌，则至少要摸出多少张？

讲解 考虑最不利的情形，先摸的 5 张都是不同数字，再摸第 6 张必有 2 张成对，拿出这一对，余下 4 张，再摸第 7 张，又考虑最不利的情况——第 7 张与余下的 4 张互不成对，于是摸出第 8 张必又有一对，故至少摸出 8 张才能保证有两对. 不难想象，以后每摸出 2 张必又确定一对. 因此，至少摸出 $2\times 4+$

$4=12$ 张才能确保摸出 4 对.

例 7　已知有 10 张圆纸片，它们盖住的平面图形的面积为 1. 求证：可以从中选出若干张互不重叠的圆纸片，使得它们的面积之和不小于$\frac{1}{9}$.

讲解　(1) 若 10 张圆纸片互不重叠，则本题得证；(2) 若 10 张圆纸片互相重叠，则先取出面积最大的圆纸片圆 O_1，并相应取出与其重叠的圆纸片，再依次取出剩下的面积最大的圆纸片圆 O_2，…，得到圆 O_1，圆 O_2，…，圆 O_n. 则它们的面积和 $S_1+S_2+\cdots+S_K=\pi r_1^2+\pi r_2^2+\cdots+\pi {r_k}^2$，又 $1\leqslant\pi(3r_1)^2+\pi(3r_2)^2+\cdots+\pi(3r_k)^2$，所以 $S_1+S_2+\cdots+S_K\geqslant\frac{1}{9}$.

例 8　给定平面上不全在一条直线上的有限个点，求证：必有一条直线只经过其中的两点.

分析　该命题是英国著名数学家西勒维斯特(Sylvester，1814－1897) 提出的，故称之为西勒维斯特问题. 这个问题也可以叙述为：

设 Ω 是平面上的有限点集，若过 Ω 中任意两点的直线上还存在有 Ω 的点，则集合 Ω 中的所有点共线.

西勒维斯特问题初看起来结论似乎比较“显然”，应该不难证明. 但实际上这个问题提出近 50 年的时间内无人解决.

讲解　设所有的点(有限) 构成集合 Ω，点 $P\in\Omega$，集合 Π 表示由至少过 A 中两点的全体直线构成的集合，$l\in\Pi$. $d(P,l)$ 表示点 P 到直线 l 的正距离(l 不 通过点 P)，Σ 表示所有 $d(P,l)$ 的集合.

因为 Ω 中的点不全在一条直线上，所以 Σ 非空，又 Ω 是有限集，所以 Σ 也是有限集，于是 Σ 中有一个最小元素，设为 $d(P_0,m)$. 下面证明：直线 m 只经过 Ω 中的两点.

假定 m 经过 Ω 中的至少 3 个点，例如，经过 P_1，P_2，P_3. 设点 P_0 在直线 m 上的垂足为 Q，那么点 Q 的一侧必有两个点(其中一个点可能和 Q 重合)，设为 P_2，P_3，且 $QP_3>QP_2$. 另直线 n 为经过 P_0，P_3 的直线，显然 $d(P_2,n)<d(P_0,m)$. 这与 $d(P_0,m)$ 的最小性矛盾，从而 m 只能经过两个点.

说明　与西勒维斯特问题相应，有一个对偶的命题：在平面上给定 n 条两两互不平行的直线，若对于它们中任何 2 条直线的交点，都有这 n 条直线中的另一条过这点，则这 n 条直线共点.

例 9　设有 $2n\times2n$ 的正方形方格棋盘，在其中任意的 $3n$ 个方格中各放一个棋子，求证：可以选出 n 行 n 列，使得 $3n$ 枚棋子都在这 n 行 n 列中.

分析　考虑尽可能选取棋子数目较多的 n 行.

讲解 在各行棋子中,一定有一行棋子最多,设有 p_1 枚棋子.从剩下的 $2n-1$ 行中找一行棋子最多的,设有 p_2 枚,……,找 n 行,共有 $p_1+p_2+\cdots+p_n$ 枚棋子,则所选 n 行至少有 $2n$ 枚棋子.否则,若 $p_1+p_2+\cdots+p_n\leqslant 2n-1$,则 $p_{n+1}+p_{n+2}+\cdots+p_{2n}\geqslant n+1$.所以 $p_1,p_2,\cdots,p_n$ 中必有一个不大于1,p_{n+1},$p_{n+2},\cdots,p_{2n}$ 中必有一个大于1,与 $p_1\geqslant p_2\geqslant\cdots\geqslant p_{2n}$ 矛盾.所以剩下的 n 枚棋子从 n 列中选即可.

说明 本题是极端原理在操作策略上解题的一个应用.

例10 在空间给定 n 个点的集合 Ω,其中任何四点不共圆,任何三点构成三角形,且有一个内角大于 $\frac{2\pi}{3}$.求证:可以把这 n 个点排序为 $A_1,A_2,\cdots,A_n$,使 $\angle A_iA_jA_k>\frac{2\pi}{3}$.

对任何满足 $1\leqslant i<j<k\leqslant n$ 的数组 (i,j,k) 都成立.

讲解 由于 Ω 是有限集,故可从中选取两点 A,B,使得 AB 是所有任意两点之间距离最大者.首先证明:对于任意两点 $C,D\in\Omega$,有 $\angle CAD<\frac{2\pi}{3}$,$\angle CBD<\frac{2\pi}{3}$.

事实上,在 $\triangle ACB$,$\triangle ADB$ 中 AB 都是最大边,故 $\angle ACB>\frac{2\pi}{3}$,$\angle ADB>\frac{2\pi}{3}$,从而 $\angle CAB<\frac{\pi}{3}$,$\angle DAB<\frac{\pi}{3}$.由于三面角的任一面角小于另外两个面角之和,故在三面角 $A-BCD$ 中,有 $\angle CAD<\angle CAB+\angle DAB<\frac{2\pi}{3}$.同理 $\angle CBD<\frac{2\pi}{3}$.

又对任何 $C,D\in\Omega$,有 $AC\neq AD$.(否则在等腰 $\triangle CAD$ 中只能有 $\angle CAD>\frac{2\pi}{3}$,矛盾!)

把 Ω 中的点排列成:$A_1,A_2,\cdots,A_n$.其中 A_1 为点 A,其余的点则依其与 A_1 的距离从小到大排列(有前面的结论,这些距离各不相同),即有 $A_1A_2<A_1A_3<\cdots<A_1A_n$.

下面证明:这个排列的方式符合要求.

在 $\triangle A_1A_jA_k(1<j<k\leqslant n)$ 中,因为 $A_1A_j<A_1A_k$,故 $\angle A_1A_kA_j$ 不可能大于 $\frac{2\pi}{3}$,又由前面的结论 $\angle A_jA_1A_k<\frac{2\pi}{3}$,从而 $\angle A_1A_jA_k>\frac{2\pi}{3}$.

当 $1<i<j<k\leqslant n$ 时,因在 $\triangle A_1A_iA_k$ 中,$\angle A_1A_iA_k>\frac{2\pi}{3}$,从而

$\angle A_1A_kA_i < \frac{\pi}{3}$，同理 $\angle A_1A_kA_j < \frac{\pi}{3}$. 于是，在三面角 $A_k - A_1A_iA_j$ 中，$\angle A_iA_kA_j < \angle A_1A_kA_i + \angle A_1A_kA_j < \frac{2\pi}{3}$.

再证明：$\angle A_kA_iA_j < \frac{2\pi}{3}$. 事实上，若 $\angle A_kA_iA_j \geqslant \frac{2\pi}{3}$，由 $\angle A_1A_iA_j > \frac{2\pi}{3}$，$\angle A_1A_iA_k > \frac{2\pi}{3}$，得 $\angle A_1A_iA_j + \angle A_1A_iA_k + \angle A_kA_iA_j > 2\pi$，即三面角 $A_i - A_1A_jA_k$ 的 3 个面角之和大于 2π，这是不可能的.

所以，在 $\triangle A_iA_jA_k$ 中必是 $\angle A_iA_jA_k > \frac{2\pi}{3}$.

综上所述，所作出的排列方式符合要求.

课外训练

1. 把 16 个互不相等的数排成下表：

a_{11}	a_{12}	a_{13}	a_{14}
a_{21}	a_{22}	a_{23}	a_{24}
a_{31}	a_{32}	a_{33}	a_{34}
a_{41}	a_{42}	a_{43}	a_{44}

先取出每一行最大的数，共得 4 个数，设其中最小的数为 x，再取出每一列中最小的数，也得到 4 个数，设其中最大的数为 y，试确定 x,y 的大小关系.

2. 已知 n 是自然数，且 $n \geqslant 2$，那么方程 $x_1 + x_2 + \cdots + x_n = x_1x_2\cdots x_n$，在正整数范围内的解至少有几组？

3. 设有 $n(n \geqslant 2)$ 名选手进行乒乓球比赛，任两名选手都进行一场比赛，每场比赛均决出胜负，求证：存在选手 A，使得其他的任一选手，或是输给 A，或是输给被 A 打败的某一名选手.

4. 25 个人组成若干个委员会，每个委员会都有 5 名成员，每两个委员会至多有一名公共成员. 求证：委员会的个数不超过 30.

5. 平面上有 4 个点，其中任意 3 个点作成的三角形面积都小于 1，求证：存在一个面积小于 4 的三角形包含这 4 个点.

6. 两圆外切于点 P，过点 P 作两条互相垂直的割线 APC 和 BPD，设两圆

的直径为 m,n. 求证:AC^2+BD^2 为定值.

7. 解方组 $\begin{cases} x_1+x_2=x_3^2 \\ x_2+x_3=x_4^2 \\ x_3+x_4=x_1^2 \\ x_4+x_1=x_2^2 \end{cases}$,其中 $x_i(i=1,2,3,4)$ 为正数.

8. 求证:方程 $x^2+y^2=3(z^2+u^2)$ 不存在正整数解.

9. 将自然数 1 至 100 填入 10×10 个方格中,每格一个数,求证:无论怎样安排,总不能使每两个有公共边的方格中所填数之差都不超过 5.

10. 对于任意一个大于 1 的自然数 n 而言,把 n^2 个自然数 $1,2,\cdots,n^2$,随之填入 $n\times n$ 的方格中,每格填一个数,求证:总有两个相邻的方格,即具有公共边的两个方格中,所填写的两个数的差的绝对值不小于 $\frac{n+1}{2}$.

11. 网球比赛,20 人参加 14 场单打比赛,每人至少上场一次,求证:必有 6 场比赛,其中 12 个参赛者各不相同.

第 15 讲　古典概型与条件概率

知识呈现

1. 基本事件

一次试验(例如掷骰子),可能有多种结果,每个结果称为基本事件.

2. 样本空间

基本事件的集合,称为样本空间,也就是基本事件的总体.本讲记为 I.

3. 随机事件

样本空间的子集称为随机事件,简称事件.

4. 必然事件

在试验中必然发生的事件,即样本空间 I 自身.它的概率为 1,即 $P(I)=1$.

5. 不可能事件

不可能发生的事件,即空集 $\varnothing$.它发生的概率为 0,即 $P(\varnothing)=0$.

6. 互斥事件

事件 A,B 不能同时发生,即 $A\cap B=\varnothing$,则称 A,B 为互斥事件,也称为互不相容的事件.

7. 和事件

$A\cup B$ 称为事件 A 与 B 的和事件.

8. 积事件

$A\cap B$ 称为事件 A 与 B 的积事件,也简记为 AB.

9. 概率

概率是样本空间 I 中的一种测度,即对每一个事件 A,有一个实数与它对应,记为 $P(A)$,具有以下三条性质:

(1)$P(A)\geqslant 0$(非负性);

(2)$P(I)=1$;

(3)A,B 为互斥事件时,$P(A\cup B)=P(A)+P(B)$(可加性).

10. 频率

在同样的条件下进行n次试验,如果事件A发生m次,那么就说A发生的频率为$\frac{m}{n}$.

11. 古典概型

如果试验有n种可能的结果,并且每一种结果发生的可能性都相等,那么这种试验称为古典概型,也称为等可能概型,其中每种结果发生的概率都等于$\frac{1}{n}$.

12. 对立事件

如果事件A,B满足$A\cap B=\varnothing$,$A\cup B=I$,那么A,B称为对立事件,并将B记为$\overline{A}$.我们有一个常用公式$P(\overline{A})=1-P(A)$.

13. 条件概率

在事件A已经发生的条件下,事件B发生的概率称为条件概率,记为$P(B\mid A)$.我们有$P(AB)=P(A)P(B\mid A)$,即$P(B\mid A)=\frac{P(AB)}{P(A)}$.

注意$P(B\mid A)$,$P(B)$,$P(A\mid B)$的不同.$P(B)$是事件B发生的概率(没有条件);$P(B\mid A)$是A已经发生的条件下,B发生的概率;$P(A\mid B)$是B已经发生的条件下,A发生的概率.

14. 独立事件

如果事件A是否发生,对于事件B的发生没有影响,即$P(B\mid A)=P(B)$,那么称A,B为独立事件.易知这时$P(AB)=P(A)P(B)$,并且$P(A\mid B)=P(A)$,即B是否发生,对于A的发生没有影响.所以事件A,B是互相独立的.

15. 全概率公式

如果样本空间I可以分拆为$B_1,B_2,\cdots,B_n$,即$B_1\cup B_2\cup\cdots\cup B_n=I$并且$B_i\cup B_j=\varnothing(1\leqslant i<j\leqslant n)$,那么事件$A$发生的概率$P(A)=\sum\limits_{i=1}^{n}P(A\mid B_i)P(B_i)$.

典例展示

例1 某校高三年级举行一次演讲比赛,共有10位同学参赛,其中一班有3位,二班有2位,其他班有5位,若采用抽签的方式确定他们的演讲顺序,求一班有3位同学恰好被排在一起(指演讲序号相连),而二班的2位同学没有被排在一起的概率.

分析　排列组合问题，往往以实际问题面目出现，它解法灵活，而排列组合又是概率的基本知识，如等可能性事件中有一类概率问题，它常与排列组合知识紧密联系，本题既考查了解决排列组合问题的“捆绑法”，又考查了“插空法”，分别计算出带条件与不带条件限制的排法总数，再按照概率的意义求出概率即可.

讲解　将一班3位同学视为一个整体，将这一整体与其他班的5位同学进行全排列，共有$A_3^3A_6^6$种方法，并且他们之间共留下了7个空隙，将余下的二班的2位同学分别插入，共有A_7^2种方法，故一班有3位同学恰好被排在一起，而二班的2位同学没有排在一起的排法总数为$A_3^3A_6^6A_7^2$.

故所求的概率为$\frac{A_3^3A_6^6A_7^2}{A_{10}^{10}}=\frac{1}{20}$.

例2　某同学参加科普知识竞赛，需回答3个问题.竞赛规则规定：答对第一、二、三个问题分别得100分、100分、200分，答错得零分.假设这名同学答对第一、二、三个问题的概率分别为0.8，0.7，0.6，且各题答对与否相互之间没有影响.

(1) 求这名同学得300分的概率；

(2) 求这名同学至少得300分的概率.

分析　本题主要考查相互独立事件同时发生的概率和互斥事件有一个发生的概率的计算方法，应用概率知识解决实际问题的能力.解题突破口：

(1) 这名同学得300分的概率必是第一、二题一对一错，这样得100分，而第三题一定答对，所以共得到300分.

(2) 至少300分的意思是得300分或400分.故两种概率相加即可.

讲解　记“这名同学答对第i个问题”为事件$A_i(i=1,2,3)$，则

$$P(A_1)=0.8, P(A_2)=0.7, P(A_3)=0.6$$

(1) 这名同学得300分的概率：

$$\begin{aligned}P_1&=P(A_1\overline{A_2}A_3)+P(\overline{A_1}A_2A_3)=\\&P(A_1)P(\overline{A_2})P(A_3)+P(\overline{A_1})P(A_2)P(A_3)=\\&0.8\times0.3\times0.6+0.2\times0.7\times0.6=0.228\end{aligned}$$

(2) 这名同学至少得300分的概率：

$$\begin{aligned}P_2&=P_1+P(A_1A_2A_3)=0.228+P(A_1)P(A_2)P(A_3)=\\&0.228+0.8\times0.7\times0.6=0.564\end{aligned}$$

例3　有三种产品，合格率分别是0.90，0.95和0.95，各抽取一件进行检验.

(1) 求恰有一件不合格的概率；

(2) 求至少有两件不合格的概率.(精确到0.001)

分析 本题主要考查相互独立事件概率的计算,运用数学知识解决问题的能力,正确利用相互独立事件、互斥事件、独立事件重复发生概率的计算公式解决此类问题.

讲解 设三种产品各抽取一件,抽到合格产品的事件分别为A,B和C.

(1)$P(A)=0.90$,$P(B)=P(C)=0.95$,$P(\overline{A})=0.10$,$P(\overline{B})=P(\overline{C})=0.05$.

因为事件A,B,C相互独立,恰有一件不合格的概率为

$$P(A\cdot B\cdot \overline{C})+P(A\cdot \overline{B}\cdot C)+P(\overline{A}\cdot B\cdot C)=$$
$$P(A)\cdot P(B)\cdot P(\overline{C})+P(A)\cdot P(\overline{B})\cdot P(C)+P(\overline{A})\cdot P(B)\cdot P(C)=$$
$$2\times 0.90\times 0.95\times 0.05+0.10\times 0.95\times 0.95=0.176$$

答:恰有一件不合格的概率为0.176.

(2) 解法一:至少有两件不合格的概率为

$$P(A\cdot \overline{B}\cdot \overline{C})+P(\overline{A}\cdot B\cdot \overline{C})+P(\overline{A}\cdot \overline{B}\cdot C)+P(\overline{A}\cdot \overline{B}\cdot \overline{C})=$$
$$0.90\times 0.05^2+2\times 0.10\times 0.05\times 0.95+0.10\times 0.05^2=0.012$$

解法二:三件产品都合格的概率为

$$P(A\cdot B\cdot C)=P(A)\cdot P(B)\cdot P(C)=0.90\times 0.95^2=0.812$$

由(1)知,恰有一件不合格的概率为0.176,所以至少有两件不合格的概率为

$$1-[P(A\cdot B\cdot C)+0.176]=1-(0.812+0.176)=0.012$$

答:至少有两件不合格的概率为0.012.

例4 甲、乙、丙三台机床各自独立地加工同一种零件,已知甲机床加工的零件是一等品而乙机床加工的零件不是一等品的概率为$\frac{1}{4}$,乙机床加工的零件是一等品而丙机床加工的零件不是一等品的概率为$\frac{1}{12}$,甲、丙两台机床加工的零件都是一等品的概率为$\frac{2}{9}$.

(1) 分别求甲、乙、丙三台机床各自加工零件是一等品的概率;

(2) 从甲、乙、丙加工的零件中各取一个检验,求至少有一个一等品的概率.

分析 本题考查相互独立事件、互斥事件概率的计算及分析和解决实际问题的能力.这是一个逆向思考题,还是以正向思维解决为佳.可先设甲、乙、丙三台机床各自加工零件是一等品的概率,再由题意列出方程组并解之可解决此类问题.

讲解　(1) 设 A,B,C 分别为甲、乙、丙三台机床各自加工的零件是一等品的事件.

由题设条件有 $\begin{cases} P(A\cdot\overline{B})=\dfrac{1}{4} \\ P(B\cdot\overline{C})=\dfrac{1}{12} \\ P(A\cdot C)=\dfrac{2}{9} \end{cases}$，即

$$\begin{cases} P(A)\cdot(1-P(B))=\dfrac{1}{4} & ① \\ P(B)\cdot(1-P(C))=\dfrac{1}{12} & ② \\ P(A)\cdot P(C)=\dfrac{2}{9} & ③ \end{cases}$$

由 ①、③ 得

$$P(B)=1-\frac{9}{8}P(C)$$

代入 ② 得

$$27[P(C)]^2-51P(C)+22=0$$

解得

$$P(C)=\frac{2}{3}\text{ 或 }\frac{11}{9}(\text{舍去})$$

将 $P(C)=\dfrac{2}{3}$ 分别代入 ③、② 可得

$$P(A)=\frac{1}{3},P(B)=\frac{1}{4}$$

即甲、乙、丙三台机床各加工的零件是一等品的概率分别是$\dfrac{1}{3},\dfrac{1}{4},\dfrac{2}{3}$.

(2) 记 D 为从甲、乙、丙加工的零件中各取一个检验，至少有一个一等品的事件，则

$$P(D)=1-P(\overline{D})=1-(1-P(A))(1-P(B))(1-P(C))=1-\frac{2}{3}\cdot\frac{3}{4}\cdot\frac{1}{3}=\frac{5}{6}$$

故从甲、乙、丙加工的零件中各取一个检验，至少有一个一等品的概率为$\dfrac{5}{6}$.

说明　这类问题直接求概率较为困难，若用待求概率去表示已知概率，就得到了待求概率的方程，使概率问题成为方程问题，从而问题迎刃而解.

例5 抛掷一枚硬币，每次正面出现得1分，反面出现得2分，试求恰好得到 n 分的概率.

分析 数列与概率的交汇题需要综合使用数列与概率中的主干知识，特别是概率中探索的 P_n 与 P_{n-1} 关系的思路，以及由数列的递推公式求数列的通项公式的方法和手段都给我们留下了极其深刻的印象.

讲解 设恰好得到 n 分的概率为 P_n，则得到 $n-1$ 分的概率为 P_{n-1}，得到 $n-2$ 分的概率为 P_{n-2}.

要得 n 分，必须满足以下情形：先得 $n-1$ 分，再掷一次正面，此时概率为 $\frac{1}{2}P_{n-1}$，或先得 $n-2$ 分，再掷一次反面，此时概率为 $\frac{1}{2}P_{n-2}$，因为这两种情况是互斥的，故有 $P_n=\frac{1}{2}P_{n-1}+\frac{1}{2}P_{n-2}$.

由题意 $\begin{cases}P_1=\frac{1}{2}\\P_2=\frac{3}{4}\\P_n=\frac{1}{2}P_{n-1}+\frac{1}{2}P_{n-2}\end{cases}$，而

$$P_n-P_{n-1}=\frac{1}{2}P_{n-2}-\frac{1}{2}P_{n-1}=-\frac{1}{2}(P_{n-1}-P_{n-2})$$

即

$$P_n-P_{n-1}=\left(-\frac{1}{2}\right)^{n-2}(P_2-P_1)=\frac{1}{4(-2)^{n-2}}=\left(-\frac{1}{2}\right)^n$$

累加可得 $P_n=\frac{1}{3}\left[2+\left(-\frac{1}{2}\right)^n\right]$.

例6 甲、乙两人各射击一次，击中目标的概率分别是 $\frac{2}{3}$ 和 $\frac{3}{4}$. 假设两人射击是否击中目标，相互之间没有影响；每次射击是否击中目标，相互之间没有影响.

(1) 求甲射击4次，至少1次未击中目标的概率；

(2) 求两人各射击4次，甲恰好击中目标2次且乙恰好击中目标3次的概率；

(3) 假设某人连续2次未击中目标，则停止射击；问：乙恰好射击5次后，被中止射击的概率是多少？

分析 本题是一道概率综合运用问题，第(1)问中求“至少有一次未击中问题”可从反面求其概率问题；第(2)问中先求出甲恰有两次未击中目标的概

率，乙恰有 3 次未击中目标的概率，再利用独立事件发生的概率公式求解. 第(3) 问设出相关事件，利用独立事件发生的概率公式求解，并注意利用对立、互斥事件发生的概率公式.

讲解　(1) 记"甲连续射击 4 次至少有 1 次未中目标"为事件 A_1，由题意知，射击 4 次，相当于做 4 次独立重复试验，故

$$P(A_1)=1-P(\overline{A_1})=1-\left(\frac{2}{3}\right)^4=\frac{65}{81}$$

答：甲连续射击 4 次至少有一次未中目标的概率为$\frac{65}{81}$.

(2) 记"甲射击 4 次，恰有 2 次射中目标"为事件 A_2，"乙射击 4 次，恰有 3 次射中目标"为事件 B_2，则

$$P(A_2)=C_4^2\cdot\left(\frac{2}{3}\right)^2\cdot(1-\frac{2}{3})^2=\frac{8}{27}$$

$$P(B_2)=C_4^3\cdot\left(\frac{3}{4}\right)^3\cdot(1-\frac{3}{4})^1=\frac{27}{64}$$

由于甲乙射击相互独立，故 $P(A_2B_2)=P(A_2)P(B_2)=\frac{8}{27}\times\frac{27}{64}=\frac{1}{8}$.

答：两人各射击 4 次，甲恰有 2 次击中目标且乙恰有 3 次击中目标的概率为$\frac{1}{8}$.

(3) 记"乙恰好射击 5 次后被中止射击"为事件 A_3，"乙第 i 次射击未中"为事件 $D_i(i=1,2,3,4,5)$，则 $A_3=D_5\cdot D_4\cdot\overline{D_3}\cdot\overline{D_2D_1}$，且 $P(D_i)=\frac{1}{4}$，由于各事件相互独立，故

$$P(A_3)=P(D_5)\cdot P(D_4)\cdot P(\overline{D_3})\cdot P(\overline{D_2D_1})=$$
$$\frac{1}{4}\times\frac{1}{4}\times\frac{3}{4}\times(1-\frac{1}{4}\times\frac{1}{4})=\frac{45}{1\,024}$$

答：乙恰好射击 5 次后被中止射击的概率为$\frac{45}{1\,024}$.

例 7　棱长为 1 的正四面体 $A-BCD$，有一只小虫从顶点 A 处开始按以下规则爬行：在每一顶点处以同样的概率选择通过这个顶点的 3 条棱之一，并一直爬到这条棱的尽头. 记小虫爬了 n m 后重新回到点 A 的概率为 P_n.

(1) 求 P_1 和 P_2 的值；

(2) 探寻 P_n 与 P_{n-1} 的关系；

(3) 求 P_n 的表达式.

讲解　(1) 小虫从点 A 爬了 1 米后又回到点 A 是不可能的，$P_1=0$，小虫

从点 A 爬了两米后又回到点 A，有 $A\to B$(或 C，或 D)$\to A$ 这 3 种情况，概率都是 $\frac{1}{3}\times\frac{1}{3}=\frac{1}{9}$，所以 $P_2=\frac{1}{9}+\frac{1}{9}+\frac{1}{9}=\frac{1}{3}$.

(2) 小虫爬了 n m 后回到点 A，则爬了 $n-1$ m 后不在点 A，概率是 $1-P_{n-1}$，此时小虫从另三点中的一点回到点的概率是 $\frac{1}{3}$，故 $P_n=\frac{1}{3}(1-P_{n-1})$.

(3) 由题意 $P_0=0$，又 $P_n=\frac{1}{3}(1-P_{n-1})$，故

$$P_n-\frac{1}{4}=-\frac{1}{3}(P_{n-1}-\frac{1}{4})$$

数列 $\left\{P_n-\frac{1}{4}\right\}$ 是以 $\frac{3}{4}$ 为首项，$-\frac{1}{4}$ 为公比的等比数列，所以 $P_n=\frac{1}{4}+\frac{3}{4}(-\frac{1}{3})^n$.

例 8 给定三只相同的有 n 个面的骰子. 它们的对应面上标上同样的任意写的整数. 证明：如果随意投掷它们，那么向上的三个面上的数的和被 3 整除的概率不小于 $\frac{1}{4}$.

讲解 不妨设每个面上的数是 0,1,2(将每个数换成它除以 3 后所得的余数).

又设每个骰子上 0 有 a 个，1 有 b 个，2 有 c 个. 这里 $0\leqslant a,b,c\leqslant n$，并且 $a+b+c=n$，随机掷 3 只骰子，总可能有 n^3 种. 其中和被 3 整除的有以下情况：

$$0,0,0;0,1,2;1,1,1;2,2,2$$

共 $a^3+b^3+c^3+6abc$ 种，概率为 $\frac{a^3+b^3+c^3+6abc}{n^3}$.

$$\frac{a^3+b^3+c^3+6abc}{n^3}\geqslant\frac{1}{4}\Leftrightarrow 4(a^3+b^3+c^3+6abc)\geqslant(a+b+c)^3$$

$$\Leftrightarrow a^3+b^3+c^3+6abc\geqslant a^2b+a^2c+b^2a+b^2c+c^2a+c^2b$$

不妨设 $a\geqslant b\geqslant c$，则

$$a^3+b^3+2abc-(a^2b+a^2c+b^2a+b^2c)=$$
$$a^2(a-b)-b^2(a-b)-ac(a-b)+bc(a-b)=$$
$$(a-b)(a^2-b^2-ac+bc)=$$
$$(a-b)^2(a+b-c)\geqslant 0$$
$$c^3+abc-c^2a-c^2b=c(a-c)(b-c)\geqslant 0$$

两式相加即得结论.

例 9 有人玩掷硬币走跳棋游戏，已知硬币出现正、反面的概率都是 $\frac{1}{2}$，

棋盘上标有第0站，第1站，第2站，…，第100站，一枚棋子开始在第0站，棋手每掷一次硬币棋子向前或向后跳. 若掷出正面，棋子向前跳动一站；若掷出反面，则棋子向前跳动两站，直到棋子跳到第99站(胜利大本营)或第100站(失败大本营)时，游戏结束，设棋子跳到第 n 站的概率为 P_n.

(1) 求 P_0, P_1, P_2；

(2) 求证：$P_n - P_{n-1} = \frac{1}{2}(P_{n-1} - P_{n-2})$；

(3) 求 P_{99} 及 P_{100}.

讲解　(1) $P_0 = 1, P_1 = \frac{1}{2}, P_2 = \frac{1}{2} \cdot \frac{1}{2} + \frac{1}{2} = \frac{3}{4}$.

(2) 棋子跳到第 $n(2 \leqslant n \leqslant 99$，必是从第 $n-1$ 站或第 $n-2$ 站跳到的)站的概率为 $P_n = \frac{P_{n-2}}{2} + \frac{P_{n-1}}{2}$，所以

$$P_n - P_{n-1} = -\frac{1}{2}(P_{n-1} - P_{n-2})$$

(3) 由(2)知数列$\{P_{n+1} - P_n\}$是首项为 $P_1 - P_0 = -\frac{1}{2}$，公比为 $-\frac{1}{2}$ 的等比数列，该数列的前99项和，由 $P_1 - P_0, P_2 - P_1, \cdots, P_{99} - P_{98}$ 相加得

$$P_{99} - 1 = (-\frac{1}{2}) + (-\frac{1}{2})^2 + \cdots + (-\frac{1}{2})^{99}$$

所以

$$P_{99} = \frac{2}{3}[1 - \left(\frac{1}{2}\right)^{100}]$$

则

$$P_{98} = P_{99} - (-\frac{1}{2})^{99} = \frac{2}{3}[1 + \left(\frac{1}{2}\right)^{99}]$$

即

$$P_{100} = \frac{1}{2}P_{98} = \frac{1}{3}[1 + \left(\frac{1}{2}\right)^{99}]$$

例 10　三名棋手 A, B, C 进行循环赛. 先是 A 同 B 比赛，胜者再与 C 比赛，新的胜者再与上次比赛的败者比赛. 如此继续下去，直至有一名选手连胜两次. 这名选手就是冠军.

(1) 如果三人棋力相当，问各人得冠军的概率各是多少？

(2) 如果第一盘 A 胜，那么三人分获冠军的概率是多少？

讲解　先考虑(2)，设 A, C, B 获胜的概率分别为 P_1, P_2, P_3，则显然有

$$P_1 + P_2 + P_3 = 1 \qquad ①$$

(总有一人能得冠军一人无限制地循环下去的概率为$\frac{1}{2}\times\frac{1}{2}\times\frac{1}{2}\times\cdots=0$,因为$\frac{1}{2^n}\to 0$)$A$得冠军有两种可能:第二盘$A$胜$C$,概率为$\frac{1}{2}$;第二盘$A$负于$C$,概率为$\frac{1}{2}$,而下一盘$B$胜$C$($C$胜$B$,则$C$为冠军,$A$不为冠军),从这盘算起,$A$成为$B,C,A$系列中的第三个人,获胜概率为$P_3$,所以

$$P_1=\frac{1}{2}+\frac{1}{2}\times P_3 \tag{②}$$

C得冠军必须A在第二盘负(概率为$\frac{1}{2}$),这样C成为C,B,A系列中的第一个人,获胜的概率为P_1,所以

$$P_2=\frac{1}{2}P_1 \tag{③}$$

由(1),(2),(3)得$P_1=\frac{4}{7}$,$P_2=\frac{2}{7}$,$P_3=\frac{1}{7}$.

在第(1)问中,A,B得冠军的概率均为$\frac{1}{2}P_1+\frac{1}{2}P_3=\frac{5}{14}$.

C得冠军的概率为$1-2\times\frac{5}{14}=\frac{2}{7}$(无论第一盘$A,B$谁胜$C$得冠军的概率都为$P_2=\frac{2}{7}$).

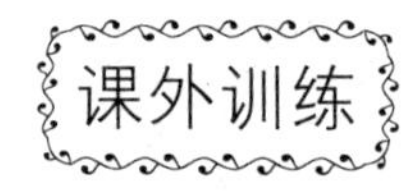

1.有5条线段,长度分别为1,3,5,7,9,从这5条线段中任取3条,求所得的3条线段不能拼成三角形的概率.

2.若a,b,c是从集合$\{1,2,3,4,5\}$中任取的3个元素(不一定不同).求$ab+c$为偶数的概率.

3.把编号为1到6的6个小球,平均分到3个不同的盒子内,求有一盒全是偶数号球的概率.

4.有5副不同的手套,甲先任取一只,乙再任取一只,然后甲又任取一只,最后乙再任取一只.求下列事件的概率.

(1)A:甲正好取得两只配对手套;

(2)B:乙正好取得两只配对手套;

(3)A与B是否独立?

5. 体育彩票的抽奖是从写在 36 个球上的 36 个号码随机摇出 7 个. 有人统计了过去中特等奖的号码，声称某一号码在历次特等奖中出现的次数最多，它是一个幸运号码，人们应该买这一号码，也有人说，若一个号码在历次特等奖中出现的次数最少，由于每个号码出现的机会相等，应该买这一号码，你认为他们的说法对吗？

6. 某单位组织 4 个部门的职工旅游，规定每个部门只能在韶山、衡山、张家界 3 个景区中任选一个，假设各部门选择每个景区是等可能的.

(1) 求 3 个景区都有部门选择的概率；

(2) 求恰有 2 个景区有部门选择的概率.

7. 如果从某个五位数的集合中随机地抽出一个数，它的各位数字和均等于 43，求这个数可以被 11 除尽的概率.

8. 有人玩掷骰子移动棋子的游戏，棋盘分为 A，B 两方，开始时棋子放在 A 方，根据下列 ①，②，③ 的规定移动棋子：① 骰子出现 1 点时，不能移动棋子；② 出现 2，3，4，5 点时，把棋子移向对方；③ 出现 6 点时，如果棋子在 A 方就不动，如果棋子在 B 方就移至 A 方.

(1) 求将骰子连掷 2 次，棋子掷第一次后仍在 A 方而掷第二次后在 B 方的概率；

(2) 将骰子掷了 n 次后，棋子仍在 A 方的概率记为 P_n，求 P_n.

9. 将 A，B，C 三个字母之一输入，输出时为原字母的概率是 a，为其他两个字母之一的概率都是 $\frac{1-a}{2}$. 现将字母串 $AAAA$，$BBBB$，$CCCC$ 之一输入，输入的概率分别为 P_1，P_2，P_3（$P_1+P_2+P_3=1$）. 发现输出为 $ABCA$. 求输入为 $AAAA$ 的概率是多少？（假定传输每个字母的工作是互相独立的）

10. 将编号为 1，2，…，9 的 9 个小球随机放置在圆周的 9 个等分点上，每个等分点上各有一个小球. 设圆周上所有相邻两球号码之差的绝对值之和为 S. 求使 S 达到最小值的放法的概率.（注：如果某种放法，经旋转或镜面反射后可与另一种放法重合，则认为是相同的放法.）

11. 一项"过关游戏"规则规定：在第 n 关要抛掷一颗骰子 n 次，如果这 n 次抛掷所出现的点数之和大于 2^n，则算过关. 问：

(1) 某人在这项游戏中最多能过几关？

(2) 他连过前三关的概率是多少？

（注：骰子是一个在各面上分别有 1，2，3，4，5，6 点数的均匀正方体. 抛掷骰子落地静止后，向上一面的点数为出现点数.）

第16讲　几何概型与数学期望

1. 随机变量

随机变量x是样本空间I上的函数,即对样本空间I中的每一个样本点e,有一个确定的实数$X(e)$与e对应,$X=X(e)$称为随机变量.

2. 数学期望

设X是随机变量,则

$$E(x)=\sum_{e\in I}X(e)P(e)$$

称为X的数学期望.其中e跑遍样本空间I的所有样本点,$P(e)$是e的概率.

如果a是常数,那么$E(aX)=aE(X)$.

如果X,Y是两个随机变量,那么$E(X+Y)=E(X)+E(Y)$.

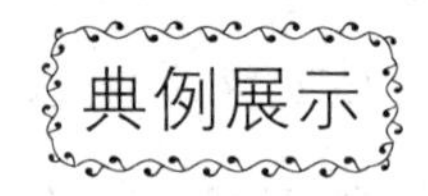

例1　端午节吃粽子是我国的传统习俗,设一盘中装有10个粽子,其中豆沙粽2个,肉粽3个,白粽5个,这三种粽子的外观完全相同,从中任意选取3个.

(1) 求三种粽子各取到1个的概率;

(2) 设X表示取到的豆沙粽个数,求X的分布列与数学期望.

讲解　(1) 设A表示事件"三种粽子各取到1个",则由古典概型的概率计算公式有$P(A)=\frac{C_2^1C_3^1C_5^1}{C_{10}^3}=\frac{1}{4}$.

(2)X的所有可能值为0,1,2,则$P(X=0)=\frac{C_8^3}{C_{10}^3}=\frac{7}{15}$,$P(X=1)=\frac{C_2^1C_8^2}{C_{10}^3}=\frac{7}{15}$,$P(X=2)=\frac{C_2^2C_8^1}{C_{10}^3}=\frac{1}{15}$,所以$X$的分布列为

X	1	2	3
P	$\frac{7}{15}$	$\frac{7}{15}$	$\frac{1}{15}$

故 $E(X)=0\times\frac{7}{15}+1\times\frac{7}{15}+2\times\frac{1}{15}=\frac{3}{5}$(个).

例 2　在铺满边长为 9 cm 的正方形塑料板的宽广地面上，掷一枚半径为 1 cm 的小圆板. 规则如下：每掷一次交 5 角钱. 若小圆板压在边上，可重掷一次；若掷在正方形内，须再交 5 角钱可玩一次；若掷在或压在塑料板的顶点上，可获得一元钱. 试问：

(1) 小圆板压在塑料板的边上的概率是多少?

(2) 小圆板压在塑料板顶点上的概率是多少?

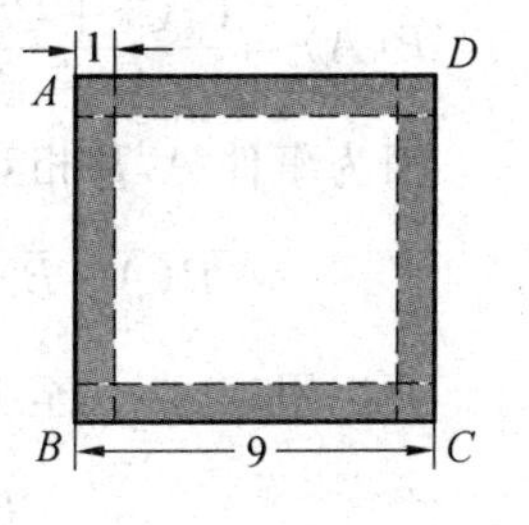

图 1

分析　小圆板中心用 O 表示，查看 O 落在 BCD 的哪个范围时，能使圆板与塑料板 $ABCD$ 的边相交接，又 O 落在哪个范围时能使圆板与 $ABCD$ 的顶点从相交接.

讲解　(1) 因为 O 落在正方形 $ABCD$ 内任何位置是等可能的，圆板与正方形塑料 $ABCD$ 的边相交接是在圆板的中心 O 到与它靠近的边的距离不超过 1 时，而它与正方形相接触的边对于一个正方形来说是一边或两边. 所以 O 落在图 1 阴影部分时，小圆板就能与塑料板 $ABCD$ 的边相交，这个范围面积等于 $9^2-7^2=32$，因此所求概率是 $\frac{32}{9^2}=\frac{32}{81}$.

(2) 小圆板与正方形的顶点相交接是在中心 O 与正方形的顶点的距离不超过圆板的半径 1 时，如图 2 阴影部分，四块合起来面积为 π，故所求概率是 $\frac{\pi}{81}$.

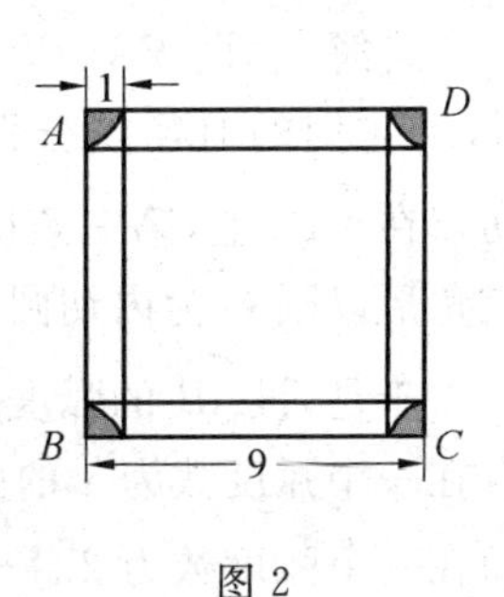

图 2

例 3　甲、乙两人参加一次英语口语考试，已知在备选的 10 道试题中，甲能答对其中的 6 道题，乙能答对其中的 8 道题. 规定每次考试都从备选题中随机抽出 3 道题进行测试，至少答对 2 道题才算合格.

(1) 求甲答对试题数 ξ 的概率分布及数学期望；

(2) 求甲、乙两人至少有一人考试合格的概率.

分析 利用随机事件的概率公式确定概率分布列，利用互斥事件的概率加法公式及相互独立事件的概率乘法公式解决此类问题.

讲解 (1) 依题意，甲答对试题数 ξ 的概率分布如下：

ξ	0	1	2	3
P	$\frac{1}{30}$	$\frac{3}{10}$	$\frac{1}{2}$	$\frac{1}{6}$

甲答对试题数 ξ 的数学期望

$$E\xi=0\times\frac{1}{30}+1\times\frac{3}{10}+2\times\frac{1}{2}+3\times\frac{1}{6}=\frac{9}{5}$$

(2) 设甲、乙两人考试合格的事件分别为 A,B，则

$P(A)=\frac{C_6^2C_4^1+C_6^3}{C_{10}^3}=\frac{60+20}{120}=\frac{2}{3}$，$P(B)=\frac{C_8^2C_2^1+C_8^3}{C_{10}^3}=\frac{56+56}{120}=\frac{14}{15}$

因为事件 A,B 相互独立，所以甲、乙两人考试均不合格的概率为

$$P(\overline{A}\cdot\overline{B})=P(\overline{A})P(\overline{B})=(1-\frac{2}{3})(1-\frac{14}{15})=\frac{1}{45}$$

所以甲、乙两人至少有一人考试合格的概率为

$$P=1-P(\overline{A}\cdot\overline{B})=1-\frac{1}{45}=\frac{44}{45}$$

答：甲、乙两人至少有一人考试合格的概率为$\frac{44}{45}$.

例4 已知圆 O，任作它的三条切线. 圆 O 是这三条切线所成三角形的内切圆与是旁切圆的概率的比为$\frac{1}{3}$.

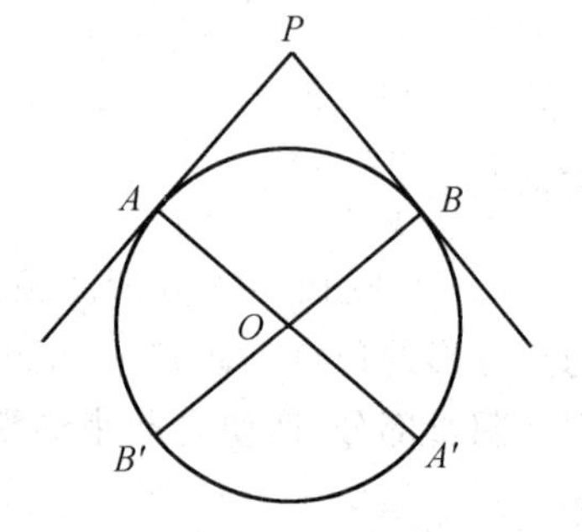

讲解 设 PA,PB 为两条切线，切点为 A,B. 它们的对径点分别为 A',B'. 当且仅当切点在$\overset{\frown}{A'B'}$ 上，第三条切线与 PA,PB 组成的三角形以圆 O 为内切圆.

于是，设$\overset{\frown}{AB}$ 的弧度数为 α，则若第三个切点在一个弧度数为 α 的弧上，圆 O 是内切圆. 而在一个弧度数为 $2\pi-\alpha$ 的弧上，圆 O 是旁切圆.

在$\overset{\frown}{AB}$ 的弧度数为 $\pi-\alpha$ 时，若第三个切点在一个弧度数为 $\pi-\alpha$ 的弧上，圆 O 是内切圆. 而在一个弧度数为 $2\pi-(\pi-\alpha)=\pi+\alpha$ 的弧上，圆 O 是旁切圆.

将这两种情况合在一起，即得使圆 O 为内切圆的切点所在弧为 $\alpha+(\pi-$

$\alpha)=\pi$，而使圆 O 为旁切圆的切点所在弧为 $(2\pi-\alpha)+(\pi+\alpha)=3\pi$，两者之比为 $\frac{1}{3}$，对每一对弧均是如此，所以概率之比为 $\frac{1}{3}$.

例 5　A,B 两个代表队进行乒乓球对抗赛，每队三名队员，A 队队员有 A_1,A_2,A_3，B 队队员有 B_1,B_2,B_3. 按以往多次比赛的统计，对阵队员之间胜负概率（表 1）如下：

表 1

对阵队员	A 队队员胜的概率	A 队队员负的概率
A_1 对 B_1	$\frac{2}{3}$	$\frac{1}{3}$
A_2 对 B_2	$\frac{2}{5}$	$\frac{3}{5}$
A_3 对 B_3	$\frac{2}{5}$	$\frac{3}{5}$

现按表中对阵方式出场，每场胜队得 1 分，负队得 0 分. 设 A 队、B 队最后总分分别为 ξ,η.

(1) 求 ξ,η 的概率分布；

(2) 求 $E\xi,E\eta$.

分析　本题考查离散型随机变量分布列和数学期望等概念，考查运用概率知识解决实际问题的能力.

讲解　(1)ξ,η 的可能取值分别为 3,2,1,0.

$P(\xi=3)=\frac{2}{3}\times\frac{2}{5}\times\frac{2}{5}=\frac{8}{75}$　（即 A 队连胜 3 场）

$P(\xi=2)=\frac{2}{3}\times\frac{2}{5}\times\frac{3}{5}+\frac{2}{3}\times\frac{3}{5}\times\frac{2}{5}+\frac{1}{3}\times\frac{2}{5}\times\frac{2}{5}=\frac{28}{75}$　（即 A 队共胜 2 场）

$P(\xi=1)=\frac{2}{3}\times\frac{3}{5}\times\frac{3}{5}+\frac{1}{3}\times\frac{2}{5}\times\frac{3}{5}+\frac{1}{3}\times\frac{3}{5}\times\frac{2}{5}=\frac{30}{75}=\frac{2}{5}$　（即 A 队恰胜 1 场）

$P(\xi=0)=\frac{1}{3}\times\frac{3}{5}\times\frac{3}{5}=\frac{9}{75}=\frac{3}{25}$　（即 A 队连负 3 场）

根据题意知 $\xi+\eta=3$，所以

$$P(\eta=0)=P(\xi=3)=\frac{8}{75},P(\eta=1)=P(\xi=2)=\frac{28}{75}$$

$$P(\eta=2)=P(\xi=1)=\frac{2}{5},P(\eta=3)=P(\xi=0)=\frac{3}{25}$$

(2)

$$E\xi=3\times\frac{8}{75}+2\times\frac{28}{75}+1\times\frac{2}{5}+0\times\frac{3}{25}=\frac{22}{15}$$

因为 $\xi+\eta=3$,所以 $E\eta=3-E\xi=\frac{23}{15}$.

例 6 在长为 $a+b+c$ 的线段上,随意量出长为 a,b 的两段.求证:

(1) 这两段没有公共点的概率为$\frac{c^2}{(c+a)(c+b)}$;

(2) 这两段的公共部分不超过 d 的概率为$\frac{(c+d)^2}{(c+a)(c+b)}(d<a,b)$.

讲解 如图 4(a),(b),设一段为 $CD=a$,一段为 $EF=b$,而 $AC=x,AE=y$,则 $0<x<b+c,0<y<a+c$.

(1) 两段没有公共点,则 $y>a+x$ 或 $x>y+b$.它们构成图 4(c) 中的阴影部分,这两个三角形的面积和为 c^2,所述概率为$\frac{c^2}{(c+a)(c+b)}$.

(2) 两段的公共部分不超过 d,则 $y+d>a+x$ 或 $x+d>y+b$.

则它们构成图 4(d) 中的阴影部分,所述概率为$\frac{(c+d)^2}{(c+a)(c+b)}$.

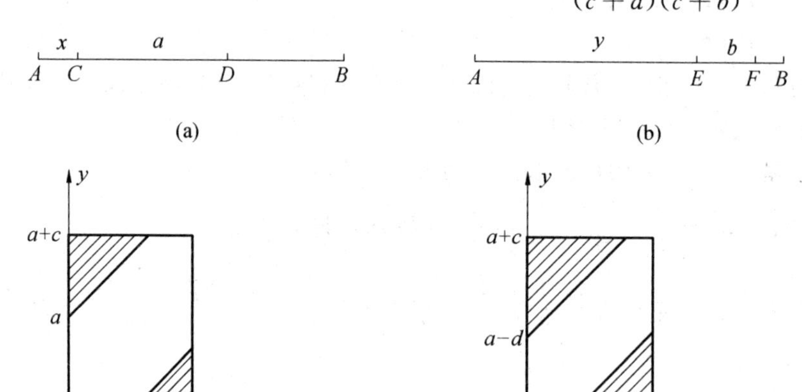

图 4

例 7 某突发事件,在不采取任何预防措施的情况下发生的概率为 0.3,一旦发生,将造成 400 万元的损失.现有甲、乙两种相互独立的预防措施可供采用.单独采用甲、乙预防措施所需的费用分别为45万元和30万元,采用相应预防措施后此突发事件不发生的概率为0.9和0.85.若预防方案允许甲、乙两种预防措施单独采用、联合采用或不采用,请确定预防方案以使总费用最少.

(总费用＝采取预防措施的费用＋发生突发事件损失的期望值.)

分析　优选决策型概率问题是指通过概率统计来判断实施方案的优劣的问题.这类问题解决的关键是要分清各方案实施的区别,处理好概率与统计的综合.此部分内容实际意义较大,所以解决这类问题必须密切联系生活实际,才能从中抽象出一些切合实际的数学模型.

讲解　(1) 不采取预防措施时,总费用即损失期望为$400\times0.3=120$(万元);

(2) 若单独采取措施甲,则预防措施费用为45万元,发生突发事件的概率为$1-0.9=0.1$,损失期望值为$400\times0.1=40$(万元),所以总费用为$45+40=85$(万元).

(3) 若单独采取预防措施乙,则预防措施费用为30万元,发生突发事件的概率为$1-0.85=0.15$,损失期望值为$400\times0.15=60$(万元),所以总费用为$30+60=90$(万元);

(4) 若联合采取甲、乙两种预防措施,则预防措施费用为$45+30=75$(万元),发生突发事件的概率为$(1-0.9)(1-0.85)=0.015$,损失期望值为$400\times0.015=6$(万元),所以总费用为$75+6=81$(万元).

综合(1)、(2)、(3)、(4),比较其总费用可知,应选择联合采取甲、乙两种预防措施,可使总费用最少.

例8　某先生居住在城镇的A处,准备开车到单位B处上班,若该地各路段发生的堵车事件都是相互独立的,且在同一路段发生堵车事件最多只有一次,发生堵车事件的概率如图5所示(例如,$A\to C\to D$算作两个路段:路段AC发生堵车事件的概率为$\frac{1}{10}$,路段CD发生堵车事件的概率为$\frac{1}{15}$).

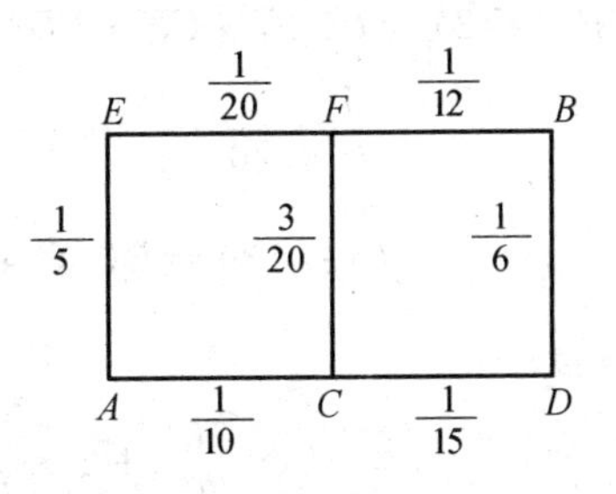

图5

(1) 请你为其选择一条由A到B的路线,使得途中发生堵车事件的概率最小;

(2) 若记路线$A\to C\to F\to B$中遇到堵车次数为随机变量ξ,求ξ的数学

期望 $E\xi$.

讲解 (1) 记路段 MN 发生的堵车事件为 MN.

因为各路段发生的堵车事件都是独立的,且在同一路段发生堵车事件最多只有一次,所以路线 $A\to C\to D\to B$ 中遇到堵车的概率 P_1 为

$$1-P(\overline{AC}\cdot\overline{CD}\cdot\overline{DB})=1-P(\overline{AC})\cdot P(\overline{CD})\cdot P(\overline{DB})=$$
$$1-[1-P(AC)][1-P(CD)][1-P(DB)]=$$
$$1-\frac{9}{10}\cdot\frac{14}{15}\cdot\frac{5}{6}=\frac{3}{10}$$

同理,路线 $A\to C\to F\to B$ 中遇到堵车的概率 P_2 为

$$1-P(\overline{AC}\cdot\overline{CF}\cdot\overline{FB})=\frac{239}{800}(\text{小于}\frac{3}{10})$$

路线 $A\to E\to F\to B$ 中遇到堵车的概率 P_3 为

$$1-P(\overline{AE}\cdot\overline{EF}\cdot\overline{FB})=\frac{91}{300}(\text{小于}\frac{3}{10})$$

显然要使得由 A 到 B 的路线途中发生堵车事件的概率最小,只可能在以上三条路线中选择.因此选择路线 $A\to C\to F\to B$,可使得途中发生堵车事件的概率最小.

(2) 路线 $A\to C\to F\to B$ 中遇到堵车次数 ξ 可取值为 0,1,2,3.

$$P(\xi=0)=P(\overline{AC}\cdot\overline{CF}\cdot\overline{FB})=\frac{561}{800}$$

$$P(\xi=1)=P(AC\cdot\overline{CF}\cdot\overline{FB})+P(\overline{AC}\cdot CF\cdot\overline{FB})+P(\overline{AC}\cdot\overline{CF}\cdot FB)=$$
$$\frac{1}{10}\cdot\frac{17}{20}\cdot\frac{11}{12}+\frac{9}{10}\cdot\frac{3}{20}\cdot\frac{11}{12}+\frac{9}{10}\cdot\frac{17}{20}\cdot\frac{1}{12}=\frac{637}{2\,400}$$

$$P(\xi=2)=P(AC\cdot CF\cdot\overline{FB})+P(AC\cdot\overline{CF}\cdot FB)+P(\overline{AC}\cdot CF\cdot FB)=$$
$$\frac{1}{10}\cdot\frac{3}{20}\cdot\frac{11}{12}+\frac{1}{10}\cdot\frac{17}{20}\cdot\frac{1}{12}+\frac{9}{10}\cdot\frac{3}{20}\cdot\frac{1}{12}=\frac{77}{2\,400}$$

$$P(\xi=3)=P(AC\cdot CF\cdot FB)=\frac{1}{10}\cdot\frac{3}{20}\cdot\frac{1}{12}=\frac{3}{2\,400}$$

所以

$$E\xi=0\times\frac{561}{800}+1\times\frac{637}{2\,400}+2\times\frac{77}{2\,400}+3\times\frac{3}{2\,400}=\frac{1}{3}$$

答:路线 $A\to C\to F\to B$ 中遇到堵车次数的数学期望为 $\frac{1}{3}$.

例 9 在一条长为 $a+b$ 的线段上,随机量出长为 a,b 的两段.求证:这两段的公共部分不超过 c 的概率为 $\frac{c^2}{ab}(c<a,b)$,而较短的一段(长为 b) 完全落

在较长的一段(长为 a) 内的概率是$\frac{a-b}{a}$.

讲解　如图 6(a),(b),设一段为 $CD=a$,一段为 $EF=b$,而 $AC=x$,$AE=y$,则 $0\leqslant x\leqslant b$,$0\leqslant y\leqslant a$.

(1) 公共部分不超过 c,即

$$x+a-y<c \text{ 或 } y+b-x<c$$

它们构成图 6(c) 中的两个三角形,面积的和为 c^2,所以所述概率为$\frac{c^2}{ab}$.

(2) 较短的一条完全落在较长的一条内,即 $x<y$ 并且 $a-y>b-x$.

它们构成图 6(d) 中的平行四边形.面积与长方形的比为$\frac{a-b}{a}$,即所述概率为$\frac{a-b}{a}$.

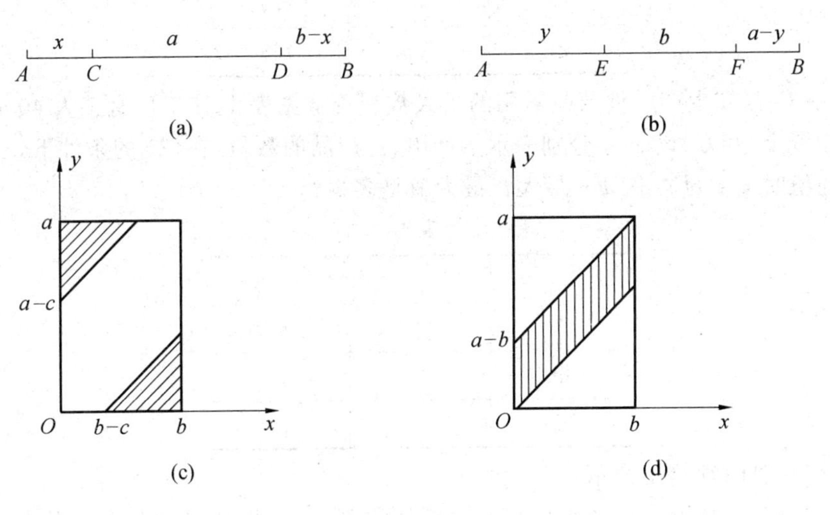

图 6

例 10　某工厂生产甲、乙两种产品,每种产品都是经过第一和第二工序加工而成,两道工序的加工结果相互独立,每道工序的加工结果均有 A,B 两个等级,对每种产品,两道工序的加工结果都为 A 级时,产品为一等品,其余均为二等品.

(1) 已知甲、乙两种产品每一道工序的加工结果为 A 级的概率见表 2,分别求生产出的甲、乙产品为一等品的概率 $P_{甲}$,$P_{乙}$;

表 2

产品	概率	
	第一工序	第二工序
甲	0.8	0.85
乙	0.75	0.8

(2) 已知一件产品的利润见表 3,用 ξ,η 分别表示一件甲、乙产品的利润,在(1) 的条件下,求 ξ,η 的分布列及 $E\xi,E\eta$;

表 3

产品	利润 / 万元	
	一等	二等
甲	5	2.5
乙	2.5	1.5

(3) 已知生产一件产品需用的工人数和资金见表 4,该工厂有工人 40 名,可用资金 60 万,设 x,y 分别表示生产甲、乙产品的数量,在(2) 的条件下,x,y 为何值时 $z=xE\xi+yE\eta$ 最大? 最大值是多少?

表 4

产品	用量	
	工人 / 名	资金 / 万元
甲	8	5
乙	2	10

(解答时须给出图示)

分析　本题主要考查相互独立事件的概率、随机变量的分布列及期望、线性规划模型的建立与求解等基础知识,考查通过建立简单的数学模型解决实际问题的能力.

讲解　(1)$P_{甲}=0.8\times0.85=0.68,P_{乙}=0.75\times0.8=0.6$.

(2) 随机变量 ξ,η 的分布列是

ξ	5	2.5
P	0.68	0.32

η	2.5	1.5
P	0.6	0.4

$$E\xi = 5 \times 0.68 + 2.5 \times 0.32 = 4.2$$
$$E\eta = 2.5 \times 0.6 + 1.5 \times 0.4 = 2.1$$

(3) 由题设知

$$\begin{cases} 5x + 10y \leqslant 60 \\ 8x + 2y \leqslant 40 \\ x \geqslant 0 \\ y \geqslant 0 \end{cases}$$

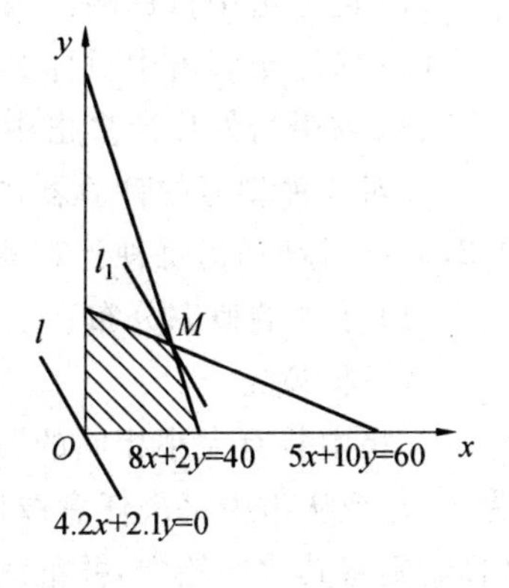

图 7

目标函数为 $z = xE\xi + yE\eta = 4.2x + 2.1y$,作出可行域如图 7 所示.

作直线 l: $4.2x + 2.1y = 0$,将 l 向右上方平移至 l_1 位置时,直线经过可行域上的点 M 与原点距离最大,此时 $z = 4.2x + 2.1y$ 取最大值.解方程组 $\begin{cases} 5x + 10y = 60 \\ 8x + 2y = 40 \end{cases}$.

得 $x = 4, y = 4$,即 $x = 4, y = 4$ 时,z 取最大值,z 的最大值为 25.2.

说明　线性规划与概率都是新课程中增加的内容,概率与线性规划牵手,给人耳目一新的感觉,这种概率与其他知识点的交汇使概率内容,焕发出新的活力.

课外训练

1. 设 P 在 $[0,5]$ 上随机地取值,求方程 $x^2 + px + \frac{p}{4} + \frac{1}{2} = 0$ 有实根的概率.

2. 一套重要资料锁在一个保险柜中,现有 n 把钥匙依次分给 n 名学生依次开柜,但其中只有一把真的可以打开柜门,求平均来说打开柜门需要试开的次数.

3. A,B 两位同学各有 5 张卡片,现以投掷均匀硬币的形式进行游戏,当出现正面朝上时 A 赢得 B 一张卡片,否则 B 赢得 A 一张卡片.规定掷硬币的次数达 9 次时,或在此前某人已赢得所有卡片时游戏终止.设 ξ 表示游戏终止时掷硬币的次数.

(1) 求 ξ 的取值范围;

(2) 求 ξ 的数学期望 $E\xi$.

4. 甲、乙两人各进行 3 次射击,甲每次击中目标的概率为 $\frac{1}{2}$,乙每次击中目标的概率为$\frac{2}{3}$.

(1) 记甲击中目标的次数为ξ,求ξ的概率分布及数学期望$E\xi$;

(2) 求乙至多击中目标2次的概率;

(3) 求甲恰好比乙多击中目标2次的概率.

5. 对3种型号的计算器进行质量检验,它们出现故障的概率分别是0.1,0.2,0.15,检验时,每种计算器选取一台,设ξ表示出现故障的计算器的台数.

(1) 求ξ的概率分布;

(2) 求$E\xi$.

6. 箱中装有大小相同的黄、白两种颜色的乒乓球,黄、白乒乓球的数量比为$s:t$.现从箱中每次任意取出一个球,若取出的是黄球则结束,若取出的是白球,则将其放回箱中,并继续从箱中任意取出一个球,但取球的次数最多不超过n次,以ξ表示取球结束时已取到白球的次数.

(1) 求ξ的分布列;

(2) 求ξ的数学期望.

7. 在一次购物抽奖活动中,假设某10张券中有一等奖券1张,可获价值50元的奖品;有二等奖券3张,每张可获价值10元的奖品;其余6张没有奖,某顾客从此10张券中任抽2张,求:

(1) 该顾客中奖的概率;

(2) 该顾客获得的奖品总价值ξ(元)的概率分布列和期望$E\xi$.

8. 设一部机器在一天内发生故障的概率为0.2,机器发生故障时全天停止工作.若一周5个工作日里均无故障,可获利润10万元;发生一次故障可获利润5万元,只发生两次故障可获利润0万元,发生3次或3次以上故障就要亏损2万元.求一周内利润期望.

9. 某市出租车的起步价为6元,行驶路程不超过3 km时,租车费为6元,若行驶路程超过3 km,则按每超出1 km(不足1 km也按1 km计程)收费3元计费.设出租车一天行驶的路程数ξ(按整km数计算,不足1 km的自动计为1 km)是一个随机变量,则其收费数η也是一个随机变量.已知一个司机在某个月中每次出车都超过了3 km,且一天的总路程数可能的取值是200,220,240,260,280,300(km),它们出现的概率依次是0.12,0.18,0.20,0.20,$100a^2+3a$,$4a$.

(1) 求这一个月中一天行驶路程ξ的分布列,并求ξ的数学期望和方差;

(2) 求这一个月中一天所收租车费η的数学期望和方差.

10. 一副纸牌共N张,其中有3张A.现随机地洗牌,然后从顶上开始一张接一张地翻牌，直翻到第二张 A 出现为止. 求证：翻过的牌数的数学期望是 $\frac{N+1}{2}$.

11. $\frac{n(n+1)}{2}$ 个不同的数排列成一个三角形

☆

☆　☆

☆　☆　☆

…

☆　☆　☆…☆　☆

设 M_k 是从上往下第 k 行中最大数，求 M_k 是 $M_1<M_2<\cdots<M_n$ 时的概率.

第17讲　极限及其运算

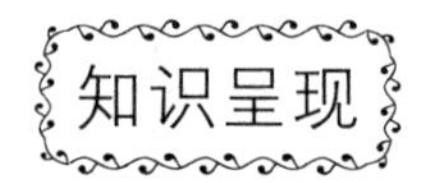

1.数列极限的定义

一般地,如果当项数n无限增大时,无穷数列$\{a_n\}$的项a_n无限趋近于某个常数a(即$|a_n-a|$无限趋近于0),那么就说数列$\{a_n\}$以a为极限,或者说a是数列$\{a_n\}$的极限,记作$\lim\limits_{n\to\infty}a_n=a$,读作"当$n$趋向于无穷大时,$a_n$的极限等于$a$".

2.几个重要极限

(1) $\lim\limits_{n\to\infty}\frac{1}{n}=0$.

(2) $\lim\limits_{n\to\infty}C=C$($C$是常数).

(3) 无穷等比数列$\{q^n\}$($|q|<1$)的极限是0,即$\lim\limits_{n\to\infty}q^n=0$($|q|<1$).

3.函数极限的定义

(1) 当自变量x取正值并且无限增大时,如果函数$f(x)$无限趋近于一个常数a,就说当x趋向于正无穷大时,函数$f(x)$的极限是a.

记作:$\lim\limits_{x\to+\infty}f(x)=a$,或者当$x\to+\infty$时,$f(x)\to a$.

(2) 当自变量x取负值并且绝对值无限增大时,如果函数$f(x)$无限趋近于一个常数a,就说当x趋向于负无穷大时,函数$f(x)$的极限是a.

记作:$\lim\limits_{x\to-\infty}f(x)=a$或者当$x\to-\infty$时,$f(x)\to a$.

(3) 如果$\lim\limits_{x\to+\infty}f(x)=a$且$\lim\limits_{x\to-\infty}f(x)=a$,那么就说当$x$趋向于无穷大时,函数$f(x)$的极限是$a$.

记作:$\lim\limits_{x\to\infty}f(x)=a$或者当$x\to\infty$时,$f(x)\to a$.

4.数列极限的运算法则

与函数极限的运算法则类似,如果$\lim\limits_{n\to\infty}a_n=A$,$\lim\limits_{n\to\infty}b_n=B$,那么

$$\lim_{n\to\infty}(a_n+b_n)=A+B$$

$$\lim_{n\to\infty}(a_n - b_n) = A - B$$

$$\lim_{n\to\infty}(a_n \cdot b_n) = A \cdot B$$

$$\lim_{n\to\infty}\frac{a_n}{b_n} = \frac{A}{B} \quad (B \neq 0)$$

5. 对于函数极限有如下的运算法则

如果$\lim\limits_{x\to x_0} f(x) = A$，$\lim\limits_{x\to x_0} g(x) = B$，那么

$$\lim_{x\to x_0}[f(x) + g(x)] = A + B$$

$$\lim_{x\to x_0}[f(x) \cdot g(x)] = A \cdot B$$

$$\lim_{x\to x_0}\frac{f(x)}{g(x)} = \frac{A}{B}(B \neq 0)$$

当C是常数，n是正整数时

$$\lim_{x\to x_0}[Cf(x)] = C\lim_{x\to x_0} f(x)$$

$$\lim_{x\to x_0}[f(x)]^n = [\lim_{x\to x_0} f(x)]^n$$

这些法则对于$x\to\infty$的情况仍然适用.

6. 函数在一点连续的定义

如果函数$f(x)$在点$x = x_0$处有定义，$\lim\limits_{x\to x_0} f(x)$存在，且$\lim\limits_{x\to x_0} f(x) = f(x_0)$，那么函数$f(x)$在点$x = x_0$处连续.

7. 函数$f(x)$在(a,b)内连续的定义

如果函数$f(x)$在某一开区间(a,b)内每一点处连续，就说函数$f(x)$在开区间(a,b)内连续，或$f(x)$是开区间(a,b)内的连续函数.

8. 函数$f(x)$在$[a,b]$上连续的定义

如果$f(x)$在开区间(a,b)内连续，在左端点$x = a$处有$\lim\limits_{x\to a^+} f(x) = f(a)$，在右端点$x = b$处有$\lim\limits_{x\to b^-} f(x) = f(b)$，就说函数$f(x)$在闭区间$[a,b]$上连续，或$f(x)$是闭区间$[a,b]$上的连续函数.

9. 最大值

$f(x)$是闭区间$[a,b]$上的连续函数，如果对于任意$x \in [a,b]$，$f(x_1) \geqslant f(x)$，那么$f(x)$在点x_1处有最大值$f(x_1)$.

10. 最小值

$f(x)$是闭区间$[a,b]$上的连续函数，如果对于任意$x \in [a,b]$，$f(x_2) \leqslant f(x)$，那么$f(x)$在点x_2处有最小值$f(x_2)$.

11. 最大值最小值定理

如果 $f(x)$ 是闭区间 $[a,b]$ 上的连续函数,那么 $f(x)$ 在闭区间 $[a,b]$ 上有最大值和最小值.

典例展示

例 1 求 $\lim\limits_{n\to\infty}\left(\dfrac{a}{1-a}\right)^n$ 的值.

讲解 因为当 $\left|\dfrac{a}{1-a}\right|<1$ 即 $a<\dfrac{1}{2}$ 时,$\lim\limits_{n\to\infty}\left(\dfrac{a}{1-a}\right)^n=0$.

当 $\left|\dfrac{a}{1-a}\right|>1$ 时,$\lim\limits_{n\to\infty}\left(\dfrac{a}{1-a}\right)^n$ 不存在.

当 $\dfrac{a}{1-a}=1$ 即 $a=\dfrac{1}{2}$ 时,$\lim\limits_{n\to\infty}\left(\dfrac{a}{1-a}\right)^n=1$.

当 $\dfrac{a}{1-a}=-1$ 时,$\lim\limits_{n\to\infty}\left(\dfrac{a}{1-a}\right)^n$ 也不存在.

例 2 已知 $|a|>|b|$,且 $\lim\limits_{n\to\infty}\dfrac{a^{n-1}+b^n}{a^n}<\lim\limits_{n\to\infty}\dfrac{a^{n+1}+b^n}{a^n}(n\in\mathbf{N}^*)$,求 a 的取值.

讲解

$$左边=\lim_{n\to\infty}\frac{a^{n-1}+b^n}{a^n}=\lim_{n\to\infty}\left[\frac{1}{a}+\left(\frac{b}{a}\right)^n\right]=\frac{1}{a}$$

$$右边=\lim_{n\to\infty}\frac{a^{n+1}+b^n}{a^n}=\lim_{n\to\infty}\left[a+\left(\frac{b}{a}\right)^n\right]=a$$

因为 $|a|>|b|$,所以 $\left|\dfrac{b}{a}\right|<1$,所以 $\lim\limits_{n\to\infty}\left(\dfrac{b}{a}\right)^n=0$.

所以不等式变为 $\dfrac{1}{a}<a$,解不等式得 $a>1$ 或 $-1<a<0$.

例 3 已知数列 $\{\log_2(a_n-1)\}(n\in\mathbf{N}^*)$ 为等差数列,且 $a_1=3,a_2=5$,求 $\lim\limits_{n\to\infty}\left(\dfrac{1}{a_2-a_1}+\dfrac{1}{a_3-a_2}+\cdots+\dfrac{1}{a_{n+1}-a_n}\right)$ 的值.

讲解 由题意得:$2\log_2^4=\log_2^2+\log_2^2+2d$,求得 $d=1$,则

$$\log_2(a_n-1)=1+(n-1)1=n$$

所以 $a_n-1=2^n$,即 $a_n=2^n-1$.

又由

$$\frac{1}{a_{n+1}-a_n}=\frac{1}{2^{n+1}-2^n}=\frac{1}{2^n}$$

所以

$$\frac{1}{a_2-a_1}+\frac{1}{a_3-a_2}+\cdots+\frac{1}{a_{n+1}-a_n}=\frac{1}{2}+\frac{1}{2^2}+\cdots+\frac{1}{2^n}=$$

$$\frac{\frac{1}{2}\cdot(1-\frac{1}{2^n})}{1-\frac{1}{2}}=1-\frac{1}{2^n}$$

所以

$$\lim_{n\to\infty}\left(\frac{1}{a_2-a_1}+\frac{1}{a_3-a_2}+\cdots+\frac{1}{a_{n+1}-a_n}\right)=\lim_{n\to\infty}(1-\frac{1}{2^n})=1$$

例 4　已知$\lim\limits_{x\to 2}\dfrac{x^3+ax^2+b}{x-2}=8$，求实数 a,b 的值.

讲解

$$\lim_{x\to 2}\frac{x^3+ax^2+b}{x-2}=\lim_{x\to 2}\frac{x^2(x-2)+(2+a)x^2+b}{x-2}=$$

$$\lim_{x\to 2}\frac{x^2(x-2)+(2+a)x(x-2)+2(2+a)(x-2)+4(2+a)+b}{x-2}=$$

$$\lim_{x\to 2}[x^2+(2+a)x+2(2+a)]+\lim_{x\to 2}\frac{4(2+a)+b}{x-2}$$

所以由题意$\begin{cases}4+(2+a)\cdot 2+2(2+a)=8\\4(2+a)+b=0\end{cases}\Rightarrow\begin{cases}a=-1\\b=-4\end{cases}$.

例 5　已知$\lim\limits_{x\to\infty}(\sqrt{x^2-x+1}-ax-b)=0$，求实数 a,b 的值.

讲解

$$\lim_{x\to\infty}(\sqrt{x^2-x+1}-ax-b)=$$

$$\lim_{x\to\infty}\frac{(\sqrt{x^2-x+1}-ax-b)(\sqrt{x^2-x+1}+ax+b)}{\sqrt{x^2-x+1}+ax+b}=$$

$$\lim_{x\to\infty}\frac{x^2-x+1-(ax+b)^2}{\sqrt{x^2-x+1}+ax+b}=$$

$$\lim_{x\to\infty}\frac{(1-a^2)x^2-(1+2ab)x+(1-b^2)}{\sqrt{x^2-x+1}+ax+b}=$$

$$\lim_{x\to\infty}\frac{(1-a^2)x-(1+2ab)+\frac{1-b^2}{x}}{\sqrt{1-\frac{1}{x}+\frac{1}{x^2}}+a+\frac{b}{x}}=0$$

要使极限存在 $1-a^2=0$，所以

$$\lim_{x\to\infty}\frac{(1-a^2)x-(1+2ab)+\frac{1-b^2}{x}}{\sqrt{1-\frac{1}{x}+\frac{1}{x^2}}+a+\frac{b}{x}}=\frac{-(1+2ab)}{1+a}=0$$

即 $1+2ab=0, a+1\neq 0$.

所以$\begin{cases}1-a^2=0\\1+2ab=0\\a+1\neq 0\end{cases}\Rightarrow\begin{cases}a=1\\b=-\dfrac{1}{2}\end{cases}$.

例 6 设函数 $f(x)=\begin{cases}2x+1 & (x>0)\\a & (x=0)\\\dfrac{b}{x}(\sqrt{1+x}-1) & (x<0)\end{cases}$ 在 $x=0$ 处连续,求 a, b 的值.

讲解 要使 $f(x)$ 在 $x=0$ 处连续,就要使 $f(x)$ 在 $x=0$ 处的左、右极限存在,并且相等,等于 $f(x)$ 在 $x=0$ 处的值 a.

$$\lim_{x\to 0^-}f(x)=\lim_{x\to 0^-}\frac{b}{x}\cdot(\sqrt{1+x}-1)=$$

$$\lim_{x\to 0^-}\frac{b(\sqrt{1+x}-1)(\sqrt{1+x}+1)}{x(\sqrt{1+x}+1)}=$$

$$\lim_{x\to 0^-}\frac{b(1+x-1)}{x(\sqrt{1+x}+1)}=$$

$$\lim_{x\to 0^-}\frac{b}{\sqrt{1+x}+1}=\frac{b}{2}$$

$$\lim_{x\to 0^+}f(x)=\lim_{x\to 0^+}(2x+1)=2\cdot 0+1=1$$

所以$\begin{cases}\dfrac{b}{2}=a\\1=a\end{cases}\Rightarrow\begin{cases}a=1\\b=2\end{cases}$.

例 7 在数列 $\{a_n\}$ 中,已知 $a_1=\dfrac{3}{5}, a_2=\dfrac{31}{100}$,且数列 $\{a_{n+1}-\dfrac{1}{10}a_n\}$ 是公比为 $\dfrac{1}{2}$ 的等比数列,数列 $\{\lg(a_{n+1}-\dfrac{1}{2}a_n)\}$ 是公差为 -1 的等差数列.

(1) 求数列 $\{a_n\}$ 的通项公式;

(2) $S_n=a_1+a_2+\cdots+a_n(n\geqslant 1)$,求 $\lim\limits_{n\to\infty}S_n$.

讲解 (1) 由 $\{a_{n+1}-\dfrac{1}{10}a_n\}$ 是公比为 $\dfrac{1}{2}$ 的等比数列,且 $a_1=\dfrac{3}{5}, a_2=\dfrac{31}{100}$,所以

$$a_{n+1}-\frac{1}{10}a_n=(a_2-\frac{1}{10}a_1)\left(\frac{1}{2}\right)^{n-1}=\left(\frac{31}{100}-\frac{3}{5}\times\frac{1}{10}\right)\left(\frac{1}{2}\right)^{n-1}=$$

$$\frac{1}{4}\left(\frac{1}{2}\right)^{n-1}=\frac{1}{2^{n+1}}$$

所以

$$a_{n+1}=\frac{1}{10}a_n+\frac{1}{2^{n+1}} \qquad ①$$

又由数列$\{\lg(a_{n+1}-\frac{1}{2}a_n)\}$是公差为$-1$的等差数列，且首项$\lg(a_2-\frac{1}{2}a_1)=\lg\left(\frac{31}{100}-\frac{1}{2}\times\frac{3}{5}\right)=-2$，所以其通项为

$$\lg(a_{n+1}-\frac{1}{2}a_n)=-2+(n-1)(-1)=-(n+1)$$

所以

$$a_{n+1}-\frac{1}{2}a_n=10^{-(n+1)}$$

即

$$a_{n+1}=\frac{1}{2}a_n+10^{-(n+1)} \qquad ②$$

①② 联立解得

$$a_n=\frac{5}{2}\left[\left(\frac{1}{2}\right)^{n+1}-\left(\frac{1}{10}\right)^{n+1}\right]$$

(2)

$$S_n=\sum_{k=1}^{n}a_k=\frac{5}{2}\left[\sum_{k=1}^{n}\left(\frac{1}{2}\right)^{k+1}-\sum_{k=1}^{n}\left(\frac{1}{10}\right)^{k+1}\right]$$

所以

$$\lim_{n\to\infty}S_n=\frac{5}{2}\left[\frac{\left(\frac{1}{2}\right)^2}{1-\frac{1}{2}}-\frac{\left(\frac{1}{6}\right)^2}{1-\frac{1}{10}}\right]=\frac{11}{9}$$

例 8　设数列$a_1,a_2,\cdots,a_n,\cdots$的前$n$项的和$S_n$和$a_n$的关系是$S_n=1-ba_n-\frac{1}{(1+b)^n}$，其中$b$是与$n$无关的常数，且$b\neq-1$.

(1) 求a_n和a_{n-1}的关系式；

(2) 写出用n和b表示a_n的表达式；

(3) 当$0<b<1$时，求极限$\lim\limits_{n\to\infty}S_n$.

讲解　(1)

$$a_n=S_n-S_{n-1}=-b(a_n-a_{n-1})-\frac{1}{(1+b)^n}+\frac{1}{(1+b)^{n-1}}=$$

$$-b(a_n-a_{n-1})+\frac{b}{(1+b)^n} \quad (n\geqslant 2)$$

解得

$$a_n=\frac{b}{1+b}a_{n-1}+\frac{b}{(1+b)^{n+1}}\quad(n\geqslant 2)$$

(2) 因为 $a_1=S_1=1-ba_1-\frac{1}{1+b}$,所以 $a_1=\frac{b}{(1+b)^2}$,所以

$$a_n=\frac{b}{1+b}\left[\frac{b}{1+b}a_{n-2}+\frac{b}{(1+b)^n}\right]+\frac{1}{(1+b)^{n+1}}=$$

$$\left(\frac{b}{1+b}\right)^2a_{n-2}+\frac{b^2+b}{(1+b)^{n+1}}=$$

$$\left(\frac{b}{1+b}\right)^2\left[\frac{b}{1+b}a_{n-3}+\frac{b}{(1+b)^{n-1}}\right]+\frac{b+b^2}{(1+b)^{n+1}}=$$

$$\left(\frac{b}{1+b}\right)^2a_{n-3}+\frac{b+b^2+b^3}{(1+b)^{n+1}},\cdots$$

由此猜想

$$a_n=\left(\frac{b}{1+b}\right)^{n-1}a_1+\frac{b+b^2+b^3+\cdots+b^{n-1}}{(1+b)^{n+1}}$$

把 $a_1=\frac{b}{(1+b)^2}$ 代入上式得

$$a_n=\frac{b+b^2+\cdots+b^n}{(1+b)^{n+1}}=\begin{cases}\dfrac{b-b^{n+1}}{(1-b)(1+b)^{n+1}} & (b\neq 1)\\ \dfrac{n}{2^{n+1}} & (b=1)\end{cases}$$

$$(3)\ S_n=1-ba_n-\frac{1}{(1+b)^n}=1-b\cdot\frac{b-b^{n+1}}{(1-b)(1+b)^{n+1}}-\frac{1}{(1+b)^n}=$$

$$1-\frac{1}{(1+b)^n}-\frac{b(b-b^{n+1})}{1-b}\left(\frac{1}{1+b}\right)^{n+1}\quad(b\neq 1)$$

因为 $0<b<1$ 时,$\lim\limits_{n\to\infty}b^n=0$,$\lim\limits_{n\to\infty}\left(\frac{1}{1+b}\right)^n=0$,所以 $\lim\limits_{n\to\infty}S_n=1$.

例 9 已知数列 $\{a_n\}$ 满足条件:$a_1=1$,$a_2=r(r>0)$ 且 $\{a_n\cdot a_{n+1}\}$ 是公比为 $q(q>0)$ 的等比数列,设 $b_n=a_{2n-1}+a_{2n}(n=1,2,\cdots)$.

(1) 求出使不等式 $a_na_{n+1}+a_{n+1}a_{n+2}>a_{n+2}a_{n+2}(n\in\mathbf{N}^*)$ 成立的 q 的取值范围;

(2) 求 b_n 和 $\lim\limits_{n\to\infty}\frac{1}{S_n}$,其中 $S_n=b_1+b_2+\cdots+b_n$;

(3) 设 $r=2^{19.2}-1$,$q=\frac{1}{2}$,求数列 $\left\{\frac{\log_2 b_{n+1}}{\log_2 b_n}\right\}$ 的最大项和最小项的值.

讲解 (1) 由题意得

$$rq^{n-1}+rq^{n}>rq^{n+1}$$

由题设 $r>0,q>0$,故上式 $q^2-q-1<0$.

所以$\frac{1-\sqrt{5}}{2}<q<\frac{1+\sqrt{5}}{2}$,由于 $q>0$,故 $0<q<\frac{1+\sqrt{5}}{2}$.

(2) 因为

$$\frac{a_{n+1}a_{n+2}}{a_n a_{n+1}}=\frac{a_{n+2}}{a_n}=q$$

所以

$$\frac{b_{n+1}}{b_n}=\frac{a_{2n+1}+a_{2n+2}}{a_{2n-1}+a_{2n}}=\frac{a_{2n-1}q+a_{2n}q}{a_{2n-1}+a_{2n}}=q\neq 0$$

$b_1=1+r\neq 0$,所以$\{b_n\}$ 是首项为 $1+r$,公比为 q 的等比数列,从而

$$b_n=(1+r)q^{n-1}$$

当 $q=1$ 时

$$S_n=n(1+r)$$

$$\lim_{n\to\infty}\frac{1}{S_n}=\lim_{n\to\infty}\frac{1}{n(1+r)}=0$$

当 $0<q<1$ 时

$$S_n=\frac{(1+r)(1-q^n)}{1-q}$$

$$\lim_{n\to\infty}\frac{1}{S_n}=\lim_{n\to\infty}\frac{1-q}{(1+r)(1-q^n)}=\frac{1-q}{1+r}$$

当 $q>1$ 时

$$S_n=\frac{(1+r)(q^n-1)}{q-1}\quad \lim_{n\to\infty}\frac{1}{S_n}=0$$

综上所述

$$\lim_{n\to\infty}\frac{1}{S_n}=\begin{cases}\frac{1-q}{1+r} & (0<q<1)\\ 0 & (q\geqslant 1)\end{cases}$$

(3) 由(2) 知

$$b_n=(1+r)q^{n-1}$$

$$c_n=\frac{\log_2 b_{n+1}}{\log_2 b_n}=\frac{\log_2[(1+r)q^n]}{\log_2[(1+r)q^{n-1}]}=\frac{\log_2(1+r)+n\log_2 q}{\log_2(1+r)+(n-1)\log_2 q}=$$

$$1+\frac{1}{n-20.2}$$

从上式可知当 $n-20.2>0$ 时 $n\geqslant 21(n\in \mathbf{N})$ 时,c_n 随 n 的增大而减小,故

$$1 < c_n < c_{21} = 1 + \frac{1}{21 - 20.2} = 1 + \frac{1}{0.8} = 2.25 \quad ①$$

当 $n - 20.2 < 0$,即 $n \leqslant 20(n \in \mathbf{N})$ 时,c_n 也随着 n 的增大而减小,故

$$1 > c_n > c_{20} = 1 + \frac{1}{20 - 20.2} = 1 - \frac{1}{0.2} = -4 \quad ②$$

综合 ①、② 两式知对任意的自然数 n 有 $c_{20} \leqslant c_n \leqslant c_{21}$.

故 $\{c_n\}$ 的最大项 $c_{21} = 2.25$,最小项 $c_{20} = -4$.

例 10 已知二次函数 $f(x) = ax^2 + bx + c$ 的图像的顶点坐标是 $\left(\frac{3}{2}, -\frac{1}{4}\right)$,且 $f(3) = 2$.

(1) 求 $y = f(x)$ 的表达式,并求出 $f(1)$,$f(2)$ 的值;

(2) 数列 $\{a_n\}$,$\{b_n\}$,若对任意的实数 x 都满足 $g(x) \cdot f(x) + a_n x + b_n = x^{n+1}$,$n \in \mathbf{N}^*$,其中 $g(x)$ 是定义在实数 $\mathbf{R}$ 上的一个函数,求数列 $\{a_n\}$,$\{b_n\}$ 的通项公式;

(3) 设圆 C_n:$(x - a_n)^2 + (y - b_n)^2 = r_n^2$,若圆 C_n 与圆 C_{n+1} 外切,$\{r_n\}$ 是各项都是正数的等比数列,记 S_n 是前 n 个圆的面积之和,求 $\lim\limits_{n \to \infty} \frac{S_n}{r_n^2}(n \in \mathbf{N}^*)$.

讲解 (1) 由已知得 $f(x) = a\left(x - \frac{3}{2}\right)^2 - \frac{1}{4}$,$a \neq 0$,所以 $f(3) = a\left(3 - \frac{3}{2}\right)^2 - \frac{1}{4} = 2$,所以 $a = 1$.

所以 $f(x) = x^2 - 3x + 2$,$x \in \mathbf{R}$,$f(1) = 0$,$f(2) = 0$.

(2)
$$g(1) \cdot f(1) + a_n + b_n = 1^{n+1}$$

即

$$a_n + b_n = 1 \quad ①$$

$$g(2) \cdot f(2) + 2a_n + b_n = 2^{n+1}$$

即

$$2a_n + b_n = 2^{n+1} \quad ②$$

由 ①② 得

$$a_n = 2^{n+1} - 1, b_n = 2 - 2^{n+1}$$

(3)

$$|C_{n+1}C_n| = \sqrt{(2^{n+2} - 2^{n+1})^2 + (2^{n+1} - 2^{n+2})^2} = \sqrt{2} \cdot 2^{n+1}$$

设数列 $\{r_n\}$ 的公比为 q,则

$$r_n + r_{n+1} = r_n(1 + q) = |C_{n+1}C_n| = \sqrt{2} \cdot 2^{n+1}$$

即

$$r_n(1+q)=\sqrt{2}\cdot 2^{n+1}$$

所以 $r_{n+1}(1+q)=\sqrt{2}\cdot 2^{n+2}$，所以$\frac{r_{n+1}}{r_n}=2$，所以 $r_n=\frac{\sqrt{2}}{3}\cdot 2^{n+1}$，所以

$$r_n^2=\frac{8}{9}\cdot 4^n$$

$$S_n=\pi(r_1^2+r_2^2+r_3^2+\cdots+r_n^2)=\frac{8\pi}{9}\cdot\frac{4(1-4^n)}{1-4}=\frac{32\pi}{27}(4^n-1)$$

$$\lim_{n\to\infty}\frac{S_n}{r_n^2}=\lim_{n\to\infty}\frac{\frac{32\pi}{27}(4^n-1)}{\frac{8}{9}\cdot 4^n}=\frac{\frac{32\pi}{27}}{\frac{8}{9}}=\frac{4\pi}{3}$$

课外训练

1. 求 $\lim\limits_{x\to\infty}\frac{3x-1}{x^2-12x+20}$ 的值.

2. 求$\lim\limits_{x\to 4}\frac{\sqrt{x^2-8}-2\sqrt{2}}{x-4}$ 的值.

3. 求 $\lim\limits_{n\to+\infty}(\sqrt{x+\sqrt{x+\sqrt{x}}}-\sqrt{x})$ 的值.

4. 若$\lim\limits_{n\to\infty}(a\sqrt{2n^2+n-1}-nb)=1$，求 ab 的值.

5. 求$\lim\limits_{x\to 0}[(\frac{1}{x}+3)^2-x(\frac{1}{x}+2)^3]$ 的值.

6. 求$\lim\limits_{n\to\infty}\frac{(\sqrt{n^2+1}+n)^2}{\sqrt[3]{n^6+1}}$ 的值.

7. 求$\lim\limits_{x\to 0}\frac{\sin x^n}{\sin^m x}$($m,n$ 为自然数) 的值.

8. 求$\lim\limits_{x\to 0}\frac{\sqrt{4+x}-2}{\sqrt{9+x}-3}$ 的值.

9. 求$\lim\limits_{x\to\infty}\frac{1-r^x}{1+r^x}(r>0)$ 的值.

10. 已知数列$\{a_n\}$ 的前 n 项和为 S_n，且 a_n,S_n 等差中项为 1.

(1) 写出 a_1,a_2,a_3；

(2) 猜想 a_n 的表达式，并用数学归纳法证明；

(3) 设 $T_n=S_1+S_2+\cdots+S_n$，求$\lim\limits_{n\to\infty}\frac{T_n}{3n}$ 的值.

11. 设 $f(x)$ 是 x 的三次多项式,已知 $\lim\limits_{n \to 2a} \dfrac{f(x)}{x-2a} = \lim\limits_{n \to 4a} \dfrac{f(x)}{x-4a} = 1$,试求 $\lim\limits_{n \to \infty} \dfrac{f(x)}{x-3a}$ 的值.(a 为非零常数).

第 18 讲　导数的概念与运算

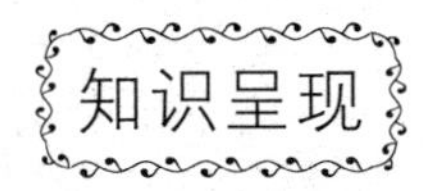

1. 导数的概念

(1) 定义：函数 $y=f(x)$ 的导数 $f'(x)$，就是当 $\Delta x\to 0$ 时，函数的增量 Δy 与自变量的增量 Δx 的比 $\dfrac{\Delta y}{\Delta x}$ 的极限，即

$$f'(x)=\lim_{\Delta x\to 0}\frac{\Delta y}{\Delta x}=\lim_{\Delta x\to 0}\frac{f(x+\Delta x)-f(x)}{\Delta x}$$

(2) 实际背景：瞬时速度、加速度、角速度、电流等.

(3) 几何意义：函数 $y=f(x)$ 在点 x_0 处的导数的几何意义，就是曲线 $y=f(x)$ 在点 $P(x_0,f(x_0))$ 处的切线的斜率.

2. 求导的方法

(1) 常用的导数公式：

$C'=0$(C 为常数)；

$(x^m)'=mx^{m-1}(m\in\mathbf{Q})$；

$(\sin x)'=\cos x$；

$(\cos x)'=-\sin x$；

$(\mathrm{e}^x)'=\mathrm{e}^x$；

$(a^x)'=a^x\ln a$；

$(\ln x)'=\dfrac{1}{x}$；

$(\log_a x)'=\dfrac{1}{x}\log_a \mathrm{e}$.

(2) 两个函数的四则运算的导数：

$$(u\pm v)'=u'\pm v'$$

$$(uv)'=u'v+uv'$$

$$\left(\frac{u}{v}\right)'=\frac{u'v-uv'}{v^2}\quad (v\neq 0)$$

(3) 复合函数的导数：$y'_x = y'_u \cdot u'_x$.

典例展示

例 1 观察$(x^n)' = nx^{n-1}$，$(\sin x)' = \cos x$，$(\cos x)' = -\sin x$，是否可判断，可导的奇函数的导函数是偶函数，可导的偶函数的导函数是奇函数.

讲解 若 $f(x)$ 为偶函数 $f(-x) = f(x)$，令

$$\lim_{\Delta x \to 0} \frac{f(x + \Delta x) - f(x)}{\Delta x} = f'(x)$$

$$f'(-x) = \lim_{\Delta x \to 0} \frac{f(-x + \Delta x) - f(-x)}{+\Delta x} = \lim_{\Delta x \to 0} \frac{f(x - \Delta x) - f(x)}{+\Delta x} =$$

$$\lim_{\Delta x \to 0} -\frac{f(x - \Delta x) - f(x)}{-\Delta} = -f'(x)$$

所以可导的偶函数的导函数是奇函数.

另证：$f' = [f(-x)]' = f'(+x) \cdot (-x)' = -f'(x)$.

所以可导的偶函数的导函数是奇函数.

例 2 已知曲线 C：$y = x^3 - 3x^2 + 2x$，直线 l：$y = kx$，且 l 与 C 切于点$(x_0, y_0)(x_0 \neq 0)$，求直线 l 的方程及切点坐标.

讲解 由 l 过原点，知 $k = \frac{y_0}{x_0}(x_0 \neq 0)$，点$(x_0, y_0)$ 在曲线 C 上，$y_0 = x_0{}^3 - 3x_0{}^2 + 2x_0$，所以

$$\frac{y_0}{x_0} = x_0{}^2 - 3x_0 + 2, y' = 3x^2 - 6x + 2, k = 3x_0{}^2 - 6x_0 + 2$$

又 $k = \frac{y_0}{x_0}$，所以

$$3x_0{}^2 - 6x_0 + 2 = x_0{}^2 - 3x_0 + 2, 2x_0{}^2 - 3x_0 = 0$$

所以 $x_0 = 0$ 或 $x_0 = \frac{3}{2}$.

由 $x \neq 0$ 知 $x_0 = \frac{3}{2}$，所以

$$y_0 = \left(\frac{3}{2}\right)^3 - 3\left(\frac{3}{2}\right)^2 + 2 \cdot \frac{3}{2} = -\frac{3}{8}$$

所以 $k = \frac{y_0}{x_0} = -\frac{1}{4}$.

所以 l 的方程为 $y = -\frac{1}{4}x$，切点的坐标为$\left(\frac{3}{2}, -\frac{3}{8}\right)$.

例 3　(1) 试述函数 $y=f(x)$ 在 $x=0$ 处的导数的定义;

(2) 若 $f(x)$ 在 $\mathbf{R}$ 上可导,且 $f(x)=-f(x)$,求 $f'(0)$.

讲解　(1) 如果函数 $y=f(x)$ 在 $x=0$ 处的改变量 Δy 与自变量的改变量 Δx 之比 $\dfrac{\Delta y}{\Delta x}=\dfrac{f(0+\Delta x)-f(0)}{\Delta x}$,当 $\Delta x\to 0$ 时有极限,这极限就称为 $y=f(x)$ 在 $x=0$ 处的导数,记作 $f'(0)=\lim\limits_{\Delta x\to 0}\dfrac{f(0+\Delta x)-f(0)}{\Delta x}$.

(2) 解法一:因为 $f(x)=f(-x)$,则 $f(\Delta x)=f(-\Delta x)$,所以

$$f'(0)=\lim_{\Delta x\to 0}\frac{f(\Delta x)-f(0)}{\Delta x}=-\lim_{\Delta x\to 0}\frac{f(-\Delta x)-f(0)}{-\Delta x}$$

当 $\Delta x\to 0$ 时,有 $-\Delta x\to 0$,所以

$$f'(0)=-\lim_{-\Delta x\to 0}\frac{f(-\Delta x)-f(0)}{-\Delta x}=-f'(0)$$

所以 $f'(0)=0$.

解法二:因为 $f(x)=f(-x)$,两边对 x 求导,得

$$f'(x)=f'(x)\cdot(-x)'=-f'(x)$$

所以 $f'(0)=-f'(0)$,所以 $f'(0)=0$.

说明　本题涉及对函数在某一点处导数的定义.第(2) 问可对其几何意义加以解释:由于 $f(x)=f(-x)$,所以函数 $y=f(x)$ 为偶函数,它的图像关于 y 轴对称,因此它在 $x=x_0$ 处的切线关于 y 轴对称,斜率互为相反数,点 $(0,f(0))$ 位于 y 轴上,且 $f'(0)$ 存在,故在该点的切线必须平行 x 轴(当 $f(0)=0$ 时,与 x 轴重合),于是有 $f'(0)=0$.在第(2) 问的解法二中可指出:可导的偶函数的导数为奇函数,让学生进一步思考:可导的奇函数的导函数为偶函数吗?

例 4　已知函数 $f(x)=x^3+bx^2+cx+d$ 的图像过点 $P(0,2)$,且在点 $M(-1,f(-1))$ 处的切线方程为 $6x-y+7=0$.

(1) 求函数 $y=f(x)$ 的解析式;

(2) 求函数 $y=f(x)$ 的单调区间.

讲解　(1) $f'(x)=-3x^2+6x+9$.

令 $f'(x)<0$,解得 $x<-1$ 或 $x>3$,所以函数 $f(x)$ 的单调递减区间为 $(-\infty,-1)$,$(3,+\infty)$.

(2) 因为 $f(-2)=8+12-18+a=2+a$,$f(2)=-8+12+18+a=22+a$,所以 $f(2)>f(-2)$.

因为在 $(-1,3)$ 上 $f'(x)>0$,所以 $f(x)$ 在 $[-1,2]$ 上单调递增,又由于 $f(x)$ 在 $[-2,-1]$ 上单调递减,因此 $f(2)$ 和 $f(-1)$ 分别是 $f(x)$ 在区间

$[-2,2]$ 上的最大值和最小值.

于是有 $22+a=20$,解得 $a=-2$.

故 $f(x)=-x^3+3x^2+9x-2$.

因此 $f(-1)=1+3-9-2=-7$.

即函数 $f(x)$ 在区间 $[-2,2]$ 上的最小值为 -7.

例5 设函数 $f(x)=ax^3-2bx^2+cx+4d(a,b,c,d\in \mathbf{R})$ 的图像关于原点对称,且 $x=1$ 时,$f(x)$ 取极小值 $-\frac{2}{3}$.

(1) 求 a,b,c,d 的值;

(2) 当 $x\in[-1,1]$ 时,图像上是否存在两点,使得过此两点的切线互相垂直?试证明你的结论;

(3) 若 $x_1,x_2\in[-1,1]$ 时,求证:$|f(x_1)-f(x_2)|\leqslant\frac{4}{3}$.

讲解 (1) 因为函数 $f(x)$ 的图像关于原点对称,所以对任意实数 x,都有 $f(-x)=-f(x)$,所以

$$-ax^3-2bx^2-cx+4d=-ax^3+2bx^2-cx-4d$$

即 $bx^2-2d=0$ 恒成立.

所以 $b=0,d=0$,即 $f(x)=ax^3+cx$,所以 $f'(x)=3ax^2+c$.

因为 $x=1$ 时,$f(x)$ 取极小值 $-\frac{2}{3}$,所以 $f'(1)=0$ 且 $f(1)=-\frac{2}{3}$,即 $3a+c=0$ 且 $a+c=-\frac{2}{3}$,解得 $a=\frac{1}{3},c=-1$.

(2) 当 $x\in[-1,1]$ 时,图像上不存在这样的两点使结论成立,假设图像上存在两点 $A(x_1,y_1),B(x_2,y_2)$,使得过这两点的切线互相垂直,则由 $f'(x)=x^2-1$,知两点处的切线斜率分别为 $k_1=x_1^2-1,k_2=x_2^2-1$,且

$$(x_1^2-1)(x_2^2-1)=-1 \qquad (*)$$

因为 $x_1,x_2\in[-1,1]$,所以 $x_1^2-1\leqslant 0,x_2^2-1\leqslant 0$.

所以 $(x_1^2-1)(x_2^2-1)\geqslant 0$,这与式(*)相矛盾,故假设不成立.

(3) 因为 $f'(x)=x^2-1$,由 $f'(x)=0$,得 $x=\pm 1$.

当 $x\in(-\infty,-1)$ 或 $(1,+\infty)$ 时,$f'(x)>0$;当 $x\in(-1,1)$ 时,$f'(x)<0$.

所以 $f(x)$ 在 $[-1,1]$ 上是减函数,且

$$f_{\max}(x)=f(-1)=\frac{2}{3},f_{\min}(x)=f(1)=-\frac{2}{3}$$

所以在 $[-1,1]$ 上,$|f(x)|\leqslant\frac{2}{3}$.

于是 $x_1, x_2 \in [-1,1]$ 时

$$|f(x_1)-f(x_2)| \leqslant |f(x_1)|+|f(x_2)| \leqslant \frac{2}{3}+\frac{2}{3}=\frac{4}{3}$$

故 $x_1, x_2 \in [-1,1]$ 时，$|f(x_1)-f(x_2)| \leqslant \frac{4}{3}$.

说明　(1) 若点 x_0 是 $y=f(x)$ 的极值点，则 $f'(x_0)=0$，反之不一定成立；(2) 在讨论存在性问题时常用反证法；(3) 利用导数得到 $y=f(x)$ 在 $[-1,1]$ 上递减是解第(3)问的关键.

例 6　已知平面向量 $\boldsymbol{a}=(\sqrt{3},-1)$，$\boldsymbol{b}=\left(\frac{1}{2},\frac{\sqrt{3}}{2}\right)$.

(1) 证明：$\boldsymbol{a} \perp \boldsymbol{b}$；

(2) 若存在不同时为零的实数 k 和 t，使 $\boldsymbol{x}=\boldsymbol{a}+(t^2-3)\boldsymbol{b}$，$\boldsymbol{y}=-k\boldsymbol{a}+t\boldsymbol{b}$，$\boldsymbol{x} \perp \boldsymbol{y}$，试求函数关系式 $k=f(t)$；

(3) 据(2) 的结论，讨论关于 t 的方程 $f(t)-k=0$ 的解的情况.

讲解　(1) 因为 $\boldsymbol{a} \cdot \boldsymbol{b}=\sqrt{3} \times \frac{1}{2}+(-1) \times \frac{\sqrt{3}}{2}=0$，所以 $\boldsymbol{a} \perp \boldsymbol{b}$.

(2) 因为 $\boldsymbol{x} \perp \boldsymbol{y}$，所以 $\boldsymbol{x} \cdot \boldsymbol{y}=0$，即

$$[\boldsymbol{a}+(t^2-3)\boldsymbol{b}] \cdot (-k\boldsymbol{a}+t\boldsymbol{b})=0$$

整理后得

$$-k\boldsymbol{a}^2+[t-k(t^2-3)]\boldsymbol{a} \cdot \boldsymbol{b}+(t^2-3) \cdot \boldsymbol{b}^2=0$$

因为 $\boldsymbol{a} \cdot \boldsymbol{b}=0$，$\boldsymbol{a}^2=4$，$\boldsymbol{b}^2=1$，所以上式化为 $-4k+t(t^2-3)=0$，即 $k=\frac{1}{4}t(t^2-3)$.

(3) 讨论方程 $\frac{1}{4}t(t^2-3)-k=0$ 的解的情况，可以看作曲线 $f(t)=\frac{1}{4}t(t^2-3)$ 与直线 $y=k$ 的交点个数，于是

$$f'(t)=\frac{1}{4}(t^2-1)=\frac{3}{4}t(t+1)(t-1)$$

令 $f'(t)=0$，解得 $t_1=-1$，$t_2=1$. 当 t 变化时，$f'(t)$，$f(t)$ 的变化情况见表 1：

表 1

t	$(-\infty,-1)$	-1	$(-1,1)$	1	$(1,+\infty)$
$f'(t)$	+	0	−	0	+
$f(t)$	↗	极大值	↘	极小值	↗

当 $t=-1$ 时,$f(t)$ 有极大值,$f(t)_{极大值}=\frac{1}{2}$.

当 $t=-1$ 时,$f(t)$ 有极小值,$f(t)_{极小值}=-\frac{1}{2}$.

函数 $f(t)=\frac{1}{4}t(t^2-3)$ 的图像如图1所示,可观察出:

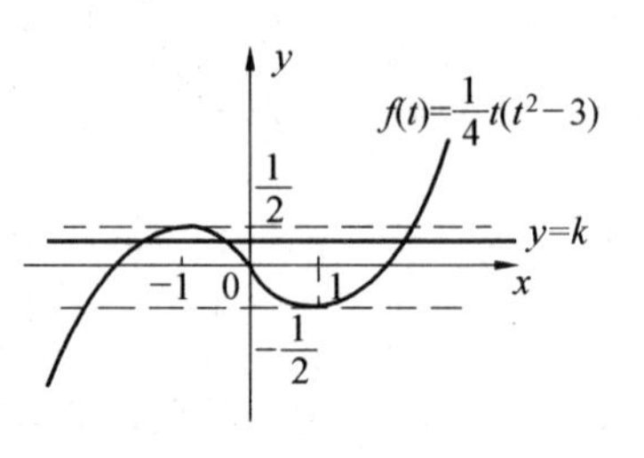

图 1

(1) 当 $k>\frac{1}{2}$ 或 $k<-\frac{1}{2}$ 时,方程 $f(t)-k=0$ 有且只有一解;

(2) 当 $k=\frac{1}{2}$ 或 $k=-\frac{1}{2}$ 时,方程 $f(t)-k=0$ 有两解;

(3) 当 $-\frac{1}{2}<k<\frac{1}{2}$ 时,方程 $f(t)-k=0$ 有三解.

例 7 求证下列不等式:

(1) $x-\frac{x^2}{2}<\ln(1+x)<x-\frac{x^2}{2(1+x)},x\in(0,+\infty)$;

(2) $\sin x>\frac{2x}{\pi},x\in(0,\frac{\pi}{2})$;

(3) $x-\sin x<\tan x-x,x\in(0,\frac{\pi}{2})$.

讲解 (1) $f(x)=\ln(1+x)-(x-\frac{x^2}{2}),f(0)=0$

$$f'(x)=\frac{1}{1+x}-1+x=\frac{x^2-1}{x+1}>0$$

所以 $y=f(x)$ 在 $(0,+\infty)$ 上递增,所以 $x\in(0,+\infty)$,$f(x)>0$ 恒成立.

所以 $\ln(1+x)>x-\frac{x^2}{2}$,$g(x)=x-\frac{x^2}{2(1+x)}-\ln(1+x),g(0)=0$.

$$g'(x)=1-\frac{4x^2+4x-2x^2}{4(1+x)^2}-\frac{1}{1+x}=\frac{2x^2}{4(1+x^2)}>0$$

所以 $g(x)$ 在 $(0,+\infty)$ 上递增,所以 $x\in(0,+\infty)$,$x-\frac{x^2}{2(1+x)}-\ln(1+x)>0$ 恒成立.

(2) 原式 $\Leftrightarrow\frac{\sin x}{x}>\frac{2}{\pi}$,令 $f(x)=\sin x/x$,$x\in(0,\frac{\pi}{2})$,$\cos x>0$,$x-\tan x<0$.

所以 $f'(x)=\dfrac{\cos x(x-\tan x)}{x^2}$，所以 $x\in\left(0,\dfrac{\pi}{2}\right)$，$f'(x)<0$，在 $\left(0,\dfrac{\pi}{2}\right)$ 上递减，$f\left(\dfrac{\pi}{2}\right)=\dfrac{2}{\pi}$，所以 $\sin x>\dfrac{2x}{\pi}$.

(3) 令 $f(x)=\tan x-2x+\sin x$，$f(0)=0$，$f'(x)=\sec^2 x-2+\cos x=\dfrac{(1-\cos x)(\cos x+\sin^2 x)}{\cos^2 x}$，$x\in\left(0,\dfrac{\pi}{2}\right)$，$f'(x)>0$，所以在 $\left(0,\dfrac{\pi}{2}\right)$ 上递增.

所以 $\tan x-x>x-\sin x$.

例 8　(1) 已知 $x\in(0,+\infty)$，求证：$\dfrac{1}{x+1}<\ln\dfrac{x+1}{x}<\dfrac{1}{x}$；

(2) 已知 $n\in\mathbf{N}$，$n\geqslant 2$，求证：$\dfrac{1}{2}+\dfrac{1}{3}+\cdots+\dfrac{1}{n}<\ln n<1+\dfrac{1}{2}+\cdots+\dfrac{1}{n-1}$.

讲解　(1) 令 $1+\dfrac{1}{x}=t$，$x>0$，所以 $t>1$，$x=\dfrac{1}{t-1}$.

原不等式 $\Leftrightarrow 1-\dfrac{1}{t}<\ln t<t-1$，令 $f(t)=t-1-\ln t$，所以 $f'(t)=1-\dfrac{1}{t}$.

$t\in(1,+\infty)$，$f'(t)>0$，所以 $t\in(1,+\infty)$，$f(t)$ 递增，所以 $f(t)>f(1)=0$.

所以 $t-1>\ln t$，令 $g(t)=\ln t-1+\dfrac{1}{t}$，所以 $g'(t)=\dfrac{1}{t}-\dfrac{1}{t^2}=\dfrac{t-1}{t^2}$.

$t\in(1,+\infty)$，$g'(t)>0$，所以 $t\in(1,+\infty)$，$g(t)$ 递增.

所以 $g(t)>g(1)=0$，所以 $\ln t>1-\dfrac{1}{t}$，所以 $\dfrac{1}{x+1}<\ln\dfrac{x+1}{x}<\dfrac{1}{x}$.

(2) 令 $x=1,2,\cdots,n-1$ 上式也成立，将各式相加

$\dfrac{1}{2}+\dfrac{1}{3}+\cdots+\dfrac{1}{n}<\ln\dfrac{2}{1}+\ln\dfrac{3}{2}+\cdots+\ln\dfrac{n}{n-1}<1+\dfrac{1}{2}+\cdots+\dfrac{1}{n-1}$

即

$$\frac{1}{2}+\frac{1}{3}+\cdots+\frac{1}{n}<\ln n<1+\frac{1}{2}+\cdots+\frac{1}{n-1}$$

例 9　已知 $x=1$ 是函数 $f(x)=mx^3-3(m+1)x^2+nx+1$ 的一个极值点，其中 $m,n\in\mathbf{R}$，$m<0$.

(1) 求 m 与 n 的关系式；

(2) 求 $f(x)$ 的单调区间；

(3) 当 $x\in[-1,1]$ 时,函数 $y=f(x)$ 的图像上任意一点的切线斜率恒大于 $3m$,求 m 的取值范围.

讲解 (1) $f'(x)=3mx^2-6(m+1)x+n$,因为 $x=1$ 是函数 $f(x)$ 的一个极值点,所以 $f'(1)=0$,即 $3m-6(m+1)+n=0$.

所以 $n=3m+6$.

(2) 由(1)知

$$f'(x)=3mx^2-6(m+1)x+3m+6=3m(x-1)\left[x-\left(1+\frac{2}{m}\right)\right]$$

当 $m<0$ 时,有 $1>1+\frac{2}{m}$,当 x 变化时,$f(x)$ 与 $f'(x)$ 的变化见表 2:

表 2

x	$\left(-\infty,1+\frac{2}{m}\right)$	$1+\frac{2}{m}$	$\left(1+\frac{2}{m},1\right)$	1	$(1,+\infty)$
$f'(x)$	<0	0	>0	0	<0
$f(x)$	单调递减	极小值	单调递增	极大值	单调递减

故由表 2 知,当 $m<0$ 时,$f(x)$ 在 $\left(-\infty,1+\frac{2}{m}\right)$ 上单调递减,在 $\left(1+\frac{2}{m},1\right)$ 上单调递增,在 $(1,+\infty)$ 上单调递减.

(3) 由已知得 $f'(x)>3m$,即 $mx^2-2(m+1)x+2>0$,因为 $m<0$,所以

$$x^2-\frac{2}{m}(m+1)x+\frac{2}{m}<0$$

即

$$x^2-\frac{2}{m}(m+1)x+\frac{2}{m}<0,x\in[-1,1] \qquad ①$$

设 $g(x)=x^2-2\left(1+\frac{1}{m}\right)x+\frac{2}{m}$,其函数开口向上,由题意知式 ① 恒成立,所以

$$\begin{cases}g(-1)<0\\g(1)<0\end{cases}\Rightarrow\begin{cases}1+2+\frac{2}{m}+\frac{2}{m}<0\\-1<0\end{cases}$$

由解之得 $-\frac{4}{3}<m$,又 $m<0$,所以 $-\frac{4}{3}<m<0$,即 m 的取值范围为 $\left(-\frac{4}{3},0\right)$.

例 10 已知双曲线 $C:y=\frac{m}{x}(m<0)$ 与点 $M(1,1)$,如图 2 所示.

(1) 求证:过点 M 可作两条直线,分别与双曲线 C 两支相切;

(2) 设(1) 中的两切点分别为 A,B,其 $\triangle MAB$ 是正三角形,求 m 的值及切点坐标.

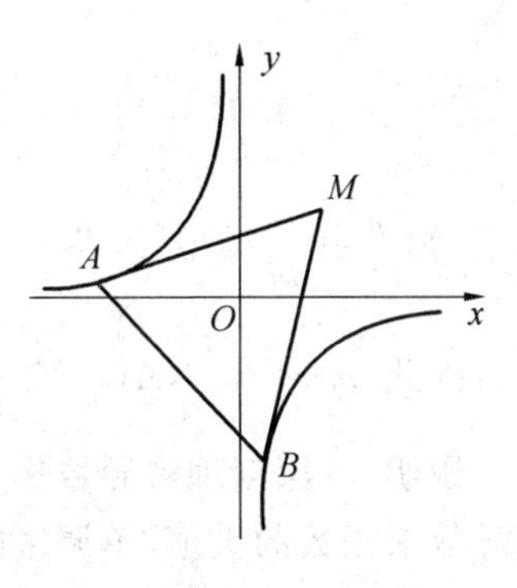

图 2

讲解　(1) 设 $Q(t,\frac{m}{t})\in C$,要证命题成立只需要证明关于 t 的方程 $y'|_{x=t}=k_{MQ}$ 有两个符号相反的实根.

$$y'|_{x=t}=k_{MQ}\Leftrightarrow -\frac{m}{t^2}=\frac{\frac{m}{t}-1}{t-1}\Leftrightarrow$$

$$t^2-2mt+m=0,且\ t\neq 0,t\neq 1$$

设方程 $t^2-2mt+m=0$ 的两根分别为 t_1 与 t_2,则由 $t_1t_2=m<0$,知 t_1,t_2 是符号相反的实数,且 t_1,t_2 均不等于 0 与 1,命题获证.

(2) 设 $A(t_1,\frac{m}{t_1})$,$B(t_2,\frac{m}{t_2})$,由(1) 知 $t_1+t_2=2m$,$t_1t_2=m$,从而

$$\frac{t_1+t_2}{2}=m,\frac{1}{2}\left(\frac{m}{t_1}+\frac{m}{t_2}\right)=\frac{m(t_1+t_2)}{2t_1t_2}=\frac{2m^2}{2m}=m$$

即线段 AB 的中点在直线 $y=x$ 上.

又因为 $k_{AB}=\dfrac{\frac{m}{t_2}-\frac{m}{t_1}}{t_2-t_1}=\dfrac{m(t_1-t_2)}{t_2t_1(t_2-t_1)}=-1$,所以 AB 与直线 $y=x$ 垂直.

故 A 与 B 关于 $y=x$ 对称,设 $A(t,\frac{m}{t})(t<0)$,则 $B(\frac{m}{t},t)$,有

$$t^2-2mt+m=0 \qquad ①$$

由 $k_{MA}=-\frac{m}{t^2}$,$k_{MB}=-\frac{m^2}{k}$,$\angle AMB=60^\circ$ 及夹角公式知

$$\tan 60^\circ=\left|\frac{\frac{-t^2}{m}+\frac{m}{t^2}}{1+\frac{t^2}{m}\cdot\frac{m}{t^2}}\right|$$

即

$$\left|\frac{m}{t^2}-\frac{t^2}{m}\right|=2\sqrt{3} \qquad ②$$

由 ① 得

$$m=\frac{t^2}{2t-1} \qquad ③$$

从而

$$\frac{m}{t^2}-\frac{t^2}{m}=\frac{1}{2t-1}-(2t-1)=\frac{4t(1-t)}{2t-1}>0$$

由②知$\frac{m}{t^2}-\frac{t^2}{m}=2\sqrt{3}$,$\frac{m}{t^2}=\sqrt{3}-2$,代入③知$t=-\frac{\sqrt{3}+1}{2}$.

因此,$m=-\frac{1}{2}$,$A(-\frac{\sqrt{3}+1}{2},\frac{\sqrt{3}-1}{2})$,$B\left(\frac{\sqrt{3}-1}{2},-\frac{\sqrt{3}+1}{2}\right)$.

说明　深刻理解导数作为一类特殊函数,其几何意义所在,熟练掌握利用导数求函数的极值、单调区间、函数在闭区间上的最值等基本方法;导数的应用为研究函数性质、函数图像开辟了新的途径,成为沟通函数与数列、圆锥曲线等问题的一座桥梁;此外,导数还具有方法程序化、易掌握的显著特点.求切线方程的常见方法有:数形结合;将直线方程代入曲线方程利用判别式;利用导数的几何意义.

课外训练

1. $y=f(x)=\begin{cases}x^2,x\leqslant 1\\ ax+b,x>1\end{cases}$,在$x=1$处可导,则$a=$________;$b=$________.

2. 已知$f(x)$在$x=a$处可导,且$f'(a)=b$,求下列极限:

(1) $\lim\limits_{\Delta h\to 0}\frac{f(a+3h)-f(a-h)}{2h}$;

(2) $\lim\limits_{\Delta h\to 0}\frac{f(a+h^2)-f(a)}{h}$.

3. 设$f(x)=(x-1)(x-2)\cdots(x-100)$,求$f'(1)$.

4. 求函数的导数:

(1)$y=\frac{1-x}{(1+x^2)\cos x}$;

(2)$y=(ax-b\sin^2\omega x)^3$;

(3)$y=f(\sqrt{x^2+1})$.

5. 已知数列$\{a_n\}$各项均为正数,S_n为其前n项和,对于任意的$n\in\mathbf{N}^*$,都有$4S_n=(a_n+1)^2$.

(1) 求数列$\{a_n\}$的通项公式;

(2) 若$2^n\geqslant tS_n$对于任意的$n\in\mathbf{N}^*$成立,求实数t的最大值.

6. 函数$y=f(x)$在区间$(0,+\infty)$内可导,导函数$f'(x)$是减函数,且

$f'(x)>0$. 设 $x_0\in(0,+\infty)$, $y=kx+m$ 是曲线 $y=f(x)$ 在点 $(x_0,f(x_0))$ 处的切线方程,并设函数 $g(x)=kx+m$.

(1) 用 x_0, $f(x_0)$, $f'(x_0)$ 表示 m;

(2) 求证:当 $x\in(0,+\infty)$, $g(x)\geqslant f(x)$;

(3) 若关于 x 的不等式 $x^2+1\geqslant ax+b\geqslant\frac{3}{2}x^{\frac{2}{3}}$ 在 $[0,+\infty)$ 上恒成立,其中 a,b 为实数,求 b 的取值范围及 a 与 b 所满足的关系.

7. 已知函数 $f(x)=x^3+bx^2+cx+d$ 的图像过点 $P(0,2)$,且在点 $M(-1,f(-1))$ 处的切线方程为 $6x-y+7=0$.

(1) 求函数 $y=f(x)$ 的解析式;

(2) 求函数 $y=f(x)$ 的单调区间.

8. 已知 $f(x)=ax^3+bx^2+cx+d$ 是定义在 $\mathbf{R}$ 上的函数,其图像交 x 轴于 A,B,C 三点,若点 B 的坐标为 $(2,0)$,且 $f(x)$ 在 $[-1,0]$ 和 $[4,5]$ 上有相同的单调性,在 $[0,2]$ 和 $[4,5]$ 上有相反的单调性.

(1) 求 c 的值;

(2) 在函数 $f(x)$ 的图像上是否存在一点 $M(x_0,y_0)$,使得 $f(x)$ 在点 M 的切线斜率为 $3b$? 若存在,求出点 M 的坐标;若不存在,说明理由;

(3) 求 $|AC|$ 的取值范围.

9. 已知函数 $f(x)=\ln x$, $g(x)=\frac{1}{2}ax^2+bx$, $a\neq 0$.

(1) 若 $b=2$,且 $h(x)=f(x)-g(x)$ 存在单调递减区间,求 a 的取值范围;

(2) 设函数 $f(x)$ 的图像 C_1 与函数 $g(x)$ 的图像 C_2 交于点 P,Q,过线段 PQ 的中点作 x 轴的垂线分别交 C_1,C_2 于点 M,N,证明:C_1 在点 M 处的切线与 C_2 在点 N 处的切线不平行.

10. 已知函数 $f(x)=\ln(1+x)-x$, $g(x)=x\ln x$.

(1) 求函数 $f(x)$ 的最大值;

(2) 设 $0<a<b$,求证:$0<g(a)+g(b)-2g\left(\frac{a+b}{2}\right)<(b-a)\ln 2$.

11. 设函数 $f(x)=x\sin x\ (x\in\mathbf{R})$.

(1) 求证:$f(x+2k\pi)-f(x)=2k\pi\sin x$ 其中 k 为整数;

(2) 设 x_0 为 $f(x)$ 的一个极值点,求证:$[f(x_0)]^2=\frac{x_0^{\ 4}}{1+x_0^{\ 2}}$;

(3) 设 $f(x)$ 在 $(0,+\infty)$ 内的全部极值点按从小到大的顺序排列为 a_1, a_2, …, a_n, …,求证:$\frac{\pi}{2}<a_{n+1}-a_n<\pi\ (n=1,2,\cdots)$.

第19讲　函数与导函数的综合运用

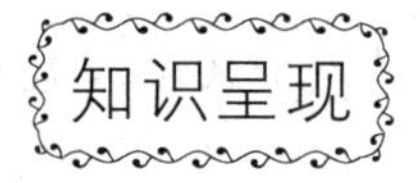

判断函数的单调性:当函数 $y=f(x)$ 在某个区域内可导时,如果 $f'(x)>0$,则 $f(x)$ 为增函数;如果 $f'(x)<0$,则 $f(x)$ 为减函数.

极大值和极小值:设函数 $f(x)$ 在点 x_0 附近有定义,如果对 x_0 附近所有的点,都有 $f(x)<f(x_0)$(或 $f(x)>f(x_0)$),我们就说 $f(x_0)$ 是函数 $f(x)$ 的一个极大值(或极小值).

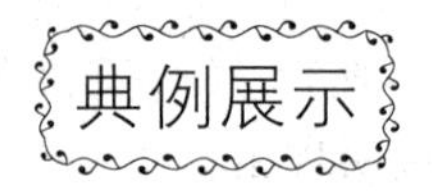

例1　已知函数 $f(x)=\mathrm{e}^x-\ln(x+\lambda)$. 当 $f(x)\geqslant 0$ 时,求 λ 的取值范围.

讲解　(1) 分析题意:设 $g(x)=\mathrm{e}^x$,$h(x)=\ln(x+\lambda)$,则 $f(x)=g(x)-h(x)$.

$f(x)\geqslant 0$ 的意思,就是 $y=g(x)$ 的图像在 $y=h(x)$ 的图像之上.

设在 $x=x_0$ 处,$y=g(x)$ 与 $y=h(x)$ 的图像相切,此时,设 λ 值为 λ_0.

只要 $\lambda\leqslant\lambda_0$,$y=g(x)$ 的图像永在 $y=h(x)$ 的图像之上.

(2) 由 $x=x_0$ 点的关系来建模.

由于点 x_0 在曲线 $y=g(x)$ 上,故

$$y_0=\mathrm{e}^{x_0} \tag{①}$$

同时点 x_0 在曲线 $y=h(x)$ 上,故

$$y_0=\ln(x_0+\lambda) \tag{②}$$

它们在 $x=x_0$ 处图像相切,故 $g'(x_0)=h'(x_0)$,即

$$\ln(x_0+\lambda)=\frac{1}{x_0+\lambda} \tag{③}$$

由式①②得

$$\mathrm{e}^{x_0}=\ln(x_0+\lambda) \tag{④}$$

(3) 解超越方程式③.

方程 ③ 是一个超越方程，令 $t=\dfrac{1}{x_0+\lambda}(t>0)$，即

$$x_0+\lambda=\frac{1}{t}$$

代入 ③ 得 $-\ln t=t$ 或

$$\ln t=-t \tag{5}$$

由 $\ln t=-t$ 得 $t>0$（因 $\ln t$ 的定义域），则 $\ln t=-t<0$，即 $t<1$，故

$$t\in(0,1) \tag{6}$$

由基本不等式 $e^x\geqslant 1+x$（仅当 $x=0$ 时取等号）或 $x-1\geqslant\ln x$（仅当 $x=1$ 时取等号）代入式 ⑤ 可得 $-t=\ln t\leqslant t-1$，即 $2t\geqslant 1$，即

$$t\in\left[\frac{1}{2},+\infty\right) \tag{7}$$

由 ⑥⑦ 得

$$t\in\left(\frac{1}{2},1\right) \tag{8}$$

事实上，方程 $\ln t=-t$ 的解是 $t\approx 0.567\,143\,29$.

(4) 解出极值点的 λ.

由式 ④ 得 $e^{x_0}=\ln(x_0+\lambda)=-\ln t=t$，即 $x_0=\ln t=-t$，即

$$x_0=-t=-\frac{1}{x_0+\lambda} \tag{9}$$

故

$$\lambda=-\left(x_0+\frac{1}{x_0}\right)=\left(\sqrt{-x_0}-\frac{1}{\sqrt{-x_0}}\right)^2+2\geqslant 2$$

所以，当 $x=x_0$ 时，$\lambda_0\geqslant 2$.

由(1) 的分析，本题答案是 $\lambda\leqslant\lambda_0$，即 $\lambda\leqslant 2$，本题答案为 $\lambda\leqslant 2$.

(严格来说，解超越方程得 $x_0=-t=-0.567\,143\,29$，$\lambda_0\approx 2.33$，本题答案是 $\lambda<2.33$.)

说明　本题解析式 ③ 是关键，式 ⑤ 是技巧. 图 1 是极值点附近的函数图.

例 2　已知函数 $f(x)=f'(1)e^{x-1}-f(0)x+\dfrac{1}{2}x^2$. 若 $f(x)\geqslant\dfrac{1}{2}x^2+ax+b$，求 $(a+1)b$ 的最大值.

讲解　(1) 求出函数 $f(x)$ 的解析式：由于 $f'(1)$ 和 $f(0)$ 都是常数，所以设 $f'(1)=A$，$f(0)=B$，利用待定系数法求出函数 $f(x)$ 的解析式.

设 $f(x)=Ae^{x-1}-Bx+\dfrac{1}{2}x^2$，则 $f(0)=\dfrac{A}{e}=B$.

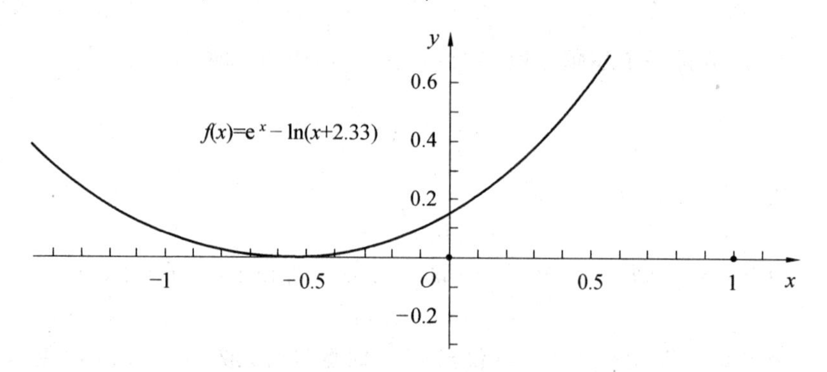

图 1

其导函数为 $f'(x)=Ae^{x-1}-B+x$,则 $f'(1)=A-B+1=A$.

所以,$B=1$,$A=e$,函数 $f(x)$ 的解析式为

$$f(x)=e^x-x+\frac{1}{2}x^2 \qquad ①$$

(2) 化简不等式 $f(x)\geqslant\frac{1}{2}x^2+ax+b$,即

$$f(x)=e^x-x+\frac{1}{2}x^2\geqslant\frac{1}{2}x^2+ax+b$$

故

$$e^x-(a+1)x-b\geqslant 0 \qquad ②$$

(3) 构建新函数 $g(x)$,并求其极值点:构建函数

$$g(x)=e^x-(a+1)x-b \qquad ③$$

其导函数

$$g'(x)=e^x-(a+1) \qquad ④$$

要使式 ② 得到满足,必须 $g(x)\geqslant 0$,即 $g'(x)\geqslant 0$,或 $g(x)$ 的最小值等于 0.

故当 $g(x)$ 取得极值时有:$g'(x_M)=0$,由式 ④ 得极值点 $x_M=\ln(a+1)$.

此时的 $g(x)$ 由 ③ 得

$$g(x_M)=(a+1)-(a+1)\ln(a+1)-b\geqslant 0 \qquad ⑤$$

(4) 求$(a+1)b$ 的最大值:由式 ⑤ 得

$$b\leqslant(a+1)[1-\ln(a+1)]$$

则

$$(a+1)b\leqslant(a+1)^2[1-\ln(a+1)] \qquad ⑥$$

令 $y=a+1$,则式 ⑥ 右边为

$$h(y)=y^2(1-\ln y)\quad (y>0)$$

其导函数为

$$h'(y)=2y(1-\ln y)+y^2\left(-\frac{1}{y}\right)=y(1-2\ln y) \tag{⑦}$$

当 $1-2\ln y>0$，即 $y\in(0,\sqrt{e})$ 时，$h'(y)>0$，$h(y)$ 单调递增；

当 $1-2\ln y<0$，即 $y\in(\sqrt{e},+\infty)$ 时，$h'(y)<0$，$h(y)$ 单调递减；

当 $1-2\ln y=0$，即 $y=\sqrt{e}$ 时，$h'(y)=0$，$h(y)$ 达到极大值.

此时，$h(y)$ 的极大值为

$$h(\sqrt{e})=(\sqrt{e})^2(1-\ln\sqrt{e})=\frac{e}{2} \tag{⑧}$$

(5) 得出结论：将式 ⑧ 代入式 ⑥ 得

$$(a+1)b\leqslant h(y)\leqslant\frac{e}{2}$$

故 $(a+1)b$ 的最大值为 $\frac{e}{2}$.

说明　利用已知的不等式 $f(x)\geqslant\frac{1}{2}x^2+ax+b$ 得到关于 $(a+1)b$ 的不等式即式 ⑥，然后求不等式 ⑥ 的极值.

例 3　已知 $a>0$，函数 $f(x)=\left|\frac{x-a}{x+a}\right|$. 若函数 $y=f(x)$ 在 $x>0$ 区间的图像上存在两点 A，B，在点 A 和点 B 处的切线相互垂直，求 a 的取值范围.

讲解　去绝对值号：

(1) 对 $x>a$，$f(x)=\frac{x-a}{x+a}$，其导数

$$f'(x)=\frac{2a}{(x+a)^2}>0$$

即在 $x>a$ 区间，函数 $f(x)$ 单调递增.

(2) 对 $x\in(0,a)$，$f(x)=-\frac{x-a}{x+a}$，其导数

$$f'(x)=-\frac{2a}{(x+a)^2}<0$$

即在 $x\in(0,a)$ 区间，函数 $f(x)$ 单调递减.

(3) 对 $x=a$，$f(x)=f(a)=0$，函数 $f(x)$ 达到极小值 0. 一个绝对值的极小值不小于 0.

若点 A 和点 B 处的切线相互垂直，即

$$f'(x_A)f'(x_B)=-1 \tag{①}$$

则点 A 和点 B 分居于两个不同的单调区域.

设 $x_A \in (0,a)$,则 $x_B \in (a,+\infty)$,于是式 ① 就是

$$\frac{2a}{(x_A+a)^2} \cdot \frac{2a}{(x_B+a)^2}=1$$

即

$$\frac{2a}{(x_A+a)(x_B+a)}=1$$

即有

$$(x_A+a)(x_B+a)=2a \qquad ②$$

(4) 解析式 ② 得式 ⑤:由式 ② 得

$$x_A+a=\frac{2a}{x_B+a} \qquad ③$$

因为 $x_A \in (0,a)$,所以 $x_A+a \in (a,2a)$,代入式 ③ 得

$$a<\frac{2a}{x_B+a}<2a$$

即

$$\frac{1}{2}<\frac{1}{x_B+a}<1$$

即

$$1<(x_B+a)<2 \qquad ④$$

因为 $x_B>a$,所以 $x_B+a>2a$,结合式 ④ 得:$2a<x_B+a<2$.
即 $2a<2$,故

$$a<1 \qquad ⑤$$

(5) 解析式 ③ 得式 ⑦:因为 $x_B>a$,所以 $x_B+a>2a$,即 $\frac{2a}{x_B+a}<1$,代入式 ③ 得

$$x_A+a=\frac{2a}{x_B+a}<1$$

即

$$x_A+a<1 \qquad ⑥$$

因为 $x_A \in (0,a)$,所以 $x_A+a \in (a,2a)$,代入式 ⑥ 得 $2a<1$,即

$$a<\frac{1}{2} \qquad ⑦$$

综合式 ⑤ 和式 ⑦ 得 a 的取值范围是 $\left(0,\frac{1}{2}\right)$.

说明　由已知条件演绎出式 ②,由式 ② 演绎出 a 的取值范围.

例 4　已知函数 $f(x)=a\left(1-2\left|x-\frac{1}{2}\right|\right)$,$a$ 为常数且 $a>0$. 若条件1:x_0

满足 $f(f(x_0))=x_0$；条件 2：$f(x_0)\neq x_0$. 则满足这 2 个条件，称 x_0 为函数 $f(x)$ 的二阶周期点，如果 $f(x)$ 有两个二阶周期点 x_1,x_2，试确定 a 的取值范围.

讲解　(1) 函数去绝对值号得出 $f_1(x)$ 和 $f_2(x)$.

当 $x<\frac{1}{2}$ 时，$\left|x-\frac{1}{2}\right|=\frac{1}{2}-x$，$f(x)=a\left(1-2\left|x-\frac{1}{2}\right|\right)=2ax$，记

$$f_1(x)=2ax \tag{①}$$

当 $x\geqslant\frac{1}{2}$ 时，$\left|x-\frac{1}{2}\right|=x-\frac{1}{2}$，$f(x)=a\left(1-2\left|x-\frac{1}{2}\right|\right)=2a(1-x)$，记

$$f_2(x)=2a(1-x) \tag{②}$$

条件 1：

$$f(f(x_0))=x_0 \tag{③}$$

条件 2：

$$f(x_0)\neq x_0 \tag{④}$$

(2) 在 $x<\frac{1}{2}$ 及 $2ax<\frac{1}{2}$ 时解析式 ①，对二阶周期点 $x=x_0$：

当 $x_0<\frac{1}{2}$，函数用式 ①：$f_1(x_0)=2ax_0$.

$2ax_0<\frac{1}{2}$ 时，复合函数仍用式 ①：$f_1(f_1(x_0))=2af_1(x_0)$.

故有 $f_1(x_0)=2ax_0$，$f_1(f_1(x_0))=4a^2x_0$.

条件 1：$4a^2x_0=x_0$，即 $4a^2=1$，即 $a=\frac{1}{2}$；

条件 2：$2ax_0\neq x_0$，即 $2a\neq1$，即 $a\neq\frac{1}{2}$.

此时，函数不能同时满足条件 1 和条件 2，故没有二阶周期点.

(3) 在 $x<\frac{1}{2}$ 及 $2ax\geqslant\frac{1}{2}$ 时解析式 ①，对二阶周期点 $x=x_0$：

当 $x_0<\frac{1}{2}$，函数用式 ①：$f_1(x_0)=2ax_0$.

当 $2ax_0\geqslant\frac{1}{2}$ 时，函数用式 ②：$f_2(f_1(x_0))=2a[1-f_1(x_0)]$.

故有 $f_1(x_0)=2ax_0$，$f_2(f_1(x_0))=2a(1-2ax_0)$.

条件 1：$2a(1-2ax_0)=x_0$，即 $x_0=\frac{2a}{1+4a^2}$；

条件 2:$2ax_0 \neq x_0$,即 $2a \neq 1$,即 $a \neq \frac{1}{2}$.

则有

$$x_0 = \frac{2a}{1+4a^2} \neq \frac{1}{2} \quad ⑤$$

(4) 在 $x < \frac{1}{2}$ 及 $2ax \geqslant \frac{1}{2}$ 时解析式 ⑤.

将条件 1:$x_0 = \frac{2a}{1+4a^2}$ 代入 $2ax_0 \geqslant \frac{1}{2}$ 得 $\frac{4a^2}{1+4a^2} \geqslant \frac{1}{2}$.

即 $8a^2 \geqslant 1 + 4a^2$,即 $4a^2 \geqslant 1$,即

$$a \geqslant \frac{1}{2} \quad ⑥$$

将 $x_0 = \frac{2a}{1+4a^2}$ 代入 $x_0 < \frac{1}{2}$ 得 $\frac{2a}{1+4a^2} < \frac{1}{2}$.

即 $4a < 1 + 4a^2$,即 $4a^2 - 4a + 1 > 0$,即 $(2a-1)^2 > 0$,故有

$$a \neq \frac{1}{2} \quad ⑦$$

结合式 ⑥ 和式 ⑦ 及 $a > 0$ 得 $a \in \left(\frac{1}{2}, +\infty\right)$.

所以,式 ⑤$x_0 = \frac{2a}{1+4a^2}$ 为一个二阶周期点,记为 $x_1 = \frac{2a}{1+4a^2}$.

此时,a 的取值范围是 $a \in \left(\frac{1}{2}, +\infty\right)$,二阶周期点 $x_1 = \frac{2a}{1+4a^2}$.

(5) 在 $x \geqslant \frac{1}{2}$ 及 $2a(1-x) < \frac{1}{2}$ 时解析式 ②.

对 $x \geqslant \frac{1}{2}$,函数用式 ②:$f_2(x_0) = 2a(1-x_0)$.

对 $2a(1-x_0) < \frac{1}{2}$ 时,应用式 ① 得 $f_1(f_2(x_0)) = 2af_2(x_0)$.

故有 $f_2(x_0) = 2a(1-x_0)$,$f_1(f_2(x_0)) = 2af_2(x_0) = 4a^2(1-x_0)$.

条件 1:$4a^2(1-x_0) = x_0$,即 $x_0 = \frac{4a^2}{1+4a^2}$;

条件 2:$2a(1-x_0) \neq x_0$,即 $x_0 \neq \frac{2a}{1+2a}$.

则有 $\frac{2a}{1+2a} \neq \frac{4a^2}{1+4a^2}$,即 $2a \neq 4a^2$,所以有 $a \neq 0$ 且 $a \neq \frac{1}{2}$.

(i) 将 $x_0 = \frac{4a^2}{1+4a^2}$ 代入 $2a(1-x_0) < \frac{1}{2}$ 得

$$2a\left(1-\frac{4a^2}{1+4a^2}\right)<\frac{1}{2}$$

即 $4a\left(\frac{1}{1+4a^2}\right)<1,4a^2-4a+1>0,(2a-1)^2>0$，即有 $a\neq\frac{1}{2}$.

（ⅱ）将 $x_0=\frac{4a^2}{1+4a^2}$ 代入 $x_0\geqslant\frac{1}{2}$ 得

$$\frac{4a^2}{1+4a^2}>\frac{1}{2}$$

即 $8a^2>1+4a^2,4a^2>1$，即有 $a>\frac{1}{2}$.

结合（ⅰ）和（ⅱ）及 $a>0$，得 $a\in\left(\frac{1}{2},+\infty\right)$.

所以，$x_0=\frac{4a^2}{1+4a^2}$ 为另一个二阶周期点，记为 $x_2=\frac{4a^2}{1+4a^2}$.

此时，a 的取值范围是 $a\in\left(\frac{1}{2},+\infty\right)$，二阶周期点 $x_2=\frac{4a^2}{1+4a^2}$.

(6) 在 $x\geqslant\frac{1}{2}$ 及 $2a(1-x)\geqslant\frac{1}{2}$ 时解析式 ②.

对 $x\geqslant\frac{1}{2}$，函数用式 ② $f_2(x_0)=2a(1-x_0)$.

对 $2a(1-x_0)\geqslant\frac{1}{2}$ 时，应用式 ② 得

$$f_2(f_2(x_0))=2a[1-f_2(x_0)]$$

即

$$f_2(f_2(x_0))=2a[1-2a(1-x_0)]=2a-4a^2+4a^2x_0 \qquad ⑧$$

条件 1：$2a-4a^2+4a^2x_0=x_0$，即有 $x_0=\frac{2a(1-2a)}{1-4a^2}$.

当 $1-2a\neq0$ 时，上式即 $x_0=\frac{2a}{1+2a}$.

条件 2：$2a(1-x_0)\neq x_0$，即 $x_0\neq\frac{2a}{1+2a}$.

此时，函数不能同时满足条件 1 和条件 2，故没有二阶周期点.

综上，如果 $f(x)$ 有两个二阶周期点 x_1,x_2，则 a 的取值范围是 $a\in\left(\frac{1}{2},+\infty\right)$.

说明　两个条件要同时满足；分类讨论.

例 5　已知函数 $f(x)=(1+x)\mathrm{e}^{-2x}$，$g(x)=ax+\frac{x^3}{2}+1+2x\cos x$，当

$x\in[0,1]$ 时,若 $f(x)\geqslant g(x)$ 恒成立,求实数 a 的取值范围.

讲解 (1) 解读题意:由于 $x\in[0,1]$,所以有 $x^n\leqslant x(n\in\mathbf{N}^*)$.

故可以考虑将函数化为幂函数来解决.

由于

$$f(x)=(1+x)\mathrm{e}^{-2x},f(0)=1,f'(x)=[1-2(1+x)]\mathrm{e}^{-2x}=-(1+2x)\mathrm{e}^{-2x}$$

$$g(x)=ax+\frac{x^3}{2}+1+2x\cos x,g(0)=1,g'(x)=a+\frac{3x^2}{2}+2\cos x-2x\sin x$$

构建函数:$h(x)=f(x)-g(x)$,则题目化为:当 $x\in[0,1]$ 时,$h(x)\geqslant 0$,求实数 a 的取值范围.

(2) 将函数 $f(x)$ 化为幂函数形式.

构建函数:$f_1(x)=1+Ax$,满足条件 1:

$$f_1(x)\leqslant f(x) \tag{①}$$

构建函数:$f_2(x)=f_1(x)-f(x)$,条件 1 成为

$$f_2(x)\leqslant 0 \tag{②}$$

则有

$$f_2(0)=f_1(0)-f(0)=0$$

导函数

$$f_2'(x)=f_1'(x)-f'(x)=A+(1+2x)\mathrm{e}^{-2x} \tag{③}$$

要满足 $x\in[0,1]$ 时 $f_2(x)\leqslant 0$,必须是:$f_2'(x)\leqslant 0$.

故由式 ③:

$$A\leqslant -(1+2x)\mathrm{e}^{-2x} \tag{④}$$

(3) 解析式 ④

因为式 ④,记 $h_0(x)=-(1+2x)\mathrm{e}^{-2x}$,则

$$h_0'(x)=-[2-2(1+2x)]\mathrm{e}^{-2x}=2x\mathrm{e}^{-2x}$$

当 $x\geqslant 0$ 时,$h_0(x)$ 是 x 的单调递增函数.

故有 $h_0(x)\geqslant h_0(0)=-1$,则由式 ④$A\leqslant -1$;

且有 $h_0(x)\leqslant h_0(1)=-3\mathrm{e}^{-2}$,则由式 ④$A\leqslant -3\mathrm{e}^{-2}$.

由于 $-1<-3\mathrm{e}^{-2}$,所以满足 $x\in[0,1]$ 区间时,$A\leqslant -1$.

取 A 的最大值,$A=-1$,则 $f_1(x)=1-x$.

(4) 构建函数 $g_1(x)$ 化解 $\cos x$:

由于 $\cos x$ 是偶函数,且

$$\cos x=1-2\sin^2\left(\frac{x}{2}\right)\leqslant 1-2\left(\frac{x}{2}\right)^2=1-\frac{x^2}{2}$$

函数 $g(x)$ 在 $h(x)$ 中的不等号方向是 $h(x)\geqslant 0$,即 $-g(x)\geqslant 0$,即有

$g(x) \leqslant 0$.

应构建函数 $g_1(x) \geqslant \cos x$，且 $g_1(x)$ 也是偶函数.

构建函数：$g_1(x) = 1 - Bx^2$，满足条件 2：$g_1(x) \geqslant \cos x$.

(5) 构建函数 $g_3(x) = g_1(x) - \cos x$.

构建函数：$g_3(x) = g_1(x) - \cos x$，条件 2 成为：$g_3(x) \geqslant 0$.

则 $g_3(0) = g_1(0) - \cos 0 = 0$，导函数

$$g_3{}'(x) = g_1{}'(x) + \sin x \qquad ⑤$$

要满足 $x \in [0,1]$ 时 $g_3(x) \geqslant 0$，必须是：$g_3{}'(x) \geqslant 0$.

故由式 ⑤：$g_1{}'(x) + \sin x = -2Bx + \sin x \geqslant 0$，则有

$$B \leqslant \frac{\sin x}{2x} \qquad ⑥$$

当 $x \to 0$ 时，$B \leqslant \lim\limits_{x \to 0} \frac{\sin x}{2x} = \frac{1}{2}$，当 $x = 1$ 时，由式 ⑥ 得：$B \leqslant \frac{\sin 1}{2} \approx 0.42$.

取满足式 ⑥ 得 B 的最大值，$B = \frac{\sin 1}{2}(\approx 0.42)$.

(6) 构建函数 $g_2(x)$.

构建函数 $g_2(x) = ax + \frac{x^3}{2} + 1 + 2xg_1(x)$，即有

$$g_2(x) = ax + \frac{x^3}{2} + 1 + 2x(1 - Bx^2) = 1 + (a+2)x + (\frac{1}{2} - 2B)x^3$$

因为 $g_1(x) \geqslant \cos x$，则有 $g_2(x) \geqslant g(x)$.

(7) 构建函数 $h_1(x)$，求 a 的范围.

构建函数 $h_1(x) = f_1(x) - g_2(x)$.

若 $h_1(x) \geqslant 0$，因为 $h(x) = f(x) - g(x) \geqslant f_1(x) - g_2(x) = h_1(x)$，所以 $h(x) \geqslant 0$，于是

$$h_1(x) = (1-x) - [1 + (a+2)x + (\frac{1}{2} - 2B)x^3] =$$

$$-(a+3)x + \left(2B - \frac{1}{2}\right)x^3$$

要使 $2B - \frac{1}{2} \geqslant 0$，则 $B \geqslant \frac{1}{4}$，故有 $B \in [\frac{1}{4}, \frac{\sin 1}{2}]$.

此时，$h_1(x) = -(a+3)x + \left(2B - \frac{1}{2}\right)x^3 \geqslant -(a+3)x$.

若要 $h_1(x) \geqslant 0$，即 $-(a+3)x \geqslant 0$，则 $a + 3 \leqslant 0$，即 $a \in (-\infty, -3]$.

所以，当 $x \in [0,1]$ 时，若 $f(x) \geqslant g(x)$ 恒成立，实数 a 的取值范围为 $a \in (-\infty, -3]$.

说明 将函数化为幂级数形式进行. 基本上初等函数是连续函数，当 $x\in[0,1]$ 时，都可以用幂级数形式来表达，即：$f(x)=a_0+a_1x+a_2x^2+a_3x^3+\cdots$，这是在处理一些复杂函数时的常用手法. 构建函数实质上是复合函数，多重构建函数是多重复合函数.

例 6 已知函数 $f(x)=\begin{cases}x^2+2x+a & (x<0)\\ \ln x & (x>0)\end{cases}$，其中 a 是实数. 设 $A(x_1,f(x_1))$，$B(x_2,f(x_2))$ 为该函数图像上的两点，且 $x_1<x_2$. 若函数 $f(x)$ 的图像在点 A，B 处的切线重合，求 a 的取值范围.

讲解 函数的导函数为

$$f'(x)=\begin{cases}2x+2 & (x<0)\\ \dfrac{1}{x} & (x>0)\end{cases}$$

如果图像在点 A，B 处的切线重合，则点 A，B 分处于两个不同区间.

因 $x_1<x_2$，故点 A 在 $x_1<0$ 区间，点 B 在 $x_2>0$ 区间.

(1) 设过点 A 的切线方程为

$$y=y_1+f'(x_1)(x-x_1) \quad ①$$

则

$$y_1=x_1^2+2x_1+a \quad ②$$

$$f'(x_1)=2x_1+2 \quad ③$$

将式 ②③ 代入式 ① 得

$$y=x_1^2+2x_1+a+(2x_1+2)(x-x_1)$$

即

$$y=2(x_1+1)x-x_1^2+a \quad ④$$

(2) 设过点 B 的切线方程为

$$y=y_2+f'(x_2)(x-x_2) \quad ⑤$$

则

$$y_2=\ln x_2 \quad ⑥$$

$$f'(x_2)=\frac{1}{x_2} \quad ⑦$$

将式 ⑥⑦ 代入式 ⑤ 得

$$y=\ln x_2+\frac{1}{x_2}(x-x_2)$$

即

$$y=\frac{1}{x_2}x+\ln x_2-1 \quad ⑧$$

(3) 由两个切线方程重合得，式④与式⑧相等，即

$$\begin{cases}2(x_1+1)=\dfrac{1}{x_2}\\ -x_1^2+a=\ln x_2-1\end{cases}$$

由 $x_1<0,x_2>0$ 得 $2(x_1+1)=\dfrac{1}{x_2}>0$，即 $x_1>-1$，故 $x_1\in(-1,0)$.

由 $2(x_1+1)=\dfrac{1}{x_2}$ 得 $x_2=\dfrac{1}{2(x_1+1)}$，即 $x_2>\dfrac{1}{2}$，故 $x_2\in\left(\dfrac{1}{2},+\infty\right)$.

由 $-x_1^2+a=\ln x_2-1$ 得

$$a=\ln x_2-1+x_1^2 \qquad ⑨$$

(4) 求 a 的取值范围.

由式⑨可知，a 随 x_1,x_2 单调递增.

则 a 有最小值，当 $x_1\to 0,x_2\to\dfrac{1}{2}$ 时，$a\to$ 最小值，故

$$a>a\left(x_1=0,x_2=\frac{1}{2}\right)=\ln\frac{1}{2}-1+0=-\ln 2-1$$

即

$$a>-\ln 2-1$$

故 a 的取值范围是 $(-\ln 2-1,+\infty)$.

说明　两个方程系数相等；由区间得出 x_1 和 x_2 的取值范围，代入求得 a 的极值.

例7　设函数 $f(x)=\ln x-ax$，$g(x)=\mathrm{e}^x-ax$，其中 a 为实数. 若 $f(x)$ 在 $(1,+\infty)$ 上是单调减函数，且 $g(x)$ 在 $(1,+\infty)$ 上有最小值，求 a 的取值范围.

讲解　函数 $f(x)$ 的导函数为

$$f'(x)=\frac{1}{x}-a \qquad ①$$

函数 $g(x)$ 的导函数为

$$g'(x)=\mathrm{e}^x-a \qquad ②$$

(1) 由 $f(x)$ 在 $(1,+\infty)$ 上是单调减函数得 $f'(x)\leqslant 0,x\in(1,+\infty)$.

代入式①得 $\dfrac{1}{x}-a\leqslant 0$，即有 $a\geqslant\dfrac{1}{x}$.

考虑到 $x\in(1,+\infty)$，故 $a>1$，即有 $a\in(1,+\infty)$.

(2) 由 $g(x)$ 在 $(1,+\infty)$ 上有最小值，其最值点为 $x=x_0$.

则 $g'(x_0)=0,x_0\in(1,+\infty)$.

代入式②得 $e^{x_0}-a=0$,即有 $a=e^{x_0}$,即 $x_0=\ln a$.

考虑到 $x_0\in(1,+\infty)$,故 $a>e$,即 $a\in(e,+\infty)$,综上,a 的取值范围是 $a\in(e,+\infty)$.

例 8 设函数 $f(x)=(x-1)e^x-kx^2$(其中 $k\in\mathbf{R}$). 当 $k\in(\frac{1}{2},1]$ 时,求函数 $f(x)$ 在 $[0,k]$ 上的最大值 M.

讲解 函数 $f(x)$ 的最大值出现在两个地方:一个是区间的端点,另一个是导数 $f'(x)=0$ 的地方.

(1) 在区间端点 $x=0$ 处.

函数值为

$$f(0)=(0-1)e^0-k\cdot 0^2=-1 \quad ①$$

(2) 在区间端点 $x=k$ 处.

函数值为

$$f(k)=(k-1)e^k-k^3 \quad ②$$

因为 $e^k\geqslant k+1$,所以

$$f(k)\geqslant(k-1)(k+1)-k^3=k^2-1-k^3$$

即有

$$f(k)\geqslant k^2-k^3-1=k^2(1-k)-1$$

因为 $k\in(\frac{1}{2},1]$,所以

$$f(k)\geqslant k^2(1-k)-1\geqslant-1$$

即有

$$f(k)\geqslant f(0)=-1 \quad ③$$

(3) 在极值点 $x=x_0$ 处.

当 $f(x)$ 取极值 $x=x_0$ 时,其导数 $f'(x_0)=0$,即

$$f'(x_0)=x_0e^{x_0}-2kx_0=x_0(e^{x_0}-2k)$$

则 $x_0=0$ 和 $e^{x_0}-2k=0$,即 $x_0=\ln(2k)$.

故 $x_0=0$,或 $x_0=\ln(2k)$ 为函数的极值点.

(4) 当 $x_0=0$ 时,$f(x_0)=f(0)=-1$,函数值与式①相同.

(5) 当 $x_0=\ln(2k)$ 时

$$\begin{aligned}f(x_0)=(x_0-1)e^{x_0}-kx_0^2=k[2\ln(2k)-2-\ln^2(2k)]=\\ [\ln(2k_0)-1]\cdot(2k_0)-k_0\cdot\ln^2(2k_0)=\\ k_0[2\ln(2k_0)-2-\ln^2(2k_0)]\end{aligned}$$

令

$$g(k)=k[2\ln(2k)-2-\ln^2(2k)]$$

则其导函数为

$$g'(k)=[2\ln(2k)-2-\ln^2(2k)]+k[\frac{2}{k}-\frac{2\ln(2k)}{k}]$$

即

$$g'(k)=-\ln^2(2k)\leqslant 0$$

故 $g(k)$ 是随 k 单调递减的函数，其最大值为 $g\left(\frac{1}{2}\right)=\frac{1}{2}(-2)=-1$.

即 $f(x_0)$ 的最大值是

$$f(x_0)=-1 \quad ④$$

(6) 通过这所有情况的对比，式 ③ 表明式 ② $f(k)=(k-1)e^k-k^3$ 为最大值.

当 $k\to\frac{1}{2}$ 时，$f(k)\to-\left(\frac{\sqrt{e}}{2}+\frac{1}{8}\right)\approx-0.949\ 7$.

当 $x=k$ 时，$f(x)$ 达到最大值 M，$M=(k-1)e^k-k^3$.

说明　函数最值出现在区间端点或极值点处.

例 9　若函数 $f(x)=\frac{1}{3}x^3-\frac{1}{2}ax^2+(a-1)x+1$ 在区间 $(1,4)$ 内为减函数，在区间 $(6,+\infty)$ 上为增函数，试求实数 a 的取值范围.

讲解　由导函数的正负来判定函数的增减.

函数 $f(x)$ 的导函数为

$$f'(x)=x^2-ax+(a-1) \quad ①$$

(1) 若导函数 $f'(x)$ 在区间 $(1,4)$ 内为负值，则 $f(x)$ 在该区间为减函数.

故当 $x\in(1,4)$ 时，$f'(x)=x^2-ax+(a-1)<0$.

则 $f'(x)$ 为开口向上的二次函数，其两个零点分别是 $x_1\leqslant 1$ 和 $x_2\geqslant 4$.

于是化为解二次方程 $x^2-ax+(a-1)=0$.

由韦达定理得 $x_1+x_2=a$，$x_1x_2=a-1$，即有

$$a=x_1+x_2\geqslant 5 \quad ②$$

故当 $a=x_1+x_2\geqslant 5$ 时，$f(x)$ 在 $x\in(1,4)$ 区间为减函数.

(2) 若导函数 $f'(x)$ 在区间 $(6,+\infty)$ 内为正值，则 $f(x)$ 在该区间为增函数.

故当 $x\in(6,+\infty)$ 时，$f'(x)=x^2-ax+(a-1)>0$.

则当 $x=6$ 时，$f'(x)\geqslant 0$，即 $f'(6)=6^2-6a+(a-1)\geqslant 0$.

故 $6^2-6a+(a-1)\geqslant 0$，即 $35-5a\geqslant 0$，即有

$$a\leqslant 7 \quad ③$$

综上,由式②③得,实数 a 的取值范围是 $a\in[5,7]$.

例 10 已知 $f(x)=\dfrac{2x-a}{x^2+2}$ 在区间 $[-1,1]$ 上是增函数,实数 a 的值组成集合 A.设关于 x 的方程 $f(x)=\dfrac{1}{x}$ 的两个非零实根为 x_1,x_2.若存在实数 m,使得不等式 $m^2+tm+1\geqslant|x_1-x_2|$ 对任意 $a\in A$ 及 $t\in[-1,1]$ 恒成立,求 m 的取值范围.

讲解 (1) 函数与其导函数.

函数

$$f(x)=\frac{2x-a}{x^2+2} \qquad ①$$

其导函数为

$$f'(x)=\frac{1}{(x^2+2)^2}[2(x^2+2)-2x(2x-a)]=$$

$$\frac{2}{(x^2+2)^2}(-x^2+ax+2) \qquad ②$$

(2) 分析 $f(x)$ 增减性得出 A.

$f(x)$ 在区间 $[-1,1]$ 上是增函数,即 $f'(x)\geqslant 0,x\in[-1,1]$.

(i) 当 $x=0$ 时

$$f'(0)=\frac{2}{(0^2+2)^2}(-0^2+a\cdot 0+2)=1>0 \qquad ③$$

(ii) 当 $x<0$ 时,即 $x\in[-1,0)$,欲使 $f'(x)\geqslant 0$,即 $(-x^2+ax+2)\geqslant 0$,即 $ax\geqslant x^2-2$,即

$$a\leqslant x-\frac{2}{x} \qquad ④$$

记 $g_1(x)=x-\dfrac{2}{x}$,则 $g_1{}'(x)=1+\dfrac{2}{x^2}>0$.

即 $x-\dfrac{2}{x}$ 是随 x 单调递增的,即

$$g_1(x)\geqslant g_1(-1)=-1-\frac{2}{(-1)}=1$$

故由式④得

$$a\leqslant 1 \qquad ⑤$$

(iii) 当 $x>0$ 时,即 $x\in(0,1]$,欲使 $f'(x)\geqslant 0$,即 $(-x^2+ax+2)\geqslant 0$,即 $ax\geqslant x^2-2$,即

$$a\geqslant x-\frac{2}{x} \qquad ⑥$$

记 $g_2(x)=x-\frac{2}{x}$,则 $g_2{}'(x)=1+\frac{2}{x^2}>0$.

即 $x-\frac{2}{x}$ 是随 x 单调递增的,即

$$g_2(x)\geqslant g_2(1)=1-\frac{2}{1}=-1$$

故由式⑥得

$$a\geqslant -1 \tag{⑦}$$

综合式⑤⑦得

$$a\in[-1,1] \tag{⑧}$$

(3) 解关于 x 的方程 $f(x)=\frac{1}{x}$.

关于 x 的方程 $f(x)=\frac{1}{x}$,即

$$\frac{2x-a}{x^2+2}=\frac{1}{x}\quad(x\neq 0)$$

即 $2x^2-ax=x^2+2$,即

$$x^2-ax+2=0 \tag{⑨}$$

设两个非零实根为 x_1,x_2,则由韦达定理得

$$x_1+x_2=a,x_1x_2=-2$$

于是

$$|x_1-x_2|=\sqrt{(x_1+x_2)^2-2x_1x_2}=\sqrt{a^2+8} \tag{⑩}$$

(4) 解析不等式 $m^2+tm+1\geqslant|x_1-x_2|$.

将⑩代入不等式得

$$m^2+tm+1\geqslant\sqrt{a^2+8}$$

即

$$m^2+tm+1-\sqrt{a^2+8}\geqslant 0$$

构建函数

$$h(m)=m^2+tm+1-\sqrt{a^2+8}$$

则 $h(m)$ 是开口向上的抛物线,其解为 m_1,m_2,于是不等式的解为 $m\leqslant m_1$ 和 $m\geqslant m_1$.

则方程 $m^2+tm+1-\sqrt{a^2+8}=0$ 的解为

$$m_1=\frac{-t-\sqrt{t^2-4(1-\sqrt{a^2+8})}}{2}$$

$$m_2=\frac{-t+\sqrt{t^2-4(1-\sqrt{a^2+8})}}{2}$$

(5) 分析 m_1,m_2.

$$m_1=\frac{-t-\sqrt{t^2-4(1-\sqrt{a^2+8})}}{2}=\frac{-t-\sqrt{t^2+4(\sqrt{a^2+8}-1)}}{2}$$

因为字母 t 的前面是负号,则 t 越大,m_1 越小;

根号项前面是负号,则 a 越大,m_1 越小;

故 m_1 的最小值出现在 $t=1,a=1$ 处,即 $m_1\leqslant -2$.

同样,

$$m_2=\frac{-t+\sqrt{t^2-4(1-\sqrt{a^2+8})}}{2}=\frac{-t+\sqrt{t^2+4(\sqrt{a^2+8}-1)}}{2}$$

因为字母 t 的前面是负号,则 t 越小,m_2 越大;

根号项前面是正号,则 a 越大,m_2 越大;

故 m_2 的最大值出现在 $t=-1,a=-1$ 处,即 $m_2\geqslant 2$.

(6) 给出 m 的取值范围.

由(4) 得 $h(m)$ 是开口向上的抛物线,其解为 m_1,m_2.

于是不等式的解为 $m\leqslant m_1$ 和 $m\geqslant m_2$,故 $m\leqslant m_1\leqslant -2,m\geqslant m_2\geqslant 2$.

说明　解题关键是第(3) 步,由韦达定理得出 $|x_1-x_2|=\sqrt{a^2+8}$.

课外训练

1. 已知函数 $f(x)=\frac{\ln x}{x+1}+\frac{1}{x}$,若 $x>0$,且 $x\neq 1$,$f(x)>\frac{\ln x}{x-1}+\frac{k}{x}$,求 k 的取值范围.

2. 已知函数 $f(x)=\ln x-ax^2$,$a>0$,$x>0$,$f(x)$ 连续,若存在均属于区间$[1,3]$ 的 α,β,且 $\beta-\alpha\geqslant 1$,使 $f(\alpha)=f(\beta)$,求证:$\frac{\ln 3-\ln 2}{5}\leqslant a\leqslant \frac{\ln 2}{3}$.

3. 已知函数 $f(x)=x-\ln(x+a)$ 的最小值为 0,其中 $a>0$. 若对任意的 $x\in[0,+\infty)$,有 $f(x)\leqslant kx^2$ 成立,求实数 k 的最小值.

4. 已知函数 $f(x)=e^{ax}-x$,其中 $a\neq 0$. 在函数 $y=f(x)$ 的图像上取定两点 $A(x_1,f(x_1))$,$B(x_2,f(x_2))$,且 $x_1<x_2$,而直线 AB 的斜率为 k. 存在 $x_0\in(x_1,x_2)$,使 $f'(x_0)\geqslant k$ 成立,求 x_0 的取值范围.

5. 已知函数 $f(x)=\ln(x+1)+\sqrt{x+1}-1$. 求证:当 $0<x<2$ 时,

$f(x) < \dfrac{9x}{x+6}$.

6. 已知 $a > 0$，n 为正整数，抛物线 $y = -x^2 + \dfrac{a^n}{2}$ 与 x 轴正半轴相交于点 A. 设抛物线在点 A 处的切线在 y 轴上的截距为 $f(n)$，求证：当 $a \geqslant \sqrt{17}$ 时，对所有 n 都有：$\dfrac{f(n)-1}{f(n)+1} \geqslant \dfrac{n^3}{n^3+1}$.

7. 已知函数 $f(x) = \dfrac{\ln x + 1}{e^x}$，$f'(x)$ 为 $f(x)$ 的导数. 设 $g(x) = (x^2 + x)f'(x)$，求证：对任意 $x > 0$，$g(x) < 1 + e^{-2}$.

8. 已知 a,b 是实数，函数 $f(x) = x^3 + ax$，$g(x) = x^2 + bx$，$f'(x)$ 和 $g'(x)$ 是 $f(x)$，$g(x)$ 的导函数. 设 $a < 0$，且 $a \neq b$，若在以 a,b 为端点的开区间 I 上 $f'(x)g'(x) \geqslant 0$ 恒成立，求 $|a-b|$ 的最大值 M.

9. 知函数 $f(x) = \ln(1+x) - \dfrac{x(1+x\sin\theta)}{1+x}$ $(\theta \in [0,\pi])$，若 $x \geqslant 0$ 时 $f(x) \leqslant 0$，求 θ 的最小值.

10. 已知函数 $f(x) = a\ln(x+1) + b\ (a \neq 0)$，$g(x) = e^x(cx+d)$，若曲线 $y = f(x)$ 和曲线 $y = g(x)$ 都过点 $P(0,2)$，且在点 P 处的切线相互垂直. 若 $x > -1$ 时，$f(x) \leqslant g(x)$，求 a 的取值范围.

第20讲　存在性问题

存在性问题有三种：

第一类是肯定性问题，其模式为“已知 A，证明存在对象 B，使其具有某种性质”.

第二类是否定性问题，其模式为“已知 A，证明具有某种性质 B 的对象不可能存在”.

第三类是探索性问题，其模式为“已知 A，问是否存在具有某种性质 B 的对象”.

解决存在性问题通常有两种解题思路. 一种思路是通过正确的逻辑推理(包括直接计算)，证明(或求出)符合条件或要求的对象 B 必然存在. 常利用反证法、数学归纳法、抽屉原则、计数法等. 另一种思路是构造法. 直接构造具有某种性质 B 的对象. 常常采用排序原则、极端性原则进行构造.

典例展示

例 1　已知二次函数 $f(x)=ax^2+bx+a$ 满足条件 $f(x+\frac{7}{4})=f(\frac{7}{4}-x)$，且方程 $f(x)=7x+a$ 有两个相等的实数根.

(1) 求 $f(x)$ 的解析式；

(2) 是否存在实数 $m,n(0<m<n)$，使得 $f(x)$ 的定义域和值域分别是 $[m,n]$ 和 $[\frac{3}{n},\frac{3}{m}]$？若存在，求出 m,n 的值；若不存在，请说明理由.

讲解　(1) 由条件有 $f(x)=ax^2-\frac{7}{2}ax+a$. 又 $f(x)=7x+a$ 有两个相等的实数根，则由 $ax^2-(\frac{7}{2}a+7)=0$ 可知，$\Delta=(\frac{7}{2}a+7)^2-4a\cdot 0=0$，解得 $a=-2$.

故 $f(x)=-2x^2+7x-2$.

(2) 存在. 如图 1，设 $g(x)=\dfrac{3}{x}(x>0)$. 则当 $f(x)=g(x)$ 时，有 $-2x^2+7x-2=\dfrac{3}{x}$，即 $2x^3-7x^2+2x+3=0$. 故 $(x-1)(x-3)(2x+1)=0$.

解得 $x_1=1,x_2=3,x_3=-\dfrac{1}{2}$(舍去).

因为 $f(x)_{\max}=\dfrac{4ac-b^2}{4a}=\dfrac{33}{8}$，此时，$x=\dfrac{7}{4}\in[1,3]$，所以，$\dfrac{3}{f(x)_{\max}}=\dfrac{8}{11}<1$.

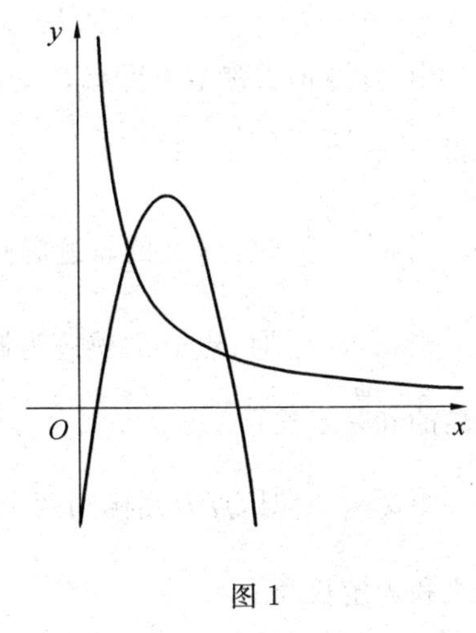

图 1

故取 $m=\dfrac{8}{11}$，$n=3$ 时，$f(x)=-2x^2+7x-2$ 在 $\left[\dfrac{8}{11},3\right]$ 上的值域为 $\left[1,\dfrac{33}{8}\right]$，符合条件.

例 2　如图 2，已知常数 $a>0$，在矩形 $ABCD$ 中，$AB=4$，$BC=4a$，O 为 AB 的中点，E,F,G 分别在 BC,CD,DA 上移动，且 $\dfrac{BE}{BC}=\dfrac{CF}{CD}=\dfrac{DG}{DA}$，$P$ 为 GE 与 OF 的交点. 问是否存在两个定点，使点 P 到这两点的距离的和为定值？若存在，求出这两点的坐标及此定值；若不存在，请说明理由.

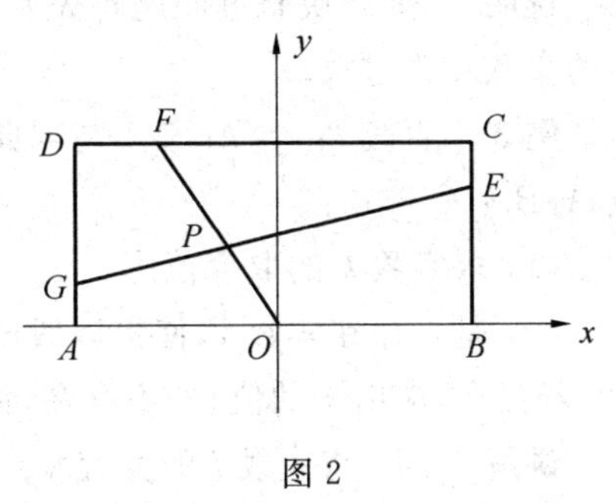

图 2

分析　根据题设满足的条件，首先求出动点 P 的轨迹方程，根据轨迹是否是椭圆，就可断定是否存在两个定点(椭圆的两个焦点)，使得 P 到这两点的距离的和为定值.

讲解　按题意有 $A(-2,0)$，$B(2,0)$，$C(2,4a)$，$D(-2,4a)$. 设 $\dfrac{BE}{BC}=\dfrac{CF}{CD}=\dfrac{DG}{DA}=k(0\leqslant k\leqslant 1)$. 由此有 $E(2,4ak)$，$F(2-4k,4a)$，$G(-2,4a-4ak)$.

直线 OF 的方程为

$$2ax+(2k-1)y=0 \qquad ①$$

直线 GE 的方程为

$$-a(2k-1)x+y-2a=0 \quad ②$$

由①②消去参数 k 得点 $P(x,y)$ 坐标满足方程 $2a^2x^2+y^2-2ay=0$，整理得 $\frac{x^2}{2}+\frac{(y-a)^2}{a^2}=1$.

当 $a^2=\frac{1}{2}$ 时，点 P 的轨迹为圆弧，所以不存在符合题意的两点；

当 $a^2\neq\frac{1}{2}$ 时，点 P 的轨迹为椭圆的一部分，点 P 到该椭圆的两个焦点的距离的和是定长；

当 $a^2<\frac{1}{2}$ 时，点 P 到椭圆两个焦点 $(-\sqrt{\frac{1}{2}-a^2},a)$，$(\sqrt{\frac{1}{2}-a^2},a)$ 的距离之和为定长 $\sqrt{2}$；

当 $a^2>\frac{1}{2}$ 时，点 P 到椭圆两个焦点 $(0,a-\sqrt{a^2-\frac{1}{2}})$，$(0,a+\sqrt{a^2-\frac{1}{2}})$ 的距离之和为定长 $2a$.

说明　要解决轨迹问题首先要建立适当的直角坐标系，有时还要选择适当的参数作为过渡.

例3　直线 $l:y=kx+1$ 与双曲线 $C:2x^2-y^2=1$ 的右支交于不同的两点 A,B.

(1) 求实数 k 的取值范围；

(2) 是否存在实数 k，使得以线段 AB 为直径的圆经过双曲线 C 的右焦点 F？若存在，求出 k 的值；若不存在，说明理由.

讲解　(1) 将直线 l 的方程 $y=kx+1$ 代入双曲线 C 的方程 $2x^2-y^2=1$ 后，整理后得

$$(k^2-1)x^2+2kx+2=0 \quad ①$$

依题意，直线 l 与双曲线 C 的右支交于不同的两点，故

$$\begin{cases} k^2-2\neq 0 \\ \Delta=(2k)^2-8(k^2-2)>0 \\ -\frac{2k}{k^2-2}>0 \\ \frac{2}{k^2-2}>0 \end{cases}$$

解得 k 的取值范围为 $-2<k<-\sqrt{2}$.

(2) 设 A,B 两点的坐标分别为 $A(x_1,y_1)$，$B(x_2,y_2)$，则由①得

$$\begin{cases} x_1+x_2=-\dfrac{2k}{k^2-2} \\ x_1x_2=\dfrac{2}{k^2-2} \end{cases} \quad ②$$

假设存在实数 k，使得以线段 AB 为直径的圆经过双曲线 C 的右焦点 $F(c,0)$，则由 $FA\perp FB$ 得 $(x_1-c)(x_2-c)+y_1y_2=0$，即

$$(x_1-c)(x_2-c)+(kx_1+1)(kx_2+1)=0$$

整理得

$$(k^2+1)x_1x_2+(k-c)(x_1+x_2)+c^2+1=0 \quad ③$$

将式 ② 及 $c=\dfrac{\sqrt{6}}{2}$ 代入式 ③ 化简得 $5k^2+2\sqrt{6}kx-6=0$.

解得 $k=-\dfrac{6+\sqrt{6}}{5}$ 或 $k=\dfrac{6-\sqrt{6}}{5}\notin(-2,-\sqrt{2})$（舍去）.

可知 $k=-\dfrac{6+\sqrt{6}}{5}$ 使得以线段 AB 为直径的圆经过双曲线 C 的右焦点 F.

例 4　将平面上每个点都以红、蓝两色之一着色，证明：存在这样的两个相似三角形，它们的相似比为 1 995，并且每一个三角形的三个顶点同色.

分析　因为平面上的每个点不是红色就是蓝色，由抽屉原理，对任何一个无穷点集，至少有一个无穷子集是同色点集，对一个含 n 个元素的有限点集，至少有一个含$\left[\dfrac{n+1}{2}\right]$个元素的子集是同色点集（其中[ ]为高斯符号），于是利用抽屉原理，在半径为 1 和 1 995 的两个同心圆上，寻找两个三顶点同色的相似三角形.

讲解　在平面上，如图 3，以 O 为圆心，作两个半径为 1 和 1 995 的同心圆. 根据抽屉原理，小圆周上至少有 5 点同色，不妨设为 A_1,A_2,A_3,A_4,A_5，联结 OA_1，OA_2，OA_3，OA_4，OA_5，分别交大圆于 B_1,B_2,B_3,B_4,B_5，根据抽屉原理，B_1，B_2，B_3，B_4，B_5 中必有三点同色，不妨设为 B_1,B_2,B_3，分别联结 A_1A_2，A_2A_3，A_3A_1，B_1B_2，B_2B_3，B_3B_1，则 $\triangle A_1A_2A_3\backsim\triangle B_1B_2B_3$，其相似比为1 995，且两个三角形三顶点同色.

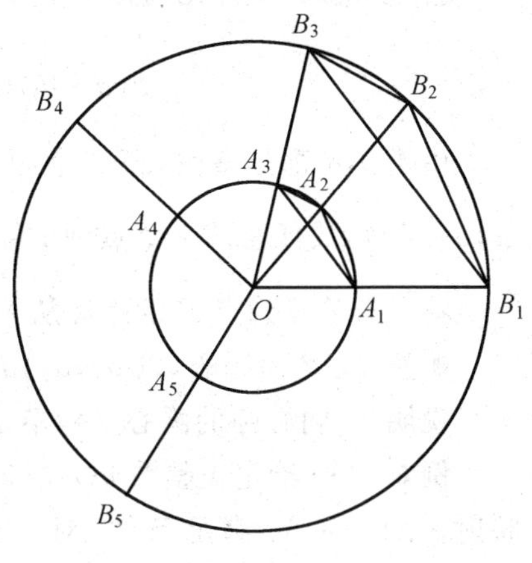

图 3

说明　解决有关染色问题，抽屉原

理是经常使用的.

例 5 在坐标平面上,纵、横坐标都是整数的点称为整点.试证:存在一个同心圆的集合,使得

(1) 每个整点都在此集合的某一个圆周上;

(2) 此集合的每个圆周上,有且仅有一个整点.

分析 构造法.先设法证明任意两整点到 $P\left(\sqrt{2},\frac{1}{3}\right)$ 的距离不可能相等,从而将所有整点到点 P 的距离排序造出同心圆的集合,这里同心圆的坐标不是唯一的,可取 $\left(\sqrt{2},\frac{1}{3}\right)$ 外的其他值.

讲解 取点 $P\left(\sqrt{2},\frac{1}{3}\right)$.

设整点 (a,b) 和 (c,d) 到点 P 的距离相等,则

$$(a-\sqrt{2})^2+(b-\frac{1}{3})^2=(c-\sqrt{2})^2+(d-\frac{1}{3})^2$$

即

$$2(c-a)\sqrt{2}=c^2-a^2+d^2-b^2+\frac{2}{3}(b-d)$$

上式仅当两端都为零时成立,所以

$$c=a \qquad ①$$

$$c^2-a^2+d^2-b^2+\frac{2}{3}(b-d)=0 \qquad ②$$

将①代入②并化简得 $d^2-b^2+\frac{2}{3}(b-d)=0$,即

$$(d-b)(d+b-\frac{2}{3})=0$$

由于 b,d 都是整数,第二个因子不能为零,因此 $b=d$,从而点 (a,b) 与 (c,d) 重合,故任意两个整点到 $P\left(\sqrt{2},\frac{1}{3}\right)$ 的距离都不相等.

将所有整点到点 P 的距离从大到小排成一列 $d_1,d_2,d_3,\cdots,d_n,\cdots$.

显然,以 P 为圆心,以 $d_1,d_2,d_3,\cdots$ 为半径作的同心圆集合即为所求.

说明 同心圆的圆心坐标不是唯一的.

例 6 (1) 给定正整数 $n(n\geqslant 5)$,集合 $A_n=\{1,2,3,\cdots,n\}$,是否存在一一映射 $\varphi:A_n\to A_n$ 满足条件:对一切 $k(1\leqslant k\leqslant n-1)$,都有 $k\mid(\varphi(1)+\varphi(2)+\cdots+\varphi(n))$;

(2) $\mathbf{N}^*$ 为全体正整数的集合,是否存在一一映射 $\varphi:\mathbf{N}^*\to\mathbf{N}^*$ 满足条件:

对一切 $k\in\mathbf{N}^*$，都有 $k\mid[\varphi(1)+\varphi(2)+\cdots+\varphi(n)]$.

注　映射 $\varphi:A\to B$ 称为一一映射，如果对任意 $b\in B$，有且仅有一个 $a\in A$，使得 $b=\varphi(a)$，题中"|"为整除符号.

分析　对于问题(1)，不难用反证法结合简单的同余理论可以获解；对于问题(2) 采用归纳构造.

讲解　(1) 不存在. 记 $S_k=\sum_{i=1}^{n}\varphi(i)$.

当 $n=2m+1(m\geqslant 2)$ 时，由 $2m\mid S_{2m}$ 及 $S_{2m}=\frac{(2m+1)(2m+2)}{2}-\varphi(2m+1)$ 得

$$\varphi(2m+1)\equiv m+1(\bmod 2m)$$

但 $\varphi(2m+1)\in A_{2m+1}$，故 $\varphi(2m+1)=m+1$.

再由 $(2m-1)\mid S_{2m-1}$ 及 $S_{2m-1}=\frac{(2m+1)(2m+2)}{2}-(m+1)-\varphi(2m)$ 得

$$\varphi(2m)\equiv m+1(\bmod(2m-1))$$

所以，$\varphi(2m)=m+1$，与 φ 的双射定义矛盾.

当 $n=2m+1(m\geqslant 2)$ 时，$S_{2m+1}=\frac{(2m+2)(2m+3)}{2}-\varphi(2m+2)$ 给出 $\varphi(2m+2)=1$ 或 $2m+2$，同上又得 $\varphi(2m+1)=\varphi(2m)=m+2$ 或 $m+1$，矛盾.

(2) 存在.

对 n 归纳定义 $\varphi(2n-1)$ 及 $\varphi(2n)$ 如下：

令 $\varphi(1)=1$，$\varphi(2)=3$. 现已定义出不同的正整数 $\varphi(k)(1\leqslant k\leqslant 2n)$ 满足整除条件且包含 $1,2,\cdots,n$，又设 v 是未取到的最小正整数值. 由于 $2n+1$ 与 $2n+2$ 互质，根据孙子定理，存在不同于 v 及 $\varphi(k)(1\leqslant k\leqslant 2n)$ 的正整数 u 满足同余式组

$$u\equiv -S_{2n}(\bmod(2n+1))\equiv -S_{2n}-v(\bmod(2n+2))$$

定义 $\varphi(2n+1)=u$，$\varphi(2n+2)=v$. 正整数 $\varphi(k)(1\leqslant k\leqslant 2n+2)$ 也互不相同，满足整除条件，且包含 $1,2,\cdots,n+1$.

根据数学归纳法原理，已经得到符合要求的一一映射 $\varphi:\mathbf{N}^*\to\mathbf{N}^*$.

说明　数论中的存在性问题是竞赛命题的一个热点.

例 7　平面上是否存在 100 条直线，使它们恰好有 1 985 个交点.

分析　由于 100 条直线最多有 $C_{100}^2=4\ 950(>1\ 985)$ 个交点，所以符合要求的直线可能存在. 减少交点的个数可有两种途径：一是利用平行线，二是

利用共点线.所以用构造法.

讲解 解法一:由于 x 条直线与一族 $100-x$ 条平行线可得 $x(100-x)$ 个交点.而 $x(100-x)=1\,985$ 没有整数解,于是可以考虑 99 条直线构成的平行网格.

由于 $x(99-x)<1\,985$ 的解为 $x\leqslant 26$ 或 $x\geqslant 73$, $x\in\mathbf{N}$,且 $1\,985=73\times 26+99-12$,于是可做如下构造:

(1) 由 73 条水平直线和 26 条竖直直线

$$x=k, k=1,2,3,\cdots,73$$
$$y=k, k=1,2,3,\cdots,26$$

共 99 条直线,可得 73×26 个交点.

(2) 再作直线 $y=x+14$ 与上述 99 条直线都相交,共得到 99 个交点,但其中有 12 个交点 $(1,15)$, $(2,16)$, $\cdots$, $(12,26)$ 也是(1)中 99 条直线的彼此的交点,所以共得 $99-12$ 个交点.

由(1)、(2),这 100 条直线可得到 $73\times 26+99-12=1\,985$(个)交点.

解法二:若 100 条直线没有两条是平行的,也没有三条直线共点,则可得到 $C_{100}^2=4\,950(>1\,985)$ 个交点,先用共点直线减少交点数.

注意到若有 n_1 条直线共点,则可减少 $C_{n_1}^2-1$ 个交点.设有 k 个共点直线束,每条直线束的直线条数依次为 $n_1, n_2, \cdots, n_k$,则有

$$n_1+n_2+\cdots+n_k\leqslant 100$$
$$C_{n_1}^2-1+C_{n_2}^2-1+\cdots+C_{n_k}^2-1=2\,965(C_{100}^2-1\,985=2\,965)$$

因为满足 $C_{n_1}^2-1<2\,965$ 的最大整数是 $n_1=77$,此时 $C_{77}^2-1=2\,925$.

因此可构造一个由 77 条直线组成的直线束,这时还应再减少 40 个交点.而满足 $C_{n_2}^2-1<40$ 的最大整数为 $n_2=9$,此时 $C_9^2-1=35$.因此又可构造一个由 9 条直线组成的直线束.这时还应减少 5 个交点.

由于 $C_4^2-1=5$,所以最后可构造一个由 4 条直线组成的直线束.

因为 $77+9+4=90<100$,所以这 100 条直线可构成为 77 条、9 条、4 条的直线束,另 10 条保持不动即可.

说明 本题的基本数学思想方法是逐步调整,这在证明不等式时经常使用,但学会在几何中应用,会使你的解题思想锦上添花.

例 8 证明:不存在具有如下性质的由平面上多于 $2n(n>3)$ 个两两不平行的向量构成的有限集合 G:

(1) 对于该集合中的任何 n 个向量,都能从该集合中再找到 $n-1$ 个向量,使得这 $2n-1$ 个向量的和等于 0;

(2) 对于该集合中的任何 n 个向量,都能从该集合中再找到 n 个向量,使

得这 $2n$ 个向量的和等于 0.

讲解　假设题目的结论不真.

选取一条直线 l,使其不与集合 G 中的任何一个向量垂直.于是,G 中至少有 n 个向量在直线 l 上的投影指向同一方向,设它们为 $\boldsymbol{e}_1,\boldsymbol{e}_2,\cdots,\boldsymbol{e}_n$.在直线 l 上取定方向,使得这些向量的投影所指的方向为负.再在集合 G 中选取 n 个向量 $\boldsymbol{f}_1,\boldsymbol{f}_2,\cdots,\boldsymbol{f}_n$,使得它们的和在直线 l 上的投影的代数值 s 达到最大.由题中条件(2)知 $s>0$.

由条件(1),可以找到 $n-1$ 个向量 $\boldsymbol{a}_1,\boldsymbol{a}_2,\cdots,\boldsymbol{a}_{n-1}$,使得

$$\boldsymbol{f}_1+\boldsymbol{f}_2+\cdots+\boldsymbol{f}_n=-(\boldsymbol{a}_1+\boldsymbol{a}_2+\cdots+\boldsymbol{a}_{n-1})$$

显然,至少有某个向量 $\boldsymbol{e}_i$ 不出现在上式右端,不妨设为 $\boldsymbol{e}_1$,从而 $\boldsymbol{a}_1+\boldsymbol{a}_2+\cdots+\boldsymbol{a}_{n-1}+\boldsymbol{e}_1$ 的投影为负,且其绝对值大于 s.

再由条件(2)知,又可以找到 n 个向量,使得它们的代数和等于 $-(\boldsymbol{a}_1+\boldsymbol{a}_2+\cdots+\boldsymbol{a}_{n-1}+\boldsymbol{e}_1)$,从而,该和的投影代数值大于 s.此与我们对 $\boldsymbol{f}_1,\boldsymbol{f}_2,\cdots,\boldsymbol{f}_n$ 的选取相矛盾.

例 9　设 n 是大于等于 3 的整数,证明:平面上存在一个由 n 个点组成的集合,集合中任意两点之间的距离为无理数,任三点组成一个非退化的面积为有理数的三角形.

分析　本题的解决方法是构造法,一种方法在抛物线 $y=x^2$ 上选择点列,另一种方法在半圆周上选择点列.

讲解　解法一:在抛物线 $y=x^2$ 上选取 n 个点 $P_1,P_2,\cdots,P_n$,点 P_i 的坐标为 $(i,i^2)(i=1,2,\cdots,n)$.

因为直线和抛物线的交点至多两个,故 n 个点中任意三点不共线,构成三角形为非退化的.任两点 P_i 和 P_j 之间的距离是

$$|P_iP_j|=\sqrt{(i-j)^2+(i^2-j^2)^2}=$$
$$|i-j|\sqrt{1+(i+j)^2}\quad(i\neq j,i,j=1,2,\cdots,n)$$

由于 $(i+j)^2<1+(i+j)^2<(i+j)^2+2(i+j)+1=(i+j+1)^2$,所以 $\sqrt{1+(i+j)^2}$ 是无理数,从而 $|P_iP_j|$ 是无理数.

$$S_{\triangle P_iP_jP_k}=\frac{1}{2}\left\|\begin{matrix}1&1&1\\i&j&k\\i^2&j^2&k^2\end{matrix}\right\|=\frac{1}{2}|(i-j)(i-k)(j-k)|$$

显然是有理数.

因此,所选的 n 个点符合条件.

解法二:考虑半圆周 $x^2+y^2=r^2(y\in\mathbf{R}^+,r=\sqrt{2})$ 上的点列 $\{A_n\}$,对一切

$n\in \mathbf{N}^*$,令 $\angle xOA_n=\alpha_n$,则任意两点 A_i,A_j 之间的距离为

$$|A_iA_j|=2r\left|\sin\frac{\alpha_i-\alpha_j}{2}\right|$$

其中,$0<\alpha_n\leqslant\pi,\cos\frac{\alpha_n}{2}=\frac{n^2-1}{n^2+1},\sin\frac{\alpha_n}{2}=\frac{2n}{n^2+1}$.

所以 $|A_iA_j|=2r\left|\sin\frac{\alpha_i}{2}\cos\frac{\alpha_j}{2}-\cos\frac{\alpha_i}{2}\sin\frac{\alpha_j}{2}\right|$ 为无理数.

又 $\sin\alpha_n=2\sin\frac{\alpha_n}{2}\cos\frac{\alpha_n}{2}\in\mathbf{Q},\cos\alpha_n=\cos^2\frac{\alpha_n}{2}-\sin^2\frac{\alpha_n}{2}\in\mathbf{Q}$.

任何三点 A_i,A_j,A_k 不共线,必然构成非退化三角形,注意到 $r=\sqrt{2}$,其面积

$$S=\frac{1}{2}\left\|\begin{matrix}1 & 1 & 1\\ r\cos\alpha_i & r\cos\alpha_j & r\cos\alpha_k\\ r\sin\alpha_i & r\sin\alpha_j & r\sin\alpha_k\end{matrix}\right\|=$$

$$\frac{r_2}{2}\left\|\begin{matrix}1 & 1 & 1\\ \cos\alpha_i & \cos\alpha_j & \cos\alpha_k\\ \sin\alpha_i & \sin\alpha_j & \sin\alpha_k\end{matrix}\right\|=$$

$$\left\|\begin{matrix}1 & 1 & 1\\ \cos\alpha_i & \cos\alpha_j & \cos\alpha_k\\ \sin\alpha_i & \sin\alpha_j & \sin\alpha_k\end{matrix}\right\|$$

为有理数.

例 10 一个 $n\times n$ 的矩阵(正方阵)称为"银矩阵",如果它的元素取自集合 $S=\{1,2,\cdots,2n-1\}$,且对每个 $i=1,2,\cdots,n$,它的第 i 行和第 i 列中的所有元素合起来恰好是 S 中所有元素. 证明

(1) 不存在 $n=1\ 997$ 阶的银矩阵;

(2) 有无穷多个的 n 值,存在 n 阶银矩阵.

分析 根据银矩阵的结构特征可以证明不存在奇数阶银矩阵,对任意自然数 k,用构造法构造出 2^k 阶银矩阵.

讲解 (1) 设 $n>1$ 且存在 n 阶银矩阵 $\mathbf{A}$. 由于 S 中所有的 $2n-1$ 个数都要在矩阵 $\mathbf{A}$ 中出现,而 $\mathbf{A}$ 的主对角线上只有 n 个元素,所以,至少有一个 $x\in S$ 不在 $\mathbf{A}$ 的主对角线上. 取定这样的 x. 对于每个 $i=1,2,\cdots,n$,记 $\mathbf{A}$ 的第 i 行和第 i 列中的所有元素合起来构成的集合为 A_i,称为第 i 个十字,则 x 在每个 A_i 中恰好出现一次,假设 x 位于 $\mathbf{A}$ 的第 i 行、第 i 列($i\neq j$),则 x 属于 A_i 和 A_j,将 A_i 与 A_j 配对,这样 $\mathbf{A}$ 的 n 个十字两两配对,从而 n 必为偶数. 而 1 997 是奇

数,故不存在 $n=1\ 997$ 阶的银矩阵.

(2) 对于 $n=2$,$\boldsymbol{A}=\begin{pmatrix}1&2\\3&1\end{pmatrix}$ 即为一个银矩阵,对于 $n=4$,$\boldsymbol{A}=\begin{pmatrix}1&2&5&6\\3&1&7&5\\4&6&1&2\\7&4&3&1\end{pmatrix}$ 为一个银矩阵.一般地,假设存在 n 阶银矩阵 $\boldsymbol{A}$,则可以按照如下方式构造 $2n$ 阶银矩阵 $\boldsymbol{D}$,$\boldsymbol{D}=\begin{pmatrix}\boldsymbol{A}&\boldsymbol{B}\\\boldsymbol{C}&\boldsymbol{A}\end{pmatrix}$,其中 $\boldsymbol{B}$ 是一个 $n\times n$ 的矩阵,它是通过 $\boldsymbol{A}$ 的每一个元素加上 $2n$ 得到,而 $\boldsymbol{C}$ 是通过把 $\boldsymbol{B}$ 的主对角线元素换成 $2n$ 得到.为证明 $\boldsymbol{D}$ 是 $2n$ 阶银矩阵,考察其第 i 个十字.不妨设 $i\leqslant n$,这时,第 i 个十字由 $\boldsymbol{A}$ 的第 i 个十字以及 $\boldsymbol{B}$ 的第 i 行和 $\boldsymbol{C}$ 的第 i 列构成.$\boldsymbol{A}$ 的第 i 个十字包含元素 $\{1,2,\cdots,2n-1\}$.而 $\boldsymbol{B}$ 的第 i 行和 $\boldsymbol{C}$ 的第 i 列包含元素 $\{2n,2n+1,\cdots,4n-1\}$.所以 $\boldsymbol{D}$ 确实是一个 $2n$ 阶银矩阵.

于是,用这种方法可以对任意自然数 k,造出 2^k 阶银矩阵.

说明　读者可以构造任意偶数阶银矩阵.

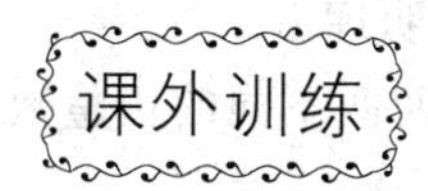

1. 已知抛物线 $y^2=4ax\ (0<a<1)$ 的焦点为 F,以 $A(a+4,0)$ 为圆心,$|AF|$ 为半径在 x 轴上方作半圆交抛物线于不同的两点 M 和 N,设 P 为线段 MN 的中点.

(1) 求 $|MF|+|NF|$ 的值;

(2) 是否存在这样的 a 值,使 $|MF|$,$|PF|$,$|NF|$ 成等差数列?若存在,求出 a 的值;若不存在,说明理由.

2. 求证:不存在正整数 n 使 $2n^2+1$,$3n^2+1$,$6n^2+1$ 都是完全平方数.

3. 求证:只存在一个三角形,它的边长为 3 个连续的自然数,并且它的 3 个内角中有一个为另一个的两倍.

4. 是否存在这样的实系数多项式 $P(x)$:它具有负实数,而对于 $n>1$,$P^n(x)$ 的系数全是正的.

5. 求证:不存在对任意实数 x 均满足 $f(f(x))=x^2-1\ 996$ 的函数.

6. 是否存在有界函数 $f:\mathbf{R}\to\mathbf{R}$,使得 $f(1)>0$,且对一切的 $x,y\in\mathbf{R}$,都有 $f^2(x+y)\geqslant f^2(x)+2f(xy)+f^2(y)$ 成立.

7. 是否存在数列 $x_1,x_2,\cdots,x_{1\,999}$,满足

(1)$x_i < x_{i+1}$($i=1,2,3,\cdots,1\ 998$);

(2)$x_{i+1}-x_i=x_i-x_{i-1}$($i=2,3,\cdots,1\ 998$);

(3)(x_i 的数字和)<(x_{i+1} 的数字和)($i=1,2,3,\cdots,1\ 998$);

(4)(x_{i+1} 的数字和)-(x_i 的数字和)=(x_i 的数字和)-(x_{i-1} 的数字和)($i=2,3,\cdots,1\ 998$).

8.(1) 是否存在正整数的无穷数列$\{a_n\}$,使得对任意的正整数 n 都有 $a_{n+1}^2 \geqslant 2a_n a_{n+2}$?

(2) 是否存在正无理数的无穷数列$\{a_n\}$,使得对任意的正整数 n 都有 $a_{n+1}^2 \geqslant 2a_n a_{n+2}$?

9.求证:对于每个实数 M,存在一个无穷多项的等差数列,使得

(1) 每项是一个正整数,公差不能被 10 整除;

(2) 每项的各位数字之和超过 M.

10.是否存在定义在实数集 $\mathbf{R}$ 上的函数 $f(x)$,使得对任意的 $x \in \mathbf{R}$,有

$$f(f(x))=x \qquad ①$$

且

$$f(f(x)+1)=1-x? \qquad ②$$

若存在,写出一个符合条件的函数;若不存在,请说明理由.

11.对于给定的大于 1 的正整数 n,是否存在 $2n$ 个两两不同的正整数 a_1, $a_2,\cdots,a_n$;$b_1,b_2,\cdots,b_n$ 同时满足以下两个条件:

(1)$a_1+a_2+\cdots+a_n=b_1+b_2+\cdots+b_n$;

(2)$n-1>\sum_{i=1}^{n}\frac{a_i-b_i}{a_i+b_i}>n-1-\frac{1}{1\ 998}$.

第 21 讲　覆盖问题

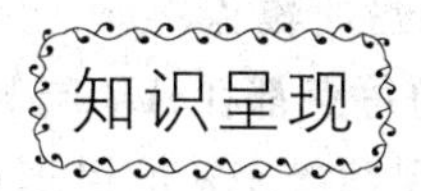

1. 图形覆盖的定义

平面闭图形指的是由平面上一条简单闭曲线及其围成的平面部分组成的图形. 所谓简单闭曲线,就是自身不相交的封闭曲线. 它作为图形的边界,而它围成的平面部分(不包括闭曲线本身) 称为平面图形的内部.

定义 1　设 M 和 N 是两个平面图形,若 $M \supset N$ 或 M 经过运动变成 M',而 $M' \supset N$,则称图形 M 可以覆盖图形 N,或 N 能被 M 覆盖,也说 N 嵌入 M.

设 $M_1, M_2, \cdots, M_n$ 是一组平面图形,若 $M_1 \cup M_2 \cup \cdots \cup M_n \supset N$,或 $M_1, M_2, \cdots, M_n$ 各自经过运动(施于每一个图形的运动不一定相同) 分别变为 $M_1', M_2', \cdots, M_n'$,而 $M_1' \cup M_2' \cup \cdots \cup M_n' \supset N$,则称图形 $M_1, M_2, \cdots, M_n$ 可以覆盖图形 N,或 N 能被 $M_1, M_2, \cdots, M_n$ 覆盖.

2. 图形覆盖的性质

覆盖的下述性质是十分明显的:

(1) 图形 G 覆盖自身;

(2) 图形 G 覆盖图形 E,图形 E 覆盖图形 F,则图形 G 覆盖图形 F.

(3) 如果一条线段的两个端点都在一个凸图形内部,则此线段被此凸图形覆盖.

推论:一个凸图形如果盖住了一个凸多边形的所有顶点,则此凸多边形被此凸图形覆盖.

定义 2　设 F 是一个平面闭图形,我们称 F 的任意两点之间的距离的最大值为 M 的直径,记为 $d(F)$,即 $d(F) = \max\{|AB|, A, B \in F\}$.

3. 关于覆盖的三条原则

覆盖的以下三个原则是常用的:

原则 1　若图形 F 的面积大于图形 G 的面积,则图形 G 不能覆盖图形 F.

原则 2　直径为 d 的图形 F 不能被直径小于 d 的图形 G 所覆盖.

原则 3(重叠原理)　n 个平面图形的面积分别为 $S_1, S_2, \cdots, S_n$,若它们被

一个面积为 A 的平面图形完全覆盖，又 $A<S_1+S_2+\cdots+S_n$，则此 n 个图形中至少有两个图形发生重叠.

这三个原则十分显然，不再证明.

4.用圆盘覆盖图形

圆盘：圆及圆内部分构成圆盘.

定理1 如果能在图形 F 所在平面上找到一点 O，使得图形 F 中的每一点与 O 的距离都不大于定长 r，则 F 可被一半径为 r 的圆盘所覆盖.

定理2 对于二定点 A，B 及定角 α，若图形 F 中的每点都在 AB 同侧，且对 A，B 视角不小于 α，则图形 F 被以 AB 为弦，对 AB 视角等于 α 的弓形 G 所覆盖.

在用圆盘去覆盖图形的有关问题的研究中，上述二定理应用十分广泛.

称覆盖图形 F 的圆盘中最小的一个为 F 的最小覆盖圆盘. 最小覆盖圆盘的半径叫作图形 F 的覆盖半径.

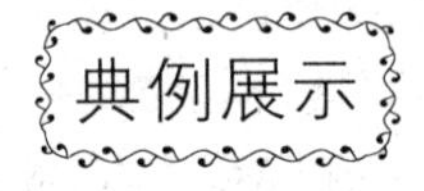

例1 $\triangle ABC$ 的最大边 BC 等于 a，试求出覆盖 $\triangle ABC$ 的最小圆盘.

讲解 (1) 若此三角形为钝角三角形或直角三角形，则以其最大边 a 为直径作圆，该圆盘可以覆盖此三角形，而任一直径小于 a 的圆盘，则不能盖住此三角形，故覆盖直角三角形或钝角三角形的最小圆盘是以其最大边为直径的圆盘. 即覆盖 $\triangle ABC$ 的最小圆盘的半径等于 $\frac{1}{2}a$.

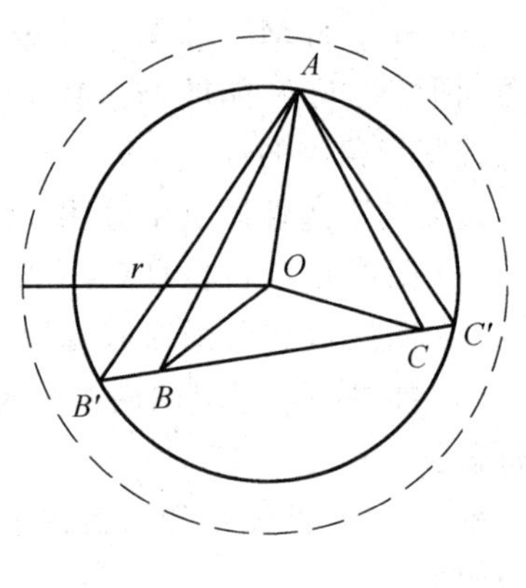

图1

(2) 若 $\triangle ABC$ 是锐角三角形，如图1，任取一个覆盖 $\triangle ABC$ 的半径为 r 的圆盘 O，若 A，B，C 都不在圆上，联结 OA，OB，OC，设 $OA\geqslant OB\geqslant OC$，则以 O 为圆心，OA 为半径作圆，该圆盘也能覆盖 $\triangle ABC$，且 $OA<r$. 即当三角形的顶点在圆内时，覆盖此三角形的圆一定不是最小圆盘.

现设 A 在圆 O 上，B，C 在圆上或圆内，且圆 O 的直径为 d，$\triangle ABC$ 外接圆直径为 d_0，延长 CB，BC 与圆交于 B'，C'，则 $\angle B'\leqslant\angle B$，且 $\angle ACC'$ 为钝角，

于是 $AC' > AC$，故 $d = \dfrac{AC'}{\sin B'} \geqslant \dfrac{AC}{\sin B} = d_0$，所以锐角 $\triangle ABC$ 的最小覆盖圆盘是它的外接圆.

由正弦定理，其外接圆的半径 $r = \dfrac{a}{2\sin A} \leqslant \dfrac{a}{2\sin 60^\circ} = \dfrac{\sqrt{3}}{3}a$.

这样就得到了覆盖三角形的圆盘的定理：$\triangle ABC$ 中，若 a 为最大边，则 $\triangle ABC$ 的覆盖半径 r 满足

$$\frac{1}{2}a \leqslant r \leqslant \frac{\sqrt{3}}{3}a$$

例 2　已知 A,B,C,D 为平面上两两距离不超过 1 的任意四个点，今欲作一圆覆盖此四点（即 A,B,C,D 在圆内或圆周上），问半径最小该为多少？试证明之.

分析　我们先通过特殊情况：此四点共线，$\triangle ABC$ 是正三角形，D 在内部或边界，探索到半径的最小值，然后按 A,B,C,D 形成的凸包分类讨论.

讲解　设所求半径的最小值为 r.

(1) 若四点共线，则用一个半径为 $\dfrac{1}{2}$ 的圆盘即可覆盖此四点.

(2) 若此四点的凸包为三角形，由于最大边长小于等于 1. 由覆盖三角形的圆盘定理知，覆盖此四点的圆盘半径 $r \leqslant \dfrac{\sqrt{3}}{3}$.

(3) 若此四点的凸包为四边形 $ABCD$. 若此四边形有一组对角都大于等于 90°，例如 $\angle A$，$\angle C$ 都大于等于 90°，则以 BD 为直径的圆盘可以覆盖此四点，此时 $r \leqslant \dfrac{1}{2}$.

若此四边形两组对角都不全大于等于 90°，则必有相邻两角小于 90°，设 $\angle A$，$\angle B$ 都小于 90°. 不妨设 $\angle ADB \geqslant \angle ACB$. 若 $\angle ACB \geqslant 90^\circ$，则以 AB 为直径的圆盘覆盖此四点，此时 $r \leqslant \dfrac{1}{2}$；若 $\angle ACB < 90^\circ$，则由 $\triangle ACB$ 的外接圆围成的圆盘覆盖此四点，此时 $r \leqslant \dfrac{\sqrt{3}}{3}$.

总之，$r \leqslant \dfrac{\sqrt{3}}{3}$.

说明　优先考虑特殊情况得到结果，再分类讨论是数学中经常使用的方法.

例 3　(1) 一个正方形被分割成若干个直角边分别为 3，4 的直角三角形.

求证:直角三角形的总数为偶数.

(2) 一个矩形被分割成若干个直角边分别为 1,2 的直角三角形.求证:直角三角形的总数为偶数.

讲解 (1) 由于三角形的三边长均为整数,所以正方形的边长也为整数 n,又由于三角形的面积为 6,所以 $6 \mid n^2$,从而 $2 \mid n$,$3 \mid n$,即 $6 \mid n$,记 $n=6m$,则 $n^2=36m^2$,三角形的总数 $6m^2$ 是偶数.

(2) 矩形被若干条割缝(线段)分割成若干个所述的直角三角形,割缝的端点都是三角形的顶点.考虑直角三角形的斜边.若矩形的一组对边上分别有 b,d 个斜边,则存在非负整数 a,c(因为直角三角形的直角边都为整数),使 $a+b\sqrt{5}=c+d\sqrt{5}$,从而 $b=d$,即在矩形的对边上的斜边的个数相同.若斜边在割缝上,同理可知在这条割缝上的斜边,相应的直角三角形位于割缝一侧的个数与位于另一侧的个数相同.因此,直角三角形的斜边的个数为偶数(若两个直角三角形有一条公共斜边,则这条斜边应计算两次),从而直角三角形的个数为偶数.

例 4 以 $\square ABCD$ 的边为直径向平行四边形内作四个半圆面,求证:这四个半圆面一定覆盖整个平行四边形.

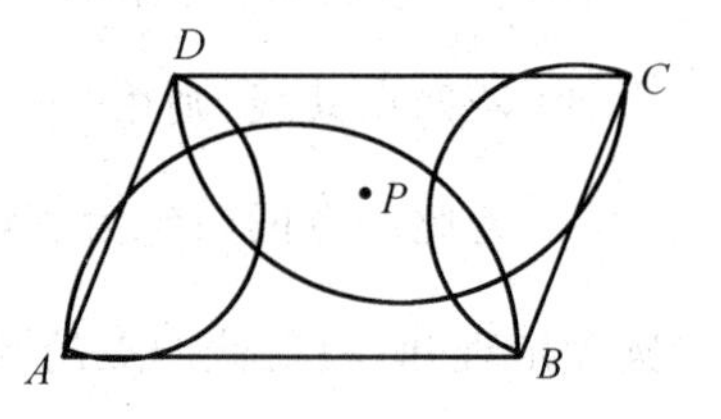

图 2

分析一 证明 $\square ABCD$ 的每一点至少被某个半圆所盖住.

讲解一 用反证法.如图 2,设存在一点 P 在以 AB,BC,CD,DA 为直径的圆外,根据定理二,$\angle APB$,$\angle BPC$,$\angle CPD$,$\angle DPA$ 均小于 $90°$,从而

$$\angle APB+\angle BPC+\angle CPD+\angle DPA<360°$$

与四角和应为周角相矛盾.故 P 应被其中一半圆盖住,即所作四个半圆覆盖 $\square ABCD$.

分析二 划片包干,如图 2,将 $\square ABCD$ 分为若干部分,使每一部分分别都被上述四个半圆面所覆盖.

讲解二 在 $\square ABCD$ 中,设 $AC \geqslant BD$.分别过 B,D 引垂线 BE,DF 垂直于 AC,交 AC 于 E,F,将 $ABCD$ 分成四个直角三角形:$\triangle ABE$,$\triangle BCE$,$\triangle CDF$,$\triangle DAF$.每一个直角三角形恰好被一半圆面所覆盖,从而整个四边形被四个半圆面所覆盖.

上述结论可推广到任意四边形.

例 5 在 $2.15\times 4\ \text{cm}^2$ 的矩形中,最多可以不重叠地放置多少半径为 1

cm 的$\frac{1}{4}$圆盘?

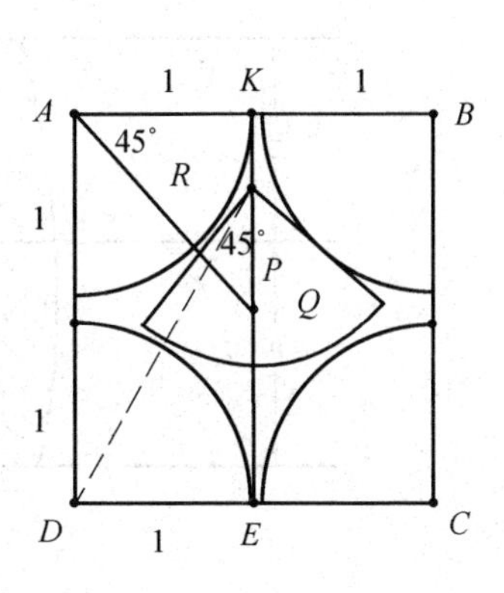

图 3

讲解　每个被放置的面积等于 $0.25\pi\ \text{cm}^2$，因为 $2.15\times 4\div\frac{1}{4}\pi<11$，因此，最多可以分割出 10 个这样的$\frac{1}{4}$圆盘，另一方面，如图 3 中矩形 $ABCD$，一边 $AB=2$ cm，其中含有 5 个$\frac{1}{4}$的圆盘，设 $RP=PK=x$，则 $PQ=\sqrt{2}x$，$1=AK=PK+PQ=x+\sqrt{2}x$，所以 $x=\sqrt{2}-1$，$EK=PE+PK=\sqrt{PD^2-DE^2}+PK=\sqrt{3}+\sqrt{2}-1<2.15$，从而 $2.15\times 2\ \text{cm}^2$ 的矩形可分割成 5 个$\frac{1}{4}$的圆盘，$2.15\times 4\ \text{cm}^2$ 的矩形可分割成 10 个$\frac{1}{4}$的圆盘.

例 6　设 G 是紧夹在平行线 l_1 与 l_2 之间的任一凸区域(即边界上任意两点之间所连线段都包含于它的区域)，其边界 c 与 l_1，l_2 都有公共点，平行于 l_1 的直线 l 将 G 分为如图 4 所示的 A，B 两部分，且 l 与 l_1 和 l_2 之间的距离分别为 a 和 b.

(1) G 为怎样的图形时，A，B 两部分的面积之比$\frac{S_A}{S_B}$达到最大值并说明理由；

(2) 试求$\frac{S_A}{S_B}$的最大值.

分析　要使$\frac{S_A}{S_B}$最大，就要使得 S_A 尽量大，同时要使 S_B 尽量小，由于凸区域的任意性，设 l 与 G 的边界 c 交于 X，Y，要使 S_B 尽量小，B 为 $\triangle PXY$，延长 PX，PY 得梯形总包含 A，所以当 A 为梯形时，S_A 最大.

讲解　设 l 与 G 的边界 c 交于 X，Y，点 $P\in l_2\cap G$，联结 PX，PY 并延长分别交 l_1 于 X_1，Y_1.

(1) 因为 $\triangle PXY\subset B$，故 $S_{\triangle PXY}\leqslant S_B$，又 $A\subset$ 梯形 XYY_1X_1，故 $S_A\leqslant S_{\text{梯形}XYY_1X_1}$，于是$\frac{S_A}{S_B}\leqslant\frac{S_{\text{梯形}XYY_1X_1}}{S_{\triangle PXY}}$，由上式可知，$G$ 为一边位于 l_1 上，而另一个顶

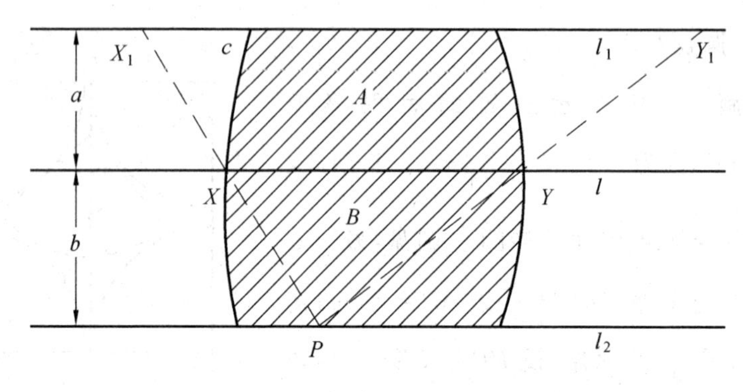

图 4

点在 l_2 上的三角形时，$\frac{S_A}{S_B}$ 达到最大.

(2) 设 $X_1Y_1=d$，则 $XY=\frac{bd}{a+b}$，$S_{\triangle PXY}=\frac{d}{2}(a+b)$，$S_{梯形XYY_1X_1}=\frac{a}{2}(d+\frac{bd}{a+b})$，故$\frac{S_A}{S_B}$ 的最大值为

$$M=\frac{S_{梯形XYY_1X_1}}{S_{\triangle PXY}}=\frac{a^2+2ab}{b^2}$$

说明　考虑极端情况(特殊情况)是解决问题的突破口.

例 7　平面 α 内给定一个方向 $\boldsymbol{l}$，F 是平面 α 内的一个凸集，其面积为 $S(F)$，内接于 F 且有一边平行于 $\boldsymbol{l}$ 的所有三角形中面积最大的记为△，其面积记为 $S(\triangle)$，求最大的正实数 c，使得对平面 α 内任意凸图形 F，都有 $S(\triangle)\geqslant c\cdot S(F)$.

讲解　如图 5，作 F 的两条平行于 $\boldsymbol{l}$ 的支撑直线 l_1，l_2(l_1，l_2 与 F 的边界至少有一个公共点 E，G，并且 F 夹在 l_1 与 l_2 之间)，再作与 l_1，l_2 距离相等且与它们平行的直线 l_3，而 AB，CD 是 F 的两条弦并且 AB 与 l_1，l_3 平行等距，CD 与 l_2，l_3 平行等距. 过 A，B，C，D 作 F 的支撑线与 l_1，l_2，l_3 相交成上、下两个梯形，令这 5 条平行线相邻两条之间的距离为 h，且不妨设 $CD\geqslant AB$，于是 $S(F)$ 不大于两个梯形的面积之和，即 $S(F)\leqslant AB\cdot 2h+CD\cdot 2h\leqslant CD\cdot 4h=\frac{8}{3}\cdot(\frac{1}{2}CD\cdot\frac{3}{2}h)=\frac{8}{3}S_{\triangle CDE}\leqslant\frac{8}{3}S(\triangle)$.

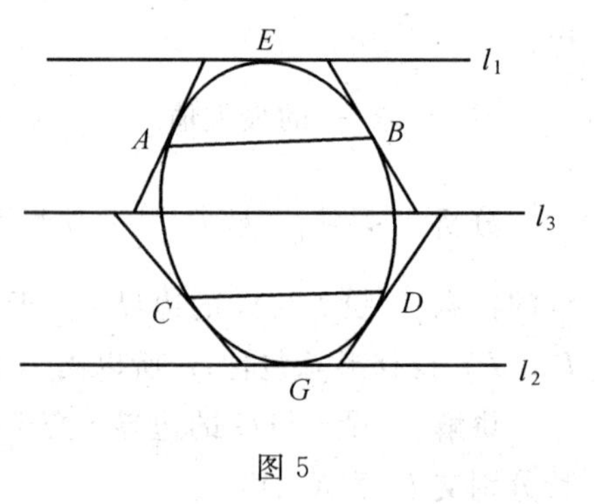

图 5

所以，$S(\triangle) \geqslant \frac{3}{8}S(F)$，另一方面，取 F 为平面上边长为 a 的正六边形 $ABCDEG$，使得 $AB \mathbin{/\!/} \boldsymbol{l}$，$\triangle PQR$ 为 F 中有一边 $PQ \mathbin{/\!/} \boldsymbol{l}$ 的所有内接三角形中面积最大的一个，显然 P,Q,R 必须在正六边形的边界上(图 6)，并设 $\frac{BQ}{QC}=\frac{\lambda}{1-\lambda}(0 \leqslant \lambda < 1)$，易计算得 $\triangle PQR$ 的高 $h=\sqrt{3}a-\sqrt{3}\lambda a=\sqrt{3}a(1-\frac{1}{2}\lambda)$ 及 $PQ=a+\lambda a=(1+\lambda)a$，所以

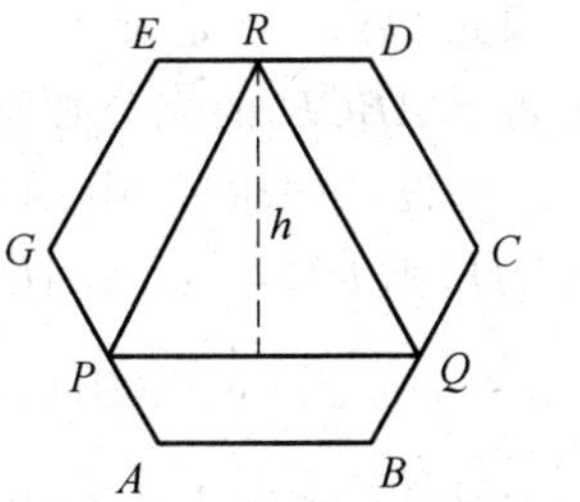

E R D G h C P Q A B

图 6

$$
\begin{aligned}
S_{\triangle PQR} &= \frac{1}{2}h \cdot PQ=\frac{\sqrt{3}}{2}a(1-\frac{1}{2}\lambda)(1+\lambda)a= \\
&\frac{\sqrt{3}}{4}a^2(2+\lambda-\lambda^2)= \\
&\frac{\sqrt{3}}{4}a^2[\frac{9}{4}-(\lambda-\frac{1}{2})^2] \leqslant \\
&\frac{9\sqrt{3}}{16}a^2
\end{aligned}
$$

而 $S(F)=\frac{3\sqrt{3}}{2}$，所以 $S_{\triangle PQR} \leqslant \frac{3}{8}S(F)$，并且 $\lambda=\frac{1}{2}$ 时等号成立.

综上可得，所求 c 的最大值是 $\frac{3}{8}$.

例 8　在平行四边形 $ABCD$ 中，已知 $\triangle ABD$ 是锐角三角形，边长 $AB=a$，$AD=1$，$\angle BAD=\alpha$，证明：当且仅当 $a \leqslant \cos\alpha+\sqrt{3}\sin\alpha$ 时，以 A,B,C,D 为圆心，半径为 1 的四个圆 K_A,K_B,K_C,K_D，能覆盖该平行四边形.

分析　由于平行四边形 $ABCD$ 是中心对称性，K_A,K_B,K_C,K_D 能覆盖该平行四边形当且仅当 K_A,K_B,K_D 覆盖 $\triangle ABD$，所以通过三角方法研究 ABD 的外接圆.

讲解　作锐角 $\triangle ABD$ 的外接圆. 圆心 O 必在 ABD 内. 弦心距 OE,OF，OG 将 $\triangle ABD$ 分成三个四边形(图 7).

若 $OA \leqslant 1$，则圆 K_A 覆盖四边形 $OEAG$，圆 K_B,K_D 覆盖另两个四边形，所以圆 K_A,K_B,K_D 覆盖 $\triangle ABD$.

由对称性，圆 K_B,K_C,K_D 覆盖 $\triangle BCD$，若 $OA>1$，则圆 K_A,K_B,K_D 均不覆盖 O. 由于 $\triangle CBD \cong \triangle ADB$ 是锐角三角形，$\angle ODC \geqslant \angle OCD$，$\angle OBC \geqslant \angle OCB$ 至少有一个成立，所以 $OC \geqslant OD$(或 OB)>1，即圆 K_C 也不覆盖 O，

因此 $OA\leqslant 1$ 是圆 K_A,K_B,K_C,K_D 覆盖 $\square ABCD$ 的充分必要条件.

设 $\square ABCD$ 中,AB 边上的高为 DH,则 $DH=\sin\alpha$,$AH=\cos\alpha$,$BH=a-\cos\alpha$,$\cot\angle ABD=\dfrac{a-\cos\alpha}{\sin\alpha}$,因此,$OA\leqslant 1\Leftrightarrow\angle ABD\geqslant 30°\Leftrightarrow\dfrac{a-\cos\alpha}{\sin\alpha}\leqslant\sqrt{3}\Leftrightarrow a\leqslant\cos\alpha+\sqrt{3}\sin\alpha$.

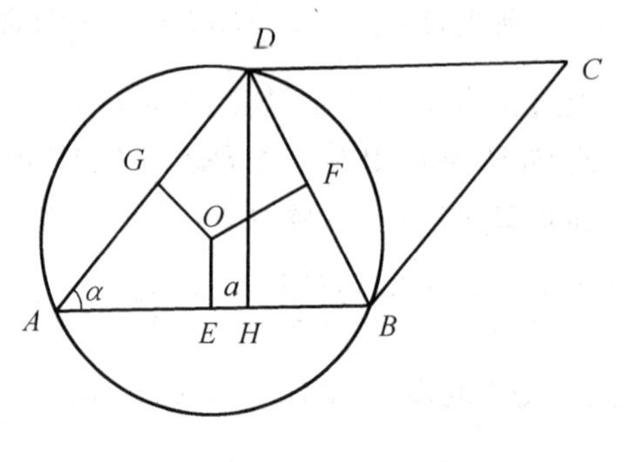

图 7

所以,当且仅当 $\cos\alpha+\sqrt{3}\sin\alpha$ 时,圆 K_B,K_C,K_D 覆盖 $\square ABCD$.

说明 在得到 $R=OA\leqslant 1$ 是圆 K_A,K_B,K_C,K_D 覆盖平行四边形 $ABCD$ 的充分必要条件后可按照下列方法处理:

在 $\triangle ABD$ 中,由正弦定理得 $2R=\dfrac{BD}{\sin\alpha}$,又由余弦定理得 $BD=\sqrt{1+a^2-2a\cos\alpha}$,故 $R=\dfrac{\sqrt{1+a^2-2a\cos\alpha}}{2\sin\alpha}$,故

$$R\leqslant 1\Leftrightarrow\frac{\sqrt{1+a^2-2a\cos\alpha}}{2\sin\alpha}\leqslant 1$$

解此关于 a 的不等式得 $\cos\alpha-\sqrt{3}\sin\alpha\leqslant a\leqslant\cos\alpha+\sqrt{3}\sin\alpha$,而 $a=AB>AD\cos\alpha=\cos\alpha$,故 $\cos\alpha-\sqrt{3}\sin\alpha\leqslant a$ 肯定成立,故 $R\leqslant 1\Leftrightarrow a\leqslant\cos\alpha+\sqrt{3}\sin\alpha$.

例 9 在一个半径等于 18 的圆中已嵌入 16 个半径为 3 的圆盘. 求证:在余下的部分中还能嵌入 9 个半径为 1 的圆盘,这些圆盘相互间没有公共点,它们与原来的半径为 3 的那些圆盘也没有公共点.

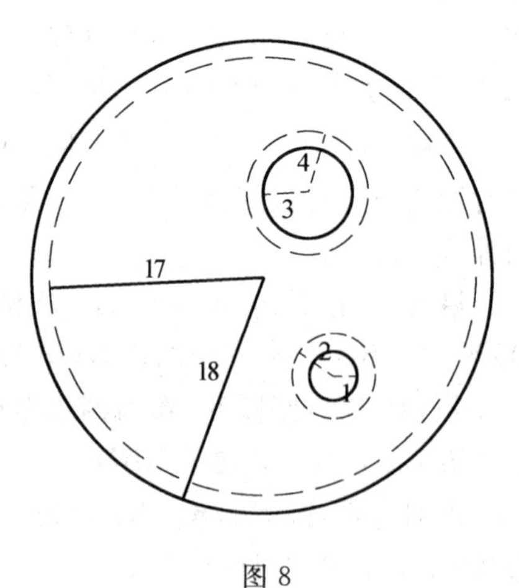

图 8

讲解 首先证明大圆中还能嵌入 1 个半径为 1 的小圆. 先将大圆的半径收缩为 17,而将半径为 3 的圆膨胀成半径为 4 的圆(图 8),此时大圆面积变为

$$\pi\times 17^2=289\pi$$

16 个半径为 4 的圆的面积为 $\pi\times$

$4^2 \times 16 = 256\pi$.

由于 $289\pi - 256\pi = 33\pi$. 这说明大圆中嵌入16个半径为3的圆外，还能嵌入半径为1的一个小圆.

又由于 $289\pi - 256\pi - 4\pi = 29\pi$，所以大圆中除嵌入16个半径为3的圆及1个半径为1的圆外，还能再嵌入一个半径为1的圆.

依此类推，由于 $289\pi - 256\pi - 4\pi \times 8 = \pi > 0$. 故大圆还可嵌入9个半径为1的小圆.

将图形收缩、镶边是解嵌入问题一种重要方法.

例 10　平面上任意给定 n 个点，其中任何3个点可组成一个三角形，每个三角形都有一个面积，令最大面积与最小面积之比为 μ_n，求 μ_5 的最小值.

讲解　设平面上任意5点为 A_1, A_2, A_3, A_4, A_5，其中任意三点不共线.

(1) 若5点的凸包不是凸五边形，那么其中必有一点落在某个三角形内，不妨设 A_4 落在 $\triangle A_1A_2A_3$ 内，于是

$$\mu_5 \geqslant \frac{S_{\triangle A_1A_2A_3}}{\min\{S_{\triangle A_1A_2A_4}, S_{\triangle A_2A_3A_4}, S_{\triangle A_3A_1A_4}\}} \geqslant 3$$

(2) 若5点的凸包是凸五边形 $A_1A_2A_3A_4A_5$ 时，如图9，作 $MN \parallel A_3A_4$ 交 A_1A_3 与 A_1A_4 分别为 M 和 N，且使得

$$\frac{A_1M}{MA_3} = \frac{A_1N}{NA_4} = \frac{\sqrt{5}-1}{2}$$

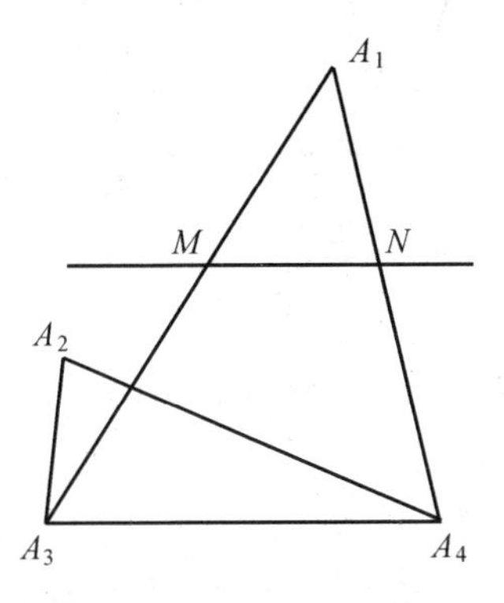

图 9

(ⅰ) A_2, A_5 中有一点，比如 A_2 与 A_3, A_4 在直线 MN 的同侧时，如图10，有

$$\mu_5 \geqslant \frac{S_{\triangle A_1A_3A_4}}{S_{\triangle A_2A_3A_4}} \geqslant \frac{A_1A_3}{MA_3} = 1 + \frac{A_1M}{MA_3} = 1 + \frac{\sqrt{5}-1}{2} = \frac{\sqrt{5}+1}{2}$$

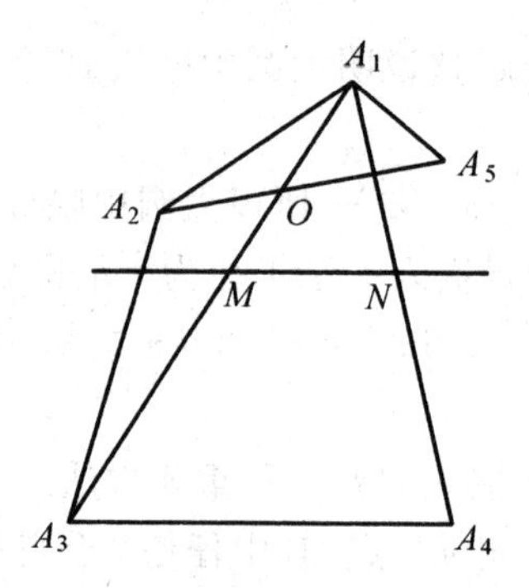

图 10

(ⅱ)A_2,A_5 与 A_1 均在直线 MN 的同侧时,如图 11,设 A_2A_5 交 A_1A_3 于 O,则 $A_1O \leqslant AM$,于是

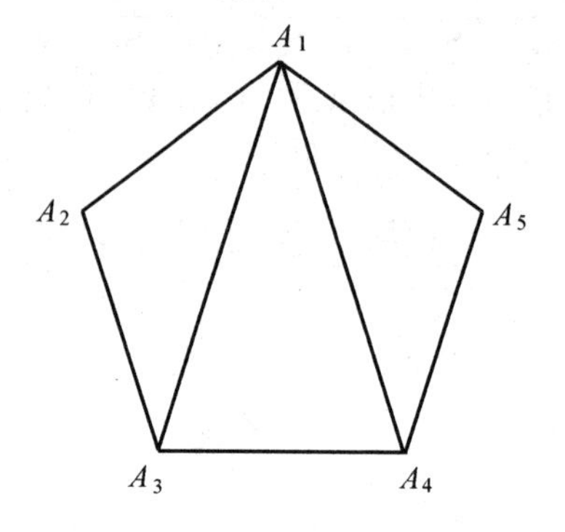

图 11

$$\mu_5 \geqslant \frac{S_{\triangle A_2A_3A_5}}{S_{\triangle A_1A_2A_5}} = \frac{S_{\triangle A_2A_3O}}{S_{\triangle A_1A_2O}} = \frac{OA_3}{OA_1} \geqslant \frac{MA_3}{MA_1} = \frac{1}{\frac{\sqrt{5}-1}{2}} = \frac{\sqrt{5}+1}{2}$$

注意到 $3 > \frac{\sqrt{5}+1}{2}$,所以总有 $\mu_5 \geqslant \frac{\sqrt{5}+1}{2}$,并且取 A_1,A_2,A_3,A_4,A_5 为边长为 a 的正五边形的 5 个顶点时,有

$$\mu_5 = \frac{S_{\triangle A_1A_3A_4}}{S_{\triangle A_1A_2A_3}} = \frac{\frac{1}{2}A_1A_3 \cdot A_1A_4 \cdot \sin 36^\circ}{\frac{1}{2}A_1A_2 \cdot A_1A_3 \cdot \sin 36^\circ} = \frac{A_1A_4}{A_1A_2} =$$

$$\frac{1}{2\sin 18^{\circ}}=\frac{2}{\sqrt{5}-1}=\frac{\sqrt{5}+1}{2}$$

综上可知，μ_5 的最小值是$\frac{\sqrt{5}+1}{2}$.

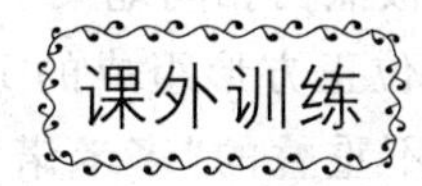

1. 在平面上有 $n(n\geqslant 3)$ 个半径为 1 的圆，且任意 3 个圆中至少有两个圆有交点. 求证：这些圆覆盖平面的面积小于 35.

2. 求证：单位长的任何曲线能被面积为$\frac{1}{4}$ 的闭矩形覆盖.

3. 求证：对于任意一个面积为 1 的凸四边形，总可以找到一个面积不超过 2 的三角形，将它全部覆盖住.

4. 已知钝角 $\triangle ABC$ 的外接圆半径为 1，求证：存在一个斜边长为$\sqrt{2}+1$ 的等腰直角三角形覆盖 $\triangle ABC$.

5. 考虑 $m\times n(m,n\geqslant 1)$ 的方格阵，在每个顶点和方格中心放入一块干面包(图 12 为 $m=3,n=4$ 的情形，放置了 32 块干面包).

(1) 求恰有 500 块干面包的方格阵；

(2) 求证：有无穷多个正整数 k，使得不存在 $m\times n$ 的方格阵.

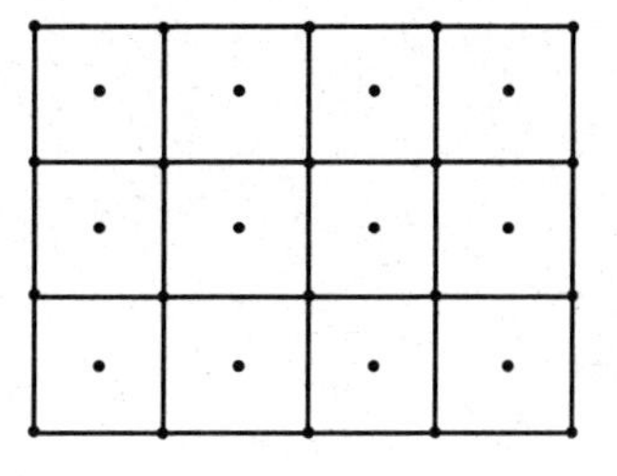

图 12

6. 平面上有 $h+s$ 条直线，其中 h 条是水平直线，另 s 条直线满足：

(1) 它们都不是水平线；

(2) 它们中任意两条不平行；

(3) $h+s$ 条直线中任何三条不共点，且这 $h+s$ 条直线恰好把平面分成 1 992 个区域，求所有的正整数对 (h,s).

7. 若干个正方形的面积之和等于 1，求证：它们可以不重叠地嵌入到一个面积为 2 的正方形内.

8. 能否将下列 $m\times n$ 矩形剖分成若干个"L"形？

(1) $m\times n=1\ 985\times 1\ 987$？

(2) $m\times n=1\ 987\times 1\ 989$？

9. 在一个面积为 1 的正三角形内部，任意放五个点，求证：在此正三角形内，一定可以作三个正三角形盖住这五个点，这三个正三角形的各边分别平行于原三角形的边，并且它们的面积之和不超过 0.64.

10. 设 P 是一个凸多边形. 求证：在 P 内存在一个凸六边形，其面积至少是 P 的面积的 $\frac{3}{4}$.

11. 已知 $n\times n$（n 是奇数）的棋盘上每个单位正方形被黑白相间地染了色，且四角的单位正方形染的是黑色，将 3 个连在一起的单位正方形组成的 L 形图称作一块“多米诺”. 问 n 为何值时，所有黑色可用互不重叠的“多米诺”覆盖？若能覆盖，最少需要多少块“多米诺”？

第 22 讲　凸集与凸包

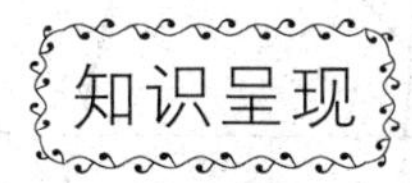

知识呈现

凸集:平面上的点集,如果任何两点在这个点集内,则联结这两点的线段上的所有的点也在此点集内,就说该点集是一个凸集.

线段、射线、直线、圆及带形、整个平面等都是凸集.

两个凸集的交集还是凸集;任意多个凸集的交集也仍是凸集.

凸包:每个平面点集都可用凸集去盖住它,所有盖住某个平面点集的凸集的交集就是这个平面点集的凸包.

或者可以形象地说:如果把平面上的点集的每个点都插上一根针,然后用一根橡皮筋套在这些针外,当橡皮筋收紧时橡皮筋围出的图形就是这个点集的凸包.

平面点集的直径:平面点集中的任意两点距离的最大值称为这个平面点集的直径.

例如,圆的直径就是其直径,有无数条;线段的直径就是其本身;正三角形的三个顶点组成的点集的直径就是其边长,有三条;平行四边形的直径是其较长的对角线;……

典例展示

例 1　求证:任何一个平面点集的凸包是存在且唯一的.

分析　存在唯一性的证明,即证明满足某条件的集 A 存在且唯一存在.通常先证明存在性,即证明有满足条件的集合 A.再用反证法证明唯一性,即若满足条件的集 A 不唯一,或说明会引出矛盾,或得出其余集均必须与 A 相等的结论.

讲解　由于全平面是一个凸集,故任何平面点集都可用全平面盖住,即能被凸集盖住,从而盖住该凸集的所有凸集的交集存在,即凸包存在.

而如果某个凸集 A 有两个凸包 M_1 与 M_2,则 $M_1 \cap M_2$ 也能盖住凸集 A,

且 $M_1 \cap M_2 \subset M_1$，但 M_1 是 A 的凸包，故 $M_1 \subset M_1 \cap M_2$，故 $M_1 \cap M_2 = M_1$. 同理 $M_1 \cap M_2 = M_2$，即 $M_1 = M_2$.

例 2　如果一个点集 M 是由有限个点组成，且其中至少有三个点不共线，则 M 的凸包是一个凸多边形.

分析　可以构造一个寻找凸包的方法，来说明命题的正确性.

讲解　由于 M 为有限点集，故存在一条直线 l，使 M 中的一个或几个点在 l 上，其余的点都在 l 同旁(这只要任画一条直线，如果点集 M 中的点在直线 l 的两旁，则让直线按与此直线垂直的方向平移，即可得到满足要求的直线).

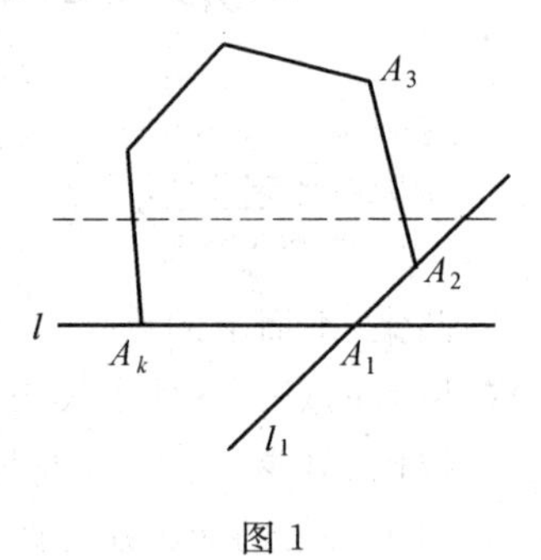

图 1

如图 1，取 l 上的两个方向中的一个方向为正向，此时，按此正向，不妨设 M 中不在 l 上的点都在 l 的左边. 在 l 上沿其正向找出 M 中的最后一个点 A_1，把 l 绕 A_1 逆时针旋转，直到遇到 M 中的另外的点，又找出此时 l 上的 M 中的最后一个点 A_2，此时再让 l 绕 A_2 逆时针旋转，依此类推，直到最后绕 A_k 旋转又遇到 A_1 为止(由于 M 是有限点集，故这样的旋转不可能一起下去). 这时，凸多边形 $A_1A_2\cdots A_k$ 即为 M 的凸包.

例 3　对于若干个(个数 $n \geqslant 3$) 凸集，如果任意三个凸集都有一个公共点，那么存在一个点同时属于每个凸集.

分析　先证明简单情况，再用数学归纳法证明本定理.

讲解　对于 $n = 3$，显然成立.

当 $n > 3$ 时，先取 4 个这样的凸集. F_1, F_2, F_3, F_4.

设点 $P_1 \in F_2 \cap F_3 \cap F_4$，点 $P_2 \in F_1 \cap F_3 \cap F_4$，点 $P_3 \in F_1 \cap F_2 \cap F_4$，点 $P_4 \in F_1 \cap F_2 \cap F_3$.

若 P_1, P_2, P_3, P_4 中有两个点重合，例如 $P_1 = P_2$，则 $P_1 \in F_1 \cap F_2 \cap F_3 \cap F_4$；

设此四点互不相同.

(1) 若此四点中有三点共线，例如 P_1, P_2, P_3 共线，且 P_2 在 P_1, P_3 之间，则 $P_2 \in F_1 \cap F_2 \cap F_3 \cap F_4$；

(2) 若此四点中无三点共线，由上可知 $\triangle P_1P_2P_3 \subset F_4$，$\triangle P_1P_2P_4 \subset F_3$，$\triangle P_1P_3P_4 \subset F_2$，$\triangle P_2P_3P_4 \subset F_1$，此时，

① 若 P_1, P_2, P_3, P_4 的凸包为凸四边形，则此凸四边形对角线交点 $K \in$ 此四个三角形；

② 若 P_1, P_2, P_3, P_4 的凸包为三角形，例如，凸包为 $\triangle P_1P_2P_3$，则 $P_4 \in$

此四个三角形.

总之,存在点 $K \in F_1 \cap F_2 \cap F_3 \cap F_4$. 即对于 $n=4$ 定理成立.

当 $n>4$ 时,易用数学归纳法证明.

说明　请读者完成用数学归纳法证明一般情况.

例 4　平面上任给 5 个点,以 λ 表示这些点间最大的距离与最小的距离之比,求证:$\lambda \geqslant 2\sin 54°$.

分析　这类问题总是先作出凸包,再根据凸包的形状分类证明. 这样分类证明问题可以使每一类的解决都不困难,从而使问题得到解决.

讲解　(1) 若此 5 点中有三点共线,例如 A,B,C 三点共线,不妨设 B 在 A,C 之间(图 2(a)),则 AB 与 BC 必有一较大者. 不妨设 $AB \geqslant BC$,则 $\dfrac{AC}{BC} \geqslant 2 > 2\sin 54°$.

(2) 设此 5 点中无三点共线的情况.

① 若此 5 点的凸包为正五边形(图 2(b)). 则其 5 个内角都等于 $108°$. 5 点的连线只有两种长度:正五边形的边长与对角线,而此对角线与边长之比为 $2\sin 54°$.

② 若此 5 点的凸包为凸五边形(图 2(c)). 则其 5 个内角中至少有一个内角大于等于 $108°$. 设 $\angle EAB \geqslant 108°$,且 $EA \geqslant AB$,则 $\angle AEB \leqslant 36°$,所以

$$\frac{BE}{AB}=\frac{\sin(B+E)}{\sin E} \geqslant \frac{\sin 2E}{\sin E}=2\cos E \geqslant 2\cos 36°=2\sin 54°$$

③ 若此 5 点的凸包为凸四边形 $ABCD$(图 2(b)),点 E 在其内部,联结 AC,设点 E 在 $\triangle ABC$ 内部,则 $\angle AEB$,$\angle BEC$,$\angle CEA$ 中至少有一个角大于等于 $120° > 108°$,由上证可知,结论成立.

④ 若此 5 点的凸包为 $\triangle ABC$(图 2(e)),则形内有两点 D,E,则 $\angle ADB$,$\angle BDC$,$\angle CDA$ 中必有一个角大于等于 $120°$,结论成立.

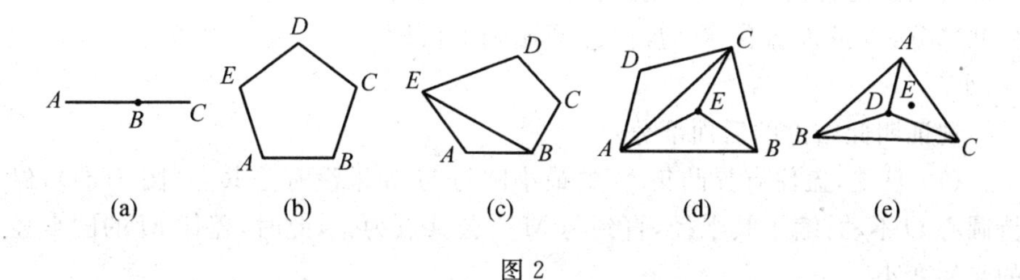

图 2

例 5　设 G 是凸集,其面积用 g 表示,且其边界不包括直线段与尖点(即过其边界上每一点都有一条切线且每条切线与 G 的边界只有一个公共点). $ABCD$ 是 G 的所有内接四边形中面积最大的一个,过 A,B,C,D 作 G 的切线得

到四边形 $PQRS$. 求证:$PQRS$ 是 G 的面积小于 $2g$ 的外切平行四边形.

讲解 根据以下一个显然的事实:如图 3,A,B 为 G 的弧上两个定点,C 为弧上一动点,当 G 的在点 C 处的切线 $MN \parallel AB$ 时,$\triangle ABC$ 的面积取得最大值.

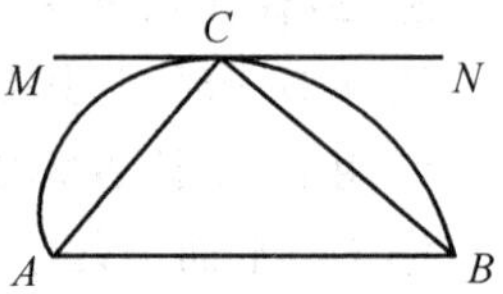

图 3

设 $ABCD$ 是凸集 G 的内接四边形中面积最大者. 联结 AC,固定 A,C,则当且仅当点 B 处的切线平行于 AC 时 $\triangle ACB$ 的面积最大.

于是知当且仅当 B,D 处的切线都平行于 AC 时 $ABCD$ 的面积才能最大,同理联结 BD,仍有 A,C 处的切线平行于 BD 时,$ABCD$ 的面积最大,即 $PQRS$ 是平行四边形.

因为 $S_{PQRS}=2S_{ABCD}<2g$.

例 6 每个有界平面点集,都有且只有一个盖住它的最小圆. 如果这个集合是凸集,那么在这个圆上或者有此凸集的两个点,这两点是此圆的一条直径的两个端点;或者有此集的三个点,此三点为顶点的三角形是锐角三角形.

分析 由于“有界平面点集”这一概念涉及点集广泛,所以要就一般情况来讨论. 但仍可采取从简单到复杂的办法,先解决简单的情况,以此为基础再解决一般情况.

讲解 首先,若 M 是平面有界点集,故可以作一个半径足够大的圆把它盖住.

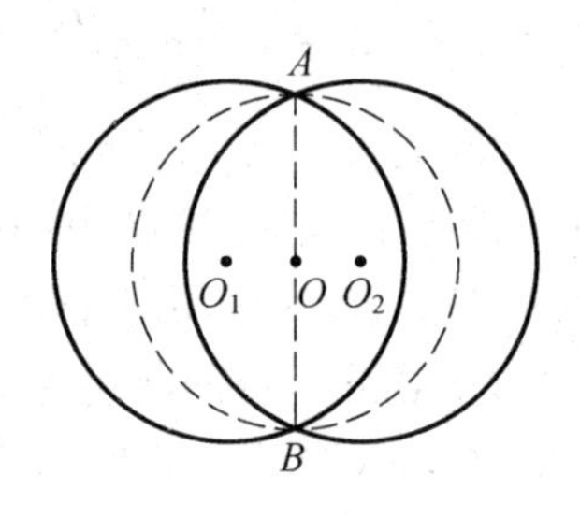

图 4

在所有盖住 M 的圆中有且只有 1 个最小圆,如果有两个最小圆圆 O_1、圆 O_2 盖住 M(显然这两个圆半径应该相等(图 4)),此二圆不重合,且都盖住了 M,于是其公共部分也盖住了 M. 以此两圆的公共弦为直径作圆 O,则此圆盖住了两圆的公共部分,于是也盖住了 M,但此圆比圆 O_1、圆 O_2 小.

现证明此结论的后面部分:

(1) 首先,盖住有界凸集 M 的最小圆与 M 如果没有公共点(图 5(a)),保持圆心 O 不动,缩小其半径,直到与 M 有公共点为止,此时,盖住 M 的圆半径的半径变小.

(2) 如果盖住 M 的圆与 M 只有唯一的公共点(图 5(b)),则沿半径方向稍移动圆,又得(1).

(3) 如果 M 上有两个点 A,B 在圆上(图 5(c)),这两点不是同一条直径的端点,且优弧$\overset{\frown}{AB}$上没有圆上的点,则沿与 AB 垂直的方向移动圆即可得到(1).

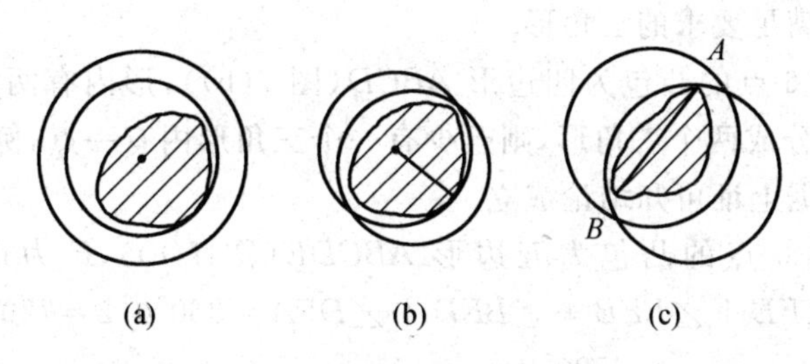

图 5

例 7　设 G 是凸集,其面积用 g 表示,且其边界不包括直线段与尖点(即过其边界上每一点都有一条切线且每条切线与 G 的边界只有一个公共点).设 $PQRS$ 是 G 的外切四边形中面积最小的一个,A,B,C,D 分别是它的四条边与 G 的边界的切点.则 $ABCD$ 是面积大于$\frac{g}{2}$ 的平行四边形.

讲解　先证明一个引理:若 A 是 PQ 上的切点,则 A 为 PQ 的中点.

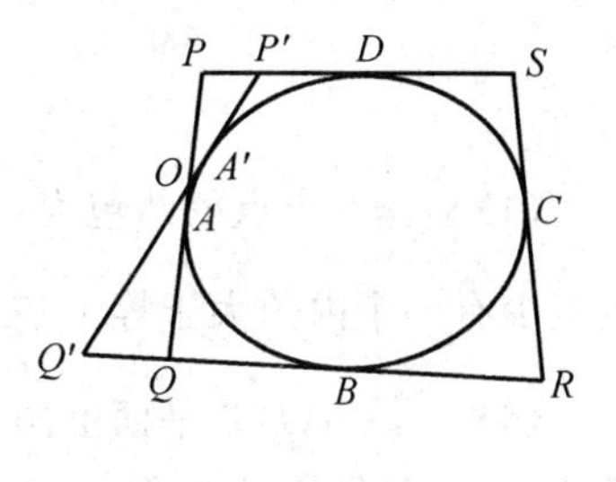

图 6

反设 A 不是 PQ 的中点,不妨设 $AP > AQ$,现把点 A 向 P 微移到 A',切线 PQ 移动为 $P'Q'$(图 6),只要 A' 足够靠近 A,就仍有 $A'P' > A'Q'$.设 $PQ,P'Q'$ 交于点 O,则 O,A,A' 三点充分靠近.

所以 $OP' > OQ'$,$OP > OQ$,于是 $S_{\triangle OPP'} > S_{\triangle OQQ'}$.

此时 $S_{P'Q'RS} = S_{PQRS} + S_{\triangle OQQ'} - S_{\triangle OPP'} < S_{PQRS}$,即得出比 $PQRS$ 的面积还要小的外切四边形.与 $PQRS$ 最小的假设矛盾.于是得 A 为 PQ 中点.

同理 B,C,D 分别为相应边的中点.

因顺次联结四边形各边中点得到的是平行四边形,即 $ABCD$ 是平行四边形.

而 $S_{PQRS} > g$,所以 $S_{ABCD} = \frac{1}{2}S_{PQRS} > \frac{1}{2}g$.

说明　本题的证明含有连续与极限的思想.

例 8　平面上任意给出 6 个点,其中任意三点不在一条直线上,求证:在这 6 个点中,可以找到 3 个点,使这 3 个点为顶点的三角形有一个角不小于 120°.

讲解 (1) 若这6点的凸包为$\triangle ABC$(图7(a)),形内有三点D,E,F,则$\angle ADB$,$\angle BDC$,$\angle CDA$中至少有一个角大于等于$120°$,设$\angle ADB\geqslant 120°$,则$\triangle ADB$即为满足要求的三角形.

(2) 若这6点的凸包为四边形$ABCD$(图7(b)),形内有两点E,F,联结AC把四边形分成两个三角形,则至少有一个三角形内有一点,例如$\triangle ABC$内有一点E,则据上证可知结论成立.

(3) 若这6点的凸包为五边形$ABCDE$(图7(c)),F为形内一点,则$\angle AFC+\angle CFE+\angle EFB+\angle BFD+\angle DFA=360°\times 2=720°$,从而这5个角中必有一个角大于等于$\frac{720°}{5}=144°>120°$.(也可联结$AC,AD$把五边形分成3个三角形来证.)

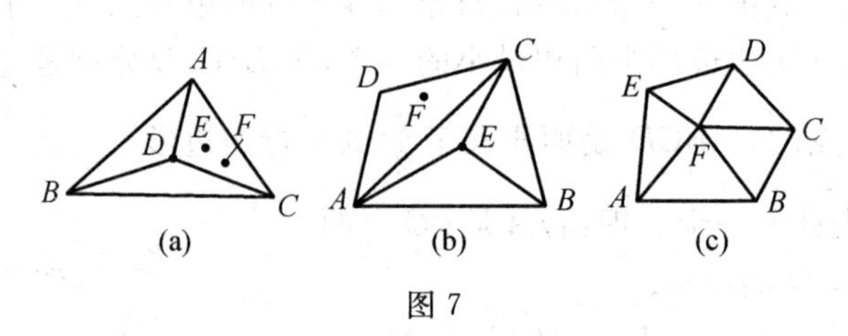

图7

(4) 若这6个点的凸包为六边形,由于六边形的内角和为$4\times 180°=720°$,故至少有一个内角大于等于$\frac{720°}{6}=120°$.

例9 设A,B是平面上两个有限点集,无公共元素,且$A\cup B$中任意三点都不共线,如果A,B中至少有一者的点数不少于5个,求证:存在一个三角形,它的顶点全在A中或全在B中,它的内部没有另一个集合中的点.

分析 抓住5点组来讨论.

讲解 设集合A中的点不小于5个,从中选出5个点A_1,A_2,A_3,A_4,A_5,使这5点的凸包内没有其他A中的点,否则可用其内部的点来代替原来的某些点.

(1) 若此凸包为五边形(图8(a)),取$\triangle A_1A_2A_3$,$\triangle A_1A_3A_4$,$\triangle A_1A_4A_5$,若这三个三角形中的任何一个内部无集合B中的点,则此三角形即为所求,若此三个三角形内都有B中的点,则在每个三角形内取一个B中的点,这三点连成的三角形内部没有A中的点.

(2) 若此凸包为四边形$A_1A_2A_3A_4$(图8(b)),内部有一个点A_5,则可连得4个三角形:$\triangle A_5A_1A_2$,$\triangle A_5A_2A_3$,$\triangle A_5A_3A_4$,$\triangle A_5A_4A_1$,若任一个内部没有B中的点,则此三角形即为所求,若每个三角形内部都有B中的点,则每个三

角形内取一个 B 中的点，连成两个互不重叠的三角形，其中至少有一个三角形内部没有 A 中的点，即为所求.

(3) 若此凸包为三角形(图 8(c))，内部有两个点，则可把凸包分成 5 个三角形，如果每个三角形内都有 B 中的点，则 5 个点分布在直线 A_4A_5 两侧，必有一侧有其中 3 个点，这三点连成的三角形内就没有 A 中的点.

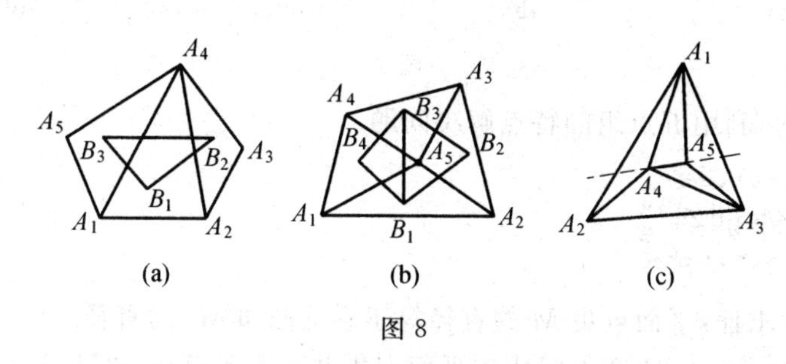

图 8

说明　题中有“不少于 5 点”的条件，所以就只要研究 5 个点的情况.

例 10　平面上任给 5 个点，其中任 3 点不共线，则在以这些点为顶点的三角形中，至多有 7 个锐角三角形.

讲解　5 个点中任取 3 个点为顶点的三角形共有 10 个.

(1) 若这 5 点的凸包为凸五边形，这个五边形至少有两个角非锐角(因五边形内角和为 $540°$，若五边形的内角中有 4 个锐角，则此 4 个角的和小于等于 $360°$，于是另一个角大于等于 $180°$). 这两个非锐角相邻或不相邻.

① 若两个非锐角相邻，如图 9(a) 中 A，B 非锐角，联结 BE，则四边形 $BCDE$ 至少有一个角非锐角，于是图 9(a) 中至少有 3 个角非锐角，即至少有 3 个非锐角三角形，从而至多有 7 个锐角三角形.

② 若两个非锐角不相邻，如图 9(b) 中 A，C 非锐角，则 $\triangle EAB$，$\triangle BCD$ 非锐角三角形. 联结 AC，则四边形 $ACDE$ 中至少有一个非锐角，于是图中至少有 3 个非锐角三角形，即至多有 7 个锐角三角形.

(2) 若这个凸包为四边形 $ABCD$，如图 9(c)，E 在形内，则四边形 $ABCD$ 至少有一个内角非锐角，$\angle AEB$，$\angle BEC$，$\angle CED$，$\angle EDA$ 中至少有一个非锐角(否则四个角的和少于 $360°$)，$\angle AEC$，$\angle BED$ 中至少有一个非锐角(否则 $\angle BEC > 180°$)，于是图中至多有 7 个锐角三角形.

(3) 若凸包为 $\triangle ABC$(图 9(d))，D，E 在形内，则 $\angle ADB$，$\angle BDC$，$\angle CDA$ 中至多有一个锐角，$\angle AEB$，$\angle BEC$，$\angle CEA$ 中至多有一个锐角，即图中至多有 6 个锐角三角形.

综上可知，结论成立.

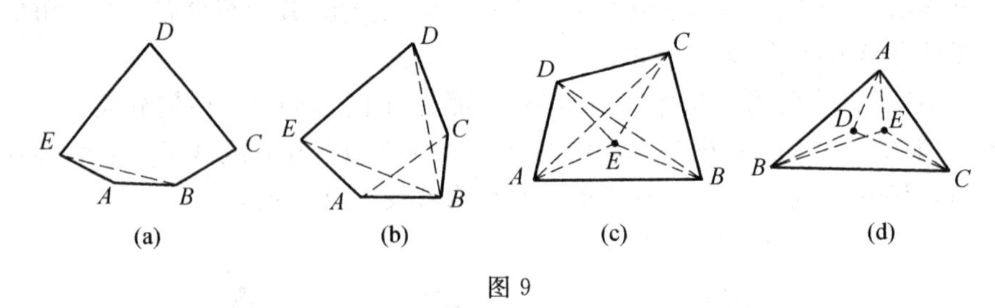

图 9

说明　利用五点组的特点解决问题.

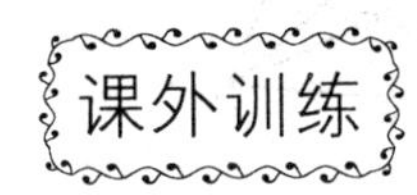

1.(1) 求证:平面点集 M 的直径等于它的凸包 M' 的直径.

(2) 由 $n(n \geqslant 3)$ 个点组成的平面点集共有 k 条直径,求证:$k \leqslant n$.

2.证明:一个平面凸集的直径如果不只一条,则任何两条直径都相交.

3.在平面上给出 n 个点,它们中的任意三点都能被一个半径为 1 的圆盖住,求证:这 n 个点能被半径为 1 的圆盖住.

4.平面点集 M 的对称轴的并集为 L,L 的对称轴的并集为 S,求证:$L \subset S$.

5.平面上五点,无三点共线,每三点连出一个三角形,最多可以连出多少个钝角三角形?最少可以连出多少个钝角三角形?

6.在由 $n(n \geqslant 3)$ 个点组成的点集 M 中,如果有一个点至少是三条直径的端点,则 M 中必有一点至多是一条直径的端点.

7.是否任意一个凸四边形都可用折线分成两部分,使每部分的直径都小于原四边形的直径?

8.平面上任给 4 个点,这四点连成的线段中最长与最短的线段的长度比大于等于$\sqrt{2}$.

9.给定 n 个点无三点共线,每三个点为顶点组成一个三角形,每个三角形都有一个面积,令最大面积与最小面积的比为 μ_n,求证:$\mu_4 \geqslant 1$;$\mu_5 \geqslant \frac{\sqrt{5}+1}{2}$.(还可证 $\mu_6 \geqslant 3$,但 μ_7 也没有解决.)

10.包含平面点集 S 的最小圆的半径用符号 $r(S)$ 表示.如果点 A,B,C 之间的距离小于点 A',B',C' 之间的相应距离,那么,$r(A,B,C) < r(A',B',C')$.

11.平面上任给 100 个点,其中任三点不共线,则在以这些点为顶点的三角形中,至多有 70% 的三角形是锐角三角形.

参考答案

第1讲　均值不等式

1. $(x+y)(y+z)=xy+xz+y^2+yz=xz+y(x+y+z)\geqslant 2\sqrt{xyz(x+y+z)}=2$,容易算得$\begin{cases}x=z=1\\y=\sqrt{2}-1\end{cases}$时取得等号.

2. $\frac{a^3}{a_1}+\frac{a^3}{a_1}+a_1^2\geqslant 3\sqrt[3]{a^6}$,即 $2\frac{a^3}{a_1}+a_1^2\geqslant 3a^2$. 同理 $2\frac{b^3}{b_1}+b_1^2\geqslant 3b^2$,相加

$$2\left(\frac{a^3}{a_1}+\frac{b^3}{b_1}\right)+a_1^2+b_1^2\geqslant 3(a^2+b^2)\Rightarrow \frac{a^3}{a_1}+\frac{b^3}{b_1}\geqslant 1$$

3. 欲证原不等式成立,只要证$\frac{a}{1+a+ab}+\frac{b}{1+b+bc}\leqslant\frac{1+ca}{1+c+ca}$,去分母,即证

$$(1+c+ca)[a(1+b+bc)+b(1+a+ab)]\leqslant$$
$$(1+ca)(1+a+ab)(1+b+bc)$$

经过展开,化简,即证 $a^2b^2c^2+1\geqslant 2abc$,此式显然成立,原不等式获证.

4. 令 $u_i=\frac{x_i^2}{1+x_i^2}(i=1,2,3,4)$,据已知则有

$$u_1+u_2+u_3+u_4=1$$

$$x_1^2=\frac{u_1}{1-u_1}=\frac{u_1}{u_2+u_3+u_4}\leqslant\frac{u_1}{3\sqrt[3]{u_2u_3u_4}}$$

同理

$$x_2^2\leqslant\frac{u_2}{3\sqrt[3]{u_1u_3u_4}}$$

$$x_3^2\leqslant\frac{u_3}{3\sqrt[3]{u_1u_2u_4}}$$

$$x_4^2\leqslant\frac{u_4}{3\sqrt[3]{u_1u_2u_3}}$$

相乘得

$$(x_1x_2x_3x_4)^2 \leqslant \frac{1}{81} \Rightarrow x_1x_2x_3x_4 \leqslant \frac{1}{9}$$

5.由平均不等式得

$$5y^3 + x^2y \geqslant 2\sqrt{5x^2y^4} > 4xy^2$$

所以

$$4xy^2 - x^2y - 4y^3 < y^3$$

又

$$(x^2 + 4y^2)(x - y) = x^3 + 4xy^2 - x^2y - 4y^3 < x^3 + y^3 \Rightarrow$$

$$x^2 + 4y^2 < \frac{x^3 + y^3}{x - y} = 1$$

6.将欲证不等式两边平方,即证

$$\sqrt{(a^2x^2 + b^2y^2)(a^2y^2 + b^2x^2)} \geqslant ab \Leftrightarrow$$

$$(a^2x^2 + b^2y^2)(a^2y^2 + b^2x^2) \geqslant a^2b^2$$

乘开即证

$$a^4x^2y^2 + a^2b^2(x^4 + y^4) + b^4x^2y^2 \geqslant a^2b^2$$

而 $a^4 + b^4 \geqslant 2a^2b^2$,因此问题变更为要证 $a^2b^2(x^4 + y^4) + 2a^2b^2x^2y^2 \geqslant a^2b^2$. 此式显然成立,原不等式得证.

7.由 $(a - b)(a^2 - b^2) \geqslant 0$ 得

$$a^3 + b^3 \geqslant ab^2 + a^2b$$

$$a^3 + b^3 + abc \geqslant ab^2 + a^2b + abc \Rightarrow$$

$$\frac{1}{a^3 + b^3 + abc} \leqslant \frac{1}{ab(a + b + c)}$$

同理 $\frac{1}{b^3 + c^3 + abc} \leqslant \frac{1}{bc(a + b + c)}$, $\frac{1}{c^3 + a^3 + abc} \leqslant \frac{1}{ac(a + b + c)}$,相加后对不等式右边稍作化简便得.

8.令 $x = a + 2b + c$, $y = a + b + 2c$, $z = a + b + 3c$,则有 $x - y = b - c$, $z - y = c$,由此可得 $a + 3c = 2y - x$, $b = z + x - 2y$, $c = z - y$,故

$$\frac{a + 3c}{a + 2b + c} + \frac{4b}{a + b + 2c} - \frac{8c}{a + b + 3c} = \frac{2y - x}{x} + \frac{4(z + x - 2y)}{y} - \frac{8(z - y)}{z} =$$

$$-17 + 2\frac{y}{x} + 4\frac{x}{y} + 4\frac{z}{y} + 8\frac{y}{z} \geqslant$$

$$-17 + 2\sqrt{8} + 2\sqrt{32} = -17 + 12\sqrt{2}$$

上式中的等号可以成立.事实上,由上述推导过程知,等号成立当且仅当平均不等式中的等号成立,而这等价于

$$\begin{cases}2\dfrac{y}{x}=4\dfrac{x}{y}\\4\dfrac{z}{y}=8\dfrac{y}{z}\end{cases}$$

也即

$$\begin{cases}y^2=2x^2\\z^2=2y^2\end{cases}$$

即

$$\begin{cases}y=\sqrt{2}x\\z=2x\end{cases}$$

亦即

$$\begin{cases}a+b+2c=\sqrt{2}(a+2b+c)\\a+b+3c=2(a+2b+c)\end{cases}$$

解此不定方程,得到

$$\begin{cases}b=(1+\sqrt{2})a\\c=(4+3\sqrt{2})a\end{cases}$$

只要满足此条件便能取得最小值 $-17+12\sqrt{2}$.

9.因为 $x,y,z>0$,且 $x+y+z=xyz$,所以 $z(xy-1)=x+y$,同理 $y(xz-1)=z+x$,$x(yz-1)=y+z$,又由平均不等式有

$$xyz=x+y+z\geqslant 3\sqrt[3]{xyz}\Rightarrow xyz\geqslant 3\sqrt{3}$$

当且仅当 $x=y=z=\sqrt{3}$ 时等号成立,所以

$$\begin{aligned}&x^7(yz-1)+y^7(zx-1)+z^7(xy-1)=\\&x^6(y+z)+y^6(z+x)+z^6(x+y)\geqslant\\&6\sqrt[6]{x^6yx^6zy^6xy^6zz^6xz^6y}=\\&6\sqrt[6]{x^{14}y^{14}z^{14}}=6(xyz)^{7/3}\geqslant\\&6(\sqrt{3})^7=162\sqrt{3}\end{aligned}$$

故原式最小值为 $162\sqrt{3}$.

10.(1)$ab>0$ 时,

$$\begin{aligned}\frac{1}{12}(a^2+10ab+b^2)&=\frac{1}{3}\left[\frac{(a+b)^2}{4}+2ab\right]=\\&\frac{1}{3}\left[\frac{(a+b)^2}{4}+ab+ab\right](a=b\text{ 时取等号})\geqslant\\&\sqrt[3]{\frac{a^2b^2(a+b)^2}{4}}\end{aligned}$$

(2) 对任意 a,b,若 $ab>0$,

$$\frac{a^2+ab+b^2}{3}=\frac{a^2+b^2+4ab+3(a^2+b^2)}{12}\geqslant$$

$$\frac{a^2+b^2+10ab}{12}\text{(据前已证结论)}\geqslant$$

$$\sqrt[3]{\frac{a^2b^2(a+b)^2}{4}}\ (a=b\text{ 时取等号})$$

若 $ab\leqslant 0$,

$$\frac{a^2+ab+b^2}{3}=\frac{(a+b)^2-ab}{3}=\frac{(a+b)^2-\frac{1}{2}ab-\frac{1}{2}ab}{3}\geqslant$$

$$\sqrt[3]{(a+b)^2(-\frac{1}{2}ab)(-\frac{1}{2}ab)}=\sqrt[3]{\frac{a^2b^2(a+b)^2}{4}}$$

等号在 $(a+b)^2=-\frac{1}{2}ab$ 时成立,即 $a=-\frac{b}{2}$ 或 $b=-\frac{a}{2}$ 时取到.

11. (1) $a+b+c\geqslant 3\sqrt[3]{abc}$,$\frac{1}{a}+\frac{1}{b}+\frac{1}{c}\geqslant 3\sqrt[3]{\frac{1}{abc}}$,相乘便证得.

(2) 据(1)

$$[(a+b)+(b+c)+(c+a)](\frac{1}{a+b}+\frac{1}{b+c}+\frac{1}{c+a})\geqslant 9$$

即

$$\frac{1}{a+b}+\frac{1}{b+c}+\frac{1}{c+a}\geqslant\frac{9}{2(a+b+c)}$$

(3) 由于(2)

$$2(a+b+c)(\frac{1}{a+b}+\frac{1}{b+c}+\frac{1}{c+a})\geqslant 9\Rightarrow$$

$$\frac{a+b+c}{a+b}+\frac{a+b+c}{b+c}+\frac{a+b+c}{c+a}\geqslant\frac{9}{2}\Rightarrow$$

$$1+\frac{c}{a+b}+1+\frac{a}{b+c}+1+\frac{b}{c+a}\geqslant\frac{9}{2}\Rightarrow$$

$$\frac{c}{a+b}+\frac{a}{b+c}+\frac{b}{c+a}\geqslant\frac{3}{2}$$

第2讲　均值不等式的运用

1. $y=2x^2+\frac{3}{x}=2x^2+\frac{3}{2x}+\frac{3}{2x}\geqslant 3\sqrt[3]{2x^2\cdot\frac{3}{2x}\cdot\frac{3}{2x}}=3\sqrt[3]{\frac{9}{2}}=\frac{3}{2}\sqrt[3]{36}$.

2. 因为 $a>0, b>0$，所以由 $\frac{m}{3a+b}-\frac{3}{a}-\frac{1}{b}\leqslant 0$ 恒成立，得 $m\leqslant(\frac{3}{a}+\frac{1}{b})(3a+b)=10+\frac{3b}{a}+\frac{3a}{b}$ 恒成立. 因为

$$\frac{3b}{a}+\frac{3a}{b}\geqslant 2\sqrt{\frac{3b}{a}\cdot\frac{3a}{b}}=6$$

当且仅当 $a=b$ 时等号成立，所以

$$10+\frac{3b}{a}+\frac{3a}{b}\geqslant 16$$

所以 $m\leqslant 16$，即 m 的最大值为 16.

3. 由已知得

$$z=x^2-3xy+4y^2 \qquad (*)$$

则

$$\frac{xy}{z}=\frac{xy}{x^2-3xy+4y^2}=\frac{1}{\frac{x}{y}+\frac{4y}{x}-3}\leqslant 1$$

当且仅当 $x=2y$ 时取等号，把 $x=2y$ 代入式（*）得

$$z=2y^2$$

所以

$$\frac{2}{x}+\frac{1}{y}-\frac{2}{z}=\frac{1}{y}+\frac{1}{y}-\frac{1}{y^2}=-\left(\frac{1}{y}-1\right)^2+1\leqslant 1$$

4. 因为 $1*2=4$，所以 $2a+3b=4$，因为 $2a+3b\geqslant 2\sqrt{6ab}$，所以 $ab\leqslant\frac{2}{3}$.

当且仅当 $2a=3b$，即 $a=1$ 时等号成立，所以当 $a=1$ 时，ab 取最大值 $\frac{2}{3}$.

5. (1) $xy=2x+y+6\geqslant 2\sqrt{2xy}+6$，令 $xy=t^2$，可得

$$t^2-2\sqrt{2}t-6\geqslant 0$$

注意到 $t>0$，解得 $t\geqslant 3\sqrt{2}$，故 xy 的最小值为 18.

(2) 设 $x+1=t$，则 $x=t-1(t>0)$，所以

$$y=\frac{t-1^2+7t-1+10}{t}=$$

$$t+\frac{4}{t}+5\geqslant 2\sqrt{t\cdot\frac{4}{t}}+5=9$$

当且仅当 $t=\frac{4}{t}$，即 $t=2$，且此时 $x=1$ 时，取等号，所以 $y_{\min}=9$.

6.

$$\log_2(a+2b)+2\log_2(a+2c)=\log_2[(a+2b)(a+2c)(a+2c)]=\log_2\left[\frac{1}{2}(2a+4b)(a+2c)(a+2c)\right]$$

因为

$$12=4(a+b+c)=(2a+4b)+(a+2c)+(a+2c)\geqslant 3\sqrt[3]{(2a+4b)(a+2c)(a+2c)}$$

所以

$$(2a+4b)(a+2c)(a+2c)\leqslant 4^3$$

所以

$$\log_2(a+2b)+2\log_2(a+2c)=\log_2\left[\frac{1}{2}(2a+4b)(a+2c)(a+2c)\right]\leqslant \log_2 32=5$$

当且仅当$\begin{cases}2a+4b=a+2c\\a+b+c=3\end{cases}$时,取得最大值.

7.将 $x=y=1$ 代入得 $A=B=C$.

将 $x=1,y=2$ 代入得 $A=6,B=\frac{16}{3},C=5$,得 $A>B>C$.

故猜想 $A\geqslant B\geqslant C$.

先证 $A\geqslant B$,由柯西不等式

$$(x^2+y^2+1)(1+1+1)\geqslant(x+y+1)^2$$

所以

$$x^2+y^2+1\geqslant\frac{(x+y+1)^2}{3}$$

再证

$$\frac{(x+y+1)^2}{3}\geqslant x+y+xy$$

只要证

$$x^2+y^2+1+2xy+2x+2y\geqslant 3x+3y+3xy$$

即证

$$x^2+y^2+1\geqslant x+y+xy$$

而

$$x^2+y^2\geqslant 2xy,x^2+1\geqslant 2x,y^2+1\geqslant 2y$$

三式相加得

$$2x^2+2y^2+2\geqslant 2x+2y+2xy$$

所以 $B\geqslant C$.

综上，$A \geqslant B \geqslant C$.

8. **证法 1** 考虑用均值不等式证明，首先注意到等号成立的条件应该是在 $a=b=c=\frac{1}{3}$ 处取得，因此利用均值不等式得

$$a^3+\frac{a}{9} \geqslant \frac{2a^2}{3}, b^3+\frac{b}{9} \geqslant \frac{2b^2}{3}, c^3+\frac{c}{9} \geqslant \frac{2c^2}{3}$$

三式相加得

$$a^3+b^3+c^3+\frac{a+b+c}{9} \geqslant \frac{2}{3}(a^2+b^2+c^2)=$$

$$\frac{1}{3}(a^2+b^2+c^2)+\frac{1}{3}(a^2+b^2+c^2) \geqslant$$

$$\frac{1}{3}(a^2+b^2+c^2)+\frac{1}{3} \cdot \frac{1}{3}(a+b+c)^2$$

又因为 $a+b+c=1$，所以

$$a^3+b^3+c^3+\frac{1}{9} \geqslant \frac{1}{3}(a^2+b^2+c^2)+\frac{1}{9}$$

即

$$a^3+b^3+c^3 \geqslant \frac{a^2+b^2+c^2}{3}$$

当且仅当 $a=b=c=\frac{1}{3}$ 时取得等号.

证法 2 同样用均值不等式，还可以配凑均值不等式

$$a^3+a^3+\left(\frac{1}{3}\right)^3 \geqslant 3\sqrt[3]{\frac{1}{27}a^6}=a^2$$

同理

$$b^3+b^3+\left(\frac{1}{3}\right)^3 \geqslant 3\sqrt[3]{\frac{1}{27}b^6}=b^2$$

$$c^3+c^3+\left(\frac{1}{3}\right)^3 \geqslant 3\sqrt[3]{\frac{1}{27}c^6}=c^2$$

三式相加得

$$2(a^3+b^3+c^3)+\frac{1}{9} \geqslant a^2+b^2+c^2$$

由于当 $a,b,c>0$，且 $a+b+c=1$ 时，$a^3+b^3+c^3 \geqslant \frac{1}{9}$，所以

$$a^2+b^2+c^2 \leqslant 2(a^3+b^3+c^3)+\frac{1}{9} \leqslant 3(a^3+b^3+c^3)$$

即

$$a^3+b^3+c^3\geqslant\frac{a^2+b^2+c^2}{3}$$

证法 3

$$(a^2+b^2+c^2)^2=(a^{\frac{3}{2}}a^{\frac{1}{2}}+b^{\frac{3}{2}}b^{\frac{1}{2}}+c^{\frac{3}{2}}c^{\frac{1}{2}})^2\leqslant$$
$$[(a^{\frac{3}{2}})^2+(b^{\frac{3}{2}})^2+(c^{\frac{3}{2}})^2](a+b+c)=$$
$$a^3+b^3+c^3 \quad ①$$

因为

$$a^2+b^2+c^2\geqslant\frac{(a+b+c)^2}{3}=\frac{1}{3}$$

代入式 ① 得

$$a^3+b^3+c^3\geqslant(a^2+b^2+c^2)^2\geqslant\frac{a^2+b^2+c^2}{3}$$

9.(1)

$$y=2x-5x^2=x(2-5x)=\frac{1}{5}\cdot 5x\cdot(2-5x)$$

因为 $0<x<\frac{2}{5}$,所以 $5x<2,2-5x>0$,所以

$$5x(2-5x)\leqslant(\frac{5x+2-5x}{2})^2=1$$

所以 $y\leqslant\frac{1}{5}$,当且仅当 $5x=2-5x$,即 $x=\frac{1}{5}$ 时,$y_{\max}=\frac{1}{5}$.

(2) 因为 $x>0,y>0$,且 $x+y=1$,所以

$$\frac{8}{x}+\frac{2}{y}=(\frac{8}{x}+\frac{2}{y})(x+y)=10+\frac{8y}{x}+\frac{2x}{y}\geqslant 10+2\sqrt{\frac{8y}{x}\cdot\frac{2x}{y}}=18$$

当且仅当$\frac{8y}{x}=\frac{2x}{y}$,即 $x=\frac{2}{3},y=\frac{1}{3}$ 时等号成立,所以$\frac{8}{x}+\frac{2}{y}$ 的最小值是 18.

10.(1) 因为 $a>0,b>0$,所以$\frac{1}{a}+\frac{1}{b}\geqslant 2\sqrt{\frac{1}{ab}}$,即

$$\sqrt{ab}\geqslant 2\sqrt{\frac{1}{ab}}$$

由此得 $ab\geqslant 2$,当且仅当 $a=b=\sqrt{2}$ 时取等号,又

$$a^3+b^3\geqslant 2\sqrt{a^3b^3}\geqslant 2\sqrt{2^3}=4\sqrt{2}$$

当且仅当 $a=b=\sqrt{2}$ 时取等号,所以 a^3+b^3 的最小值是 $4\sqrt{2}$.

(2) 由(1) 得 $ab\geqslant 2$,当且仅当 $a=b=\sqrt{2}$ 时等号成立,所以

$$2a+3b\geqslant 2\sqrt{2a\cdot 3b}=2\sqrt{6ab}$$

当且仅当 $2a=3b$ 时等号成立，故

$$2a+3b\geqslant 2\sqrt{6ab}>4\sqrt{3}>6$$

故不存在 a,b，使得 $2a+3b=6$ 成立.

11.(1) $W(t)=f(t)g(t)=(4+\frac{1}{t})(120-|t-20|)=$

$$\begin{cases}401+4t+\dfrac{100}{t},1\leqslant t\leqslant 20\\559+\dfrac{140}{t}-4t,20<t\leqslant 30\end{cases}$$

(2) 当 $t\in[1,20]$ 时，$401+4t+\frac{100}{t}\geqslant 401+2\sqrt{4t\cdot\frac{100}{t}}=441$（$t=5$ 时取最小值）.

当 $t\in(20,30]$ 时，因为 $W(t)=559+\frac{140}{t}-4t$ 递减，所以 $t=30$ 时，$W(t)$ 有最小值 $W(30)=443\frac{2}{3}$，所以 $t\in[1,30]$ 时，$W(t)$ 的最小值为 441 万元.

第 3 讲　柯西不等式

1. 由柯西不等式得 $(x^2+4y^2+9z^2)(1+\frac{1}{4}+\frac{1}{9})\geqslant(x+y+z)^2=1$，所以 $x^2+4y^2+9z^2\geqslant\frac{36}{49}$，当且仅当 $x=4y=9z$，即 $x=\frac{36}{49},y=\frac{9}{49},z=\frac{4}{49}$ 时取等号.

因此 $x^2+4y^2+9z^2$ 的最小值为 $\frac{36}{49}$.

2. (1) 由柯西不等式知 $(a^2+b^2+c^2)(1+1+1)\geqslant(a+b+c)^2$，即 $a^2+b^2+c^2\geqslant\frac{1}{3}$.

当且仅当 $a=b=c=\frac{1}{3}$ 时取得等号.

又因为 $0<a<1$，所以 $a^2<a$，同理 $b^2<b,c^2<c$，所以 $a^2+b^2+c^2<a+b+c=1$.

即 $\frac{1}{3}\leqslant a^2+b^2+c^2<1$.

(2) 由柯西不等式知

$$\left(\frac{1}{2a+1}+\frac{1}{2b+1}+\frac{1}{2c+1}\right)[(2a+1)+(2b+1)+(2c+1)]\geqslant(1+1+1)^2$$

即

$$\frac{1}{2a+1}+\frac{1}{2b+1}+\frac{1}{2c+1}\geqslant\frac{9}{5}$$

当且仅当 $a=b=c=\frac{1}{3}$ 时取得等号.

所以$\frac{1}{2a+1}+\frac{1}{2b+1}+\frac{1}{2c+1}$的最小值为$\frac{9}{5}$.

3.(1) 因为 $a,b,c\in\mathbf{R}^+,a+b+c=1$,所以

$$\left(1+\frac{1}{4}+\frac{1}{9}\right)[(a+1)^2+4b^2+9c^2]\geqslant\left[(a+1)+\frac{1}{2}\cdot 2b+\frac{1}{3}\cdot 3c\right]^2=4$$

得

$$(a+1)^2+4b^2+9c^2\geqslant\frac{144}{49}$$

当且仅当 $a+1=4b=9c$,即 $a=\frac{23}{49},b=\frac{18}{49},c=\frac{8}{49}$ 时,$(a+1)^2+4b^2+9c^2$ 有最小值$\frac{144}{49}$.

(2) 因为$(a+b+c)(1^2+1^2+1^2)\geqslant(\sqrt{a}+\sqrt{b}+\sqrt{c})^2$,所以

$$\sqrt{a}+\sqrt{b}+\sqrt{c}\leqslant\sqrt{3}$$

当且仅当 $a=b=c=1$ 取等号.

又

$$\left(\frac{1}{\sqrt{a}+\sqrt{b}}+\frac{1}{\sqrt{b}+\sqrt{c}}+\frac{1}{\sqrt{c}+\sqrt{a}}\right)[(\sqrt{a}+\sqrt{b})+(\sqrt{b}+\sqrt{c})+(\sqrt{c}+\sqrt{a})]\geqslant 9$$

于是

$$\frac{1}{\sqrt{a}+\sqrt{b}}+\frac{1}{\sqrt{b}+\sqrt{c}}+\frac{1}{\sqrt{c}+\sqrt{a}}\geqslant\frac{9}{2(\sqrt{a}+\sqrt{b}+\sqrt{c})}\geqslant\frac{3\sqrt{3}}{2}$$

4.(1) 由均值不等式(或柯西不等式)得

$$\left(a+\frac{1}{a}\right)^2+\left(b+\frac{1}{b}\right)^2+\left(c+\frac{1}{c}\right)^2\geqslant\frac{\left[\left(a+\frac{1}{a}\right)+\left(b+\frac{1}{b}\right)+\left(c+\frac{1}{c}\right)\right]^2}{3}=$$

$$\frac{1}{3}\left[1+\left(\frac{1}{a}+\frac{1}{b}+\frac{1}{c}\right)\right]^2=$$

$$\frac{1}{3}\left[1+\left(\frac{1}{a}+\frac{1}{b}+\frac{1}{c}\right)(a+b+c)\right]^2\geqslant$$

$$\frac{1}{3}\left[1+(1+1+1)^2\right]^2=\frac{100}{3}$$

当且仅当

$$\begin{cases}a+\dfrac{1}{a}=b+\dfrac{1}{b}=c+\dfrac{1}{c}\\ a=b=c\\ a+b+c=1\end{cases}$$

即 $a=b=c=\dfrac{1}{3}$ 时,不等式等号成立.

故 $\left(a+\dfrac{1}{a}\right)^2+\left(b+\dfrac{1}{b}\right)^2+\left(c+\dfrac{1}{c}\right)^2$ 的最小值为 $\dfrac{100}{3}$.

(2) 由柯西不等式

$$\left(\sqrt{a+\frac{1}{2}}+\sqrt{b+\frac{1}{3}}+\sqrt{c+\frac{1}{4}}\right)^2\leqslant$$
$$(1+1+1)\left[\left(a+\frac{1}{2}\right)+\left(b+\frac{1}{3}\right)+\left(c+\frac{1}{4}\right)\right]=\frac{25}{4}$$

所以

$$\sqrt{a+\frac{1}{2}}+\sqrt{b+\frac{1}{3}}+\sqrt{c+\frac{1}{4}}\leqslant\frac{5}{2}$$

当且仅当

$$\begin{cases}\sqrt{a+\dfrac{1}{2}}=\sqrt{b+\dfrac{1}{3}}=\sqrt{c+\dfrac{1}{4}}\\ a+b+c=1\end{cases}$$

即 $a=\dfrac{7}{36},b=\dfrac{13}{36},c=\dfrac{16}{36}=\dfrac{4}{9}$ 时,上述不等式中等号成立.

5.(1) 由已知正数 a,b,c 满足:$a+b+c=1$.

根据柯西不等式 $(a_1^2+a_2^2+a_3^2)(b_1^2+b_2^2+b_3^2)\geqslant(a_1b_1+a_2b_2+a_3b_3)^2$,得

$$\begin{aligned}\text{左边}=&\sqrt{3a+1}\cdot1+\sqrt{3b+1}\cdot1+\sqrt{3c+1}\cdot1\leqslant\\&\sqrt{(3a+1)+(3b+1)+(3c+1)}\cdot\sqrt{3}=\\&3\sqrt{2}=\text{右边}\end{aligned}$$

(2) 由题意得 $0<a<1$,则

$$\begin{aligned}\sqrt{a}(1-a)=&\frac{1}{\sqrt{2}}\sqrt{2a(1-a)(1-a)}\leqslant\\&\frac{1}{\sqrt{2}}\sqrt{\left[\frac{2a+(1-a)+(1-a)}{3}\right]^3}=\end{aligned}$$

$$\frac{2}{9}\sqrt{3}$$

(3) 由(2)得$\frac{\sqrt{a}}{1-a}\geqslant\frac{3\sqrt{3}}{2}a$,同理可得

$$\frac{\sqrt{b}}{1-b}\geqslant\frac{3\sqrt{3}}{2}b,\frac{\sqrt{c}}{1-c}\geqslant\frac{3\sqrt{3}}{2}c$$

所以

$$\frac{\sqrt{a}}{1-a}+\frac{\sqrt{b}}{1-b}+\frac{\sqrt{c}}{1-c}\geqslant\frac{3}{2}\sqrt{3}(a+b+c)=\frac{3}{2}\sqrt{3}$$

所以当 $a=b=c=\frac{1}{3}$ 时,$\frac{\sqrt{a}}{1-a}+\frac{\sqrt{b}}{1-b}+\frac{\sqrt{c}}{1-c}$ 有最小值为$\frac{3}{2}\sqrt{3}$.

6.(1)

$$\frac{a}{3-a}+\frac{b}{3-b}+\frac{c}{3-c}=-3+\frac{3}{3-a}+\frac{3}{3-b}+\frac{3}{3-c}$$

因为

$$\left(\frac{3}{3-a}+\frac{3}{3-b}+\frac{3}{3-c}\right)(3-a+3-b+3-c)\geqslant(\sqrt{3}+\sqrt{3}+\sqrt{3})^2=27$$

所以

$$\frac{3}{3-a}+\frac{3}{3-b}+\frac{3}{3-c}\geqslant\frac{9}{2}$$

所以

$$\frac{a}{3-a}+\frac{b}{3-b}+\frac{c}{3-c}\geqslant\frac{3}{2}$$

(2) 解法一:因为$(a^2+b^2+c^2)(1+1+1)\geqslant(a+b+c)^2$,所以

$$a^2+b^2+c^2\geqslant 3$$

$$(\sqrt{3-a^2}+\sqrt{3-b^2}+\sqrt{3-c^2})^2\leqslant(3-a^2+3-b^2+3-c^2)(1+1+1)=$$
$$3[9-(a^2+b^2+c^2)]\leqslant 18$$

当且仅当 $a=b=c$ 时,$\sqrt{3-a^2}+\sqrt{3-b^2}+\sqrt{3-c^2}$ 的最大值为 $3\sqrt{2}$.

解法二:

$$(\sqrt{3-a^2}+\sqrt{3-b^2}+\sqrt{3-c^2})^2=$$
$$(\sqrt{\sqrt{3}-a}\sqrt{\sqrt{3}+a}+\sqrt{\sqrt{3}-b}\sqrt{\sqrt{3}+b}+\sqrt{\sqrt{3}-c}\sqrt{\sqrt{3}+c})^2\leqslant$$
$$(\sqrt{3}-a+\sqrt{3}-b+\sqrt{3}-c)(\sqrt{3}+a+\sqrt{3}+b+\sqrt{3}+c)=18$$

当且仅当 $a=b=c$ 时,$\sqrt{3-a^2}+\sqrt{3-b^2}+\sqrt{3-c^2}$ 的最大值为 $3\sqrt{2}$.

7.设原式为 A,由柯西不等式

$$A[a_1(a_2+3a_3+5a_4+7a_5)+a_2(a_3+3a_4+5a_5+7a_1)+\cdots+ a_5(a_1+3a_2+5a_3+7a_4)]\geqslant(a_1+a_2+a_3+a_4+a_5)^2 \quad ①$$

于是有 $A\geqslant\dfrac{(\sum\limits_{i=1}^{5}a_i)^2}{8\sum\limits_{1\leqslant i<j\leqslant 5}a_ia_j}$,因为

$$4(\sum_{i=1}^{5}a_i)^2-10\sum_{1\leqslant i<j\leqslant 5}a_ia_j\geqslant 0=\sum_{1\leqslant i<j\leqslant 5}(a_i-a_j)^2$$

所以

$$(\sum_{i=1}^{5}a_i)^2\geqslant\frac{5}{2}\sum_{1\leqslant i<j\leqslant 5}a_ia_j \quad ②$$

从而 $A\geqslant\frac{5}{16}$. 当 $a_1=a_2=a_3=a_4=a_5$ 时,式 ① 和 ② 中的等号成立,即 A 可以取得$\frac{5}{16}$. 综上,所求最小值为$\frac{5}{16}$.

8.

$$\frac{a_1}{a_2+ka_3}+\frac{a_2}{a_3+ka_1}+\frac{a_3}{a_1+ka_2}= \frac{a_1^2}{a_1a_2+ka_1a_3}+\frac{a_2^2}{a_2a_3+ka_1a_2}+\frac{a_3^2}{a_1a_3+ka_2a_3}$$

而

$$(a_1a_2+ka_1a_3+a_2a_3+ka_1a_2+a_1a_3+ka_2a_3)\frac{a_1^2}{a_1a_2+ka_1a_3}+ \frac{a_2^2}{a_2a_3+ka_1a_2}+\frac{a_3^2}{a_1a_3+ka_2a_3}\geqslant(a_1+a_2+a_3)^2$$

此式即

$$\frac{a_1}{a_2+ka_3}+\frac{a_2}{a_3+ka_1}+\frac{a_3}{a_1+ka_2}\geqslant\frac{(a_1+a_2+a_3)^2}{(1+k)(a_1a_2+a_2a_3+a_3a_1)}$$

又$(a_1+a_2+a_3)^2\geqslant 3(a_1a_2+a_2a_3+a_3a_1)$为显然,因此原不等式获证.

9.解法一:

$$(6a)^2+(6b)^2+(6c)^2=900,(5x)^2+(5y)^2+(5z)^2=900$$

由基本不等式$(6a)^2+(5x)^2\geqslant 60ax$,$(6b)^2+(5y)^2\geqslant 60by$,$(6c)^2+(5z)^2\geqslant 60cz$,三式相加得

$$36(a^2+b^2+c^2)+25(x^2+y^2+z^2)\geqslant 60(ax+by+z)\Rightarrow 1\ 800\geqslant 1\ 800$$

因而有

$$\begin{cases}6a=5x\\6b=5y\\6=5z\end{cases}\Rightarrow \frac{a+b+c}{x+y+z}=\frac{5}{6}$$

解法二:

$$(a^2+b^2+c^2)(x^2+y^2+z^2)\geqslant(ax+by+z)^2$$

因此 $25\times36\geqslant30^2$,所以上述不等号成立. $\frac{a}{x}=\frac{b}{y}=\frac{c}{z}=k\Rightarrow a=kx,b=ky,c=kz,a^2+b^2+c^2=k^2(x^2+y^2+z^2)\Rightarrow k^2=\frac{25}{36}$(负值舍去),$\frac{a+b+c}{x+y+z}=k=\frac{5}{6}$.

10.
$$\sum_{i=1}^{n}\frac{1}{\sqrt{1-x_i}}\cdot\sum_{i=1}^{n}\sqrt{1-x_i}\geqslant n^2$$

$$\sum_{i=1}^{n}\sqrt{1-x_i}\leqslant\sqrt{\sum_{i=1}^{n}1\cdot\sum_{i=1}^{n}\sqrt{1-x_i}}=\sqrt{n(n-1)}$$

$$\frac{x}{\sqrt{1-x}}=\frac{1-(1-x)}{\sqrt{1-x}}=\frac{1}{\sqrt{1-x}}-\sqrt{1-x}$$

所以

$$\sum_{i=1}^{n}\frac{x_i}{\sqrt{1-x_i}}=\sum_{i=1}^{n}\frac{1}{\sqrt{1-x_i}}-\sum_{i=1}^{n}\sqrt{1-x_i}\geqslant\frac{n^2}{\sum_{i=1}^{n}\sqrt{1-x_i}}-\sum_{i=1}^{n}\sqrt{1-x_i}\geqslant$$

$$\frac{n^2}{\sqrt{n(n-1)}}-\sqrt{n(n-1)}=\frac{\sqrt{n}}{\sqrt{n-1}} \quad ①$$

又

$$\sum_{i=1}^{n}x_i\leqslant\sqrt{\sum_{i=1}^{n}1\cdot\sum_{i=1}^{n}x_i}=\sqrt{n} \quad ②$$

由 ①② 得 $\sum_{i=1}^{n}\frac{x_i}{\sqrt{1-x_i}}\geqslant\frac{1}{\sqrt{n-1}}\sum_{i=1}^{n}\sqrt{x_i}$.

11. 由柯西不等式,得

$$\left(\frac{x_1}{1+x_1^2}+\frac{x_2}{1+x_1^2+x_2^2}+\cdots+\frac{x_n}{1+x_1^2+x_2^2+\cdots+x_n^2}\right)^2\leqslant$$

$$\underbrace{(1^2+1^2+\cdots+1^2)}_{n个}\left[\left(\frac{x_1}{1+x_1^2}\right)^2+\right.$$

$$\left.\left(\frac{x_2}{1+x_1^2+x_2^2}\right)^2+\cdots+\left(\frac{x_n}{1+x_1^2+x_2^2+\cdots+x_n^2}\right)^2\right]$$

对于

$$k \geqslant 2\left(\frac{x_k}{1+x_1^2+x_2^2+\cdots+x_k{}^2}\right)^2=\frac{x_k{}^2}{(1+x_1^2+x_2^2+\cdots+x_k{}^2)^2} \leqslant$$

$$\frac{x_k{}^2}{(1+x_1^2+x_2^2+\cdots+x_{k-1}^2)(1+x_1^2+x_2^2+\cdots+x_k^2)}=$$

$$\frac{1}{1+x_1^2+x_2^2+\cdots+x_{k-1}^2}-\frac{1}{1+x_1^2+x_2^2+\cdots+x_k^2}$$

$k=1$ 时

$$\left(\frac{x_1}{1+x_1^2}\right)^2 \leqslant \frac{x_1^2}{1+x_1^2}=1-\frac{1}{1+x_1^2}$$

所以

$$\left[\frac{x_1}{1+x_1^2}+\frac{x_2}{1+x_1^2+x_2^2}+\cdots+\frac{x_n}{1+x_1^2+x_2^2+\cdots+x_n^2}\right]^2 \leqslant$$

$$n(1-\frac{1}{1+x_1^2}+\frac{1}{1+x_1^2}-\frac{1}{1+x_1^2+x_2^2}+\cdots+$$

$$\frac{1}{1+x_1^2+x_2^2+\cdots+x_{n-1}{}^2}-\frac{1}{1+x_1^2+x_2^2+\cdots+x_n^2}=$$

$$n\left(1-\frac{1}{1+x_1^2+x_2^2+\cdots+x_n^2}\right)<n$$

因此

$$\frac{x_1}{1+x_1^2}+\frac{x_2}{1+x_1^2+x_2^2}+\cdots+\frac{x_n}{1+x_1^2+x_2^2+\cdots+x_n^2}<\sqrt{n}$$

第 4 讲　一些重要不等式的证明

1. 由于 $y=2^x$ 是下凸函数(读者自行证明). 根据琴生不等式 $\frac{2^a+2^b+2^b}{3} \geqslant 2^{\frac{a+b+b}{3}}$，即 $2^a+2 \cdot 2^b \geqslant 3 \cdot 2^4$，也就是 $2^a+2^{b+1} \geqslant 48$，当且仅当 $a=b=4$ 时得到最小值.

2. 设 $a_1 \leqslant a_2 \leqslant \cdots \leqslant a_n$，由此可得

$$(1-a_1)^{-1/2} \leqslant (1-a_2)^{-1/2} \leqslant \cdots \leqslant (1-a_n)^{-1/2}$$

由切比雪夫不等式

$$\frac{1}{n}\sum_{i=1}^{n} a_i \frac{1}{\sqrt{1-a_i}} \geqslant \frac{\sum_{i=1}^{n} a_i}{n} \cdot \frac{\sum_{i=1}^{n} \frac{1}{\sqrt{1-a_i}}}{n}$$

也就是

$$\sum_{i=1}^{n}\frac{a_i}{\sqrt{1-a_i}}\geqslant\frac{1}{n}\sum_{i=1}^{n}\frac{1}{\sqrt{1-a_i}}$$

3.如图 1,容易证明当圆内接 n 边形的所有顶点都在某一条直径的同侧时,n 边形面积不可能取得最大值.设 n 边形顶点 $A_1,A_2,\cdots,A_n$ 不在任何一条直径的同侧.令 $\angle A_1OA_2=\alpha_1,\angle A_2OA_3=\alpha_2,\cdots,\angle A_nOA_1=\alpha_n,0<\alpha_i<\pi(i=1,2,3,\cdots,n)$.

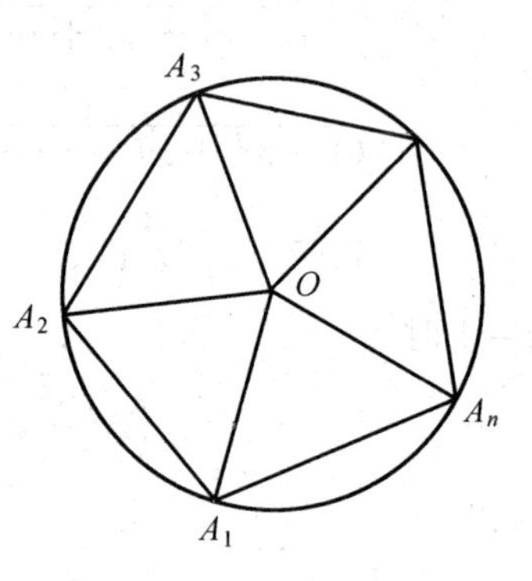

图 1

$$S_{n边形}=\frac{1}{2}(\sin\alpha_1+\sin\alpha_2+\cdots+\sin\alpha_n),$$

由 $f(x)=\sin x$ 在 $(0,\pi)$ 上是上凸函数,根据琴生不等式

$$\frac{\sin\alpha_1+\sin\alpha_2+\cdots+\sin\alpha_n}{n}\leqslant$$

$$\sin\frac{\alpha_1+\alpha_2+\cdots+\alpha_n}{n}=\sin\frac{2\pi}{n}$$

$S_{n边形}\leqslant\frac{n}{2}\sin\frac{2\pi}{n}$,当且仅当为正 n 边形时取得最大值.

4.由已知 $1-\sin^2x_1=\sin^2x_2+\sin^2x_3+\sin^2x_4+\sin^2x_5$,即

$$\cos x_1=\sqrt{\sin^2x_2+\sin^2x_3+\sin^2x_4+\sin^2x_5}$$

再根据幂平均不等式得

$$\sqrt{\sin^2x_2+\sin^2x_3+\sin^2x_4+\sin^2x_5}\geqslant\frac{\sin x_2+\sin x_3+\sin x_4+\sin x_5}{2}$$

于是有 $\cos x_1\geqslant\frac{\sin x_2+\sin x_3+\sin x_4+\sin x_5}{2}$,同理可得关于 $\cos x_2$,$\cos x_3$,$\cos x_4$,$\cos x_5$ 的同类不等式,5 个不等式相加,即得所证.

5.由于 $p\geqslant1$,由幂平均不等式 $\sqrt[p]{\frac{x_1^p+x_2^p}{2}}\geqslant\frac{x_1+x_2}{2}$,得 $\frac{1}{2}(x_1^p+x_2^p)\geqslant(\frac{x_1+x_2}{2})^p$,该式表明 $f(x)=x^p$ 在 $(0,+\infty)$ 上是下凸函数.因此有

$$(\frac{x_1+x_2+\cdots+x_n}{n})^p\leqslant\frac{1}{n}(x_1^p+x_2^p+\cdots+x_n^p)$$

6.注意到 $f(x)=\sqrt{x}$ 是 $[0,+\infty)$ 上的上凸函数,从而有

$$\sqrt{p-a}+\sqrt{p-b}+\sqrt{p-c}\leqslant3\sqrt{\frac{p-a+p-b+p-c}{3}}=\sqrt{3p}$$

另外一个不等式两边平方后,成为一个显然成立的式子.

7. $f(x)=\sin^2 x(x\in(0,\pi])$ 是上凸函数,据琴生不等式

$$\frac{\sin^2\theta_1+\sin^2\theta_2+\cdots+\sin^2\theta_n}{n}\leqslant\sin^2\frac{\theta_1+\theta_2+\cdots+\theta_n}{n}$$

因此有

$$\sin^2\theta_1+\sin^2\theta_2+\cdots+\sin^2\theta_n\leqslant n\cdot\left(\sin\frac{\pi}{n}\right)^2$$

对正整数 n 再求 $n\cdot\left(\sin\frac{\pi}{n}\right)^2$ 的最大值.当 $n=1,2,3,4$ 时,$n\cdot\left(\sin\frac{\pi}{n}\right)^2$ 的值分别为 $0,2,\frac{9}{4},2$.当 $n>4$ 时由不等式 $\sin x<x$ 可知

$$n\cdot\left(\sin\frac{\pi}{n}\right)^2<n\cdot\frac{\pi^2}{n^2}=\frac{\pi^2}{n}\leqslant\frac{\pi^2}{5}<\frac{9}{4}$$

综上所求的最大值当 $n\geqslant3$ 时应是$\frac{9}{4}$.此时$\begin{cases}\theta_1=\theta_2=\theta_3=\frac{\pi}{3}\\ \theta_4=\theta_5=\cdots=0\end{cases}$.当 $n=2$ 时最大值应是 2,此时 $\theta_1=\theta_2=\frac{\pi}{2}$.

8. 由排序原理,得

$$\sum_{i=1}^{n}x_iy_i\geqslant\sum_{i=1}^{n}x_iz_i$$

即

$$-\sum_{i=1}^{n}2x_iy_i\leqslant-\sum_{i=1}^{n}2x_iz_i$$

但

$$\sum_{i=1}^{n}(x_i^2+y_i^2)=\sum_{i=1}^{n}(x_i^2+z_i^2)$$

所以

$$\sum_{i=1}^{n}(x_i^2-2x_iy_i+y_i^2)\leqslant\sum_{i=1}^{n}(x_i^2-2x_iz_i+z_i^2)$$

也就是

$$\sum_{i=1}^{n}(x_i-y_i)^2\leqslant\sum_{i=1}^{n}(x_i-z_i)^2$$

9. 考察三组数 a,b,c;$b+c-a,c+a-b,a+b-c$;及$\frac{1}{a},\frac{1}{b},\frac{1}{c}$;由对称性不妨设 $a\geqslant b\geqslant c$,由此则得 $a+b-c\geqslant a+c-b\geqslant b+c-a$,$\frac{1}{c}\geqslant\frac{1}{b}\geqslant\frac{1}{a}$,由比较法不难证得

$$a(b+c-a)\leqslant b(c+a-b)\leqslant c(a+b-c)$$

由排序原理,

$$\frac{1}{a}a(b+c-a)+\frac{1}{b}b(c+a-b)+\frac{1}{c}c(a+b-c)\geqslant$$

$$\frac{1}{c}a(b+c-a)+\frac{1}{a}b(c+a-b)+\frac{1}{b}c(a+b-c)$$

也就是

$$abc(a+b+c)\geqslant a^2b(b+c-a)+b^2c(c+a-b)+c^2a(a+b-c)$$

移项即得

$$a^2b(a-b)+b^2c(b-c)+c^2a(c-a)\geqslant 0$$

对 a,b,c 的其他排序同理可证.

10. 为方便起见,将集合 $X=\{x_1,x_2,\cdots,x_n\}$ 划分为两个子集:$A=\{\alpha_1,\alpha_2,\cdots,\alpha_s\}$,这里 $\alpha_i\in X,i=1,2,\cdots,s$ 且 $\alpha_1\geqslant\alpha_2\geqslant\cdots\geqslant\alpha_s\geqslant 0$;$B=\{\beta_1,\beta_2,\cdots,\beta_t\}$,这里 $\beta_i\in X,i=1,2,\cdots,t$ 且 $0>\beta_1\geqslant\beta_2\geqslant\cdots\geqslant\beta_t$.容易推得

$$\sum_{i=1}^{s}\alpha_i=\frac{1}{2}$$

$$\sum_{i=1}^{t}\beta_i=-\frac{1}{2}$$

现在考察$\{a_1x_1,a_2x_2,\cdots,a_nx_n\}$,由排序原理得

$$\sum_{i=1}^{n}a_ix_i\leqslant a_1\alpha_1+a_2\alpha_2+\cdots+a_s\alpha_s+a_{s+1}\beta_1+a_{s+2}\beta_2+\cdots+a_n\beta_t$$

注意到 $a_1\geqslant a_i,\alpha_i>0$,则 $a_1\alpha_i\geqslant a_i\alpha_i(i=1,2,\cdots,s)$. 又 $a_{s+i}\geqslant a_n$ 及 $\beta_i<0$,有

$$a_{s+i}\beta_i\leqslant a_n\beta_i\quad(i=1,2,\cdots,t)$$

$$\sum_{i=1}^{n}a_ix_i\leqslant\sum_{i=1}^{s}a_i\alpha_i+\sum_{i=1}^{t}a_{s+t}\beta_i\leqslant a_1\sum_{i=1}^{s}\alpha_i+a_n\sum_{i=1}^{t}\beta_i=\frac{1}{2}(a_1-a_n)\qquad①$$

又由排序原理

$$\sum_{i=1}^{n}a_ix_i\geqslant a_1\beta_t+a_2\beta_{t-1}+\cdots+a_t\beta_1+a_{t+1}\alpha_s+a_{t+2}\alpha_{s+1}+\cdots+a_n\alpha_1\geqslant$$

$$a_1(\beta_t+\beta_{t-1}+\cdots+\beta_1)+a_n(\alpha_s+\alpha_{s+1}+\cdots+\alpha_1)=-\frac{1}{2}(a_1-a_n)\qquad②$$

由 ①② 得

$$-\frac{1}{2}(a_1-a_n)\leqslant\sum_{i=1}^{n}a_ix_i\leqslant\frac{1}{2}(a_1-a_n)$$

即$\left|\sum_{i=1}^{n}a_ix_i\right|\leqslant\frac{1}{2}|a_1-a_n|$,因此 A 的最小值为$\frac{1}{2}$.

11. 设这 n 个点为 $p_1,p_2,\cdots,p_n$,作它们两两联结线段 p_ip_j 的垂直平分线 $l_{ij}(i\neq j,i,j=1,2,\cdots,n)$,在平面上取不在 l_{ij} 上的一点 O,则 O 到 p_i 的距离两两不等,不失一般性,可设 $Op_1<Op_2<\cdots<Op_n$.

(1) 要使圆内没有点,只要以 O 为圆心,取半径 $r\leqslant Op_1$ 画圆即可.

(2) 要使圆外没有点(点全在圆内或圆上),只要以 O 为圆心,取半径 $r\geqslant Op_n$ 画圆即可.

(3) 要使圆内恰好有 $k(1\leqslant k<n)$ 个点且其他点都在圆外,只要以 O 为圆心,取半径 $Op_k<r<Op_{k+1}$ 画圆即可.

第5讲　初等函数基本不等式的解法

1. (1) 当 $x>0$ 时,原不等式化为

$$\begin{cases}\dfrac{1}{x^2-x}\leqslant\dfrac{1}{x}\\ x>0\end{cases}\Rightarrow\begin{cases}\dfrac{1}{x-1}\leqslant 1\\ x>0\end{cases}\Rightarrow\begin{cases}\dfrac{x-2}{x-1}\geqslant 0\\ x>0\end{cases}\Rightarrow$$

$$\begin{cases}x\geqslant 2\text{ 或 }x<1\\ x>0\end{cases}\Rightarrow x\geqslant 2\text{ 或 }0<x<1$$

(2) 当 $x<0$ 时,原不等式化为

$$\begin{cases}\dfrac{1}{x^2-x}\leqslant\dfrac{1}{-x}\\ x<0\end{cases}\Rightarrow\begin{cases}\dfrac{1}{x-1}\geqslant -1\\ x<0\end{cases}\Rightarrow\begin{cases}x>1\text{ 或 }x\leqslant 0\\ x<0\end{cases}\Rightarrow x<0$$

综合(1)(2),原不等式的解集为$\{x\mid x<0\text{ 或 }0<x<1\text{ 或 }x\geqslant 2\}$.

2. 在同一坐标系内分别作出函数 $y=\log_2(-x)$ 与 $y=x+1$ 的图像(图1)(它们的共同定义域为 $x<0$). 从图像上看出,当且仅当 $-1<x<0$ 时,$y=x+1$ 的图像在 $y=\log_2(-x)$ 图像的上方,因此 x 的取值范围为 $-1<x<0$.

3. 图像法,$y=(x-1)(3-x)$ 及 $y=a-xa\leqslant 1$ 时,无解.

$1<a<3$ 时,解为$\frac{5-\sqrt{13-4a}}{2}\leqslant x\leqslant a$.

$a=3$ 时,解为 $2\leqslant x<3$.

$3<a\leqslant\frac{13}{4}$ 时,解为$\frac{5-\sqrt{13-4a}}{2}\leqslant x\leqslant\frac{5+\sqrt{13-4a}}{2}$.

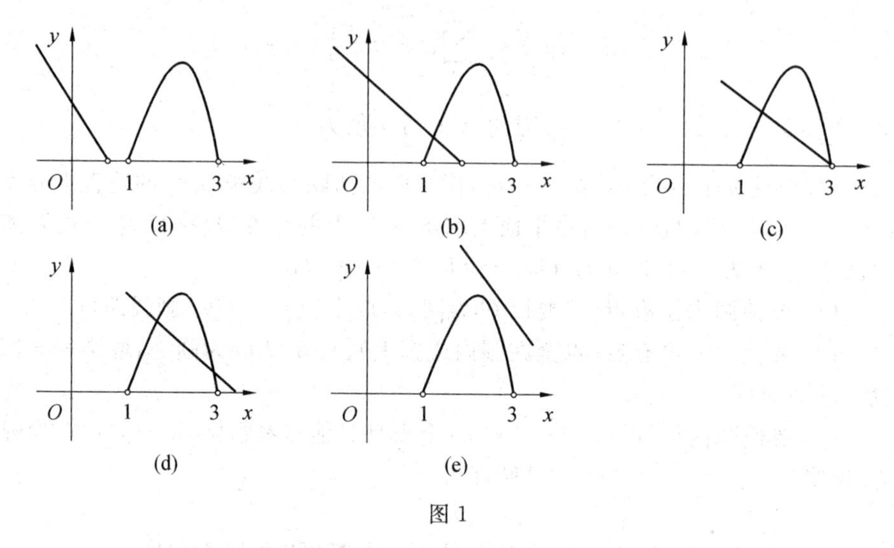

图 1

$a>\frac{13}{4}$ 时,无解.

4.原方程的解 x 应满足

$$\begin{cases}(x-ak)^2=x^2-a^2\\x-ak>0\\x^2-a^2>0\end{cases}\Rightarrow\begin{cases}(x-ak)^2=x^2-a^2 & ①\\x-ak>0 & ②\end{cases}$$

由 ① 得 $2kx=a(1+k^2)$,$k=0$ 时无解. $k\neq 0$ 时,解为 $x=\frac{a(1+k^2)}{2k}$,将此代入 ② 得

$$\frac{a(1+k^2)}{2k}-ak>0\Rightarrow\frac{1+k^2}{2k}-k>0\Rightarrow\frac{k^2-1}{k}<0\Rightarrow k<-1 \text{ 或 } 0<k<1$$

即当 k 在集合 $(-\infty,-1)\cup(0,1)$ 内取值时,原方程有解.

5.解法一:原不等式化为 $x\sqrt{1+x^2}>x^2-1$.

(1) 如 $x<0$,则有

$$\begin{cases}x<0\\x^2-1<0\\(1-x^2)^2>x^2(1+x^2)\end{cases}\Rightarrow\begin{cases}-1<x<0\\-\frac{\sqrt{3}}{3}<x<\frac{\sqrt{3}}{3}\end{cases}\Rightarrow-\frac{\sqrt{3}}{3}<x<0$$

(2) 如 $x\geqslant 0$,则有

$$\begin{cases}x\geqslant 0\\x^2-1<0\end{cases}\text{或}\begin{cases}x\geqslant 0\\x^2-1\geqslant 0\\x^2(1+x^2)>0\end{cases},\text{得 } x\geqslant 0$$

综合(1),(2)得原不等式的解为 $x>-\frac{\sqrt{3}}{3}$.

解法二:三角代换,令 $x=\tan\theta,\theta\in(-\frac{\pi}{2},\frac{\pi}{2})$,原不等式化为 $2\sin^2\theta-\sin\theta-1<0\Rightarrow\sin\theta>-\frac{1}{2},(-\frac{\pi}{6}<\theta<\frac{\pi}{2})\Rightarrow\tan\theta>-\frac{\sqrt{3}}{3}$,即 $x>-\frac{\sqrt{3}}{3}$.

6. 依题意,对任意实数 a,b,x 均有 $a\cos x+b\cos 3x\leqslant 1$,取特殊值 $x=0$, $\pi,\frac{\pi}{3},\frac{2\pi}{3}$,依次有 $\begin{cases}a+b\leqslant 1\\-a-b\leqslant 1\\\frac{a}{2}-b\leqslant 1\\-\frac{a}{2}+b\leqslant 1\end{cases}\Rightarrow\begin{cases}-1\leqslant a+b\leqslant 1\\-1\leqslant\frac{a}{2}-b\leqslant 1\end{cases}\Rightarrow\begin{cases}-1\leqslant a+b\leqslant 1\\-2\leqslant 2b-a\leqslant 2\end{cases}$,

相加得 $-3\leqslant 3b\leqslant 3$,即 $|b|\leqslant 1$.

7. 原不等式化为

$$\begin{cases}|x-3|>|x-2|\\x\neq 4\\(x-4)^2-|x-1|\cdot|x-4|<(x-3)^2-(x-2)^2\end{cases}\quad ①$$

或

$$\begin{cases}|x-3|<|x-2|\\x\neq 4\\(x-4)^2-|x^2-5x+4|>(x-3)^2-(x-2)^2\end{cases}\quad ②$$

不等式组 ① 无解,不等式组 ② 的解为 $3<x<4$ 或 $4<x<7$. 综上,原不等式的解为 $\{x\mid 3<x<4$ 或 $4<x<7\}$.

8. 原不等式化为

$$\begin{cases}5\cdot 6^x-2\cdot 9^x-3\cdot 4^x\geqslant 0\\2\cdot 2^x>3^x\\(2^{x+1}-3^x)^2>4(5\cdot 6^x-2\cdot 9^x-3\cdot 4^x)\end{cases}\Rightarrow\begin{cases}(3^x-\frac{3}{2}\cdot 2^x)(3^x-2^x)\leqslant 0\\3^x<2\cdot 2^x\\(3\cdot 3^x-4\cdot 2^x)^2>0\end{cases}\Rightarrow$$

$$\begin{cases}2^x\leqslant 3^x\leqslant\frac{3}{2}\cdot 2^x\\3\cdot 3^x\neq 4\cdot 2^x\end{cases}\Rightarrow\begin{cases}0\leqslant x\leqslant 1\\x\neq\log_{\frac{3}{2}}\frac{4}{3}\end{cases}$$

因此原不等式的解为 $\{x\mid 0\leqslant x\leqslant 1$ 且 $x\neq\log_{\frac{3}{2}}\frac{4}{3}\}$.

9. 令 $|x|=u$,原不等式化为

$$\log_{2u}u(2\log_{2\sqrt{2}u}u)\leqslant 1\Rightarrow\frac{2\lg u\cdot\lg u}{(\lg u+\lg 2)(\lg u+\lg 2\sqrt{2})}\leqslant 1\Rightarrow$$

$$\frac{(\lg u-3\lg 2)(\lg u+\lg\sqrt{2})}{(\lg u+\lg 2)(\lg u+\lg 2\sqrt{2})}\leqslant 0\Rightarrow$$

$\lg(2\sqrt{2})^{-1}<\lg u<\lg 2^{-1}$ 或 $-\lg\sqrt{2}\leqslant\lg u\leqslant 3\lg 2\Rightarrow$

$\frac{\sqrt{2}}{4}<|x|<\frac{1}{2}$ 或 $\frac{\sqrt{2}}{2}\leqslant|x|\leqslant 8$

因此原不等式解为 $\{x\mid-\frac{1}{2}<x<-\frac{\sqrt{2}}{4}$ 或 $\frac{\sqrt{2}}{4}<x<\frac{1}{2}$ 或 $\frac{\sqrt{2}}{2}\leqslant x\leqslant 8$ 或 $-8\leqslant x\leqslant-\frac{\sqrt{2}}{2}\}$.

10. $x\in(1,2)$，$2ax>0$，所以 $a>0$，$a+x>1$，因此原不等式化为 $\lg 2ax<\lg(a+x)\Rightarrow 2ax<a+x$，即 $a<\frac{x}{2x-1}=\frac{1}{2-\frac{1}{x}}$，在 $x\in(1,2)$ 上恒成立，而 $\frac{2}{3}<\frac{1}{2-\frac{1}{x}}<1$，因此 a 的取值范围为 $0<a\leqslant\frac{2}{3}$.

11. 先求出不等式的解

$$\sqrt{ax-a^2}<x-3a(a\neq 0)\Leftrightarrow\begin{cases}x-3a>0\\ax-a^2\geqslant 0\\ax-a^2<x^2-6ax+9a^2\end{cases}$$

解此不等式得：当 $a>0$ 时，不等式的解为 $(5a,+\infty)$；当 $a<0$ 时，不等式的解为 $(2a,a]$.

当 $a>0$ 时，原不等式在 $[-4,-3]$ 上不成立；当 $a<0$ 时，a 满足的充要条件为 $[-4,-3]\subseteq(2a,a]\Leftrightarrow\begin{cases}2a<-4\\a\geqslant-3\end{cases}\Leftrightarrow-3\leqslant a<-2$，这就是所求的取值范围.

第 6 讲　初等函数基本不等式的证明

1. 构造函数 $f(x)=\ln(1+x)-\frac{x}{1+x}(x>0)$，$f'(x)=\frac{1}{1+x}-\frac{(1+x)-x}{(1+x)^2}=\frac{x}{(1+x)^2}>0$，函数 $f(x)$ 在 $(0,+\infty)$ 上单调递增. 所以当 $x>$

0 时，有 $f(x) > f(0) = 0$，即有

$$\ln(1+x) > \frac{x}{1+x} \quad (x > 0)$$

因而有

$$\ln(1+\frac{1}{1}) > \frac{1}{1+1} = \frac{1}{2},$$

$$\ln(1+\frac{1}{2}) > \frac{\frac{1}{2}}{1+\frac{1}{2}} = \frac{1}{3},$$

$$\ln(1+\frac{1}{3}) > \frac{\frac{1}{3}}{1+\frac{1}{3}} = \frac{1}{4}, \cdots,$$

$$\ln(1+\frac{1}{n}) > \frac{\frac{1}{n}}{1+\frac{1}{n}} = \frac{1}{n+1}$$

故 $$\ln(1+\frac{1}{1}) + \ln(1+\frac{1}{2}) + \ln(1+\frac{1}{3}) + \cdots + \ln(1+\frac{1}{n}) >$$

$$\frac{1}{2} + \frac{1}{3} + \frac{1}{4} + \cdots + \frac{1}{n+1}$$

即 $$\ln(1+n) > \frac{1}{2} + \frac{1}{3} + \frac{1}{4} + \cdots + \frac{1}{n+1}$$

2. 构造函数 $f(x) = \ln(1+x) - x \, (x > 0)$，$f'(x) = \frac{1}{1+x} - 1 = \frac{-x}{1+x} < 0$，函数 $f(x)$ 在 $(0, +\infty)$ 上单调递减.

所以当 $x > 0$ 时，有 $f(x) < f(0) = 0$，即有

$$\ln(1+x) < x \quad (x > 0)$$

因而有

$$\ln(1+\frac{1}{1}) < 1, \ln(1+\frac{1}{2}) < \frac{1}{2}, \ln(1+\frac{1}{3}) < \frac{1}{3}, \cdots, \ln(1+\frac{1}{n}) < \frac{1}{n}$$

故

$$\ln(1+\frac{1}{1}) + \ln(1+\frac{1}{2}) + \ln(1+\frac{1}{3}) + \cdots + \ln(1+\frac{1}{n}) <$$

$$1 + \frac{1}{2} + \frac{1}{3} + \frac{1}{4} + \cdots + \frac{1}{n}$$

即

$$\ln(1+n)<1+\frac{1}{2}+\frac{1}{3}+\frac{1}{4}+\cdots+\frac{1}{n}$$

3.构造函数

$$f(x)=\ln x-\frac{x-1}{x+1}\quad(x>0)$$

$$f'(x)=\frac{1}{x}-\frac{(x+1)-(x-1)}{(x+1)^2}=\frac{x^2+1}{x(x+1)^2}>0$$

函数 $f(x)$ 在$(0,+\infty)$上单调递增.

所以当 $x>1$ 时,有 $f(x)>f(1)=0$,即有

$$\ln x>\frac{x-1}{x+1}\quad(x>1)$$

因而有

$$\ln 2>\frac{2-1}{2+1}=\frac{1}{3},\ln 3>\frac{3-1}{3+1}=\frac{2}{4},\ln 4>\frac{4-1}{4+1}=\frac{3}{5},\cdots,\ln n>\frac{n-1}{n+1}$$

故

$$\ln2\cdot\ln3\cdot\ln4\cdot\cdots\cdot\ln n>\frac{1}{3}\times\frac{2}{4}\times\frac{3}{5}\times\frac{4}{6}\times\cdots\times\frac{n-2}{n}\times\frac{n-1}{n+1}=\frac{2}{n(n+1)}$$

综上有

$$\frac{2}{n(n+1)}<\ln 2\cdot\ln 3\cdot\ln 4\cdot\cdots\cdot\ln n$$

4.构造函数 $f(x)=\ln x-(x-1)(x>1)$,$f'(x)=\frac{1}{x}-1=\frac{1-x}{x}<0$,函数 $f(x)$ 在$(1,+\infty)$上单调递减.

所以当 $x>1$ 时,有 $f(x)<f(1)=0$,即有

$$\ln x<x-1\quad(x>1)$$

因而有

$$\ln 2<1,\ln 3<2,\ln 4<3,\cdots,\ln n<n-1$$

$$\ln 2\cdot\ln 3\cdot\ln 4\cdot\cdots\cdot\ln n<1\cdot2\cdot3\cdot4\cdot\cdots\cdot(n-2)\cdot(n-1)$$

即有

$$\ln 2\cdot\ln 3\cdot\ln 4\cdot\cdots\cdot\ln n<2\cdot3\cdot4\cdot\cdots\cdot(n-2)\cdot(n-1)\cdot\frac{n}{n}$$

故有

$$\frac{\ln 2}{2}\cdot\frac{\ln 3}{3}\cdot\frac{\ln 4}{4}\cdot\cdots\cdot\frac{\ln n}{n}<\frac{1}{n}$$

5.构造函数 $f(x)=\ln x-\frac{x-1}{x}(x>0)$，$f'(x)=\frac{1}{x}-\frac{1}{x^2}=\frac{x-1}{x^2}$，函数 $f(x)$ 在 $(1,+\infty)$ 上单调递增，在 $(0,1)$ 上单调递减，所以有

$$f(x)=\ln x-\frac{x-1}{x}\geqslant f(1)=0$$

即

$$\ln x\geqslant\frac{x-1}{x}\quad(x>0)$$

因而有

$$\ln\frac{k}{k+1}>-\frac{1}{k}$$

即

$$\frac{1}{k}>\ln(k+1)-\ln k$$

所以有

$$\frac{1}{n+1}+\frac{1}{n+2}+\cdots+\frac{1}{3n}>\ln(3n+1)-\ln(3n)=\ln\frac{3n+1}{n+1}\geqslant\ln 2$$

同理有

$$\ln\frac{k+1}{k}>\frac{1}{k+1}$$

即

$$\frac{1}{k+1}<\ln(k+1)-\ln k$$

所以有

$$\frac{1}{n+1}+\frac{1}{n+2}+\cdots+\frac{1}{3n}<\ln(3n)-\ln n=\ln 3$$

故有

$$\ln 2<\frac{1}{n+1}+\frac{1}{n+2}+\cdots+\frac{1}{3n}<\ln 3$$

6.构造函数 $f(x)=\ln x-\frac{x-1}{x}(x>0)$，$f'(x)=\frac{1}{x}-\frac{1}{x^2}=\frac{x-1}{x^2}$，函数 $f(x)$ 在 $(1,+\infty)$ 上单调递增，在 $(0,1)$ 上单调递减．所以有

$$f(x)=\ln x-\frac{x-1}{x}\geqslant f(1)=0$$

故

$$\frac{1}{x}\geqslant 1-\ln x=\ln\frac{\mathrm{e}}{x}$$

取 $x=1,2,3,\cdots$,则 $1+\frac{1}{2}+\frac{1}{3}+\cdots+\frac{1}{n}\geqslant\ln\frac{e^n}{n!}$.

7. 构造函数 $f(x)=\frac{\ln x}{x^2}(x>0)$, $f'(x)=\frac{1}{x^2}=\frac{1-2\ln x}{x^3}$,函数 $f(x)$ 在 $(\sqrt{e},+\infty)$ 上单调递减,在 $(0,\sqrt{e})$ 上单调递减,所以有 $f(x)=\frac{\ln x}{x^2}\leqslant f(\sqrt{e})=\frac{1}{2e}$, $\frac{\ln x}{x^4}\leqslant\frac{1}{2e}\cdot\frac{1}{x^2}$,且有

$$\frac{\ln n}{n^4}<\frac{1}{2e}\cdot\frac{1}{n^2}<\frac{1}{2e}\cdot(\frac{1}{n-1}-\frac{1}{n})$$

取 $x=2,3,\cdots$,则

$$\frac{\ln 2}{2^4}+\frac{\ln 3}{3^4}+\cdots+\frac{\ln n}{n^4}<\frac{1}{2e}[(1-\frac{1}{2})+(\frac{1}{2}-\frac{1}{3})+\cdots+(\frac{1}{n-1}-\frac{1}{n})]$$

故有

$$\frac{\ln 2}{2^4}+\frac{\ln 3}{3^4}+\cdots+\frac{\ln n}{n^4}<\frac{1}{2e}\cdot(1-\frac{1}{n})<\frac{1}{2e}$$

8. 构造函数 $f(x)=\frac{\ln x}{x^2}(x>0)$, $f'(x)=\frac{1}{x^2}=\frac{1-2\ln x}{x^3}$,函数 $f(x)$ 在 $(\sqrt{e},+\infty)$ 上单调递减,在 $(0,\sqrt{e})$ 上单调递减,所以有 $f(x)=\frac{\ln x}{x^2}\leqslant f(\sqrt{e})=\frac{1}{2e}$.

$$\frac{\ln x}{x^4}\leqslant\frac{1}{2e}\cdot\frac{1}{x^2},\frac{\ln x}{x^5}<\frac{\ln x}{x^4}\leqslant\frac{1}{2e}\cdot\frac{1}{x^2}\quad(x>1)$$

所以有

$$\frac{\ln n}{n^5}<\frac{1}{2e}\cdot\frac{1}{n^2}<\frac{1}{2e}\cdot(\frac{1}{n-1}-\frac{1}{n})$$

取 $x=2,3,\cdots$,则

$$\frac{\ln 2}{2^5}+\frac{\ln 3}{3^5}+\cdots+\frac{\ln n}{n^5}<\frac{1}{2e}[(1-\frac{1}{2})+(\frac{1}{2}-\frac{1}{3})+\cdots+(\frac{1}{n-1}-\frac{1}{n})]$$

故有

$$\frac{\ln 2}{2^5}+\frac{\ln 3}{3^5}+\cdots+\frac{\ln n}{n^5}<\frac{1}{2e}\cdot(1-\frac{1}{n})<\frac{1}{2e}$$

9. 构造函数 $f(x)=\ln x-(x-1)(x>1)$, $f'(x)=\frac{1}{x}-1=\frac{1-x}{x}<0$,函数 $f(x)$ 在 $(1,+\infty)$ 上单调递减.

所以当 $x>1$ 时,有 $f(x)<f(1)=0$,即有

$$\ln x<x-1(x>1)$$

因而有

$$\frac{1}{\ln n}>\frac{1}{n-1}>\frac{2}{(n-1)(n+1)}>\frac{1}{n-1}-\frac{1}{n+1}\quad(n\geqslant 2)$$

$$\log_2 e+\log_3 e+\cdots+\log_n e=\frac{1}{\ln 2}+\frac{1}{\ln 3}+\cdots+\frac{1}{\ln n}>$$

$$(1-\frac{1}{3})+(\frac{1}{2}-\frac{1}{4})+(\frac{1}{3}-\frac{1}{5})+\cdots+(\frac{1}{n-1}-\frac{1}{n})=$$

$$1+\frac{1}{2}-\frac{1}{n-1}-\frac{1}{n}=\frac{3n^2-n-2}{2n(n+1)}$$

所以有

$$\log_2 e+\log_3 e+\cdots+\log_n e>\frac{3n^2-n-2}{2n(n+1)}\quad(n\geqslant 2)$$

10.构造函数 $f(x)=\ln x-(x-1)(x>1)$，$f'(x)=\frac{1}{x}-1=\frac{1-x}{x}<0$，函数 $f(x)$ 在 $(1,+\infty)$ 上单调递减.

所以当 $x>1$ 时，有 $f(x)<f(1)=0$，即有

$$\ln x<x-1\quad(x>1)$$

因而有取 $x=n^2$，则 $2\ln n\leqslant n^2-1$，即

$$\frac{\ln n}{n+1}\leqslant\frac{n-1}{2}\quad(n\geqslant 2)$$

所以有

$$\frac{\ln 2}{3}+\frac{\ln 3}{4}+\cdots+\frac{\ln n}{n+1}<\frac{1+2+3+\cdots+(n-1)}{2}=\frac{n(n-1)}{4}$$

11. 构造函数 $f(x)=\ln x-\frac{x-1}{x+1}(x>0)$，$f'(x)=\frac{1}{x}-\frac{(x+1)-(x-1)}{(x+1)^2}=\frac{x^2+1}{x(x+1)^2}>0$，函数 $f(x)$ 在 $(0,+\infty)$ 上单调递增，所以当 $x>1$ 时，有 $f(x)>f(1)=0$，即有 $\ln x>\frac{x-1}{x+1}(x>1)$.

因而有令 $x=\frac{k+1}{k}$，则有

$$\ln\frac{k+1}{k}>\frac{1}{2k+1}$$

分别取 $k=1,2,3,\cdots$，可得

$$\ln\frac{2}{1}+\ln\frac{3}{2}+\ln\frac{4}{3}+\cdots+\ln\frac{n+1}{n}>\frac{1}{3}+\frac{1}{5}+\frac{1}{7}+\cdots+\frac{1}{2n+1}$$

即有

$$\ln(n+1)>\frac{1}{3}+\frac{1}{5}+\frac{1}{7}+\cdots+\frac{1}{2n+1}$$

第7讲　排列与组合

1.把两次连续命中与一次命中的情形看成2个元素插入,可知共有30种,或用穷举法把满足条件的情形一一列举出来.

2.先排1区,有4种方法,再排2区,有3种方法,如果3,5两区同色,则4区有2种方法,否则4区只有一种方法.另外3,5两区本身还有两种选择,故共有$4\times3\times(1+2)\times2=72$(种).

3.用“排除法”,从7个点中任取三点有C_7^3种取法,其中3个点在一条直线上的有3个,故共有$C_7^3-3=32$(个).

4.n个乒乓球运动员两两配对有$\frac{n(n-1)}{2}$对,从中选出两对共有$C_{\frac{n(n-1)}{2}}^2=3C_{n+1}^4$种.

5.不防设$b_1<b_2<\cdots<b_{50}$,把A中元素$a_1,a_2,\cdots,a_{100}$按顺序分为非零的50组,定义映射$f:A\to B$,使第i组的元素在f之下的像都是$b_i(i=1,2,\cdots,50)$,易知这样的f满足题设,每个这样的分组都一一对应满足条件的映射.于是,满足条件的映射f的个数与A按下标顺序分为50组的分法数相等,而A的分法数为C_{99}^{49},则这样的映射共有C_{99}^{49}个.

6.如图1,考虑A,C,E种同一种植物,此时共有$4\times3\times3\times3=108$(种),考虑$A,C,E$种2种植物,此时共有$3\times4\times3\times3\times2\times2=432$(种)方法,考虑$A,C,E$种3种植物,共有$A_4^3\times2\times2\times2=192$(种)方法.故总计有$108+432+192=732$(种)方法.

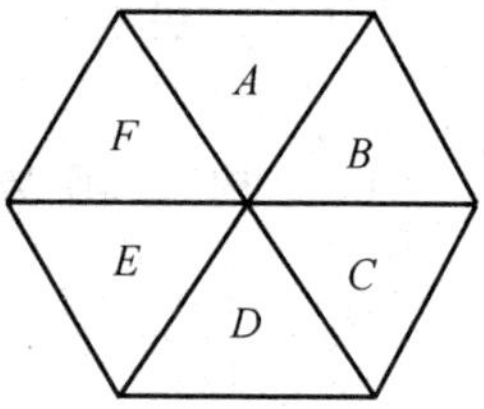

图1

7.由$a_1<a_2,a_2>a_3,a_3>a_4,a_4>a_5$可知,要么$a_2=5$,要么$a_4=5$($a_1,a_3,a_5$不可能是最大者),且$a_2\geqslant3,a_4\geqslant3,a_3\leqslant3$.

(1)若$a_2=5$,则$a_4=4$或3.当$a_4=4$时,有$3!=6$种,当$a_4=3$时,有$2!=2$种,这时共有$6+2=8$(种);

(2)同理当$a_4=5$时,也有8种,故共有16种.

8.前3位数是123的五位“渐升数”共有$5+4+3+2+1=15$(个)数.同理,前3位数分别是124,125,126,127的五位“渐升数”分别有10,6,3,1个.即前两位数是12的五位渐升数有35个,类似可得前两位数是13,14,15,16的五位“渐升数”分别有20个，10个，4个，1个.从而首位是1的五位“渐升数”共有$35+20+10+4+1=70$(个).同理，前两位数是23的五位“渐升数”共有$10+6+3+1=20$个.前2位是24的五位“渐升数”共有$6+3+1=10$(个).所以第100个“渐升数”是24 789.

9.先在第i盒里放入i个球($i=1,2,\cdots,10$)，这时共放了$1+2+3+\cdots+10=55$(个)球，还余下1 941个球，转化为把1 941个球放入10个盒子中(有的盒中不放球)，有C_{1950}^{9}种放法.

10.分4种情形讨论：①有36种颜色，将一种颜色染下底，则上底有5种染法，按圆排列，其余4个侧面有3！种染法，共有$5\times3!=30$种；②用5种颜色，选5种颜色有C_6^5种方法，再选一种染上、下底，有5种，固定一种颜色朝东，朝西一面有3种选法，共有$C_6^5\times C_5^1\times3=90$(种)；③用4种颜色，选4色，再选其中两种各染一对对面有$C_6^4\times C_4^2=90$(种)；④用3种颜色，选3色有C_6^3种，每种染相对两面，染出的都是同一种，故共有$C_6^3=20$种.故共有$30+90+90+20=230$(种).

11.先把女性排定，有4！种方法，女性与女性之间若坐男性(包括这些女性的丈夫)必不少于两个.同样，在男性与男性之间坐着的女性也必不少于两个，把座位连在一起的女性也必不少于两个，把座位连在一起的女性视为一组，则4位女性的分组有4，$3+1$，$2+2$，$2+1+1$，$1+1+1+1$这5种，孤立坐着的女性必须在这一排座位的两端，所以$1+1+1+1$方案不合要求，女性分成$2+1+1$时，两端必须坐着女性，这时男性只能分成$2+2$，即女男男女女男男女，男性的排法只有1种，女性分为$2+2$时，有4类：女女男男男男女女，女女男男男女女男，或男女女男男男女女，女女男男女女男男或男男女女男男女女，男女女男男女女男，男性的排法分别有2，1，1，1种；女性分为$3+1$时，有3类：女女女男男男男女，或女男男男男女女女，男男女女女男男女，或女男男男女女女男，男性的排法分别有2，1，1种；女性4人连排时，有3类，女女女女男男男男，或男女女女女男男男，男男女女女女男男，男性的排法分别有3!，2!，2！种.

于是排法总数为$4!(1+2+2\times1+2\times1+1+2\times2+2\times1+2\times1+2\times3!+2\times2!\times2!)=816$(种).

第8讲　二项式定理

1.因$(5\sqrt{2}-7)\in(0,1)$，且$(5\sqrt{2}+7)^{2n+1}(5\sqrt{2}-7)^{2n+1}=1$，又

$(5\sqrt{2}+7)^{2n+1}=I+F$，所以$(5\sqrt{2}-7)^{2n+1}=\frac{1}{I+F}$. 由二项式定理知$(5\sqrt{2}+7)^{2n+1}-(5\sqrt{2}-7)^{2n+1}$是整数,即$I+F-\frac{1}{I+F}$是整数,故$F-\frac{1}{I+F}$是整数. 因为$0<F<1$,所以$F=\frac{1}{I+F}$,即$F(I+F)=1$.

2. 1

3. $a=b$时$f_n=g_n$. 当$a\neq b$时,令$a=x+y,b=x-y(x,y\in\mathbf{R}^*)\Rightarrow x=\frac{1}{2}(a+b)>0$,这时

$$\frac{a^{n+1}-b^{n+1}}{(n+1)(a-b)}=\frac{1}{2y(n+1)}[(x+y)^{n+1}-(x-y)^{n+1}]=$$
$$\frac{1}{n+1}(C_{n+1}^1x^n+C_{n+1}^3x^{n-1}+\cdots)\geqslant$$
$$\frac{1}{n+1}C_{n+1}^1x^n=(\frac{a+b}{2})^n$$

即$f_n\geqslant g_n$.

4. 原式$=(x-1)(x+2)^9$,x^5的系数为$C_9^5\cdot 2^5-C_9^4\cdot 2^4=2\ 016$.

5.
$$\left(|x|+\frac{1}{|x|}-2\right)^3=\left(\sqrt{|x|}-\frac{1}{\sqrt{|x|}}\right)^6$$
$$T_4=(-1)^3C_6^3(\sqrt{|x|})^3(\frac{1}{\sqrt{|x|}})^3=-20$$

6. 由二项式定理有

$$(2n+1)^n-(2n-1)^n=2[(2n)^{n-1}C_n^1+(2n)^{n-3}C_n^3+\cdots]\geqslant$$
$$2(2n)^{n-1}C_n^1=(2n)^n$$

7. 证法一:由二项式定理可知

$$(1+x)^n=C_n^0+C_n^1x+C_n^2x^2+\cdots+C_n^nx^n$$
$$(1+\frac{1}{x})^n=C_n^0+C_n^1\frac{1}{x^2}+\cdots+C_n^n\frac{1}{x^n}$$

两个展开式右边乘积中的常数恰好等于$(C_2^0)^2+(C_n^1)^2+\cdots+(C_n^n)^2$.

即为所证等式的左端,而$(1+x)^n(1+\frac{1}{x})^n=\frac{1}{x^n}(1+x)^{2n}$.

又因为$(1+x)^{2n}$展开式中含x^n的项是第$n+1$项,它的二项式系数为C_{2n}^n,就是$(1+x)^n(1+\frac{1}{x})^n$中的常数项,而$C_{2n}^n=\frac{(2n)!}{n!\ n!}$.

综上所述,$(C_n^0)^2+(C_n^1)^2+\cdots+(C_n^n)^2=\frac{(2n)!}{n!\cdot n!}$.

证法二：设有 $2n$ 个小球，其中 n 个白球，n 个黑球，从中取出 n 个球的取法种数为 $C_{2n}^{n}=\dfrac{(2n)!}{n!\ n!}$.

另一方面，可以把这件事分成 $n+1$ 类：从 n 个白球中取 r 个，有 C_n^r 种，然后再从 n 个黑球中取 $n-r$ 个，有 C_n^{n-r} 种，其中 $r=0,1,2,\cdots,n$. 所以用乘法原理，从 $2n$ 个球中取 r 个白球、$n-r$ 个黑球的方法有 $C_n^rC_n^{n-r}=(C_n^r)^2$ 种，因此完成该事件的方法种数为 $(C_n^0)^2+(C_n^1)^2+\cdots+(C_n^n)^2=\dfrac{(2n)!}{n!\ n!}$.

8. 由二项式定理知

$$a=\frac{1}{2\sqrt{m}}[(1+\sqrt{m})^n-(1-\sqrt{m})^n]=$$

$$2^{n-1}\cdot\frac{1}{\sqrt{m}}\left[\left(\frac{1+\sqrt{m}}{2}\right)^n-\left(\frac{1-\sqrt{m}}{2}\right)^n\right]$$

欲证原题，只要证 $b_n=\dfrac{1}{\sqrt{m}}\left[\left(\dfrac{1+\sqrt{m}}{2}\right)^n-\left(\dfrac{1-\sqrt{m}}{2}\right)^n\right]$ 为整数即可.

易知 $b_{n+1}=b_n+lb_{n-1}$，且 $b_1=1,b_2=2$，由数学归纳法原理知 $b_n(n\in\mathbf{N},n\geqslant3)$ 皆为整数，故 $2^{n-1}\mid(C_n^1+mC_n^3+m^2C_n^5+\cdots+m^{\frac{n-1}{2}}C_n^n)$.

9. 由二项定理可得 $a-b\sqrt{2}=(1-\sqrt{2})100$. 所以

$$a=\frac{1}{2}[(1+\sqrt{2})^{100}+(1-\sqrt{2})^{100}]$$

$$b=\frac{1}{2\sqrt{2}}[(1+\sqrt{2})^{100}-(1-\sqrt{2})^{100}]$$

故

$$ab=\frac{1}{4\sqrt{2}}[(1+\sqrt{2})^{300}-(1-\sqrt{2})^{300}]=$$

$$\frac{1}{4\sqrt{2}}[(3+2\sqrt{2})^{100}-(3-2\sqrt{2})^{100}]$$

记 $x_n=\dfrac{1}{4\sqrt{2}}[(3+2\sqrt{2})^n-(3-2\sqrt{2})^n](n=1,2,3,4,\cdots)$，则 $x_1=1$，$x_2=6$.

再由恒等式 $a^n-b^n=(a+b)(a^{n-1}-b^{n-1})-ab(a^{n-2}-b^{n-2})$ 可得数列 $\{x_n\}$ 的递推关系式

$$x_n=6x_{n-1}-x_{n-2}\quad(n=3,4,5,\cdots)$$

这样，可得 x_n 的个位数字如下：

$x_1\equiv1,x_2\equiv6,x_3\equiv5,x_4\equiv4,x_5\equiv9,x_6\equiv0,x_7=1,x_8\equiv6,x_9\equiv5,x_{10}\equiv4\pmod{10}$.

由此可得 $x_{n+2}\equiv x_{n+8}\pmod{10}(n=1,2,3,\cdots)$.

由此，$x_{100}=x_{6\times16+4}\equiv x_4\equiv 4\pmod{10}$.

即 $ab=x_{100}$ 的个位数字是 4.

10. 设 $a_n=(\frac{\sqrt{5}+1}{2})^n-(\frac{\sqrt{5}-1}{2})^n$. 则 $n\in\mathbf{N}$ 时，$a_n>0$，且有 $a_{n+2}=\sqrt{5}a_{n+1}-a_n$. 以下用归纳法证明 a_{2n-1} 是整数，a_{2n} 具有形式 $m\sqrt{5}(m\in\mathbf{Z})$. $a_1=1$，$a_2=\sqrt{5}$，$n=1$ 时成立. 假设结论对 $n=k(\in\mathbf{N}^*)$ 成立，则 $a_{2k+1}=\sqrt{5}a_{2k}-a_{2k-1}=5m-a_{2k-1}$，$a_{2k+2}=\sqrt{5}a_{2k+1}-a_{2k}=\sqrt{5}(a_{2k+1}-m)$，即结论对 $n=k+1$ 也成立. 从而

$$b_n=\left(\frac{3+\sqrt{5}}{2}\right)^n+\left(\frac{3-\sqrt{5}}{2}\right)^n-2=$$

$$\left(\frac{\sqrt{5}+1}{2}\right)^{2n}+\left(\frac{\sqrt{5}-1}{2}\right)^{2n}-2\left(\frac{\sqrt{5}+1}{2}\cdot\frac{\sqrt{5}-1}{2}\right)^n=$$

$$\left[\left(\frac{\sqrt{5}+1}{2}\right)^n-\left(\frac{\sqrt{5}-1}{2}\right)^n\right]^2=a_n^2$$

所以 n 为奇数时，b_n 是 $a_n(n\in\mathbf{N})$ 的平方. 当 n 为偶数时，b_n 有如下形式 $(m\sqrt{5})^2=5m^2(m\in\mathbf{N})$.

11. 因为 $a_{i-1}+a_{i+1}=2a_i(i=1,2,3,\cdots)$，所以数列 $\{a_n\}$ 为等差数列，设其公差为 d，有 $a_i=a_0+id(i=1,2,3,\cdots)$，从而

$$P(x)=a_0\mathrm{C}_n^0(1-x)^n+(a_0+d)\mathrm{C}_n^1x(1-x)^{n-1}+$$
$$(a_0+2d)\mathrm{C}_n^2x^2(1-x)^{n-2}+\cdots+(a_0+nd)\mathrm{C}_n^nx^n=$$
$$a_0[\mathrm{C}_n^0(1-x)^n+\mathrm{C}_n^1x(1-x)^{n-1}+\cdots+\mathrm{C}_n^nx^n]+$$
$$d[1\cdot\mathrm{C}_n^1x(1-x)^{n-1}+2\mathrm{C}_n^2x^2(1-x)^{n-2}+\cdots+n\mathrm{C}_n^nx^n]$$

由二项式定理，知

$$\mathrm{C}_n^0(1-x)^n+\mathrm{C}_n^1x(1-x)^{n-1}+\mathrm{C}_n^2x^2(1-x)^{n-2}+\cdots+\mathrm{C}_n^nx^n=$$
$$[(1-x)+x]^n=1$$

又因为

$$k\mathrm{C}_n^k=k\cdot\frac{n!}{k!(n-k)!}=n\cdot\frac{(n-1)!}{(k-1)![(n-1)-(k-1)]!}=n\mathrm{C}_{n-1}^{k-1}$$

从而
$$\mathrm{C}_n^1x(1-x)^{n-1}+2\mathrm{C}_n^2x^2(1-x)^{n-2}+\cdots+n\mathrm{C}_n^nx^n=$$
$$nx[(1-x)n-1+\mathrm{C}_{n-1}^1x(1-x)^{n-2}+\cdots+x^{n-1}]=$$
$$nx[(1-x)+x]^{n-1}=nx$$

所以 $P(x)=a_0+ndx$.

当 $d\neq0$ 时，$P(x)$ 为 x 的一次多项式，当 $d=0$ 时，$P(x)$ 为零次多项式.

第9讲　复数的基本概念与运算

1. $\frac{1}{2}$　因为$\frac{m+\mathrm{i}}{1+\mathrm{i}}-\frac{1}{2}=\frac{(m+\mathrm{i})(1-\mathrm{i})}{2}-\frac{1}{2}=\frac{m}{2}+\frac{1-m}{2}\mathrm{i}$,所以$\frac{m}{2}=\frac{1-m}{2}\mathrm{i}$,所以$m=\frac{1}{2}$.

2. 二　由于$0<A<\frac{\pi}{2}$,$0<B<\frac{\pi}{2}$且$A+B>\frac{\pi}{2}$,所以$\frac{\pi}{2}>A>\frac{\pi}{2}-B>0$.

所以$\tan A>\cot B$,$\cot A<\tan B$.

故复数z对应点在第二象限.

3. (1) 由题意知

$$\begin{cases}\lg(m^2-2m-2)=0\\ m^2+3m+2\neq 0\end{cases}$$

解得$m=3$.

所以当$m=3$时,z是纯虚数.

(2) 由$m^2+3m+2=0$,得$m=-1$或$m=-2$,又$m=-1$或$m=-2$时,$m^2-2m-2>0$.

所以当$m=-1$或$m=-2$时,z是实数.

(3) 由

$$\begin{cases}\lg(m^2-2m-2)<0\\ m^2+3m+2>0\end{cases}$$

解得$-1<m<1-\sqrt{3}$或$1+\sqrt{3}<m<3$.

4. (1) 设$z=a+b\mathrm{i}(a,b\in\mathbf{R},b\neq 0)$.

$$\omega=a+b\mathrm{i}+\frac{1}{a+b\mathrm{i}}=\left(a+\frac{a}{a^2+b^2}\right)+\left(b-\frac{b}{a^2+b^2}\right)\mathrm{i}$$

因为ω是实数,所以$b-\frac{b}{a^2+b^2}=0$.

又$b\neq 0$,所以$a^2+b^2=1$,$\omega=2a$.

因为$-1<\omega<2$,所以$-\frac{1}{2}<a<1$,即z的实部的取值范围是$\left(-\frac{1}{2},1\right)$.

(2) $u=\dfrac{1-z}{1+z}=\dfrac{1-a-bi}{1+a+bi}=\dfrac{1-a^2-b^2-2bi}{(1+a)^2+b^2}=-\dfrac{b}{a+1}i$

因为$-\dfrac{1}{2}<a<1,b\neq 0$,所以$u$是纯虚数.

5.(1)$z=a+bi$(i为虚数单位),$z-3i$为实数,则$a+bi-3i=a+(b-3)i$为实数,则$b=3$.

依题意得b的可能取值为1,2,3,4,5,6,故$b=3$的概率为$\dfrac{1}{6}$.

即事件"$z-3i$为实数"的概率为$\dfrac{1}{6}$.

(2) 连续抛掷两次骰子所得结果见表1.

表1

	1	2	3	4	5	6
1	(1,1)	(1,2)	(1,3)	(1,4)	(1,5)	(1,6)
2	(2,1)	(2,2)	(2,3)	(2,4)	(2,5)	(2,6)
3	(3,1)	(3,2)	(3,3)	(3,4)	(3,5)	(3,6)
4	(4,1)	(4,2)	(4,3)	(4,4)	(4,5)	(4,6)
5	(5,1)	(5,2)	(5,3)	(5,4)	(5,5)	(5,6)
6	(6,1)	(6,2)	(6,3)	(6,4)	(6,5)	(6,6)

由表1知,连续抛掷两次骰子共有36种不同的结果.

不等式组所表示的平面区域如图1中阴影部分所示(含边界).

由图知,点$P(a,b)$落在四边形$ABCD$内的结果有:(1,1),(1,2),(1,3),(2,1),(2,2),(2,3),(2,4),(3,1),(3,2),(3,3),(3,4),(3,5),(4,1),(4,2),(4,3),(4,4),(4,5),(4,6),共18种.

所以点$P(a,b)$落在四边形$ABCD$内(含边界)的概率为$P=\dfrac{18}{36}=\dfrac{1}{2}$.

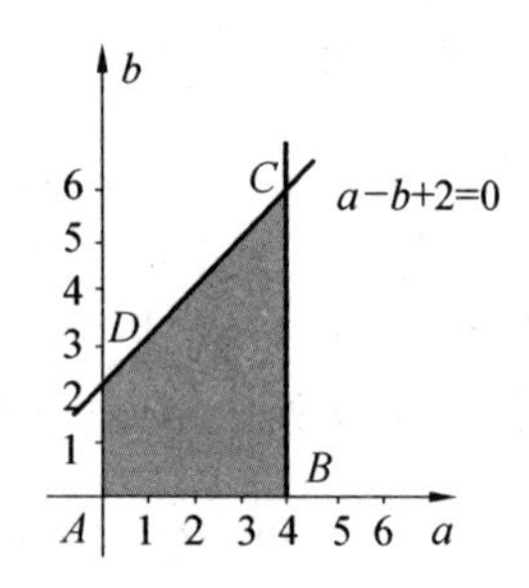

图1

6.设$\dfrac{a}{b}=\dfrac{b}{c}=\dfrac{c}{a}=k$,即有$k^3=1$,则$\dfrac{a+b-c}{a-b+c}=\dfrac{1+k^2-k}{1-k^2+k}$.

若$k=1$,原式$=1$;若$k=\dfrac{-1+\sqrt{3}i}{2}$,原式$=\dfrac{-1-\sqrt{3}i}{2}$;若$k=\dfrac{-1-\sqrt{3}i}{2}$,

原式$=\dfrac{-1+\sqrt{3}\mathrm{i}}{2}$.

7. 由$\omega=\cos\dfrac{\pi}{5}+\mathrm{i}\sin\dfrac{\pi}{5}$知,$\omega,\omega^2,\cdots,\omega^{10}(=1)$是1的10个10次单位根,而$(x-\omega)(x-\omega^2)(x-\omega^3)\cdots(x-\omega^{10})=x^{10}-1$.

又$\omega^2,\omega^4,\omega^6,\omega^8,\omega^{10}$是1的5个5次单位根,有

$$(x-\omega^2)(x-\omega^4)(x-\omega^6)(x-\omega^8)(x-\omega^{10})=x^5-1$$

所以

$$(x-\omega)(x-\omega^3)(x-\omega^5)(x-\omega^7)(x-\omega^9)=x^5+1$$

故

$$(x-\omega)(x-\omega^3)(x-\omega^7)(x-\omega^9)=\frac{x^5+1}{x+1}=x^4-x^3+x^2-x+1$$

8. $$\left|\sum_{k=1}^{n}\sin k\right|\leqslant\left|\sum_{k=1}^{n}\mathrm{e}^{\mathrm{i}k}\right|=\left|\frac{\mathrm{e}^{\mathrm{i}}(1-\mathrm{e}^{\mathrm{i}n})}{1-\mathrm{e}^{\mathrm{i}}}\right|=\left|\frac{1-\mathrm{e}^{\mathrm{i}n}}{1-\mathrm{e}^{\mathrm{i}}}\right|=\frac{|1-\mathrm{e}^{\mathrm{i}n}|}{2\sin\frac{1}{2}}\leqslant$$

$$\frac{|\mathrm{e}^{\mathrm{i}n}|+1}{2\sin\frac{1}{2}}=\frac{1}{\sin\frac{1}{2}}$$

9. 记$c_0z^n+c_1z^{n-1}+\cdots+c_{n-1}z=g(z)$,令$\theta=\arg(c_n)-\arg(z_0)$,则方程$g(z)-c_0\mathrm{e}^{\mathrm{i}\theta}=0$为$n$次方程,其必有$n$个根,设为$z_1,z_2,\cdots,z_n$,从而$g(z)-c_0\mathrm{e}^{\mathrm{i}\theta}=(z-z_1)(z-z_2)\cdot\cdots\cdot(z-z_n)c_0$,令$z=0$得$-c_0\mathrm{e}^{\mathrm{i}\theta}=(-1)^nz_1z_2\cdots z_nc_0$,取模得$|z_1z_2\cdots z_n|=1$.所以$z_1,z_2,\cdots,z_n$中必有一个$z_i$使得$|z_i|\leqslant1$,从而$f(z_i)=g(z_i)+c_n=c_0\mathrm{e}^{\mathrm{i}\theta}=c_n$,所以$|f(z_i)|=|c_0\mathrm{e}^{\mathrm{i}\theta}+c_n|=|c_0|+|c_n|$.

10. 设$z=(p+q\mathrm{i})^2$,由$(p+q\mathrm{i})^2=\sum\limits_{k=1}^{n}z_k^2=\sum\limits_{k=1}^{n}(x_k^2-y_k^2)+2\mathrm{i}\sum\limits_{k=1}^{n}x_ky_k$得

$$p^2-q^2=\sum(x_k^2-y_k^2),\ pq=\sum x_ky_k$$

假设$|p|>\sum|x_k|\Rightarrow p^2>\sum x_k^2,q^2>\sum y_k^2\Rightarrow\left(\sum x_ky_k\right)^2>\left(\sum x_k^2\right)\left(\sum y_k^2\right)$,这与柯西不等式矛盾.

11. 令$u=\mathrm{e}^{\mathrm{i}\frac{\pi}{3}}$,由题设,约定用点同时表示它们对应的复数,取给定平面为复平面,则

$$p_1=(1+u)A_1-up_0$$

$$p_2=(1+u)A_2-up_1 \qquad ①$$

$$p_3=(1+u)A_3-up_2 \qquad ②$$

①$\times u^2+$②$\times(-u)$得$p_3=(1+u)(A_3-uA_2+u^2A_1)+p_0=w+p_0$,

w 为与 p_0 无关的常数.

同理得 $p_6=w+p_3=2w+p_0,\cdots,p_{1986}=662w+p_0=p_0$,所以 $w=0$,从而 $A_3-uA_2+u^2A_1=0$. 由 $u^2=u-1$ 得 $A_3-A_1=(A_2-A_1)u$,这说明 $\triangle A_1A_2A_3$ 为正三角形.

第10讲　多项式的理论与运用

1. 由题设知,$f(x)$ 和式中的各项构成首项为1,公比为 $-x$ 的等比数列,由等比数列的求和公式,得

$$f(x)=\frac{(-x)^{21}-1}{-x-1}=\frac{x^{21}+1}{x+1}$$

令 $x=y+4$,得 $g(y)=\dfrac{(y+4)^{21}+1}{y+5}$,取 $y=1$,有

$$a_0+a_1+a_2+\cdots+a_{20}=g(1)=\frac{5^{21}+1}{6}$$

2. 设该方程的5个根为 $a-2d,a-d,a,a+d,a+2d$,则由韦达定理可得

$$\begin{cases}a-2d+a-d+a+a+d+a+2d=15\\(a-2d)(a-d)a(a+d)(a+2d)=120\end{cases}$$

由此得 $a=3$,及 $(9-4d^2)(9-d^2)=40$.

令 $d^2=t$,得 $4t^2-45t+41=0,t=\dfrac{41}{4}$ 或 1.

于是 $d=\pm\sqrt{\dfrac{41}{4}}$ 或 $d=\pm 1$. 由条件 $|d|\leqslant 1$,可知 $d=\pm 1$.

因此这5个根为1,2,3,4,5.

3. 设 $f(x)=x^4+px^2+qx+a^2=(x^2-1)(x^2+mx+n)$.

展开得 $x^4+px^2+qx+a^2=x^4+mx^3+(n-1)x^2-mx-n$.

比较两边系数得 $\begin{cases}q=-m=0\\p=n-1\\n=-a^2\end{cases}$,所以 $p=-a^2-1$,故

$$f(a)=a^4+pa^2+qa+a^2=a^4-(1+a^2)a^2+a^2=0$$

4. 设 $g(x)=x^3+mx^2+nx+p$,则由韦达定理知

$$\begin{cases}m=-(x_1^2+x_2^2+x_3^2)\\n=x_1^2x_2^2+x_2^2x_3^2+x_2^2x_3^2\\p=-x_1^2x_2^2x_3^2\end{cases}$$

故

$$m=-(x_1+x_2+x_3)^2+2(x_1x_2+x_2x_3+x_2x_3)=2b-a^2$$

$$n=x_1^2x_2^2+x_2^2x_3^2+x_2^2x_3^2=(x_1x_2+x_2x_3+x_2x_3)^2-$$
$$2x_1x_2x_3(x_1+x_2+x_3)=b^2-2ac$$

$$p=-x_1^2x_2^2x_3^2=-(-x_1x_2x_3)^2=-c^2$$

因此 $g(x)=x^3+(2b-a^2)x^2+(b^2-2ac)x-c^2$.

5. 解法一：根据余数定理，$p(x)$ 除以 $(x-a)$ 的余数为 $p(a)$，故 $p(a)=a$. 同理，$p(b)=b$，$p(c)=c$，$p(d)=d$. 考察多项式 $F(x)=p(x)-x$，则有 $F(a)=0$，$F(b)=0$，$F(c)=0$，$F(d)=0$. 由因式定理可知，$F(x)$ 含有因式 $(x-a)(x-b)(x-c)(x-d)$，而 $p(x)=F(x)+x$，故多项式 $p(x)$ 除以 $(x-a)(x-b)(x-c)(x-d)$ 的余数为 x.

解法二：利用待定系数法设

$$p(x)=(x-a)(x-b)(x-c)(x-d)q(x)+r(x)$$

其中

$$r(x)=mx^3+nx^2+lx+t$$

由题设得 $p(a)=a$，$p(b)=b$，$p(c)=c$，$p(d)=d$ 知 a,b,c,d 是 $mx^3+nx^2+lx+t=0$ 的 4 个互不相同的根，但该方程是个三次方程，故 $m=n=l-1=t=0$，即 $m=n=t=0$，$l=1$. 故所求余式为 x.

6. $x=a+\sqrt{2}$，则 $a=x-\sqrt{2}$，代入方程，得

$$(x-\sqrt{2})^3-(x-\sqrt{2})-1=0$$

即

$$x^3-3\sqrt{2}x^2+5x-(\sqrt{2}+1)=0$$

所以

$$x^3+5x-1=\sqrt{2}(3x^2+1)$$

两边平方，得

$$x^6+25x^2+1+10x^4-2x^3-10x=2(9x^4+6x^2+1).$$

故所求的多项式为 $f(x)=x^6-8x^4-2x^3+13x^2-10x-1$.

7. 设 $g(x)=f(x)-10x$，则 $g(1)=0$，$g(2)=0$，$g(3)=0$，故

$$g(x)=(x-1)(x-2)(x-3)(x-r)$$

于是

$$f(10)+f(-6)=g(10)+g(-6)+40=$$
$$9\times8\times7\times(10-r)+7\times8\times9(6+r)+40=$$
$$7\times8\times9\times16+40=8\,014$$

8. 由韦达定理知

$$a+b+c=-a, ab+bc+ca=b, abc=-c$$

如果 $a=0$(或 $b=0$) 得 $c=0, b=0$.

如果 $a\neq 0, b\neq 0$,但 $c=0$,得 $a=1, b=-2$.

如果 a,b,c 均不为零,得 $a=1, b=c=-1$.

故满足题设的多项式为 $x^3, x^3+x^2-2x, x^3+x^2-x-1$.

9. 显然,$x=0$ 不是 $f(x)=0$ 的根. 令 $y=\dfrac{1}{x}$,则

$$f(x)=x^7+x^4+x^2+1=\left(\frac{1}{y}\right)^7(y^7+y^5+y^3+1)=0$$

所以

$$y^7+y^5+y^3+1=0$$

又 $f(y)=y^7+y^5+y^3+1$ 单调递增,且当 $y\to-\infty$ 时,$f(y)\to-\infty$;$y\to+\infty$,$f(y)\to+\infty$,因此,恰有一个根.

10. 设 $f(x)=x^4+x^3+x^2+x+1$.

取 1 的 5 次虚单位根 $\varepsilon, \varepsilon^2, \varepsilon^3, \varepsilon^4$,则 $f(\varepsilon^k)=0(k=1,2,3,4)$.

所以$(\varepsilon^k)^2r(1)+\varepsilon^kq(1)+p(1)=0(k=1,2,3,4)$.

即方程 $x^2r(1)+xq(1)+p(1)=0$ 有 4 个不同根 $\varepsilon^k(k=1,2,3,4)$.

故 $r(1)=q(1)=p(1)=0$. 再把 $x=1$ 代入所设等式,得 $s(1)=0$. 命题得证.

11. 令 $f(x)=p(x)-1$,则 $f(k)=(-1)^{k+1}, k=0,1,2,\cdots,2n$. 又

$$f(x)=\sum_{k=0}^{2n}f(k)\frac{(x-x_0)(x-x_1)\cdots(x-x_{k-1})(x-x_{k+1})\cdots(x-x_{2n})}{(x_k-x_0)(x_k-x_1)\cdots(x_k-x_{k-1})(x_k-x_{k+1})\cdots(x_k-x_{2n})}$$

其中 $x_k=k(k=0,1,2,\cdots,2n)$.

将 $x=2n+1$ 代入上式,得

$$f(2n+1)=\sum_{k=0}^{2n}(-1)^{k+1}\frac{(2n-1)(2n)\cdots(2n-k+2)(2n-k)\cdots2\times1}{k(k-1)\cdots\times1\times(-1)\times(-2)\cdots[-(2n-k)]}=$$

$$\sum_{k=0}^{2n}(-1)^{2n+1}\frac{(2n+1)(2n)\cdots(2n-k+2)}{k!}=$$

$$-\sum_{k=0}^{2n}C_{2n+1}^{k}=1-2^{2n+1}$$

由 $p(2n+1)=-30$,有 $f(2n+1)=-31$,故 $-31=1-2^{2n+1}$,解得 $n=2$.

这表明 $p(x)$ 是四次多项式,由 $p(0)=p(2)=p(4)=0, p(1)=p(3)=2$,得

$$p(x)=2\cdot\frac{x(x-2)(x-3)(x-4)}{1\times(-1)\times(-2)\times(-3)}+2\cdot\frac{x(x-1)(x-2)(x-4)}{3\times2\times1\times(-1)}=$$

$$-\frac{2}{3}x^4+\frac{16}{3}x^3-\frac{40}{3}x^2+\frac{32}{3}x$$

第11讲　奇偶性分析

1.设他到达某路口后，准备回火车站，此时设他已经到过这个交叉路口 k 次，前 $k-1$ 次都是到达此路口又离开的，只有最后一次是他刚到达此路口的，从而他走过了连接该路口的 $2(k-1)+1=2k-1$ 条街道(某条街道走过几次就算几条)，于是他不可能超过其中的每一条街道都是偶数次，即至少有一条街道他以前走过奇数次.于是，他可以沿此街道走下去，到达另一个路口，同样的道理，他又可选择一条他走过奇数次的街道走下去，由于他前面经过的街道是有限条，从而他不可能这样一直走下去，必于某一时刻到达车站.

2.用数字代表颜色，红色记为1，蓝色记为 -1.将小方格编号为 $1,2,\cdots,n^2$，并记每个小方格四顶点的乘积为 $A_i(i=1,2,\cdots,n^2)$.若恰有三顶点同色，$A_i=-1$，否则 $A_i=1$.现在考虑乘积 $A_1\times A_2\times\cdots\times A_{n^2}$：对正方形内部的交点，各点相应的数重复出现4次；正方形各边上不是端点的交点所相应的数各出现2次；A,B,C,D 四点相应的数的乘积为 $1\times1\times(-1)\times(-1)=1$.于是，$A_1\times A_2\times\cdots\times A_{n^2}=1$.因此，$A_1,A_2,\cdots,A_{n^2}$ 中 -1 的个数必为偶数，即恰有3个顶点同色的小方格必有偶数个.

3.设原来写了 p 个0，q 个1，r 个2，每次操作，每种数字或增加1个，或减少1个，于是，每次操作，这3种数字的个数的奇偶性都同时改变，即 p,q,r 这3个数的奇偶性如果原来相同，则经过操作，其奇偶性仍相同，若原来奇偶性不同，则经过操作后奇偶性仍不同.若最后只留下一个数字，该数字的个数为奇，其余两个数字的个数为0，是偶数.这说明，原来 p,q,r 按奇偶性分类，必有2个属于同一类，这两类数最后全部擦去；另一个则属于另一类，而最后留下的数就是后一类的数.

4.设多项式 x^3+bx^2+cx+d 可以分解成两个多项式的乘积，则必可分解成一个一次式与一个二次式的积.设 $x^3+bx^2+cx+d=(x+p)(x^2+qx+r)$，其中 p,q,r 都是整数.于是比较此式两边的系数，得 $pr=d$；① $pq+r=c$；② $p+q=b$；③ 因 $bd+cd=(b+c)d$ 为奇数，故 d 与 $b+c$ 都是奇数.所以 b 与 c 必一奇一偶.

(1) 若 b 为奇数，c 为偶数，则由 ① 知 $pr=d$ 为奇数，故 p 与 r 都为奇数，所以由 ② 知 q 为奇数，由 ③ 知 q 为偶数，二者矛盾.

(2) 若 b 为偶数，c 为奇数，则由 ① 知 p 与 r 都是奇数，于是由 ② 得 q 为偶数,由③得q为奇数,二者矛盾.故x^3+bx^2+cx+d不能分解成为两个整系数多项式的乘积.

5.如果已知等式成立,又右边等于$x^4+(a+c)x^3+(b+d+ac)x^2+(bc+ad)x+bd$,于是有等式

$$x^4+2x^2+2\,000x+30=x^4+(a+c)x^3+(b+d+ac)x^2+(bc+ad)x+bd$$

比较等式两边的对应项的系数,则有

$$\begin{cases}a+c=0 & ①\\ b+d+ac=2 & ②\\ bc+ad=2\,000 & ③\\ bd=30 & ④\end{cases}$$

由④知,b和d一个为奇数,一个为偶数,不妨设b为奇数,d为偶数.再考虑式③,由d是偶数,则ad为偶数,又因为2 000为偶数,则bc必为偶数,再由b为奇数得c为偶数.根据这些结果考虑式②,由b为奇数,d和c为偶数可知$b+d+ac$为奇数,可是等式右边是2,2为偶数,这样式②不可能成立,因此题目要求的a,b,c,d不存在.

6.若能涂成,把黑格记为数"+1",白格记为数"−1",于是所有各格中数的和为0.现把此方格表分成4个995×995的小方格表A_1,A_2,A_3,A_4,如图3所示.由于每个995×995方格中方格数都是奇数,从而其各数的和不等于0,由对称性知A_1与A_4,A_2与A_3中各数和符号相反,不妨设A_1,A_2中各数和为正,A_4,A_3中各数和为负.由于原方格表的前995行的和都为正,这说明此995行中不可能每行的数的和都为0.即存在某些行,该行中各数和为正.即该行中黑格比白格多.矛盾.故不可能涂成.

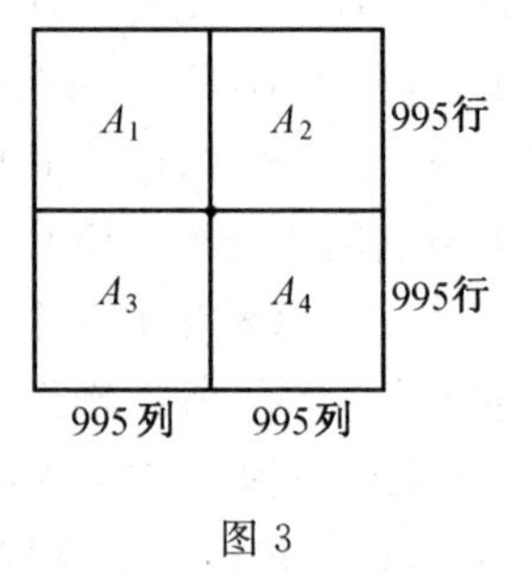

图3

7.所给的硬币除指定的一枚硬币外,把余下的98枚分成两组,每组49枚,将它们分别置于两边的盘子上.如果两边的质量相差偶数克,那么取出那一枚硬币为真币;如果两边的质量相差奇数克,那么取出的那枚硬币是伪币.事实上,由于假币的质量与真币的质量相差奇数克,故当假币有奇数个时,这些假币的质量和必与相同个数的真币质量和相差奇数克,从而相差的克数不可能为0.所以在这99枚硬币中,假币有偶数枚.如果指定的这枚硬币是假币,则余下98枚硬币中,有奇数枚假币,在分成两组时,这两组中的假币数必一奇一偶.此时,天平两边的质量差为奇数.如果指定的这枚硬币是真币,则余下98枚硬币中假币有偶数个,所以分成两组时,或者两组中假币都有偶数个,或

者两组中假币都有奇数个，从而天平两边的质量差为偶数．所以，如果两边的质量相差偶数克，那么取出那一枚硬币为真币；如果两边的质量相差奇数克，那么取出的那枚硬币是伪币．即一次称重即可确定指定的这枚硬币是真币还是假币．

8．设 10 个圆圈中填的数分别为 $a_1,a_2,\cdots,a_{10}$，把相邻两个圆圈中数的差的绝对值写在联结它们的线段上．差的绝对值最大为 14，最小为 1，从而如果能填成，则 14 条线段上的数都互不相同．这 14 个数分别为 $1,2,\cdots,14$，其中 7 个奇数，7 个偶数．由于两数差的绝对值的奇偶性与这两数和的奇偶性相同，从而线段两端两数和也有 7 个是奇数，7 个是偶数，其和为奇数．由于该图中每个圆圈连出了偶数条线段，即每个圆圈中所填数都在这 14 个和式中出现了偶数次，从而这 14 个数的和应为偶数，矛盾．从而这样的填法不存在．

9．即证明 $2d-1,5d-1,13d-1$ 中不能都是完全平方数．反设存在某个 d，使这 3 个数都是完全平方数．由 $2d-1$ 为奇数，故 $2d-1=8k+1$，即 $d\equiv 1\pmod 4$．此时 $5d-1=5(4k+1)-1=4(5k+1)$，于是 $5k+1$ 是完全平方数，于是 $5k+1\equiv 0$ 或 $1\pmod 4$，从而 $k\equiv -1$ 或 0．

(1) 又 $13d-1=13(4k+1)-1=4(13k+3)$，于是 $13k+3$ 是完全平方数，于是 $13k+3\equiv 0$ 或 $1\pmod 4$，从而 $k\equiv 1$ 或 2．

(2) 由(1) 与(2) 矛盾，知这样的 d 不存在．

10．记 P_i 的坐标为 $P_i(x_i,y_i)(i=0,2,\cdots,1\,992)(x_i,y_i\in\mathbf{Z})$．只研究 P_iP_{i+1} 的中点坐标：① 若存在 $i(i\in\{0,2,\cdots,1\,992\}$，使 x_i 与 x_{i+1}，y_i 与 y_{i+1} 的奇偶性都相同，则线段 P_iP_{i+1} 的中点是整点，不满足条件(2)；② 若存在 $i(i\in\{0,2,\cdots,1\,992\}$，使 x_i 与 x_{i+1}，y_i 与 y_{i+1} 的奇偶性都不相同，则线段 P_iP_{i+1} 的中点满足题目要求；③ 若存在 $i(i\in\{0,2,\cdots,1\,992\}$，使 x_i 与 x_{i+1} 的奇偶性相同，而 y_i 与 y_{i+1} 的奇偶性不同；或 x_i 与 x_{i+1} 的奇偶性不同，而 y_i 与 y_{i+1} 的奇偶性相同．则线段 P_iP_{i+1} 的中点的一个坐标的 2 倍是偶数，另一坐标的 2 倍是奇数．故若不存在满足题目要求的点，则所有 P_i 的坐标都必须满足③．此时 $x_i+y_i+x_{i+1}+y_{i+1}=(x_i+x_{i+1})+(y_i+y_{i+1})$ 为奇数，从而 x_i+y_i 与 $x_{i+1}+y_{i+1}$ 的奇偶性不同．即 $P_0,P_1,P_2,\cdots,P_{1\,993}$ 的坐标和应为奇偶相间的一列数，从而 P_0 与 $P_{1\,993}$ 的奇偶性相反，这与 $P_0=P_{1\,993}$ 矛盾．故证．

11．由于 $a_1\pm a_2\pm\cdots\pm a_n$ 与 $a_1+a_2+\cdots+a_n$ 的奇偶性相同，故当 $a_1+a_2+\cdots+a_n$ 为奇数时，$a_1\pm a_2\pm\cdots\pm a_n$ 也为奇数，从而不可能等于 0．现设 $a_1+a_2+\cdots+a_n$ 为偶数．若 $n=2$，因 $1\leqslant a_1\leqslant 1,1\leqslant a_2\leqslant 2$，故 $2\leqslant a_1+a_2\leqslant 3$，由 a_1+a_2 为偶数，故 $a_1+a_2=2$，所以 $a_1=a_2=1$，只要安排成 $a_1-a_2=0$．若 $n=3$，因 $1\leqslant a_i\leqslant i(i=1,2,3)$，故 $3\leqslant a_1+a_2+a_3\leqslant 6$，由 $a_1+a_2+a_3$

为偶数,故 $a_1+a_2+a_3=4$ 或 6.

① 当 $a_1+a_2+a_3=4$ 时,只能是 $a_1=a_2=1,a_3=2$;

② 当 $a_1+a_2+a_3=6$ 时,只能 $a_1=1,a_2=2,a_3=3$,只要安排为 $a_1+a_2-a_3=0$. 现设 $n=m(m=1,2,\cdots,k)$ 时,由 $1\leqslant a_i\leqslant i(i=1,2,\cdots,m)$,及 $a_1+a_2+\cdots+a_m$ 为偶数即能适当选取符号,使 $a_1\pm a_2\pm\cdots\pm a_m=0$ 成立. 当 $n=k+1$,且 $1\leqslant a_i\leqslant i(i=1,2,\cdots,k,k+1)$,及 $a_1+a_2+\cdots+a_k+a_{k+1}$ 为偶数时,由于 $0\leqslant|a_{k+1}-a_k|\leqslant k$,令 $a_k'=|a_{k+1}-a_k|$,则 $a_1+a_2+\cdots+a_{k-1}+a_k'$ 为偶数. 当 $1\leqslant a_k'\leqslant k$ 时,由假设知可以适当选取符号,使 $a_1\pm a_2\pm\cdots\pm a_{k-1}\pm a_k'=0$,于是可以选取符号,使 $a_1\pm a_2\pm\cdots\pm a_k\pm a_{k+1}=0$. 当 $a_k'=0$ 时,则由 $1\leqslant a_i\leqslant i(i=1,2,\cdots,k-1)$ 及 $a_1+a_2+\cdots+a_{k-1}$ 为偶数知可以选取符号使 $a_1\pm a_2\pm\cdots\pm a_{k-1}=0$,此时只要添上 $+a_k-a_{k+1}=0$,即得 $a_1\pm a_2\pm\cdots\pm a_{k-1}+a_k-a_{k+1}=0$. 故 $n=k+1$ 时命题也成立. 综上可知,对于一切正整数 $n\geqslant 2$,命题均成立.

第 12 讲　　抽屉原理

1. 构造 n 个抽屉:$\{1,2\},\{3,4\},\cdots,\{2n-1,2n\}$,则 $n+1$ 个数中必有两个数属于同一个抽屉,即此两数互素.

2. 因为任意整数除以 10 的余数,只能是 0,1,2,3,4,5,6,7,8,9 这十个数中的一个.

所以不妨从余数角度出发,考虑构造合适的抽屉.(由题目分析,要求我们构造 6 个抽屉,并且抽屉中的余数和或差只能是 0.)

由这 10 个余数,构造 6 个抽屉:$\{0\},\{5\},\{1,9\},\{2,8\},\{3,7\},\{4,6\}$.

则任意 7 个不同整数除以 10 后所得余数(即 7 个元素),任意放入这 6 个抽屉,其中必有一个抽屉包含有其中 2 个不同整数除以 10 后所得的 2 个余数.

(1) 若这两个余数同属于抽屉 $\{0\}$ 或抽屉 $\{5\}$,则此二余数差是 0,即这两个余数对应的整数之差可以被 10 整除.

(2) 若这两个余数同属于 $\{1,9\},\{2,8\},\{3,7\},\{4,6\}$ 这 4 个抽屉中的任意一个,则这两个余数和是 10,即这两个余数所对应整数之和是 10 的倍数.

可见,任意 7 个不同的整数中,必有两个数的和或差是 10 的倍数.

3. 记 7 个数为 $\tan\alpha_1,\tan\alpha_2,\cdots,\tan\alpha_7$,其中 $\alpha_1,\alpha_2,\cdots,\alpha_7\in\left(-\frac{\pi}{2},\frac{\pi}{2}\right)$,将区间 $\left(-\frac{\pi}{2},\frac{\pi}{2}\right)$ 等分成 6 个区间:$\left(-\frac{\pi}{2},-\frac{\pi}{3}\right],\left(-\frac{\pi}{3},-\frac{\pi}{6}\right],\left(-\frac{\pi}{6},0\right]$,

$(0,\frac{\pi}{6}],(\frac{\pi}{6},\frac{\pi}{3}],(\frac{\pi}{3},\frac{\pi}{2})$，则 7 个角必有两个属于同一区间，不妨设 $|\alpha_i-\alpha_j|<\frac{\pi}{6}$，设 $\alpha_i\geqslant\alpha_j$，则 $0\leqslant\tan(\alpha_i-\alpha_j)<\tan\frac{\pi}{6}$，即存在两个数 x,y 满足 $0\leqslant\frac{x-y}{1+xy}<\frac{\sqrt{3}}{3}$.

4. 首先指出取 51 件是不行的. 当零件的直径成等差数列：10，10.01，10.02，…，10.5 时，每两件的直径之差都不小于 0.01 mm.

再证取 52 件时成立. 将区间[10，10.5]作 51 等分，则 52 个零件中必有两件的直径属于同一等分区间，有直径之差小于等于 $\frac{10.5-10}{51}<\frac{0.5}{50}=0.01$，所以最少要取 52 件.

5. 首先证明凸多边形至多有 5 个内角小于 $\frac{2}{3}\pi$. 用反证法，若有 6 个内角小于 $\frac{2}{3}\pi$，则其内角和 $S<6\times\frac{2}{3}\pi+(n-6)\pi=(n-2)\pi$，这与 $S=(n-2)\pi$ 矛盾.

于是，凸 n 边形至少有 $n-5$ 个内角在区间 $[\frac{2}{3}\pi,\pi)$ 内，它们的余弦值在 $(-1,-\frac{1}{2}]$ 内.

将区间 $(-1,-\frac{1}{2}]$ 平均分成 $n-6$ 个小区间，每个小区间的长为 $\frac{1}{2(n-6)}$. 于是 $n-5$ 个角的余弦值分布在 $n-6$ 个小区间内，至少有两个角的余弦值在同一个小区间内，设为 $\cos\alpha,\cos\beta$，因此 $|\cos\alpha-\cos\beta|<\frac{1}{2(n-6)}$.

6. 按照坐标的奇偶性构造 4 个抽屉：（奇数、奇数），（偶数，偶数），（奇数，偶数），（偶数，奇数），由抽屉原理必有一个抽屉里至少有 $[\frac{13-1}{4}]+1=4$ 个点，这 4 个点的重心显然是整点.

7. 因为任何一个正整数都能表示成一个奇数与 2 的方幂的积，并且表示方法唯一，所以我们可把 $1\sim100$ 的正整数分成如下 50 个抽屉（因为 $1\sim100$ 中共有 50 个奇数）：

(1) $\{1,1\times2,1\times2^2,1\times2^3,1\times2^4,1\times2^5,1\times2^6\}$；

(2) $\{3,3\times2,3\times2^2,3\times2^3,3\times2^4,3\times2^5\}$；

(3) $\{5,5\times2,5\times2^2,5\times2^3,5\times2^4\}$；

(4) $\{7,7\times 2,7\times 2^2,7\times 2^3\}$;

(5) $\{9,9\times 2,9\times 2^2,9\times 2^3\}$;

……

(25) $\{49,49\times 2\}$;

(26) $\{51\}$;

……

(50) $\{99\}$.

这就构造了 50 个抽屉,$1\sim 100$ 中的每一个数都在其中的 1 个抽屉内.从中任取 51 个数,根据抽屉原理,其中必定至少有两个数属于同一个抽屉,即属于(1) ~ (25) 号中的某一个抽屉,显然在这 25 个抽屉中的任何同一个抽屉内的两个数,一个是另一个的倍数.

8.把前 39 个正整数分成下面 7 组:

1 ①

2,3 ②

4,5,6 ③

7,8,9,10 ④

11,12,13,14,15,16 ⑤

17,18,19,20,21,22,23,24,25 ⑥

26,27,28,29,30,31,32,33,34,35,36,37,38,39 ⑦

因为从前 39 个自然数中任意取出 8 个数,所以至少有两个数取自上面第 ② 组到第 ⑦ 组中的某同一组,这两个数中大数就不超过小数的 1.5 倍.

9.考虑形如 $x_1a_1+x_2a_2+\cdots+x_{10}a_{10}(x_i\in\{0,1\})$ 的数,这样的数共有 $2^{10}=1\,024$ 个.这 1 024 个数除以 1 001 余数只有 1 001 种,于是必有两个不同的数除以 1 001 所得的余数相同,设这两个数为 $y'=x'_1a_1+x'_2a_2+\cdots+x'_{10}a_{10}$ 和 $y''=x''_1a_1+x''_2a_2+\cdots+x''_{10}a_{10}$,其中 $x'_i,x''_i\in\{0,1\}$.则它们的差 $y'-y''$ 能被 1 001 整除.令 $x'_i-x''_i=x_i$,则 $x_i\in\{-1,0,1\}$,且 x_i 不全为零,于是数列 $x_1,x_2,\cdots,x_{10}$ 为所求.

10.将人的身高依次记为 $a_1,a_2,\cdots,a_{n^2+1}$ ……①,对此数列的每一项 a_i 有一组正整数 (x_i,y_i) 作为它的坐标,其中 x_i 是以 a_i 为首项的最长的递增子数列的项数,y_i 是以 a_i 为首项的最长的递减子数列的项数.

下面只需证明存在 s,使 $x_s\geqslant n+1$ 或 $y_s\geqslant n+1$.若不然,则对一切 i 均有 $x_i\leqslant n$ 且 $y_i\leqslant n$,从而数列 ① 最多有 n^2 个不同的下标,得出数列 ① 中有两个项坐标相同,记 a_i 与 a_j 的坐标相同:$x_i=x_j,y_i=y_j(i<j)$.但当 $a_i<a_j$ 时,以 a_j 为首项的递增数列前面,至少还可以添上 a_i,从而 $x_i\geqslant x_j+1$,这与

$x_i=x_j$ 矛盾；

当 $a_i>a_j$ 时，以 a_j 为首项的递减数列前面，至少还可以添上 a_i，从而 $y_i\geqslant y_j+1$，这与 $y_i=y_j$ 矛盾.

这些矛盾表明，反设对一切 i 均有 $x_i\leqslant n$ 且 $y_i\leqslant n$ 是不行的，故必存在 s，使 $x_s\geqslant n+1$ 或 $y_s\geqslant n+1$.

11. 首先全体奇数 1,3,5,…,99 共 50 个都可以成为队员的编号. 下面证明不可以再增加了. 若运动队有 51 个队员，从小到大记为 $a_1,a_2,\cdots,a_{51}$……①，作差 $a_{51}-a_1,a_{51}-a_2,\cdots,a_{51}-a_{50}$……②，这样就得到101个数，由于 ①② 中的数都不超过100的范围，由抽屉原理知，必有两数相等，注意到 ① 中的数互不相等，② 中的数也互不相等，故只能是 ① 中的某个数 a_i 与 ② 中的某个数 $a_{51}-a_j$ 相等，即 $a_i=a_{51}-a_j$，$a_i+a_j=a_{51}$，这说明编号 a_{51} 等于另两队员编号之和($i\neq j$ 时)，或另一队员编号的 2 倍($i=j$ 时)，这与条件矛盾，故最多 50 名队员.

第 13 讲　染色问题

1. 坐标为 n 的倍数的点有无数个，染成两色，则必有一种颜色有无穷多个.

2. 任取两个红点 A,B 及两个蓝点 C,D，平面上不在直线 AB 及 CD 上的点有无数个，于是至少有一种颜色染了无数个点，即有无数个同色三角形.

3. 1,2,3,4,5,6,7,9,11 都不能写成两个合数的和.

由于 $4k=4+4(k-1)$，$4k+2=4+2(2k-1)$，故不小于 8 的偶数都能写成两个合数的和.

由于 $2k+1=9+2k-8=9+2(k-4)$，故不小于 13 的奇数均可以写成两个合数的和. 所以，第 1 994 个数是 2 003.

4. 这半个棋盘有 4 行，把上下两行的格子称为外格，中间两行的格子称为内格. 外格与内格的格子数一样多.

一只国际象棋的马不能一步从外格跳到外格，所以如果马从某一格开始每格正好跳一次地跳遍棋盘，并且最后回到起点，它就不能从内格跳到内格(否则内格就会比外格多) 这就说明，马只能外格与内格交替地跳. 现在把半个国际象棋棋盘按图 1 所示染色. 显然，马从外格跳到内格时是跳到同色的格子上去，而

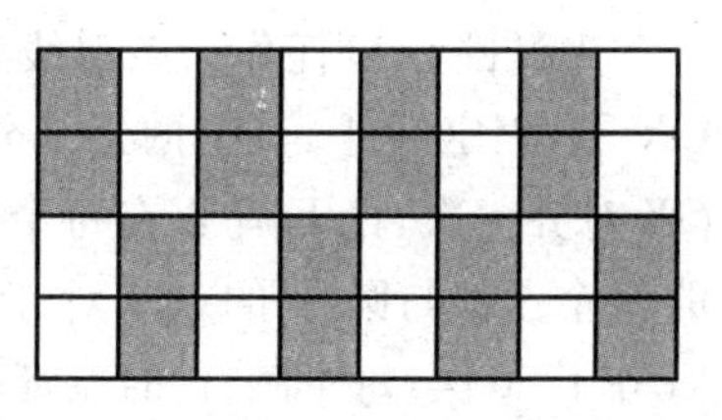

图 1

从内格跳到外格时也是跳到同色的格子上.这样一来,按上述跳法,马就只在同色的格子之间跳动,这就说明,马是不能从这半个棋盘上的任一格出发,跳遍棋盘上的所有格子并回到起点处的.故这样的跳法是不存在的.

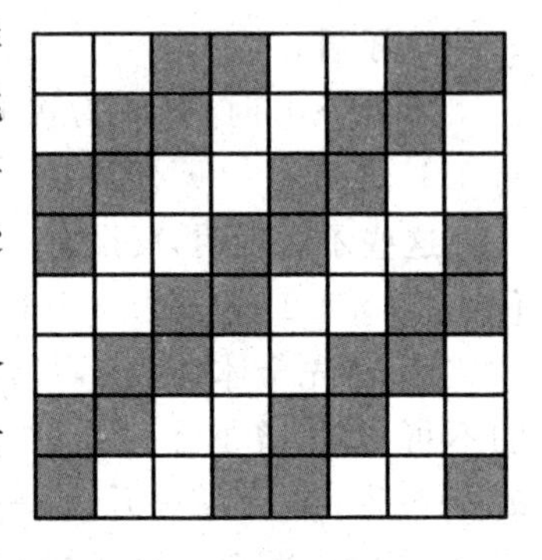

图 2

5.把8×8矩形按图2染成黑白两色,则一个"田"字形必盖住3白1黑格或3黑1白格,而一个1×4矩形盖住2白2黑格.故本题无解.

6.把$4\times n$方格按图3的方法染成黑白两色,则任一"L"形必盖住3白1黑或3黑1白,如n为奇数,则盖住这个图形的"L"形个数也必为奇数,于是盖住的白格与黑格也都是奇数个.但图中的白格与黑格数都是偶数.故不可能盖住.

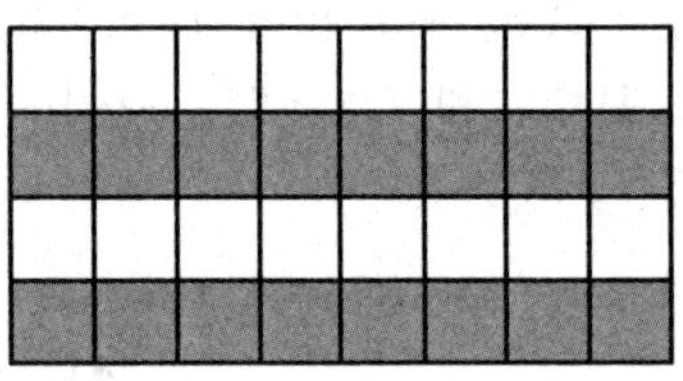

图 3

7.设此立方体的6个面中有x个面顶点是4红,y个面的顶点是2红2绿,z个面的顶点是4绿;有k个面顶点是3红1绿,h个面的顶点是1红3绿.

统计每个面上在顶点处的绿点数:$2y+4z+k+3h$,每个顶点都在3个面上统计了一次,故顶点上的绿点共有$\frac{1}{3}(2y+4z+k+3h)$个,中心的绿点共有$k+h$个.若这14个点中,红绿各一半,则得$\frac{1}{3}(2y+4z+k+3h)+k+h=7$.即$(2y+4z+k+3h)+3k+3h=21\Rightarrow 2y+4z+4k+6h=21$.这是不可能的.故证.

8.把圆旋转$\frac{2\pi}{100}$称为一次旋转,再把4个同心圆从内到外依次称为圆Ⅰ、圆Ⅱ、圆Ⅲ、圆Ⅳ.

先过圆心O任作一条射线OX,把4个圆旋转,使每个圆都有一个分点在OX上,固定圆Ⅰ,其上的某个分点A在OX上,旋转圆Ⅱ,使其上每个点都与OX对齐一次,记下圆Ⅱ在每个位置时两圆同色点对齐的点对个数,由于圆Ⅱ的每个点都与圆Ⅰ的点A对齐1次,故点A在旋转过程中共与圆Ⅱ的同色点对齐了50次,每个圆Ⅰ的点都是这样,故在圆Ⅱ的旋转过程中,共有50×100次同色点对齐.于是至少有一次,同色点对齐的点对数不少于$\left[\frac{50\times100}{100}\right]=$

50(次).在圆Ⅱ的100个位置中,必有某个位置使圆Ⅰ、圆Ⅱ的同色点对齐的个数最多.把圆Ⅱ固定于该位置.此时两圆至少有50个同色点对齐.把异色点对齐的点对去掉,则两圆上至少留下对齐的50对同色点.

再把圆Ⅲ旋转,同上,把圆Ⅲ与圆Ⅱ的同色点对齐个数最多的位置固定,此时圆Ⅱ与圆Ⅲ至少有$\left[\frac{50\times 50}{100}\right]=25$(个)同色点对是对齐的,把这些点对留下,其余点去掉.再旋转圆Ⅳ,同样,把圆Ⅳ与圆Ⅲ的同色点对齐个数最多的位置固定,此时圆Ⅳ与圆Ⅲ至少有$\left[\frac{25\times 50}{100}\right]+1=13$(个)同色点对是对齐的.

即此时4个圆至少有13个同色点是对齐的,从圆心引穿过这些对齐的同色点的射线至少有13条.

9.证法一:按顶点颜色分类,三角形共有10类:三红,两红一蓝,两红一黑,一红两蓝,一红两黑,红蓝黑,三蓝,两蓝一黑,一蓝两黑,三黑.

按线段两端颜色分类,线段共有6类:红红,红蓝,红黑,蓝蓝,蓝黑,黑黑.

现在统计两端分别为红、蓝的边,在两红一蓝或两蓝一红这两类三角形中,每个三角形都有2条红蓝边,每个红蓝黑三角形都有1条红蓝边,设前两类三角形共有p个,后一类三角形共有q个,则两端红蓝的边共有$2p+q$条.

而每条两端红蓝的边,在大三角形内的红蓝边设有k条,每条都被计算了2次,大三角形的红蓝边有1条,计算了1次.故$2p+q=2k+1$,于是$q\neq 0$,即红蓝黑三角形至少有1个.

(注:统计两端不同色的边都可以.)

证法二:在每个划出的小三角形内取一个点,在三角形形外也取一个点.如果两个三角形有一条红蓝的公共边,则在相应点间连一条线.于是得到了图G,此时,两红一蓝或两蓝一红的三角形都是图G的偶顶点,而红蓝黑三角形则对应着图G的奇顶点,大三角形外的那个顶点也是奇顶点,由奇顶点的成对性,知图G中至少还有一个奇顶点,于是,至少还有一个红蓝黑三角形.

10.首先证明此棱柱(图4)的上底面的棱颜色相同.否则,必有两条相邻边颜色不同.不妨设A_1A_5为红,A_1A_2为绿.

5条线段$A_1B_i(i=1,2,3,4,5)$中必有3条同色.设有3条同为红色.这3条红色的线

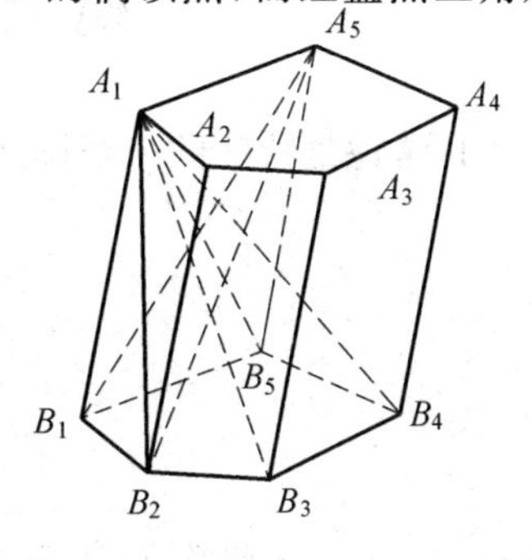

图4

段中,总有两条是向相邻的两个顶点引出的,例如 A_1B_1,A_1B_2 都为红色.于是在 $\triangle A_1B_1B_2$ 中 B_1B_2 必为绿色.

又在 $\triangle A_1A_5B_1$ 及 $\triangle A_1A_5B_2$ 中,A_5B_1 及 A_5B_2 均必为绿色.这样就得 $\triangle A_5B_1B_2$ 全为绿色.矛盾.这说明上底面的5条棱同色.

同理,下底面的5条棱也同色.

下面再证明,上、下底面10条棱颜色全同.反设上底面5条棱全红,下底面5条棱全绿.由上面证法,A_1B_1,A_1B_2 不能全红,但也不能全绿,故必一红一绿,设 A_1B_1 红,则 A_1B_2 绿,同理得,A_1B_3 红,A_1B_4 绿,A_1B_5 红,此时,$\triangle A_1B_1B_5$ 又出现上证情况.故得证.

11.对于 $n=3$ 的情况,显然此时只有唯一的三角形且没有对角线,其三个顶点异色,故满足要求.

设对于 $n=2k-1$,命题成立.对于 $n=2k+1$,取多边形的一个顶点 A,与 A 相邻的两个顶点异色,若这样的顶点 A 不存在,即与每个顶点相邻的两个顶点都同色,则可得此多边形的每个顶点都同色.

连此异色的两个顶点,则把原多边形分成一个满足要求的三角形及一个凸 $2k$ 边形.若此凸 $2k$ 边形存在一个顶点 B,其相邻的两个顶点异色,则再连此二顶点,又把这个 $2k$ 边形分成一个三角形及一个凸 $2k-1$ 边形,其相邻顶点异色,于是命题成立,若此凸 $2k$ 边形中不存在满足上述要求(相邻两个顶点异色)的顶点,则此多边形的顶点只能是相间地染成两种颜色.此时回到原凸 $2k+1$ 边形,其顶点 A 与此两种颜色的顶点相邻,故它染了第三种颜色,把 A 与其余所有顶点连成对角线,则把这个凸 $2k+1$ 边形分成了 $2k-1$ 个三角形满足要求,故 $n=2k+1$ 时命题也成立.综上可知,命题对于一切奇数个顶点的凸多边形成立,从而对2 003边形成立.

第14讲　极端原理

1.考虑最特殊的一个排列:

1	2	3	4
5	6	7	8
9	10	11	12
13	14	15	16

则有 $y=4=x$.调整1,16的位置,则有 $x=8$,$y=5$.

事实上:设 $x=a_{ij}$,则第 i 行的每一个数均不超过 x,即 $a_{i1},a_{i2},\cdots,a_{ij}\leqslant x$.

又因为每一列中最小的数均不超过该列中第 i 行的数，即第1列最小的数小于等于 $a_{i1} \leqslant x, \cdots$，第 k 列最小的数小于等于 $a_{ik} \leqslant x$. 所以 $x \geqslant y$.

2. 简单化，从极端 $n=2$ 分析.

当 $n=2$ 时，有 $x_1+x_2=x_1x_2$，$(x_1-1)(x_2-1)=1$.

则在正整数范围内，有 $x_1=x_2=2$，事实上：当 $n>2$ 时，在 $x_1+x_2+\cdots+x_n=x_1x_2\cdots x_n$ 中，令 $x_3=x_4=\cdots=x_n=1$，则 $(x_1-1)(x_2-1)=n-1$. 至少有 $\begin{cases}x_1=2\\x_2=n\end{cases}$ 或 $\begin{cases}x_1=n\\x_2=2\end{cases}$. 所以原方程至少有 $n(n-1)$ 组解.

3. 设 A 是赢球场数最多的人. (1) 对其他的任一选手 B，若输给 A，则得证. (2) 若 B 不输给 A，即赢 A. 若 B 没有输给被 A 打败的任一个人，即 B 赢了被 A 打败的任一个人，则 B 赢的场数超过 A 赢的场数，与 A 是赢球场数最多的人矛盾. 所以本题得证.

4. 设有 x 个委员会，并设 A 是参加委员会最多的人，设 A 参加了 n 个委员会. 平均每人参加委员会的个数为 $\frac{5x}{25}=\frac{x}{5}\leqslant n$，即有 $x\leqslant 5n$. 考虑 A 参加的 n 个委员会，总人数为 $4n+1\leqslant 25$，$n\leqslant 6$，所以 $x\leqslant 5n\leqslant 30$.

5. 以给定的4个点 (A,B,C,D) 为顶点的三角形数目是有限的，不妨设 $\triangle ABC$ 是其中面积最大的一个三角形. 过 A,B,C 分别作对边的平行线，它们相交可得 $\triangle EFG$(图1). 显然 $S_{\triangle EFG}<4$，则第四个顶点 D 必在 $\triangle EFG$ 内，否则与 $\triangle ABC$ 的面积最大矛盾，从而得证.

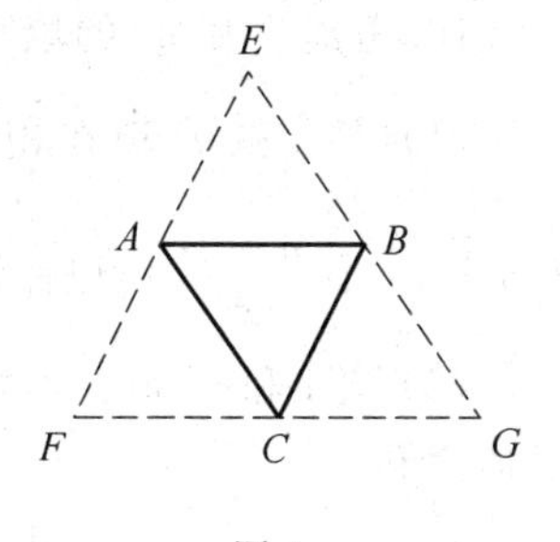

图1

6. 可以通过让两条割线处于特殊位置状态，探究出结论，再研究一般情形. 由两条割线 APC，BPD 垂直，由勾股定理可得 $AP^2+BP^2=m^2$，$CP^2+DP^2=n^2$. 且有 $AB=m$，$CD=n$. 所以 $AC^2+BD^2=(AP+CP)^2+(BP+DP)^2=AP^2+BP^2+CP^2+DP^2+2(AP\cdot CP+BP\cdot DP)=m^2+n^2+2(AP\cdot CP+BP\cdot DP)$. 过点 P 作两圆的内公切线 EPF，则由弦切角定理有 $\angle APE=\angle PBA$，$\angle FPC=\angle PDC$. 又由对顶角相等，知 $\angle APE=\angle FPC$，所以 $\angle PBA=\angle PDC$. 又 $\angle APB=\angle CPD=90^\circ$，所以 $\triangle ABP \backsim \triangle CDP$，所以 $\frac{AP}{CP}=\frac{BP}{DP}=\frac{AB}{CD}=\frac{m}{n}$. 从而可得 $AP=\frac{m}{n}CP$，$BP=\frac{m}{n}DP$，则

$$AP\cdot CP+BP\cdot DP=\frac{m}{n}CP\cdot CP+\frac{m}{n}DP\cdot DP=$$

$$\frac{m}{n}(CP^2+DP^2)=\frac{m}{n}\cdot n^2=m\cdot n$$

所以 $AC^2+BD^2=m^2+n^2+2mn$ 为定值.

7.容易看出,(2,2,2,2) 满足原方程组.下面用极端原理证明唯一性.

设(x_1,x_2,x_3,x_4)是原方程组的一组解.若 x_i 是其中最大的正数,则 $x_i^2\leqslant 2x_i$,所以 $x_i\leqslant 2$.若 x_j 是其中最小的正数,则 $x_j^2\geqslant 2x_j$,所以 $x_j\geqslant 2$.所以 $x_1=x_2=x_3=x_4=2$,所以原方程组的解是(2,2,2,2).

8.假设这个方程有正整数解(x,y,z,u),则 x 必有最小值.设(x_0,y_0,z_0,u_0)是使 x 最小的一组解.因为 $x_0^2+y_0^2$ 是3的倍数,所以 x_0,y_0 也均是3的倍数.设 $x_0=3m,y_0=3n$,则 $z_0^2+u_0^2=3(m^2+n^2)$.所以 z_0,u_0 也均是3的倍数,设 $z_0=3s,u_0=3t$,此时(m,n,s,t)也是方程的一组解,$m<x_0$.与 x_0 的最小性矛盾.故方程 $x^2+y^2=3(z^2+u^2)$ 不存在正整数解.

9.考察1和100这两个最小的和最大的数,它们相差99,在10×10方格中任何两个方格之间都可以找到一条不超过由18个相连方格组成的路.对于任一条路,即使每两个有公共边的方格中所填数之差为5,所有差的和都小于99.从而必有某两个有公共边的方格中所填数之差超过5.

10.考虑1和 n^2 的填写:

(1) 当1和 n^2 填在相邻方格时,则它们的差的绝对值 $n^2-1=\frac{n+1}{2}\cdot 2(n-1)>\frac{n+1}{2}$,所以命题成立.

(2) 当1和 n^2 填在不相邻方格中,不妨1填在 a_{11},n^2 填在 a_{kl},考察差的绝对值之和

$$|a_{kl}-a_{k(l-1)}|+\cdots+|a_{k2}-a_{k1}|+|a_{k1}-a_{(k-1)1}|+\cdots+|a_{21}-a_{11}|\geqslant a_{kl}-a_{11}=n^2-1$$

设其中绝对值最大的为 m,则 $2(n-1)m\geqslant n^2-1$.所以 $m\geqslant\frac{n+1}{2}$.得证.

11. 设第 i 场比赛选手为(a_i,b_i), 全部比赛为 $S=\{(a_i,b_i)\mid i=1,2,3,\cdots,14\}$.

用逐步生成的办法挑选一个最大的子集.先选(a_1,b_1),如果(a_2,b_2)中的 a_2,b_2 与 a_1,b_1 均不同,则将(a_2,b_2)选入.再检验(a_3,b_3)是否可以选入,一直继续到选出这样一个最大的子集 $M\subseteq S$,M 中的元素的选手均彼此不同,而再添加一对选手时,就有两选手相同了.

设 M 的元素个数是 r,共 $2r$ 个选手,余下 $20-2r$ 个选手,这 $20-2r$ 个选手中,他们的两选手之间不能比赛(否则这对选手的比赛将选入 M,与 M 的最

大性矛盾)，于是他们只能和 M 间涉及的 $2r$ 个选手比赛，且每人至少上场一次，这样至少有 $20-2r$ 次比赛，再加上 M 中的 r 场比赛，于是 $r+(20-2r)\leqslant 14$. 解之得 $r\geqslant 6$，即要证命题成立.

第 15 讲　古典概型与条件概率

1. 能拼成三角形的 3 条线段仅有 3 5 7，5 7 9，3 7 9 这 3 种可能，故所求概率为 $1-\frac{3}{C_5^3}=\frac{7}{10}$.

2. 首先从集合任取三元素的总数为 $5^3=125$. 下面考虑 c 的情况：从 $\{1,3,5\}$ 中选一个有 $C_3^1=3$ 种情况 c 是奇数；以 $\{2,4\}$ 中选一个有 $C_2^1=2$ 种情况 c 是偶数. 而 ab 为奇数的情形有 $3^2=9$(种)，为偶数的情形有 $5^2-3^2=16$(种). 由"奇＋奇＝偶""偶＋偶＝偶"知，$ab+c$ 为偶数的情形共有 $3\times 9+2\times 16=59$(种)，这样所求概率为 $\frac{59}{125}$.

3. 6 个球平均分入 3 盒有 $C_6^2C_4^2C_2^2$ 种等可能的结果，每盒各有一个奇数号球的结果有 $A_3^3A_3^3$ 种，所求概率 $P(A)=\frac{A_3^3A_3^3}{C_6^2C_4^2C_2^2}=\frac{2}{5}$，则有一盒全是偶数号球的概率是 $\frac{3}{5}$.

4. (1) $P(A)=\frac{C_5^1\cdot 2\cdot A_8^2}{A_{10}^4}=\frac{1}{9}$；

(2) $P(B)=\frac{C_5^1\cdot 2\cdot A_8^2}{A_{10}^4}=\frac{1}{9}$；

(3) $P(AB)=\frac{C_5^2\cdot C_2^1\cdot 2\cdot 2}{A_{10}^4}=\frac{1}{63}$，故 A 与 B 是不独立的.

5. 体育彩票中 36 个号码对应的 36 个球大小、质量等应该是一致的，严格说，为了保证公平，每次用的 36 个球，应该只允许用一次，除非能保证用过一次后，球没有磨损、变形，和没有用过的球一样. 因此，当你把这 36 个球看成每次抽奖中只用了一次时，不难看出，以前抽奖的结果对今后抽奖的结果没有任何影响，上述两种说法都是错的.

6. 某单位的 4 个部门选择 3 个景区可能出现的结果数为 3^4. 由于是任意选择，这些结果出现的可能性都相等.

(1) 3 个景区都有部门选择可能出现的结果数为 $C_4^2\cdot 3!$ (从 4 个部门中任选 2 个作为 1 组，另外 2 个部门各作为 1 组，共 3 组，共有 $C_4^2=6$(种) 分法，每

组选择不同的景区,共有3! 种选法),记“3个景区都有部门选择”为事件A_1,那么事件A_1的概率为

$$P(A_1)=\frac{C_4^2\cdot 3!}{3^4}=\frac{4}{9}$$

(2) 解法一:分别记“恰有2个景区有部门选择”和“4个部门都选择同一个景区”为事件A_2和A_3,则事件A_3的概率为$P(A_3)=\frac{3}{3^4}=\frac{1}{27}$,事件$A_2$的概率为

$$P(A_2)=1-P(A_1)-P(A_3)=1-\frac{4}{9}-\frac{1}{27}=\frac{14}{27}$$

解法二:恰有2个景区有部门选择可能的结果为$3(C_4^1\cdot 2!+C_4^2)$(先从3个景区任意选定2个,共有$C_3^2=3$种选法,再让4个部门来选择这2个景区,分两种情况:第一种情况,从4个部门中任取1个作为1组,另外3个部门作为1组,共2组,每组选择2个不同的景区,共有$C_4^1\cdot 2!$种不同选法.第二种情况,从4个部门中任选2个部门到1个景区,另外2个部门在另一个景区,共有C_4^2种不同选法).所以$P(A_2)=\frac{3(C_4^1\cdot 2!+C_4^2)}{3^4}=\frac{14}{27}$.

7. 十进制中每位数字最大是9,因而五位数字和$d_1+d_2+d_3+d_4+d_5$最多是45.而数字和是43则有下面情况:

其中一个数字是7,其余是9,有5种可能:

79999,97999,99799,99979,99997.

其中两个数字是8,其余数字是9,有10种可能:

88999,89899,89989,89998,98899,98989,98998,99889,99898,99988.

而上述诸数中可被11整除者仅97999,99979,98989三个.

综上所求概率$p=\frac{3}{15}=\frac{1}{5}$.

8. (1) 将骰子连掷2次,棋子掷第一次后仍在A方而掷第二次后在B方的概率$P=\frac{2}{6}\times\frac{4}{6}=\frac{2}{9}$.

(2) 设把骰子掷了$n+1$次后,棋子仍在A方的概率为P_{n+1},有两种情况:

① 第n次棋子在A方,其概率为P_n,且第$n+1$次骰子出现1点或6点,棋子不动,其概率为$\frac{2}{6}=\frac{1}{3}$.

② 第n次棋子在B方,且第$n+1$次骰子出现2,3,4,5或6点,其概率为$\frac{5}{6}$,所以

$$P_{n+1}=\frac{1}{3}P_n+\frac{5}{6}(1-P_n)$$

即

$$P_{n+1}-\frac{5}{9}=-\frac{1}{2}(P_n-\frac{5}{9})$$

$$P_0=1$$

$$P_1=\frac{1}{3}P_0+\frac{5}{6}(1-P_0)=\frac{1}{3}$$

$$\frac{P_{n+1}-\frac{5}{9}}{P_n-\frac{5}{9}}=-\frac{1}{2}$$

所以$\{P_n-\frac{5}{9}\}$是首项为$P_1-\frac{5}{9}=-\frac{2}{9}$,公比为$-\frac{1}{2}$的等比数列.

所以$P_n-\frac{5}{9}=-\frac{2}{9}(-\frac{1}{2})^{n-1}\Rightarrow P_n=\frac{5}{9}+\frac{(-1)^n}{9\cdot 2^{n-2}}$.

9.输入为$AAAA$时输出$ABCA$的概率是$a^2(\frac{1-a}{2})^2$;

输入为$BBBB$时输出$ABCA$的概率是$a(\frac{1-a}{2})^3$;

输入为$CCCC$时输出$ABCA$的概率是$a(\frac{1-a}{2})^3$.

输出为$ABCA$时输入$AAAA$的概率是

$$\frac{p_1\times a^2(\frac{1-a}{2})^2}{p_1\times a^2(\frac{1-a}{2})^2+p_2\times a(\frac{1-a}{2})^3+p_3\times a(\frac{1-a}{2})^3}=$$

$$\frac{2ap_1}{(3a-1)p_1+1-a}$$

10.9个编号不同的小球放在圆周的9个等分点上,每点放一个,相当于9个不同元素在圆周上的一个圆形排列,故共有8!种放法,考虑到翻转因素,则本质不同的放法有$\frac{8!}{2}$种.

下求使S达到最小值的放法数:在圆周上,从1到9有优弧与劣弧两条路径,对其中任一条路径,设$x_1,x_2,\cdots,x_k$是依次排列于这段弧上的小球号码,则

$$|1-x_1|+|x_1-x_2|+\cdots+|x_k-9|\geqslant$$
$$|(1-x_1)+(x_1-x_2)+\cdots+(x_k-9)|=|1-9|=8$$

上式取等号当且仅当$1<x_1<x_2<\cdots<x_k<9$,即每一弧段上的小球编号都是由1到9递增排列.

因此$S_{最小}=2\cdot 8=16$.

由上知,当每个弧段上的球号$\{1,x_1,x_2,\cdots x_k,9\}$确定之后,达到最小值的排序方案便唯一确定.

在1,2,…,9中,除1与9外,剩下7个球号2,3,…,8,将它们分为两个子集,元素较少的一个子集共有$C_7^0+C_7^1+C_7^2+C_7^3=2^6$种情况,每种情况对应着圆周上使$S$值达到最小的唯一排法,即有利事件总数是$2^6$种,故所求概率$P=\dfrac{2^6}{\frac{8!}{2}}=\dfrac{1}{315}$.

11. 由于骰子是均匀的正方体,所以抛掷后各点数出现的可能性是相等的.

(1) 因骰子出现的点数最大为6,而$6\times 4>2^4$,$6\times 5<2^5$,因此,当$n\geqslant 5$时,n次出现的点数之和大于2^n已不可能,即这是一个不可能事件,过关的概率为0,所以最多只能连过4关.

(2) 设事件A_n为"第n关过关失败",则对立事件$\overline{A_n}$为"第n关过关成功".

第n关游戏中,基本事件总数为6^n个.

第1关:事件A_1所含基本事件数为2(即出现点数为1和2这两种情况),所以过此关的概率为

$$P(\overline{A_1})=1-P(A_1)=1-\frac{2}{6}=\frac{2}{3}$$

第2关:事件A_2所含基本事件数为方程$x+y=a$当a分别取2,3,4时的正整数解组数之和,即有$C_1^1+C_2^1+C_3^1=1+2+3=6$(个).

所以过此关的概率为

$$P(\overline{A_2})=1-P(A_2)=1-\frac{6}{6^2}=\frac{5}{6}$$

第3关:事件A_3所含基本事件为方程$x+y+z=a$当a分别取3,4,5,6,7,8时的正整数解组数之和,即有

$C_2^2+C_3^2+C_4^2+C_5^2+C_6^2+C_7^2=1+3+6+10+15+21=56$(个)

所以过此关的概率为

$$P(\overline{A_3})=1-P(A_3)=1-\frac{56}{6^3}=\frac{20}{27}$$

故连过前三关的概率为

$$P(\overline{A_1})\times P(\overline{A_2})\times P(\overline{A_3})=\frac{2}{3}\times\frac{5}{6}\times\frac{20}{27}=\frac{100}{243}$$

（说明：第 2,3 关的基本事件数也可以列举出来.）

第 16 讲　几何概型与数学期望

1. 一元二次方程有实数根 $\Leftrightarrow \Delta \geqslant 0$ 而

$$\Delta = P^2 - 4\left(\frac{P}{4} + \frac{1}{2}\right) = P^2 - P - 2 = (P+1)(P-2)$$

解得 $P \leqslant -1$ 或 $P \geqslant 2$，故所求概率为

$$P = \frac{[0.5] \cap \{(-\infty, -1] \cup [2, +\infty)\} \text{的长度}}{[0,5] \text{的长度}} = \frac{3}{5}$$

2. 已知每一位学生打开柜门的概率为 $\frac{1}{n}$，所以打开柜门次数的平均数（即数学期望）为

$$1 \times \frac{1}{n} + 2 \times \frac{1}{n} + \cdots + n \times \frac{1}{n} = \frac{n+1}{2}$$

3. (1) 设正面出现的次数为 m，反面出现的次数为 n，则 $\begin{cases} |m-n| = 5 \\ m+n = \xi \\ 1 \leqslant \xi \leqslant 9 \end{cases}$，可得：

当 $m=5, n=0$ 或 $m=0, n=5$ 时，$\xi = 5$；当 $m=6, n=1$ 或 $m=1, n=6$ 时，$\xi = 7$；

当 $m=7, n=2$ 或 $m=2, n=7$ 时，$\xi = 9$；所以 ξ 的所有可能取值为 5,7,9.

(2) $P(\xi=5) = 2 \times \left(\frac{1}{2}\right)^5 = \frac{2}{32} = \frac{1}{16}$；

$P(\xi=7) = 2C_5^1 \left(\frac{1}{2}\right)^7 = \frac{5}{64}$；

$P(\xi=9) = 1 - \frac{1}{16} - \frac{5}{64} = \frac{55}{64}$；

$E\xi = 5 \times \frac{1}{16} + 7 \times \frac{5}{64} + 9 \times \frac{55}{64} = \frac{275}{32}$.

4. (1) $P(\xi=0) = C_3^0 \left(\frac{1}{2}\right)^3 = \frac{3}{8}$；$P(\xi=1) = C_3^1 \left(\frac{1}{2}\right)^3 = \frac{3}{8}$；$P(\xi=2) = C_3^2 \left(\frac{1}{2}\right)^3 = \frac{3}{8}$；$P(\xi=3) = C_3^3 \left(\frac{1}{2}\right)^3 = \frac{3}{8}$.

ξ 的概率分布如下：

ξ	0	1	2	3
P	$\frac{1}{8}$	$\frac{3}{8}$	$\frac{3}{8}$	$\frac{1}{8}$

$$E\xi=0\times\frac{1}{8}+1\times\frac{3}{8}+2\times\frac{3}{8}+3\times\frac{1}{8}=1.5(\text{或 }E\xi=3\times\frac{1}{2}=1\times 5)$$

(2) 乙至多击中目标2次的概率为 $1-C_3^3\left(\frac{2}{3}\right)^3=\frac{19}{27}$.

(3) 设甲恰比乙多击中目标2次为事件A,甲恰击中目标2次且乙恰击中目标0次为事件B_1,甲恰击中目标3次且乙恰击中目标1次为事件B_2,则$A=B_1+B_2$.

B_1,B_2 为互斥事件.

$$P(A)=P(B_1)+P(B_2)=\frac{3}{8}\times\frac{1}{27}+\frac{1}{8}\times\frac{2}{9}=\frac{1}{24}$$

所以,甲恰好比乙多击中目标2次的概率为$\frac{1}{24}$.

5.设3台计算器出现故障的事件分别为A,B,C,则A,B,C相互独立.

(1) 由已知$P(A)=0.1,P(B)=0.2,P(C)=0.15,P(\bar{A})=0.9,P(\bar{B})=0.8,P(\bar{C})=0.85$,于是

$$P(\xi=0)=P(\bar{A},\bar{B},\bar{C})=P(\bar{A})\cdot P(\bar{B})\cdot P(\bar{C})=0.9\times0.8\times0.85=0.612$$

$$P(\xi=1)=P(A\cdot\bar{B}\cdot\bar{C})+P(\bar{A}\cdot B\cdot\bar{C})+P(\bar{A}\cdot\bar{B}\cdot C)=$$
$$0.1\times0.8\times0.85+0.9\times0.2\times0.85+0.9\times0.8\times0.15=$$
$$0.068+0.153+0.108=0.329$$

$$P(\xi=2)=P(A\cdot B\cdot\bar{C})+P(\bar{A}\cdot B\cdot C)+P(A\cdot\bar{B}\cdot C)=$$
$$0.1\times0.2\times0.85+0.9\times0.2\times0.15+0.1\times0.8\times0.15=$$
$$0.017+0.027+0.012=0.056$$

$$P(\xi=3)=P(A\cdot B\cdot C)=P(A)\cdot P(B)\cdot P(C)=$$
$$0.1\times0.2\times0.15=0.003$$

(2) $E\xi=0\times0.612+1\times0.329+2\times0.056+3\times0.003=$
$0.329+0.112+0.009=0.45$

6.(1)ξ的分布列为

ξ	0	1	2	…	$n-1$	n
p	$\frac{s}{s+t}$	$\frac{st}{(s+t)^2}$	$\frac{st^2}{(s+t)^3}$	…	$\frac{st^{n-1}}{(s+t)^n}$	$\frac{t^n}{(s+t)^n}$

(2) ξ 的数学期望为

$$E\xi = 0 \times \frac{s}{s+t} + 1 \times \frac{st}{(s+t)^2} + 2 \times \frac{st^2}{(s+t)^3} + \cdots + (n-1) \times \frac{st^{n-1}}{(s+t)^n} + n \times \frac{t^n}{(s+t)^n} \quad ①$$

$$\frac{t}{s+t}E\xi = \frac{st^2}{(s+t)^3} + \frac{2st^3}{(s+t)^4} + \cdots + \frac{(n-2)st^{n-1}}{(s+t)^n} + \frac{(n-1)st^n}{(s+t)^{n+1}} + \frac{nt^{n+1}}{(s+t)^{n+1}} \quad ②$$

① − ② 得

$$E\xi = \frac{t}{s} - \frac{nt^{n+1}}{s(s+t)^n} - \frac{(n-1)t^n}{(s+t)^n} + \frac{(n-1)t^n}{s(s+t)^{n-1}}.$$

7. 解法一:(1)$P = I - \frac{C_6^2}{C_{10}^2} = 1 - \frac{15}{45} = \frac{2}{3}$,即该顾客中奖的概率为$\frac{2}{3}$

(2)ξ 的所有可能值为:0,10,20,50,60(元),且

$$P(\xi=0) = \frac{C_6^2}{C_{10}^2} = \frac{1}{3}, P(\xi=10) = \frac{C_3^1C_6^1}{C_{10}^2} = \frac{2}{5}$$

$$P(\xi=20) = \frac{C_3^2}{C_{10}^2} = \frac{1}{15}, P(\xi=50) = \frac{C_1^1C_6^1}{C_{10}^2} = \frac{2}{15}$$

$$P(\xi=60) = \frac{C_1^1C_3^1}{C_{10}^2} = \frac{1}{15}$$

故 ξ 的分布列为

ξ	0	10	20	50	60
P	$\frac{1}{3}$	$\frac{2}{5}$	$\frac{1}{15}$	$\frac{2}{15}$	$\frac{1}{15}$

从而期望 $E\xi = 0 \times \frac{1}{3} + 10 \times \frac{2}{5} + 20 \times \frac{1}{15} + 50 \times \frac{2}{15} + 60 \times \frac{1}{15} = 16.$

解法二:(1)$P = \frac{(C_4^1C_6^1 + C_4^2)}{C_{10}^2} = \frac{30}{45} = \frac{2}{3}$;(2)$\xi$ 的分布列求法同解法一.

由于 10 张券总价值为 80 元,即每张的平均奖品价值为 8 元,从而抽 2 张的平均奖品价值 $E\xi = 2 \times 8 = 16$(元).

8. 以 X 表示一周 5 天内机器发生故障的天数,则 $X-B(5,0.2)$,于是 X 有概率分布 $P(X=k) = C_5^k 0.2^k 0.8^{5-k}, k=0,1,2,3,4,5$. 以 Y 表示一周内所获利润,则

$$Y=g(X)=\begin{cases}10 & 若\ X=0\\5 & 若\ X=1\\0 & 若\ X=2\\-2 & 若\ X\geqslant 3\end{cases}$$

Y 的概率分布为

$$P(Y=10)=P(X=0)=0.8^5=0.328$$

$$P(Y=5)=P(X=1)=C_5^1\cdot 0.2\cdot 0.8^4=0.410$$

$$P(Y=0)=P(X=2)=C_5^2\cdot 0.2^2\cdot 0.8^3=0.205$$

$$P(Y=-2)=P(X\geqslant 3)=1-P(X=0)-P(X=1)-P(X=2)=0.057$$

故一周内的期望利润为

$$EY=10\times 0.328+5\times 0.410+0\times 0.205-2\times 0.057=5.216(万元)$$

9.(1) 由概率分布的性质 2 有

$$0.12+0.18+0.20+0.20+100a^2+3a+4a=1$$

所以

$$100a^2+7a=0.3$$

所以 $1\ 000a^2+70a-3=0$,$a=\frac{3}{100}$,或 $a=-\frac{1}{10}$(舍去),即 $a=0.03$,所以 $100a^2+3a=0.18$,$4a=0.12$,所以 ξ 的分布列为

ξ	200	220	240	260	280	300
P	0.12	0.18	0.20	0.20	0.18	0.12

所以

$$E\xi=200\times 0.12+220\times 0.18+240\times 0.20+260\times 0.20+280\times 0.18+300\times 0.12=250(\mathrm{km})$$

$$D\xi=50^2\times 0.12+30^2\times 0.18+10^2\times 0.20+10^2\times 0.20+30^2\times 0.18+50^2\times 0.12=964$$

(2) 由已知 $\eta=3\xi-3(\xi>3,\xi\in\mathbf{Z})$,所以

$$E\eta=E(3\xi-3)=3E\xi-3=3\times 250-3=747(元)$$

$$D\eta=D(3\xi-3)=3^2D\xi=8\ 676$$

10. 对于每种翻过的牌数为 k 的情况,如果将牌序倒过来,即倒数第一张成为最上面的第一张,倒数第二张成为第二张,……,第一张成为最后一张,那么就得出一种翻过的牌数为 $N+1-k$ 的情况,反之亦然. 因此,将这些情况两两配对(翻过的牌数为$\frac{N+1}{2}$的情况不必配对),平均张数为$\frac{N+1}{2}$. 因此,所述

数学期望为$\frac{N+1}{2}$.

11. 设所求的概率为 P_n，$P_1=1$，$P_2=\frac{2}{3}$，设 $P_k=\frac{2^k}{(k+1)!}$，则对 $n=k+1$，最大的数第 $k+1$ 行的概率为$\frac{k+1}{\frac{(k+1)(k+2)}{2}}=\frac{2}{k+2}$，因此 $P_{k+1}=\frac{2}{k+2}P_k=\frac{2^{k+1}}{(k+2)!}$，所以对所有 n，$P_n=\frac{2^n}{(n+1)!}$.

第 17 讲　极限及其运算

1. $$\lim_{x\to\infty}\frac{3x-1}{x^2-12x+20}=\lim_{x\to\infty}\frac{\frac{3}{x}-\frac{1}{x^2}}{1-\frac{12}{x}+\frac{20}{x^2}}=0$$

2. $$\begin{aligned}\lim_{x\to 4}\frac{\sqrt{x^2-8}-2\sqrt{2}}{x-4}&=\lim_{x\to 4}\frac{x^2-8-(2\sqrt{2})^2}{(x-4)(\sqrt{x^2-8}+2\sqrt{2})}=\\&\lim_{x\to 4}\frac{(x+4)(x-4)}{(x-4)(\sqrt{x^2-8}+2\sqrt{2})}=\\&\lim_{x\to 4}\frac{x+4}{\sqrt{x^2-8}+2\sqrt{2}}=\\&\frac{4+4}{\sqrt{4^2-8}+2\sqrt{2}}=\sqrt{2}\end{aligned}$$

3. $$\begin{aligned}\lim_{x\to+\infty}\left(\sqrt{x+\sqrt{x+\sqrt{x}}}-\sqrt{x}\right)&=\lim_{x\to+\infty}\frac{x+\sqrt{x+\sqrt{x}}-x}{\sqrt{x+\sqrt{x+\sqrt{x}}}+\sqrt{x}}=\\&\lim_{x\to+\infty}\frac{\sqrt{1+\frac{1}{\sqrt{x}}}}{1+\sqrt{1+\sqrt{\frac{1}{x}+\frac{1}{x^{\frac{3}{2}}}}}}=\frac{1}{2}\end{aligned}$$

4. $$\begin{aligned}\lim_{n\to\infty}\left(a\sqrt{2n^2+n-1}-nb\right)&=\lim_{n\to\infty}\frac{a^2(2n^2+n-1)-n^2b^2}{a\sqrt{2n^2+n-1}+nb}=\\&\lim_{n\to\infty}\frac{(2a^2-b^2)n^2+a^2n-a^2}{a\sqrt{2n^2+n-1}+nb}=1\end{aligned}$$

因为$\begin{cases}2a^2-b^2=0\\ \sqrt{2}+b=1\end{cases}\Rightarrow\begin{cases}a=2\sqrt{2}\\ b=4\end{cases}$，所以 $a\cdot b=8\sqrt{2}$.

5. $\lim\limits_{x\to 0}\left[\left(\frac{1}{x}+3\right)^2-x\left(\frac{1}{x}+2\right)^3\right]=\lim\limits_{x\to 0}\frac{(1+3x)^2-(1+2x)^3}{x^2}=$

$\lim\limits_{x\to 0}\frac{1+6x+9x^2-(1+6x+12x^2+8x^3)}{x^2}=$

$\lim\limits_{x\to 0}\frac{-3x^2-8x^3}{x^2}=\lim\limits_{x\to 0}(-3-8x)=-3$

6. $\lim\limits_{n\to\infty}\frac{(\sqrt{n^2+1}+n)^2}{\sqrt[3]{n^6+1}}=\lim\limits_{n\to\infty}\frac{n^2+1+n^2+2n\sqrt{n^2+1}}{\sqrt[3]{n^6+1}}=$

$\lim\limits_{n\to\infty}\frac{2n^2+1+2n\sqrt{n^2+1}}{\sqrt[3]{n^6+1}}=$

$\lim\limits_{n\to\infty}\frac{2+\frac{1}{n^2}+2\sqrt{1+\frac{1}{n^2}}}{\sqrt[3]{1+\frac{1}{n^6}}}=\frac{2+0+2}{1}=4$

7. $\lim\limits_{x\to 0}\frac{\sin x^n}{\sin^m x}=\lim\limits_{x\to 0}\frac{\frac{\sin x^n}{x^n}\cdot x^n}{\frac{\sin^m x}{x^m}\cdot x^m}=\lim\limits_{x\to 0}\frac{\frac{\sin x^n}{x^n}x^{n-m}}{\left(\frac{\sin x}{x}\right)^m}=$

$\frac{\lim\limits_{x\to 0}\frac{\sin x^n}{x^n}\lim\limits_{x\to 0}x^{n-m}}{\lim\limits_{x\to 0}\left(\frac{\sin x}{x}\right)^m}=\lim\limits_{x\to 0}x^{n-m}$

当 $n-m>0$ 时,即 $n>m$ $\lim\limits_{x\to 0}x^{n-m}=0$;

当 $n-m=0$ 时,即 $n=m$ $\lim\limits_{x\to 0}x^{n-m}=1$;

当 $n-m<0$ 时,即 $n<m$ $\lim\limits_{x\to 0}\left(\frac{1}{x}\right)^{m-n}$ 不存在.

所以当 $n>m$ 时,$\lim\limits_{x\to 0}\frac{\sin x^n}{\sin^m x}=0$;当 $n=m$ 时,$\lim\limits_{x\to 0}\frac{\sin x^n}{\sin^m x}=1$;

当 $n<m$ 时,$\lim\limits_{x\to 0}\frac{\sin x^n}{\sin^m x}$ 不存在.

8. $\lim\limits_{x\to 0}\frac{\sqrt{4+x}-2}{\sqrt{9+x}-3}=\lim\limits_{x\to 0}\frac{(\sqrt{4+x}-2)(\sqrt{4+x}+2)}{(\sqrt{9+x}-3)(\sqrt{4+x}+2)}=$

$\lim\limits_{x\to 0}\frac{x}{(\sqrt{9+x}-3)(\sqrt{4+x}+2)}=$

$\lim\limits_{x\to 0}\frac{(\sqrt{9+x}-3)(\sqrt{9+x}+3)}{(\sqrt{9+x}-3)(\sqrt{4+x}+2)}=$

$$\lim_{x \to 0} \frac{\sqrt{9+x}+3}{\sqrt{4+x}+2} = \frac{3+3}{2+2} = \frac{3}{2}$$

9.(1) $0 < r < 1$,因为$\lim\limits_{x \to \infty} r^x = 0$,所以

$$\lim_{x \to \infty} \frac{1-r^x}{1+r^x} = \frac{\lim\limits_{x \to \infty}(1-r^x)}{\lim\limits_{x \to \infty}(1+r^x)} = \frac{1-0}{1+0} = 1$$

(2) $r=1, r^x=1$,所以$\lim\limits_{x \to \infty} \frac{1-r^x}{1+r^x} = \lim\limits_{x \to \infty} \frac{1-1}{1+1} = 0$.

(3) $r > 1, 0 < \frac{1}{r} < 1$,所以$\lim\limits_{x \to \infty} \frac{1}{r^x} = 0$.

所以$\lim\limits_{x \to \infty} \frac{1-r^x}{1+r^x} = \lim\limits_{x \to \infty} \frac{\frac{1}{r^x}-1}{\frac{1}{r^x}+1} = \frac{\lim\limits_{x \to \infty}(\frac{1}{r^x}-1)}{\lim\limits_{x \to \infty}(\frac{1}{r^x}+1)} = \frac{0-1}{0+1} = -1$.

10.(1) 依题意:$S_n + a_n = 2$,计算得 $a_1 = 1, a_2 = \frac{1}{2}, a_3 = \frac{1}{4}$.

(2) 猜想 $a_n = (\frac{1}{2})^{n-1}$ 以下用数学归纳法证明:

当 $n=1$ 时,$(\frac{1}{2})^{n-1} = 1, a_1 = 1$,猜想成立.

假设当 $n=k$ 时,猜想成立,即 $a_k = (\frac{1}{2})^{k-1}$,则当 $n=k+1$ 时,

因为 $S_{k+1} + a_{k+1} = 2, S_k + a_k = 2$,两式相减得$(S_{k+1} - S_k) + a_{k+1} - a_k = 0$.

即 $2a_{k+1} = a_k$,所以 $a_{k+1} = \frac{1}{2}a_k = (\frac{1}{2})^{1+k-1} = (\frac{1}{2})^k$.

所以当 $n=k+1$ 时,猜想也成立,综上所述,对 $n \in \mathbf{N}$ 时,$a_n = (\frac{1}{2})^{n-1}$.

(3) 因为 $S_n + a_n = 2$,所以

$$S_n = 2 - a_n$$

$$T_n = S_1 + S_2 + S_3 + \cdots + S_n =$$

$$(2-a_1) + (2-a_2) + (2-a_3) + \cdots + (2-a_n) =$$

$$2n - S_n = 2n - 2 + (\frac{1}{2})^{n-1}$$

所以 $$\lim_{n \to \infty} \frac{T_n}{3n} = \lim_{n \to \infty} \frac{2n-2+(\frac{1}{2})^{n-1}}{3n} = \lim_{m \to \infty}[\frac{2}{3} - \frac{2}{3n} + \frac{(\frac{1}{2})^{n-1}}{3n}] = \frac{2}{3}$$

11. 由于$\lim\limits_{x \to 2a} \frac{f(x)}{x-2a} = 1$,可知

$$f(2a)=0 \quad ①$$

同理

$$f(4a)=0 \quad ②$$

由①②可知 $f(x)$ 必含有 $(x-2a)$ 与 $(x-4a)$ 的因式，由于 $f(x)$ 是 x 的三次多项式，故可设 $f(x)=A(x-2a)(x-4a)(x-C)$，这里 A,C 均为待定的常数，由 $\lim\limits_{x\to 2a}\dfrac{f(x)}{x-2a}=1$，即

$$\lim_{x\to 2a}\frac{A(x-2a)(x-4a)(x-C)}{x-2a}=\lim_{x\to 2a}A(x-4a)(x-C)=1$$

得 $A(2a-4a)(2a-C)=1$，即

$$4a^2A-2aCA=-1 \quad ③$$

同理，由于 $\lim\limits_{x\to 4a}\dfrac{f(x)}{x-4a}=1$，得 $A(4a-2a)(4a-C)=1$，即

$$8a^2A-2aCA=1 \quad ④$$

由③④得 $C=3a,A=\dfrac{1}{2a^2}$，因而

$$f(x)=\frac{1}{2a^2}(x-2a)(x-4a)(x-3a)$$

所以

$$\lim_{x\to 3a}\frac{f(x)}{x-3a}=\lim_{x\to 3a}\frac{1}{2a^2}(x-2a)(x-4a)=\frac{1}{2a^2}\cdot a\cdot(-a)=-\frac{1}{2}$$

第 18 讲　导数的概念与运算

1. $$y=f(x)=\begin{cases}x^2, x\leqslant 1\\ ax+b, x>1\end{cases}$$

在 $x=1$ 处可导，必连续 $\lim\limits_{x\to 1^-}f(x)=1$，$\lim\limits_{x\to 1^+}f(x)=a+b$，$f(1)=1$，所以 $a+b=1$.

$\lim\limits_{\Delta x\to 0^-}\dfrac{\Delta y}{\Delta x}=2$，$\lim\limits_{\Delta x\to 0^+}\dfrac{\Delta y}{\Delta x}=a$，所以 $a=2$，$b=-1$.

2. (1)

$$\lim_{h\to 0}\frac{f(a+3h)-f(a-h)}{2h}=\lim_{h\to 0}\frac{f(a+3h)-f(a)+f(a)-f(a-h)}{2h}=$$

$$\lim_{h\to 0}\frac{f(a+3h)-f(a)}{2h}+\lim_{h\to 0}\frac{f(a)-f(a-h)}{2h}=$$

$$\frac{3}{2}\lim_{h\to 0}\frac{f(a+3h)-f(a)}{3h}+\frac{1}{2}\lim_{h\to 0}\frac{f(a-h)-f(a)}{-h}=$$

$$\frac{3}{2}f'(a)+\frac{1}{2}f'(a)=2b$$

(2) $$\lim_{h\to 0}\frac{f(a+h^2)-f(a)}{h}=\lim_{h\to 0}\left[\frac{f(a+h^2)-f(a)}{h^2}h\right]=$$

$$\lim_{h\to 0}\frac{f(a+h^2)-f(a)}{h^2}\cdot\lim_{h\to 0}h=f'(a)\cdot 0=0$$

3. $$f(x)=(x-1)[(x-2)(x-3)\cdots(x-100)]$$

所以

$$\begin{aligned}f'(x)=&(x-1)'[(x-2)(x-3)\cdots(x-100)]+\\&(x-1)[(x-2)(x-3)\cdots(x-100)]'=\\&(x-2)(x-3)\cdots(x-100)+\\&(x-1)[(x-2)(x-3)\cdots(x-100)]\end{aligned}$$

令 $x=1$ 得

$$\begin{aligned}f'(1)=&(1-2)(1-3)\cdots(1-100)+0=\\&(-1)(-2)\cdots(-99)=\\&-(99)!\end{aligned}$$

4. (1)

$$y'=\frac{(1-x)'(1+x^2)\cos x-(1-x)[(1+x^2)\cos x]'}{(1+x^2)^2-\cos^2 x}=$$

$$\frac{-(1+x^2)\cos x-(1-x)[(1+x^2)'\cos x+(1+x^2)(\cos x)']}{(1+x^2)^2\cos^2 x}=$$

$$\frac{-(1+x^2)\cos x-(1-x)[2x\cos x-(1+x^2)\sin x]}{(1+x^2)^2\cos^2 x}=$$

$$\frac{(x^2-2x-1)\cos x+(1-x)(1+x^2)\sin x}{(1+x^2)^2\cos^2 x}$$

(2) $$y=\mu^3,\mu=ax-b\sin^2\omega x,\mu=av-by$$

$$v=x,y=\sin\gamma,\gamma=\omega x$$

$$y'=(\mu^3)'=3\mu^2\cdot\mu'=3\mu^2(av-by)'=3\mu^2(av'-by')=$$

$$3\mu^2(av'-by'\gamma')=3(ax-b\sin^2\omega x)^2(a-b\omega\sin 2\omega x)$$

(3) 解法一:设 $y=f(\mu),\mu=\sqrt{v},v=x^2+1$,则

$$y'_x=y'_\mu\mu'_v\cdot v'_x=f'(\mu)\cdot\frac{1}{2}v^{-1/2}\cdot 2x=$$

$$f'(\sqrt{x^2+1})\cdot\frac{1}{2}\frac{1}{\sqrt{x^2+1}}\cdot 2x=$$

$$\frac{x}{\sqrt{x^2+1}}f'(\sqrt{x^2+1})$$

解法二:

$$y'=[f(\sqrt{x^2+1})]'=f'(\sqrt{x^2+1})\cdot(\sqrt{x^2+1})'=$$

$$f'(\sqrt{x^2+1})\cdot\frac{1}{2}(x^2+1)^{-1/2}\cdot(x^2+1)'=$$

$$f'(\sqrt{x^2+1})\cdot\frac{1}{2}(x^2+1)^{-1/2}\cdot 2x=$$

$$\frac{x}{\sqrt{x^2+1}}f'(\sqrt{x^2+1})$$

5. 利用 $S_n-S_{n-1}=a_n(n\geqslant 2)$ 易得 $a_n=2n-1$,从而 $S_n=n^2$,则第(2)问转化为 $t\leqslant\frac{n^2}{2^n}$ 恒成立,故只需求出数列 $b_n=\frac{n^2}{2^n}$ 的最小项,有以下求法:

方法一:研究数列 $\{b_n\}$ 的单调性;

方法二:数列作为一类特殊的函数,欲求 $\left\{\frac{2^n}{n^2}\right\}$ 的最小项可先研究连续函数 $y=\frac{2^x}{x^2}(x>0)$ 的单调性,求导得 $y'=\frac{2^x\cdot x(x\ln 2-2)}{x^4}$,易得 $x=\frac{2}{\ln 2}$ 为函数 $y=\frac{2x}{x^2}$ 的极小值也是最小值点,又 $\frac{2}{\ln e}<\frac{2}{\ln 2}<\frac{2}{\ln\sqrt{e}}$,所以 $[\frac{2}{\ln 2}]=3$,而 $b_3=\frac{2^3}{3^2}<b_4$,故 $t\leqslant b_3=\frac{8}{9}$.

6.(1)$m=f(x_0)-x_0f'(x_0)$.

(2) 令 $h(x)=g(x)-f(x)$,则 $h'(x)=f'(x_0)-f'(x)$,$h'(x_0)=0$.

因为 $f'(x)$ 递减,所以 $h'(x)$ 递增,因此,当 $x>x_0$ 时,$h'(x)>0$;当 $x<x_0$ 时,$h'(x)<0$.所以 x_0 是 $h(x)$ 唯一的极值点,且是极小值点,可 $h(x)$ 的最小值为 0,因此 $h(x)\geqslant 0$,即 $g(x)\geqslant f(x)$.

(3) 解法一:$0\leqslant b\leqslant 1$,$a>0$ 是不等式成立的必要条件,以下讨论设此条件成立.

$x^2+1\geqslant ax+b$,即 $x^2-ax+(1-b)\geqslant 0$ 对任意 $x\in[0,+\infty)$ 成立的充要条件是 $a\leqslant 2(1-b)^{1/2}$.

另一方面,由于 $f(x)=\dfrac{3}{2}x^{\frac{2}{3}}$ 满足前述题设中关于函数 $y=f(x)$ 的条件,利用(2) 的结果可知,$ax+b=\dfrac{3}{2}x^{\frac{2}{3}}$ 的充要条件是:过点$(0,b)$ 与曲线 $y=\dfrac{3}{2}x^{\frac{2}{3}}$ 相切的直线的斜率大于 a,该切线的方程为 $y=(2b)^{-1/2}x+b$.

于是 $ax+b\geqslant\dfrac{3}{2}x^{\frac{2}{3}}$ 的充要条件是 $a\geqslant(2b)^{\frac{1}{2}}$.

综上,不等式 $x^2+1\geqslant ax+b\geqslant\dfrac{3}{2}x^{\frac{2}{3}}$ 对任意 $x\in[0,+\infty)$ 成立的充要条件是

$$(2b)^{-\frac{1}{2}}\leqslant a\leqslant 2(1-b)^{\frac{1}{2}} \qquad ①$$

显然,存在 a,b 使式 ① 成立的充要条件是:不等式

$$(2b)^{-\frac{1}{2}}\leqslant 2(1-b)^{\frac{1}{2}} \qquad ②$$

有解,解不等式 ② 得

$$\frac{2-\sqrt{2}}{4}\leqslant b\leqslant\frac{2+\sqrt{2}}{4} \qquad ③$$

因此,式 ③ 即为 b 的取值范围,式 ① 即为实数 a 与 b 所满足的关系.

解法二:$0\leqslant b\leqslant 1$,$a>0$ 是不等式成立的必要条件,以下讨论设此条件成立.

$x^2+1\geqslant ax+b$,即 $x^2-ax+(1-b)\geqslant 0$ 对任意 $x\in[0,+\infty)$ 成立的充要条件是 $a\leqslant 2(1-b)^{\frac{1}{2}}$.

令 $\varphi(x)=ax+b-\dfrac{3}{2}x^{\frac{2}{3}}$,于是 $ax+b\geqslant\dfrac{3}{2}x^{\frac{2}{3}}$ 对任意 $x\in[0,+\infty)$ 成立的充要条件是 $\varphi(x)\geqslant 0$.由 $\varphi'(x)=a-x^{-\frac{1}{3}}=0$ 得 $x=a^{-3}$.

当 $0<x<a^{-3}$ 时 $\varphi'(x)<0$;当 $x>a^{-3}$ 时,$\varphi'(x)>0$,所以,当 $x=a^{-3}$

时,$\varphi(x)$ 取最小值.因此 $\varphi(x)\geqslant 0$ 成立的充要条件是 $\varphi(a^{-3})\geqslant 0$,即 $a\geqslant (2b)^{-\frac{1}{2}}$.

综上,不等式 $x^2+1\geqslant ax+b\geqslant \frac{3}{2}x^{\frac{2}{3}}$ 对任意 $x\in[0,+\infty)$ 成立的充要条件是

$$(2b)^{-\frac{1}{2}}\leqslant a\leqslant 2(1-b)^{\frac{1}{2}} \quad ①$$

显然,存在 a,b 使式 ① 成立的充要条件是:不等式

$$(2b)^{-\frac{1}{2}}\leqslant 2(1-b)^{\frac{1}{2}} \quad ②$$

有解,解不等式 ② 得 $\frac{2-\sqrt{2}}{4}\leqslant b\leqslant \frac{2+\sqrt{2}}{4}$.

因此,式 ③ 即为 b 的取值范围,式 ① 即为实数在 a 与 b 所满足的关系.

7.(1) 由 $f(x)=x^3+bx^2+cx+d$ 的图像过点 $P(0,2)$,知 $d=2$,所以 $f(x)=x^3+bx^2+cx+2$,$f'(x)=3x^2+2bx+c$,由在$(-1,(-1))$处的切线方程是 $6x-y+7=0$,知 $-6-f(-1)+7=0$,即 $f(-1)=1$,$f'(-1)=6$,所以 $\begin{cases}3-2b+c=6,\\-1+b-c+2=1,\end{cases}$ 即 $\begin{cases}b-c=0,\\2b-c=-3,\end{cases}$ 解得 $b=c=-3$.

故所求的解析式为 $f(x)=x^3-3x-3+2$.

(2) $f'(x)=3x^2-6x-3$,令 $3x^2-6x-3=0$,即 $x^2-2x-1=0$,解得 $x_1=1-\sqrt{2}$,$x_2=1+\sqrt{2}$.

当 $x<1-\sqrt{2}$ 或 $x>1+\sqrt{2}$ 时,$f'(x)>0$;当 $1-\sqrt{2}<x<1+\sqrt{2}$ 时,$f'(x)<0$.

所以 $f(x)=x^3-3x^2-3x+2$ 在$(1+\sqrt{2},+\infty)$内是增函数,在$(-\infty,1-\sqrt{2})$内是增函数,在$(1-\sqrt{2},1+\sqrt{2})$内是减函数.

8.(1) 因为 $f(x)$ 在$[-1,0]$和$[0,2]$上有相反单调性,所以 $x=0$ 是 $f(x)$ 的一个极值点,故 $f'(x)=0$.

即 $3ax^2+2bx+c=0$ 有一个解为 $x=0$,所以 $c=0$.

(2) 因为 $f(x)$ 交 x 轴于点 $B(2,0)$,所以 $8a+4b+d=0$,即 $d=-4(b+2a)$.

令 $f'(x)=0$,则 $3ax^2+2bx=0$,$x_1=0$,$x_2=-\frac{2b}{3a}$.

因为 $f(x)$ 在$[0,2]$和$[4,5]$上有相反的单调性,所以 $2\leqslant-\frac{2b}{3a}\leqslant 4$,所以 $-6\leqslant\frac{b}{a}\leqslant-3$.

假设存在点 $M(x_0,y_0)$，使得 $f(x)$ 在点 M 的切线斜率为 $3b$，则 $f'(x_0)=3b$，即 $3ax_0^2+2bx_0-3b=0$. 因为

$$\Delta=(2b)^2-4\times 3a\times(-3b)=4b^2+36ab=4ab\left(\frac{b}{a}+9\right)$$

又 $-6\leqslant\frac{b}{a}\leqslant-3$，所以 $\Delta<0$.

所以不存在点 $M(x_0,y_0)$，使得 $f(x)$ 在点 M 的切线斜率为 $3b$.

(3) 依题意可令

$$f(x)=a(x-\alpha)(x-2)(x-\beta)=$$
$$a[x^3-(2+\alpha+\beta)x^2+(2\alpha+2\beta+\alpha\beta)x-2\alpha\beta]$$

则 $\begin{cases}b=-a(2+\alpha+\beta)\\d=-2a\alpha\beta\end{cases}$，所以 $\begin{cases}\alpha+\beta=-\dfrac{b}{a}-2\\\alpha\beta=-\dfrac{d}{2a}\end{cases}$.

$$|AC|=|\alpha-\beta|=\sqrt{(\alpha+\beta)^2-4\alpha\beta}=\sqrt{\left(-\frac{b}{a}-2\right)^2+\frac{2d}{a}}=$$
$$\sqrt{\left(\frac{b}{a}-2\right)^2-16}$$

因为 $-6\leqslant\frac{b}{a}\leqslant-3$，所以当 $\frac{b}{a}=-6$ 时，$|AC|_{\max}=4\sqrt{3}$；

当 $\frac{b}{a}=-3$ 时，$|AC|_{\min}=3$.

故 $3\leqslant|AC|\leqslant 4\sqrt{3}$.

9. (1) $b=2$ 时，$h(x)=\ln x-\frac{1}{2}ax^2-2x$，则

$$h'(x)=\frac{1}{x}-ax-2=-\frac{ax^2+2x-1}{x}$$

因为函数 $h(x)$ 存在单调递减区间，所以 $h'(x)<0$ 有解.

又因为 $x>0$ 时，则 $ax^2+2x-1>0$ 有 $x>0$ 的解.

① 当 $a>0$ 时，$y=ax^2+2x-1$ 为开口向上的抛物线，$ax^2+2x-1>0$ 总有 $x>0$ 的解；

② 当 $a<0$ 时，$y=ax^2+2x-1$ 为开口向下的抛物线，而 $ax^2+2x-1>0$ 总有 $x>0$ 的解；

则 $\Delta=4+4a>0$，且方程 $ax^2+2x-1=0$ 至少有一正根. 此时，$-1<a<0$.

综上所述，a 的取值范围为 $(-1,0)\cup(0,+\infty)$.

(2) 证法一:设点 P,Q 的坐标分别是 $(x_1, y_1),(x_2, y_2)$,$0 < x_1 < x_2$.

则点 M,N 的横坐标为 $x = \dfrac{x_1+x_2}{2}$.

C_1 在点 M 处的切线斜率为 $k_1 = \dfrac{1}{x}\Big|_{x=\frac{x_1+x_2}{2}} = \dfrac{2}{x_1+x_2}$.

C_2 在点 N 处的切线斜率为 $k_2 = ax+b\Big|_{x=\frac{x_1+x_2}{2}} = \dfrac{a(x_1+x_2)}{2}+b$.

假设 C_1 在点 M 处的切线与 C_2 在点 N 处的切线平行,则 $k_1=k_2$.

即 $\dfrac{2}{x_1+x_2} = \dfrac{a(x_1+x_2)}{2}+b$,则

$$\frac{2(x_2-x_1)}{x_1+x_2} = \frac{a}{2}(x_2^2-x_1^2)+b(x_2-x_1) = \frac{a}{2}(x_2^2+bx_2)-(\frac{a}{2}x_1^2+bx_1) = y_2-y_1 = \ln x_2 - \ln x_1$$

所以

$$\ln\frac{x_2}{x_1} = \frac{2(\frac{x_2}{x_1}-1)}{1+\frac{x_2}{x_1}}$$

设 $t=\dfrac{x_2}{x_1}$,则

$$\ln t = \frac{2(t-1)}{1+t}, t>1 \qquad ①$$

令 $r(t) = \ln t - \dfrac{2(t-1)}{1+t}$,$t>1$,则

$$r'(t) = \frac{1}{t} - \frac{4}{(t+1)^2} = \frac{(t-1)^2}{t(t+1)^2}$$

因为 $t>1$ 时,$r'(t)>0$,所以 $r(t)$ 在 $[1,+\infty)$ 上单调递增,故 $r(t) > r(1) = 0$.

则 $\ln t > \dfrac{2(t-1)}{1+t}$. 这与 ① 矛盾,假设不成立.

故 C_1 在点 M 处的切线与 C_2 在点 N 处的切线不平行.

证法二:同证法一得 $(x_2+x_1)(\ln x_2 - \ln x_1) = 2(x_2-x_1)$.

因为 $x_1>0$,所以

$$(\frac{x_2}{x_1}+1)\ln\frac{x_2}{x_1} = 2(\frac{x_2}{x_1}-1)$$

令 $t=\dfrac{x_2}{x_1}$,得

$$(t+1)\ln t=2(t-1),t>1 \qquad ②$$

令 $r(t)=(t+1)\ln t-2(t-1),t>1$,则 $r'(t)=\ln t+\frac{1}{t}-1$.

因为$(\ln t+\frac{1}{t})'=\frac{1}{t}-\frac{1}{t^2}=\frac{t-1}{t^2}$,所以 $t>1$ 时,$(\ln t+\frac{1}{t})'>0$.

故 $\ln t+\frac{1}{t}$ 在$[1,+\infty)$ 上单调递增,从而 $\ln t+\frac{1}{t}-1>0$,即 $r'(t)>0$.

于是 $r(t)$ 在$[1,+\infty)$ 上单调递增.

故 $r(t)>r(1)=0$,即$(t+1)\ln t>2(t-1)$.这与 ② 矛盾,假设不成立.

故 C_1 在点 M 处的切线与 C_2 在点 N 处的切线不平行.

10.(1) 函数 $f(x)$ 的定义域为$(-1,+\infty)$,$f'(x)=\frac{1}{1+x}-1$.

令 $f'(x)=0$,解得 $x=0$.

当 $-1<x<0$ 时,$f'(x)>0$;当 $x>0$ 时,$f'(x)<0$.

又 $f(0)=0$,故当且仅当 $x=0$ 时,$f(x)$ 取得最大值,最大值为 0.

(2) 证法一:

$$g(a)+g(b)-2g(\frac{a+b}{2})=a\ln a+b\ln b-(a+b)\ln\frac{a+b}{2}=$$

$$a\ln\frac{2a}{a+b}+b\ln\frac{2b}{a+b}$$

由(1) 结论知 $\ln(1+x)-x<0(x>-1$,且 $x\neq 0)$.

由题设 $0<a<b$,得$\frac{b-a}{2a}>0$,$-1<\frac{a-b}{2b}<0$.因此

$$\ln\frac{2a}{a+b}=\ln(1+\frac{b-a}{2a})>-\frac{b-a}{2a}$$

$$\ln\frac{2b}{a+b}=-\ln(1+\frac{a-b}{2b})>-\frac{a-b}{2b}$$

所以

$$a\ln\frac{2a}{a+b}+b\ln\frac{2b}{a+b}>-\frac{b-a}{2}-\frac{a-b}{2}=0$$

又$\frac{2a}{a+b}<\frac{a+b}{2b}$,所以

$$a\ln\frac{2a}{a+b}+b\ln\frac{2b}{a+b}<a\ln\frac{a+b}{2b}+b\ln\frac{2b}{a+b}=$$

$$(b-a)\ln\frac{2b}{a+b}<(b-a)\ln 2$$

综上 $$0 < g(a)+g(b)-2g(\frac{a+b}{2}) < (b-a)\ln 2$$

证法二:$g(x)=x\ln x, g'(x)=\ln x+1$.

设 $F(x)=g(a)+g(x)-2g(\frac{a+x}{2})$,则

$$F'(x)=g'(x)-2[g(\frac{a+x}{2})]'=\ln x-\ln\frac{a+x}{2}$$

当 $0<x<a$ 时,$F'(x)<0$,因此 $F(x)$ 在 $(0,a)$ 内为减函数;

当 $x>a$ 时,$F'(x)>0$,因此 $F(x)$ 在 $(a,+\infty)$ 上为增函数.

从而,当 $x=a$ 时,$F(x)$ 有极小值 $F(a)$.

因为 $F(a)=0, b>a$,所以 $F(b)>0$,即 $0<g(a)+g(b)-2g(\frac{a+b}{2})$.

设 $G(x)=F(x)-(x-a)\ln 2$,则

$$G'(x)=\ln x-\ln\frac{a+x}{2}-\ln 2=\ln x-\ln(a+x)$$

当 $x>0$ 时,$G'(x)<0$,因此 $G(x)$ 在 $(0,+\infty)$ 上为减函数.

因为 $G(a)=0, b>a$,所以 $G(b)<0$.

即 $g(a)+g(b)-2g(\frac{a+b}{2})<(b-a)\ln 2$,综上,原不等式得证.

11.(1) 由于函数定义,对任意整数 k,有

$$f(x+2k\pi)-f(x)=(x+2k\pi)\sin(x+2k\pi)-x\sin x=(x+2k\pi)\sin x-x\sin x=2k\pi\sin x$$

(2) 函数 $f(x)$ 在 $\mathbf{R}$ 上可导

$$f'(x)=x\cos x+\sin x \quad ①$$

令 $f'(x)=0$,得 $\sin x=-x\cos x$.

若 $\cos x=0$,则 $\sin x=-x\cos x=0$,这与 $\cos^2 x+\sin^2 x=1$ 矛盾,所以 $\cos x\neq 0$.

当 $\cos x\neq 0$ 时

$$f'(x)=0\Leftrightarrow x=-\tan x \quad ②$$

由于函数 $y=-x$ 的图像和函数 $y=\tan x$ 的图像知,$f'(x)=0$ 有解.

当 $f'(x_0)=0$ 时

$$[f(x_0)]^2=x_0^2\sin^2 x_0=\frac{x_0^2\sin^2 x_0}{\sin^2 x_0+\cos^2 x_0}=\frac{x_0^2\tan^2 x_0}{1+\tan^2 x_0}=\frac{x_0{}^4}{1+x_0^2}$$

(3) 由函数 $y=-x$ 的图像和函数 $y=\tan x$ 的图像知,对于任意整数 k,在开区间 $(k\pi-\frac{\pi}{2}, k\pi+\frac{\pi}{2})$ 内方程 $-x=\tan x$ 只有一个根 x_0.

当 $x \in (k\pi - \frac{\pi}{2}, x_0)$ 时，$-x > \tan x$，当 $x \in (x_0, k\pi - \frac{\pi}{2})$ 时，$-x < \tan x$.

而 $\cos x$ 在区间 $(k\pi - \frac{\pi}{2}, k\pi + \frac{\pi}{2})$ 内，要么恒正，要么恒负.

因此 $x \in (k\pi - \frac{\pi}{2}, x_0)$ 时 $f'(x_0)$ 的符号与 $x \in (x_0, k\pi - \frac{\pi}{2})$ 时 $f'(x_0)$ 的符号相反.

综合以上

$$f'(x)=0 \text{ 的每一个根都是 } f(x) \text{ 的极值点} \quad ③$$

由 $-x = \tan x$ 得，当 $x > 0$ 时，$\tan x < 0$，即对于 $x_0 > 0$ 时

$$x_0 \in (k\pi - \frac{\pi}{2}, k\pi)(k \in \mathbf{N}^*) \quad ④$$

综合 ③，④ ：对于任意 $n \in \mathbf{N}^*$，$n\pi - \frac{\pi}{2} < a_n < n\pi$.

由 $n\pi - \frac{\pi}{2} < a_n < n\pi$ 和 $(n+1) - \frac{\pi}{2} < a_{n+1} < (n+1)\pi$，得

$$\frac{\pi}{2} < a_{n+1} - a_n < \frac{3\pi}{2} \quad ⑤$$

又

$$\tan(a_{n+1} - a_n) = \frac{\tan a_{n+1} - \tan a_n}{1 + \tan a_{n+1} \tan a_n} = \frac{-a_{n+1} - (-a_n)}{1 + (-a_{n+1})(-a_n)} = -\frac{a_{n+1} - a_n}{1 + a_{n+1} a_n} < 0$$

但 $\pi \leqslant a_{n+1} - a_n < \frac{3\pi}{2}$ 时

$$\tan(a_{n+1} - a_n) \geqslant 0 \quad ⑥$$

综合 ⑤⑥ 得：$\frac{\pi}{2} < a_{n+1} - a_n < \pi$.

第 19 讲　函数与导函数的综合运用

1. (1) 将不等式化成 $k(>=<)(*)$ 模式

由 $f(x) > \frac{\ln x}{x-1} + \frac{k}{x}$ 得 $\frac{\ln x}{x+1} + \frac{1}{x} > \frac{\ln x}{x-1} + \frac{k}{x}$，化简得

$$k < 1 - \frac{2x\ln x}{x^2 - 1} \quad ①$$

(2) 构建含变量的新函数 $g(x)$.

构建函数 $g(x)=\frac{2x\ln x}{x^2-1}$ ($x>0$,且 $x\neq 1$).

其导函数由 $\left(\frac{u}{v}\right)'=\frac{u'v-uv'}{v^2}$,求得

$$g'(x)=\frac{2}{(x^2-1)^2}(x^2-x^2\ln x-\ln x-1)$$

即

$$g'(x)=\frac{2}{(x^2-1)^2}[(x^2-1)-(x^2+1)\ln x]=$$

$$\frac{2(x^2+1)}{(x^2-1)^2}\left(\frac{x^2-1}{x^2+1}-\ln x\right) \quad ②$$

(3) 确定 $g(x)$ 的增减性.

先求 $g(x)$ 的极值点,由 $g'(x_0)=0$ 得

$$\frac{x_0^2-1}{x_0^2+1}-\ln x_0=0$$

即

$$\frac{x_0^2-1}{x_0^2+1}=\ln x_0 \quad ③$$

由基本不等式 $\ln x\leqslant x-1$ 代入上式得

$$\frac{x_0^2-1}{x_0^2+1}\leqslant x_0-1$$

故 $x_0-1-\frac{x_0^2-1}{x_0^2+1}\geqslant 0$,即$(x_0-1)(1-\frac{1}{x_0^2+1})\geqslant 0$.

由于$\frac{1}{x_0^2+1}\leqslant 1$,即 $1-\frac{1}{x_0^2+1}\geqslant 0$,故有 $x_0-1\geqslant 0$,即 $x_0\geqslant 1$.

即 $g(x)$ 的极值点 $x_0\geqslant 1$.

在 $x\geqslant x_0\geqslant 1$ 时,由于$\frac{x^2-1}{x^2+1}<1$ 有界,而 $\ln x>0$ 无界,故

$$\frac{x^2-1}{x^2+1}-\ln x<0$$

即在 $x\geqslant x_0\geqslant 1$ 时,$g'(x)\leqslant 0$,$g(x)$ 单调递减;

那么,在 $0<x<x_0$ 时,$g(x)$ 单调递增,满足式 ③ 得 x_0 恰好是 $x_0=1$.

(4) 在 $x\in(1,+\infty)$ 由增减性化成不等式.

在 $x\in(1,+\infty)$ 区间,由于 $h(x)$ 为单调递减函数,故

$$g(x)\leqslant\lim_{x\to+1}g(x)=\lim_{x\to+1}\left(\frac{2x\ln x}{x^2-1}\right)$$

应用不等式 $\ln x < x-1$ 得

$$\lim_{x\to+1}\left(\frac{2x\ln x}{x^2-1}\right) < \lim_{x\to+1}\left[\frac{2x(x-1)}{x^2-1}\right] = \lim_{x\to+1}\left(\frac{2x}{x+1}\right) = 1$$

即 $g(x) < g(1) = 1$，即 $g(x)$ 的最大值是 $g(1)$.

代入式 ① 得 $k < 1 - g(x)$，即 $k \leqslant 1 - g(1)$，即

$$k \leqslant 0 \qquad ④$$

(5) 在 $x \in (0,1)$ 由增减性化成不等式.

在 $x \in (0,1)$ 区间，由于 $g(x)$ 为单调递增函数，故

$$g(x) \geqslant \lim_{x\to+0} g(x) = \lim_{x\to+0}\left(\frac{2x\ln x}{x^2-1}\right)$$

由于极限 $\lim\limits_{x\to+0}(x\ln x)=0$，故 $g(x) \geqslant 0$，代入式 ① 得

$$k \leqslant 1 \qquad ⑤$$

(6) 总结结论.

综合式 ④ 和 ⑤ 得 $k \leqslant 0$，故 k 的取值范围是 $k \in (-\infty, 0]$.

2.(1) 求出函数 $f(x)$ 的导函数.

函数

$$f(x) = \ln x - ax^2 \qquad ①$$

其导函数为

$$f'(x) = \frac{1}{x} - 2ax = \frac{1-2ax^2}{x} = \frac{(1+\sqrt{2a}x)(1-\sqrt{2a}x)}{x} \qquad ②$$

(2) 给出函数 $f(x)$ 的单调区间.

由于 $x > 0$，由式 ② 知：$f'(x)$ 的符号由 $(1-\sqrt{2a}x)$ 的符号决定.

当 $1-\sqrt{2a}x > 0$，即 $x < \dfrac{1}{\sqrt{2a}}$ 时，$f'(x) > 0$，函数 $f(x)$ 单调递增；

当 $1-\sqrt{2a}x < 0$，即 $x > \dfrac{1}{\sqrt{2a}}$ 时，$f'(x) < 0$，函数 $f(x)$ 单调递减；

当 $1-\sqrt{2a}x = 0$，即 $x = \dfrac{1}{\sqrt{2a}}$ 时，$f'(x) = 0$，函数 $f(x)$ 达到极大值.

(3) 由区间的增减性给出不等式.

由 α,β 均属于区间[1,3]，且 $\beta-\alpha \geqslant 1$，得到 $\alpha \in [1,2]$，$\beta \in [2,3]$.

若 $f(\alpha) = f(\beta)$，则 α,β 分属于峰值点 $x = \dfrac{1}{\sqrt{2a}}$ 的两侧，即 $\alpha < \dfrac{1}{\sqrt{2a}}$，$\beta > \dfrac{1}{\sqrt{2a}}$.

所以 α 所在的区间为单调递增区间，β 所在的区间为单调递减区间.

故依据函数单调性,在单调递增区间有

$$f(1)\leqslant f(\alpha)\leqslant f(2) \quad ③$$

在单调递减区间有

$$f(2)\geqslant f(\beta)\geqslant f(3) \quad ④$$

(4) 将数据代入不等式.

由式 ① 得:$f(1)=-a$;$f(2)=\ln 2-4a$;$f(3)=\ln 3-9a$.

代入 ③ 得 $-a\leqslant f(\alpha)\leqslant \ln 2-4a$,即 $-a\leqslant \ln 2-4a$,即

$$a\leqslant\frac{\ln 2}{3} \quad ⑤$$

代入式 ④ 得:$\ln 2-4a\geqslant f(\beta)\geqslant \ln 3-9a$,即 $\ln 2-4a\geqslant \ln 3-9a$,即

$$a\geqslant\frac{\ln 3-\ln 2}{5} \quad ⑥$$

(5) 总结结论.

结合式 ⑤ 和 ⑥ 得:$\frac{\ln 3-\ln 2}{5}\leqslant a\leqslant\frac{\ln 2}{3}$. 证毕.

3.(1) 利用基本不等式求出 a.

利用基本不等式 $e^x\geqslant 1+x$ 或 $\ln y\leqslant y-1$,得

$$-\ln(x+a)\geqslant 1-(x+a)$$

即

$$x-\ln(x+a)\geqslant x+1-(x+a)=1-a$$

即

$$f(x)=x-\ln(x+a)\geqslant 1-a$$

已知 $f(x)$ 的最小值为 0,故 $1-a=0$,即 $a=1$.

或者,将 $x\in[0,+\infty)$ 的端点值代入 $f(x)$,利用最小值为 0,求得 $a=1$.

(2) 用导数法求出 a.

函数 $f(x)$ 的导函数为

$$f'(x)=1-\frac{1}{x+a} \quad ①$$

当 $x+a<1$,即 $x<1-a$ 时,$f'(x)<0$,函数 $f(x)$ 单调递减;

当 $x+a>1$,即 $x>1-a$ 时,$f'(x)>0$,函数 $f(x)$ 单调递增;

当 $x+a=1$,即 $x=1-a$ 时,$f'(x)=0$,函数 $f(x)$ 达到极小值.

依题意,$f(x)$ 的最小值为 0,故当 $x=1-a$ 时,$f(1-a)=0$.

即 $f(1-a)=1-a-\ln(1-a+a)=1-a=0$,故 $a=1$.

函数的解析式为

$$f(x)=x-\ln(x+1) \quad ②$$

(3) 构建新函数 $g(x)$.

当 $x \in [0,+\infty)$ 时,有 $f(x) \leqslant kx^2$,即

$$f(x)=x-\ln(x+1) \leqslant kx^2$$

构建函数:

$$g(x)=f(x)-kx^2=x-\ln(x+1)-kx^2 \quad ③$$

则函数 $g(x) \leqslant 0$,即 $g(x)$ 的最大值为 0.

实数 k 的最小值对应于 $g(x)$ 的最大值点.

(4) 确定 $g(x)$ 的单调区间和极值.

于是由式 ③ 得导函数为

$$g'(x)=1-\frac{1}{x+1}-2kx=x\left(\frac{1}{x+1}-2k\right) \quad ④$$

当 $x=0$ 时,由式 ③ 得函数 $g(x)=0$;

则 $x=0$ 是极值点,同时 $x=0$ 也是区间的端点.

当 $x \neq 0$ 时,即 $x \in (0,+\infty)$.

当 $\frac{1}{x+1}>2k$,即 $x<\frac{1}{2k}-1$ 时,$g'(x)>0$,函数 $g(x)$ 单调递增;

当 $\frac{1}{x+1}<2k$,即 $x>\frac{1}{2k}-1$ 时,$g'(x)<0$,函数 $g(x)$ 单调递减;

当 $\frac{1}{x+1}=2k$,即 $x=x_m=\frac{1}{2k}-1$ 时,$g'(x_m)=0$,函数 $g(x)$ 达到极大值 $g(x_m)$.

故 $g(x)$ 从 $x=0$ 开始单调递增,直到 $x=x_m$ 达到 $g(x)$ 的极大值,再单调递减,所以 $g(0)$ 是个极小值. $g(x_m)$ 是个极大值,也是最大值.

(5) 求出最大值点 x_m.

将最值点 $x=x_m$ 代入式 ③ 得 $x=x_m=\frac{1}{2k}-1$.

$$\begin{aligned}g(x_m)&=\frac{1}{2k}-1-\ln\left(\frac{1}{2k}\right)-k\left(\frac{1}{2k}-1\right)^2=\\&\left(\frac{1}{2k}-1\right)\left[1-k\left(\frac{1}{2k}-1\right)\right]+\ln(2k)=\\&\left(\frac{1}{2k}-1\right)\left(1-\frac{1}{2}+k\right)+\ln(2k)=\\&\left(\frac{1-2k}{2k}\right)\left(\frac{1+2k}{2}\right)+\ln(2k)=\\&\frac{(1+2k)(1-2k)}{4k}+\ln(2k)\end{aligned}$$

由 $g(x)$ 的最大值为 0,得

$$g(x_m)=\frac{(1+2k)(1-2k)}{4k}+\ln(2k)=0$$

即 $2k=1$,即 $k=\frac{1}{2}$,此时 $x_m=\frac{1}{2k}-1$,即$\frac{1}{x_m+1}=2k=1$,即 $x_m=0$.

(6) 给出结论.

由于 $x_m=0$,也是端点,结合(4)的结论,所以 $g(x)$ 在 $x\in[0,+\infty)$ 区间单调递减,$g(x_m)=g(0)$ 是个极大值,也是最大值.

由 $x_m=\frac{1}{2k}-1=0$ 得出实数 k 的最小值为 $k=\frac{1}{2}$.

故实数 k 的最小值 $k=\frac{1}{2}$.

4.(1) AB 的斜率与 $f(x)$ 的导函数.

由 A,B 两点的坐标得到直线 AB 的斜率 k 为

$$k=\frac{f(x_2)-f(x_1)}{x_2-x_1}=\frac{(e^{ax_2}-x_2)-(e^{ax_1}-x_1)}{x_2-x_1}=$$

$$\frac{(e^{ax_2}-e^{ax_1})-(x_2-x_1)}{x_2-x_1}=\frac{(e^{ax_2}-e^{ax_1})}{x_2-x_1}-1 \qquad ①$$

函数 $f(x)=e^{ax}-x$ 的导函数为

$$f'(x)=ae^{ax}-1 \qquad ②$$

(2) 构建新函数 $g(x)$,并求导.

判断 $f'(x_0)\geqslant k$ 是否成立,即判断 $f'(x_0)-k$ 是否不小于 0.

所以,构建函数 $g(x)=f'(x)-k$,若 $g(x)\geqslant 0$,则 $f'(x_0)\geqslant k$ 成立,则

$$g(x)=ae^{ax}-\frac{(e^{ax_2}-e^{ax_1})}{x_2-x_1} \qquad ③$$

导函数为

$$g'(x)=a^2e^{ax} \qquad ④$$

(3) 求 $g(x)$ 在区间端点的函数值.

由式 ③ 得

$$g(x_1)=ae^{ax_1}-\frac{(e^{ax_2}-e^{ax_1})}{x_2-x_1}=\frac{e^{ax_1}}{x_2-x_1}[a(x_2-x_1)-e^{a(x_2-x_1)}+1]=$$

$$-\frac{e^{ax_1}}{x_2-x_1}[e^{a(x_2-x_1)}-a(x_2-x_1)-1] \qquad ⑤$$

$$g(x_2)=ae^{ax_2}-\frac{(e^{ax_2}-e^{ax_1})}{x_2-x_1}=\frac{e^{ax_2}}{x_2-x_1}[a(x_2-x_1)-1+e^{a(x_1-x_2)}]=$$

$$\frac{e^{ax_2}}{x_2-x_1}[e^{a(x_1-x_2)}-a(x_1-x_2)-1] \qquad ⑥$$

(4) 确定 $g(x)$ 的零点存在.

利用基本不等式:$e^x \geqslant 1+x$,当且仅当 $x=0$ 时取等号. 即

$$e^x - x - 1 \geqslant 0 \tag{⑦}$$

将式 ⑦ 应用于式 ⑤ 得:$g(x_1) < 0\ (x_2 - x_1 \neq 0)$.

将式 ⑦ 应用于式 ⑥ 得:$g(x_2) > 0\ (x_2 - x_1 \neq 0)$.

则 $g(x_1) \cdot g(x_2) < 0$,证明其存在性.

函数 $g(x)$ 在(x_1, x_2) 区间是连续的,其导函数也存在.

由式 ④ 得:$g'(x) = a^2 e^{ax} > 0$,即函数 $g(x)$ 为单调递增函数.

$g(x)$ 是单调函数,则证明其唯一性.

由 $g(x_1) < 0$ 和 $g(x_2) > 0$ 以及函数零点存在定理得,函数 $g(x)$ 必过零点,且是唯一零点.

(5) 求 $g(x)$ 在(x_1, x_2) 区间的零点位置.

设函数 $g(x)$ 在(x_1, x_2) 区间的零点位置在 x_3,则有 $g(x_3) = 0$.

由式 ③ 得

$$g(x_3) = a e^{a x_3} - \frac{(e^{a x_2} - e^{a x_1})}{x_2 - x_1} = 0\ (a \neq 0)$$

即

$$x_3 = \frac{1}{a} \ln \frac{e^{a x_2} - e^{a x_1}}{a(x_2 - x_1)} \tag{⑦}$$

且 $x_3 \in (x_1, x_2)$.

(6) 求 $g(x)$ 在(x_1, x_2) 区间的 x_0.

由式 ④$g'(x) = a^2 e^{ax} > 0$ 得函数 $g(x)$ 为单调递增函数,故:

在 $x_0 \in (x_1, x_3)$ 区间,$g(x_0) < g(x_3) = 0$;

在 $x_0 \in (x_3, x_2)$ 区间,$g(x_0) > g(x_3) = 0$;

在 $x_0 = x_3$ 时,$g(x_0) = g(x_3) = 0$.

故 $g(x_0) \geqslant 0$ 的区间为 $x_0 \in [x_3, x_2)$,即 $x_0 \in [\frac{1}{a} \ln \frac{e^{a x_2} - e^{a x_1}}{a(x_2 - x_1)}, x_2)$.

5.(1) 构建新函数 $g(x)$,并求导.

构建函数

$$g(x) = \ln(x+1) + \sqrt{x+1} - 1 - \frac{9x}{x+6} \tag{①}$$

导函数为

$$g'(x) = \frac{1}{x+1} + \frac{1}{2\sqrt{x+1}} - \frac{54}{(x+6)^2} \tag{②}$$

即

$$g'(x)=\frac{2+\sqrt{x+1}}{2(x+1)}-\frac{54}{(x+6)^2} \quad ③$$

函数 $g(x)$ 满足 $g(0)=0, g'(0)=0$.

现在只要证明,当 $0<x<2$ 时,$g(x)<0$,则 $f(x)<\frac{9x}{x+6}$.

(2) 化掉式 ② 中的根号项.

要保持不等号的方向不变,只有 $\frac{1}{2\sqrt{x+1}}\leqslant(*)$,即 $\sqrt{x+1}\geqslant(*)$.

或 $\sqrt{x+1}\leqslant(*)$(($*$)代表某个不含根号的式子).

由于有 $\sqrt{x+1}\geqslant(*)$ 和 $\sqrt{x+1}\leqslant(*)$ 两种选项,所以采用化掉 $\sqrt{x+1}$ 的方法.

由均值不等式

$$2\cdot 1\cdot\sqrt{x+1}\leqslant 1^2+(\sqrt{x+1})^2=x+2$$

得

$$\sqrt{x+1}\leqslant\frac{x}{2}+1$$

代入式 ③ 得

$$g'(x)\leqslant\frac{2+\frac{x}{2}+1}{2(x+1)}-\frac{54}{(x+6)^2}=\frac{x+6}{4(x+1)}-\frac{54}{(x+6)^2}$$

即

$$g'(x)\leqslant\frac{(x+6)^3-4\cdot 54\cdot(x+1)}{4(x+1)(x+6)^2}=\frac{(x+6)^3-6^3\cdot(x+1)}{4(x+1)(x+6)^2} \quad ④$$

(3) 求函数 $g(x)$ 的极值点.

当 $g(x)$ 取极值时,$g'(x)=0$.

故由式 ④ 得 $(x+6)^3-6^3(x+1)=0$,即

$$x+6=6\sqrt[3]{x+1} \quad ⑤$$

令 $t=\sqrt[3]{x+1}\ (1<t<\sqrt[3]{3})$.

则式 ⑤ 为 $t^3+5=6t$,即

$$t^3-6t+5=0 \quad ⑥$$

分解因式法

$$t^3-6t+5=(t^3-1)-6(t-1)=(t-1)(t^2+t+1-6)=$$
$$(t-1)(t^2+t-5)=0$$

故有 $t_1=1$,及 $(t^2+t-5)=0$,即 $t_{2,3}=\frac{-1\pm\sqrt{1+20}}{2}$.

由于 $1 < t < \sqrt[3]{3}$,所以舍掉负值,故取 $t_2 = \dfrac{\sqrt{21}-1}{2}$.

所以有 $t_1 = 1, t_2 = \dfrac{\sqrt{21}-1}{2}$,即 $x_1 = 0, x_2 = \left(\dfrac{\sqrt{21}-1}{2}\right)^3 - 1$.

由于

$$\left(\frac{\sqrt{21}-1}{2}\right)^3 = \frac{(\sqrt{21}-1)^3}{8} = \frac{(\sqrt{21}-1)(22-2\sqrt{21})}{8} >$$

$$\frac{(\sqrt{16}-1)(11-\sqrt{25})}{4} = \frac{3\times 6}{4} > 4$$

所以 $x_2 > 3$.

函数在两个相邻极值点之间$[0,3]$是单调的.

(4) 由单调性证明不等式.

由式 ①$g(x) = \ln(x+1) + \sqrt{x+1} - 1 - \dfrac{9x}{x+6}$ 得

$$g(0) = 0, g(3) = \ln 4 + \sqrt{4} - 1 - \frac{9\times 3}{3+6} = \ln 4 - 2 < 0$$

即 $g(0) > g(3)$,由于在 $x \in (x_1, x_2)$ 区间,$g(x)$ 是单调的,故 $g(x_1) > g(x_2)$.

于是,函数在 $x = x_1 = 0$ 时达到极大值,然后递减,直到 $x = x_2 > 2$ 时达到极小值.

就是说在 $0 < x < 2$ 区间,$g'(x) < 0$,函数 $g(x)$ 单调递减.

即 $g(x) < g(0) = 0$,故 $f(x) < \dfrac{9x}{x+6}$. 证毕.

6. (1) 先求点 A 的坐标$(x_A, 0)$.

将 $x = x_A, y = y_A = 0$ 代入抛物线 $y = -x^2 + \dfrac{a^n}{2}$ 得 $x_A = \sqrt{\dfrac{a^n}{2}}$.

(2) 求过点 A 的切线方程.

抛物线的导数为

$$y' = -2x \qquad ①$$

故点 A 的切线方程为

$$y = y_A + y'(x_A)(x - x_A)$$

即

$$y = 0 + [-2x_A(x - x_A)] = -2x_A x + 2x_A^2 \qquad ②$$

(3) 求切线在 y 轴上的截距为 $f(n)$.

由式 ②,当 $x = 0$ 时,$y = f(n)$,故

$$f(n)=2x_A^2=2\left(\sqrt{\frac{a^n}{2}}\right)^2=a^n \quad ③$$

(4) 分析待证不等式

$$\frac{f(n)-1}{f(n)+1}\geqslant\frac{n^3}{n^3+1}$$

即

$$\frac{f(n)+1-2}{f(n)+1}\geqslant\frac{n^3+1-1}{n^3+1}$$

即

$$1-\frac{2}{f(n)+1}\geqslant 1-\frac{1}{n^3+1}$$

即

$$\frac{2}{f(n)+1}\leqslant\frac{1}{n^3+1}$$

即

$$f(n)+1\geqslant 2n^3+2$$

即

$$f(n)\geqslant 2n^3+1$$

将式 ③ 代入上式得 $a^n\geqslant 2n^3+1$,即

$$a\geqslant\sqrt[n]{2n^3+1} \quad ④$$

证明了式 ④,就证明了不等式

$$\frac{f(n)-1}{f(n)+1}\geqslant\frac{n^3}{n^3+1}$$

(5) 数值分析:由式 ④ 得

当 $n=1$ 时,$a\geqslant 3$;

当 $n=2$ 时,$a^2\geqslant 17$,即 $a\geqslant\sqrt{17}$;

当 $n=3$ 时,$a^3\geqslant 55$,即 $a\geqslant\sqrt[3]{55}$;$\sqrt[3]{55}<\sqrt{17}$($55^2=3\ 025$,$17^3=4\ 913$).

因为 $a>1$,对式 ④ 两边求对数得

$$\ln a\geqslant\frac{1}{n}\ln(2n^3+1) \quad ⑤$$

满足上式得 a 的最小值,就是 $\frac{1}{n}\ln(2n^3+1)$ 的最大值.

(6) 构建新函数 $g(n)$.

构建函数:$g(n)=\frac{1}{n}\ln(2n^3+1)$,求 $g(n)$ 的最大值.求导得

$$g'(n)=\frac{\frac{6n^2}{2n^3+1}\cdot n-\ln(2n^3+1)}{n^2}$$

当 $g'(n)=0$ 时，即 $\frac{6n^3}{2n^3+1}=\ln(2n^3+1)$，即

$$3-\frac{3}{2n^3+1}=\ln(2n^3+1) \qquad ⑥$$

令 $t=2n^3+1$，则 $t>1$. 代入式 ⑥ 得

$$3-\frac{3}{t}=\ln t \qquad ⑦$$

(7) 求 $t=2n^3+1$ 的最大值.

虽然解方程 ⑦ 比较困难，但得到其取值范围还是可以的.

由式 ⑦ 得 $\ln t=3-\frac{3}{t}<3$，即 $t<e^3<3^3=27$.

即 $t=2n^3+1<27$，即 $n^3<13$.

于是满足式 ⑤ 的 n 的最大值是 $n=2$.

代入式 ④$a\geqslant\sqrt[n]{2n^3+1}$ 得

$$a\geqslant\sqrt[2]{2\cdot 2^3+1}=\sqrt{17} \qquad ⑧$$

(8) 证明结论.

满足式 ⑧，就满足式 ④，由(4) 得证.

当 $a\geqslant\sqrt{17}$ 时，对所有 n 都有：$\frac{f(n)-1}{f(n)+1}\geqslant\frac{n^3}{n^3+1}$. 证毕.

7. (1) 求函数 $g(x)$ 的解析式：函数 $f(x)=\frac{\ln x+1}{e^x}$ 的导函数为

$$f'(x)=\frac{1}{e^{2x}}\left[\frac{1}{x}e^x-e^x(\ln x+1)\right]=\frac{1}{e^x}\left(\frac{1}{x}-\ln x-1\right) \qquad ①$$

函数 $g(x)=(x^2+x)f'(x)$ 得

$$g(x)=\frac{(x+1)x}{e^x}\left(\frac{1}{x}-\ln x-1\right)=\frac{x+1}{e^x}(1-x-x\ln x) \qquad ②$$

(2) 构造新函数 $h(x)$.

由基本不等式 $e^x\geqslant 1+x$(仅当 $x=0$ 时取等号) 得

$$\frac{1+x}{e^x}\leqslant 1$$

代入式 ② 得

$$g(x)<1-x-x\ln x \quad (x>0)$$

$$h(x)=1-x-x\ln x \quad ③$$

则上式为

$$g(x)<h(x) \quad ④$$

(3) 分析 $h(x)$ 的单调性,并求其极值.

由式 ③ 得 $h(x)$ 导函数为

$$h'(x)=-(2+\ln x) \quad ⑤$$

当 $x>e^{-2}$,即 $2+\ln x>0$ 时,$h'(x)<0$,$h(x)$ 单调递减;

当 $x<e^{-2}$,即 $2+\ln x<0$ 时,$h'(x)>0$,$h(x)$ 单调递增;

当 $x=e^{-2}$,即 $2+\ln x=0$ 时,$h'(x)=0$,$h(x)$ 达到最大值.

$h(x)$ 的最大值是在 $x=x_m=e^{-2}$,由式 ③ 得

$$h(x_m)=1-e^{-2}-e^{-2}(\ln e^{-2})=1-e^{-2}-(-2)e^{-2}=1+e^{-2} \quad ⑥$$

(4) 证明结论.

故由式 ④ 和式 ⑥:

$$g(x)<h(x)\leqslant h(x_m)=1+e^{-2}$$

即对任意 $x>0$,$g(x)<1+e^{-2}$.证毕.

8.(1) 构建新函数 $h(x)$.

函数 $f(x)$ 的导数为

$$f'(x)=3x^2+a \quad ①$$

函数 $g(x)$ 的导数为

$$g'(x)=2x+b \quad ②$$

构建函数

$$h(x)=f'(x)g'(x)=(3x^2+a)(2x+b) \quad ③$$

则已知条件化为:在开区间 I 上 $f'(x)g'(x)\geqslant 0$ 恒成立,等价于

$$h(x)\geqslant 0 \quad ④$$

(2) 确定 b 的取值范围.

已知 $a<0$,若 $b>0$,则区间 $I=(a,b)$;故此时区间 I 包括 $x=0$ 点.

由式 ①② 得:$f'(0)=a$,$g'(0)=b$,所以 $h(0)=f'(0)g'(0)=ab<0$.

不满足式 ④,即 $b>0$ 不成立.

故 $b\leqslant 0$,b 与 a 同处于 $x\leqslant 0$ 区间.

(3) 确定 x 的取值范围.

由于 $a<0$,$b\leqslant 0$,$x\leqslant 0$,即 $2x+b\leqslant 0$.

要满足式 ④,在 $2x+b\neq 0$ 时,则必须有 $f'(x)\leqslant 0$.

即 $3x^2+a\leqslant 0$,即 $x^2\leqslant -\dfrac{a}{3}$.

即 $x \in \left[-\sqrt{\frac{a}{3}},\sqrt{-\frac{a}{3}}\right]$,结合 $x \in (-\infty,0)$ 得

$$x \in [-\sqrt{-\frac{a}{3}},0) \quad ⑤$$

(4) 确定 $|a-b|$ 的最大值 M.

由于区间 I 是以 a,b 为端点,$a<0,b\leqslant 0$,而 $x \in [-\sqrt{-\frac{a}{3}},0)$.

所以若 $b=0$,则 $a=-\sqrt{-\frac{a}{3}}$,所以 $-a=\sqrt{-\frac{a}{3}}>0$.

即 $a^2=-\frac{a}{3}$,故 $a=-\frac{1}{3}$,代入式⑤得 $x \in [-\frac{1}{3},0)$,故

$$I=(a,b)=(-\frac{1}{3},0) \quad ⑥$$

故 $|a-b|$ 的最大值 M 就是由式⑥决定的区间长度,即 $M=\frac{1}{3}$.

9.(1) 求出函数的导函数.

由函数 $f(x)=\ln(1+x)-\frac{x(1+x\sin\theta)}{1+x}$ 的导函数为

$$f'(x)=\frac{1}{1+x}-\frac{[(1+2x\sin\theta)(1+x)-x(1+x\sin\theta)]}{(1+x)^2}=$$

$$\frac{x}{(1+x)^2}[1-(2+x)\sin\theta] \quad ①$$

依题意,若 $x\geqslant 0$ 时,$f(x)\leqslant 0$.

即 $f(x)$ 在 $x\geqslant 0$ 区间的最大值为 0.

所以,只要求出区间的最大值,使之为 0,就解决了问题.

(2) 由函数极值点得出相应的结果.

由极值点的导数为 0 得 $f'(x)=0$.

所以当在 $x\geqslant 0$ 区间 $f'(x)\leqslant 0$ 时,函数 $f(x)$ 在 $x\geqslant 0$ 区间单调递减,故满足 $f(x)\leqslant 0$ 的条件.于是

$$f'(x)=\frac{x}{(1+x)^2}[1-(2+x)\sin\theta]\leqslant 0$$

由于 $x\geqslant 0,(1+x)^2>0$,所以 $1-(2+x)\sin\theta\leqslant 0$,即 $\sin\theta\geqslant\frac{1}{2+x}$.

故 $\sin\theta\geqslant\frac{1}{2+0}\geqslant\frac{1}{2+x}$,即 $\sin\theta\geqslant\frac{1}{2}$.

求三角函数定义域得 $\sin\theta\leqslant 1$,故 $\sin\theta\in[\frac{1}{2},1]$.

结合 $\theta\in[0,\pi]$，于是 $\theta\in[\frac{\pi}{6},\frac{5\pi}{6}]$，即 θ 的最小值是 $\frac{\pi}{6}$.

10.(1) 求出函数 $f(x)$ 和 $g(x)$ 的导函数.

函数 $f(x)$ 的导函数为

$$f'(x)=\frac{a}{x+1} \quad ①$$

函数 $g(x)$ 的导函数为

$$g'(x)=e^{x}(cx+d+c) \quad ②$$

(2) 由 $P(0,2)$ 求出 b 和 d.

由曲线 $y=f(x)$ 过点 $P(0,2)$ 得：$f(0)=b=2$.

由曲线 $y=g(x)$ 过点 $P(0,2)$ 得：$g(0)=d=2$.

(3) 由点 P 处的切线相互垂直条件得出 a 与 c 的关系式.

由点 P 处的切线相互垂直，即切线斜率的乘积等于 -1，即

$$f'(0)g'(0)=-1$$

由 ① 得 $f'(0)=\frac{a}{0+1}=a$，由 ② 得

$$g'(0)=e^{0}(0+d+c)=2+c$$

代入上式得

$$a(2+c)=-1 \quad ③$$

(4) 构建新函数 $h(x)$.

构建函数 $h(x)=g(x)-f(x)$，即

$$h(x)=e^{x}(cx+2)-[a\ln(x+1)+2]$$

于是

$$h(0)=e^{0}(c\cdot 0+2)-[a\ln(0+1)+2]=0$$

即

$$h(0)=0 \quad ④$$

当 $f(x)\leqslant g(x)$ 时，等价于

$$h(x)\geqslant 0 \quad ⑤$$

(5) 化简求解条件.

只要满足 $h(0)\geqslant 0$，$h'(x)\geqslant 0$，就一定满足式 ⑤.

于是由(3) 得

$$h'(0)=g'(0)-f'(0)=2+c-a \quad ⑥$$

将式 ③ 代入式 ⑥ 得：$h'(0)=(2+c)-a=-\frac{1}{a}-a\geqslant 0$，即 $a<0$.

而式 ④ 已得 $h(0)=0$，所以只要满足 $h'(x)\geqslant 0$ 就可以满足式 ⑤.

(6) 化解 $h'(x) \geqslant 0$.

要 $h'(x) \geqslant 0$,即

$$g'(x) - f'(x) \geqslant 0$$

将式 ①② 代入上式得

$$e^x(cx + 2 + c) - \frac{a}{x+1} \geqslant 0 \quad ⑦$$

由 ③ 得 $2 + c = -\frac{1}{a}$,将上式和基本不等式 $e^x \geqslant x + 1$,代入式 ⑦ 得

$$h'(x) \geqslant (x+1)(cx - \frac{1}{a}) - \frac{a}{(x+1)} \quad ⑧$$

只要右边不小于 0,就满足要求,即

$$(x+1)(cx - \frac{1}{a}) - \frac{a}{(x+1)} \geqslant 0$$

即

$$(x+1)cx + \left[(\frac{x+1}{-a}) + (\frac{-a}{x+1})\right] > 0$$

已知 $x > -1$,所以 $x + 1 > 0$.已知(5) 中 $a < 0$,所以

$$\frac{x+1}{-a} > 0, \frac{-a}{x+1} > 0$$

由“一正二定三相等”得

$$\left[(\frac{x+1}{-a}) + (\frac{-a}{x+1})\right] \geqslant 2$$

或者由基本不等式 $m^2 + n^2 \geqslant 2mn(m, n \geqslant 0)$ 也可得到上式.

代入式 ⑧ 得

$$h'(x) \geqslant cx(x+1) + 2 \quad ⑨$$

(6) 解析式 ⑨.

若 $cx(x+1) + 2 \geqslant 0$,即

$$cx(x+1) \geqslant -2 \quad ⑩$$

(ⅰ) 当 $x = 0$ 时,显然上式成立,则由式 ⑨ 得 $h'(x) \geqslant 0$ 成立;

(ⅱ) 当 $x > 0$ 时,由式 ⑩ 得 $c \geqslant -\frac{2}{x(x+1)}$,即 $c > 0$.

由式 ③ 得 $a = -\frac{1}{2+c} > -\frac{1}{2}$,且 $a = -\frac{1}{2+c} < 0$,故 $a \in (-\frac{1}{2}, 0)$.

(ⅲ) 当 $x \in (-1, 0)$ 时,由式 ⑩ 得 $c[-x(x+1)] \leqslant 2$.

而 $-x(x+1) > 0$,故 $c \leqslant \frac{2}{-x(x+1)}$.

由于 $-x>0$，$x+1>0$，这两者之和为定值，由“一正二定三相等”得：

当 $-x=(x+1)$，即 $x=-\dfrac{1}{2}$ 时，$-x(x+1)=\dfrac{1}{4}$ 为极大值.

此时 $\dfrac{2}{-x(x+1)}=8$ 为极小值，故此时 $c\leqslant 8$.

由式 ③ 得：$a--\dfrac{1}{2+c}\leqslant-\dfrac{1}{10}$，即 $a\in(-\infty,-\dfrac{1}{10}]$.

综上，由 $a\in(-\dfrac{1}{2},0)$ 和 $a\in(-\infty,-\dfrac{1}{10}]$ 得 $a\in(-\dfrac{1}{2},-\dfrac{1}{10}]$，可以满足式 ⑤ 条件.

第 20 讲　存在性问题

1. (1) 由已知得 $F(a,0)$，半圆方程为 $[x-(a+4)]^2+y^2=16(y\geqslant 0)$.
把 $y^2=4ax$ 代入，可得 $x^2-2(4-a)x+a^2+4a=0$.
设 $M(x_1,y_1)$，$N(x_2,y_2)$，则由抛物线的定义得

$$|MF|+|NF|=(x_1+a)+(x_2+a)=(x_1+x_2)+2a=2(4-a)+2a=8$$

(2) 若 $|MF|$，$|PF|$，$|NF|$ 成等差数列，则有

$$2|PF|=|MF|+|NF|$$

另一方面，设 M,P,N 在抛物线准线上的射影为 M',P',N'.
则在直角梯形 $M'MNN'$ 中，$P'P$ 是中位线，又有

$$2|P'P|=|M'M|+|N'N|=|FM|+|FN|$$

因而 $|PF|=|P'P|$，这说明了点 P 应在抛物线上.

但由已知 P 是线段 MN 的中点，即 P 并不在抛物线上. 所以不存在这样的 a 值，使 $|MF|$，$|PF|$，$|NF|$ 成等差数列.

2. 假设存在这样的 n，使 $2n^2+1,3n^2+1,6n^2+1$ 都是完全平方数，那么 $(2n^2+1)(3n^2+1)(6n^2+1)$ 必定为完全平方数，而

$$(2n^2+1)(3n^2+1)(6n^2+1)=36n^6+36n^4+11n^2+1$$

$$(6n^3+3n)^2=36n^6+36n^4+9n^2$$

$$(6n^3+3n+1)^2=36n^6+36n^4+12n^3+9n^2+6n+1$$

所以

$$(6n^3+3n)^2<(2n^2+1)(3n^2+1)(6n^2+1)<(6n^3+3n+1)^2$$

显然，与 $(2n^2+1)(3n^2+1)(6n^2+1)$ 为完全平方数矛盾.

3. 设 $\triangle ABC$ 满足题设条件，即 $AB=n$，$AC=n-1$，$BC=n+1$，这里 n 是

大于1的自然数,并且$\triangle ABC$的三个内角分别为α,2α和$\pi-3\alpha$,其中$0<\alpha<\frac{\pi}{3}$.

由于在同一个三角形中,较大的边所对的角也较大,因此出现的情况只有如图1所示的3种.

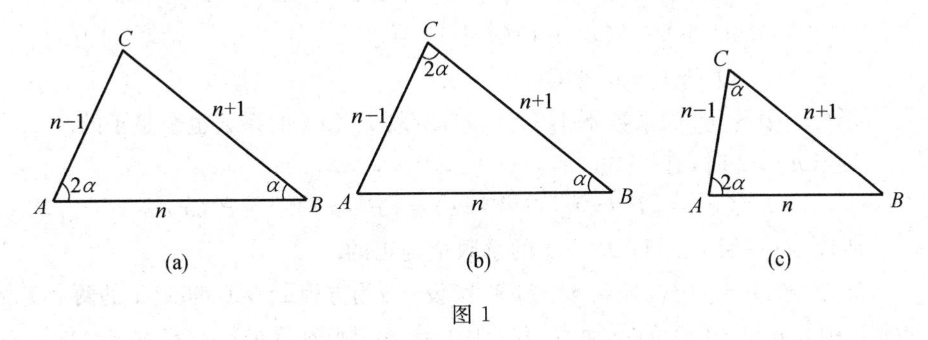

图1

对于情况(a),因为

$$\frac{\sin(\pi-3\alpha)}{\sin\alpha}=\frac{\sin 3\alpha}{\sin\alpha}=4\cos^2\alpha-1=\left(\frac{\sin 2\alpha}{\sin\alpha}\right)^2-1$$

所以利用正弦定理可知

$$\frac{n}{n-1}=\frac{\sin(\pi-3\alpha)}{\sin\alpha}=\left(\frac{\sin 2\alpha}{\sin\alpha}\right)^2-1=\left(\frac{n+1}{n-1}\right)^2-1$$

从而得到$n^2-5n=0$,解得$n=5$.

同样,在情况(b)中,有$\frac{n+1}{n-1}=\left(\frac{n}{n-1}\right)^2-1$,解得$n=2$.但$n=2$,此时三边为1,2,3不能构成三角形.

在情况(c)中,有$\frac{n-1}{n}=\left(\frac{n+1}{n}\right)^2-1$,整理得$n^2-3n-1=0$,但这个方程无整数解.

综上,满足题设条件的三角形三边长只有4,5,6.

可以证明$\cos B=\frac{3}{4}$,$\cos 2A=\frac{1}{8}=\cos 2B$,$A=2B$.

4.存在.$P(x)=10(x^3+1)(x+1)-x^2=10x^4+10x^3-x^2+10x+10$具有负系数,但是

$$\begin{aligned}P^2(x)=&x^4+100(x^3+1)^2(x+1)^2-20x^2(x^3+1)(x+1)=\\&x^4+20(x^3+1)[5(x^3+1)(x+1)^2-x^2(x+1)]=\\&x^4+20(x^3+1)(5x^5+10x^4+4x^3+4x^2+10x+5)\end{aligned}$$

的系数全是正的.

$$P^3(x)=1\,000(x^3+1)^3(x+1)^3-300\,x^2(x^3+1)^2(x+1)^2+$$
$$30x^4(x^3+1)(x+1)-x^6=$$
$$100(x^3+1)^2(x+1)[10(x^3+1)(x+1)^2-3x^2(x+1)]-$$
$$x^6+30x^4(x^3+1)(x+1)=$$
$$100(x^3+1)^2(x+1)(10x^5+20x^4+7x^3+7x^2+20x+1)-$$
$$x^6+30x^4(x^3+1)(x+1)=$$
$$Q_1(x)-x^6+Q_2(x)$$

$Q_1(x)$ 中的 x^6 的系数不小于 1 000,所以 $P^3(x)$ 的系数也全是正的.

又当 $k\geqslant 2$ 时,有

$$P^{2k}(x)=[P^2(x)]^k,P^{2k+1}(x)=[P^2(x)]^{k-1}\cdot P^3(x)$$

所以,对一切 $n>1$, $P^n(x)$ 的系数全是正的.

5. 令 $g(x)=f(f(x))=x^2-1\,996$, 设 a,b 为方程 $x^2-1\,996=x$ 的两个实数根, 则 a,b 是 $g(x)$ 的不动点. 设 $f(a)=p$, 则 $f(f(p))=f(f(f(a)))=f(a)=p$, 即 p 也是 $g(x)$ 的不动点,所以 $f(a)\in\{a,b\}$.

同理, $f(b)\in\{a,b\}$.

令 $h(x)=g(g(x))=(x^2-1\,996)^2-1\,996$, 则 $h(x)=x$,所以

$$(x^2-1\,996)^2-1\,996=x$$

所以

$$(x^2-x-1\,996)(x^2+x-1\,995)=0$$

所以 $h(x)$ 存在 4 个不动点 a,b,c,d.

因为 $c^2+c-1995=0$, 所以 $g(c)=c^2-1996=-c-1=d$. 同理, $g(d)=c$.

令 $f(c)=r$, 则 $h(f(c))=f(h(c))=f(c)$,即 r 也是 $h(x)$ 的不动点.

若 $r\in\{a,b\}$,则 $d=f(r)\in\{a,b\}$,矛盾;若 $r=c$, 则 $g(c)=f(r)=f(c)=r=c$,矛盾;若 $r=d$, 则 $d=g(c)=f(r)=f(d)$, $g(d)=g(r)=g(f(c))=f(g(c))=f(d)=d$, 矛盾.

综上所述,满足条件的函数 $f(x)$ 不存在.

6. 不存在. 任取 $x_1\neq 0$, 令 $y_1=\dfrac{1}{x_1}$, 有

$$f^2(x_1+y_1)\geqslant f^2(x_1)+2f(1)+f^2(y_1)\geqslant f^2(x_1)+a$$

其中 $a=2f(1)>0$.

令 $x_n=x_{n-1}+y_{n-1}$, $y_n=\dfrac{1}{x_n}$, $n\geqslant 2$. 于是,有

$$f^2(x_n+y_n)\geqslant f^2(x_n)+a=f^2(x_{n-1}+y_{n-1})+a\geqslant$$

$$f^2(x_{n-1})+2a\geqslant\cdots\geqslant f^2(x_1)+na,$$

故数列$\{f(x_1),f(x_2),\cdots,f(x_n),\cdots\}$并非有界.

7. 存在，构造如下：

取

$$x_1=00000\ 00001\ 00002\ 00003\cdots09999,$$
$$x_2=00001\ 00002\ 00003\ 00004\cdots10000,$$
$$x_3=00002\ 00003\ 00004\ 00005\cdots10001,$$
$$\cdots\cdots,$$
$$x_{1\,998}=01997\ 01998\ 01999\ 02000\cdots11996,$$
$$x_{1\,999}=01998\ 01999\ 02000\ 02001\cdots11997,$$

这是公差为 00001 00001 00001 00001…00001 的等差数列(项数取 1 999)，且各项数字和为公差是 1 的等差数列.

8. (1) 不存在.

假设存在正整数数列$\{a_n\}$满足条件$a_{n+1}^2\geqslant 2a_na_{n+2}$.

因为$a_{n+1}^2\geqslant 2a_na_{n+2}$，$a_n>0$，所以

$$\frac{a_n}{a_{n-1}}\leqslant\frac{1}{2}\cdot\frac{a_{n-1}}{a_{n-2}}\leqslant\frac{1}{2^2}\cdot\frac{a_{n-2}}{a_{n-3}}\leqslant\cdots\leqslant\frac{1}{2^{n-2}}\cdot\frac{a_2}{a_1}\quad(n=3,4,\cdots)$$

又$\frac{a_2}{a_1}\leqslant\frac{1}{2^{2-2}}\cdot\frac{a_2}{a_1}$，所以有$\frac{a_n}{a_{n-1}}\leqslant\frac{1}{2^{n-2}}\cdot\frac{a_2}{a_1}(n=2,3,4,\cdots)$成立，于是

$$a_n\leqslant(\frac{1}{2^{n-2}}\cdot\frac{a_2}{a_1})a_{n-1}\leqslant\frac{1}{2^{(n-2)+(n-3)}}\cdot(\frac{a_2}{a_1})^2\cdot a_{n-2}\leqslant\cdots\leqslant$$
$$\frac{1}{2^{(n-2)+(n-3)+\cdots+1}}\cdot(\frac{a_2}{a_1})^{n-2}\cdot a_2$$

所以

$$a_n\leqslant(\frac{a_2^2}{2^{n-2}})^{\frac{n-1}{2}}\cdot\frac{1}{a_1^{n-2}}$$

设$a_2^2\in[2^k,2^{k+1})$，$k\in\mathbf{N}^*$，取$N=k+3$，则有

$$a_N\leqslant(\frac{a_2^2}{2^{N-2}})^{\frac{N-1}{2}}\cdot\frac{1}{a_1^{N-2}}<(\frac{2^{k+1}}{2^{k+1}})^{\frac{k+2}{2}}\cdot\frac{1}{a_1^{k+1}}\leqslant 1$$

这与a_N是正整数矛盾.

所以，不存在正整数数列$\{a_n\}$满足条件.

(2) $a_n=\frac{\pi}{2^{(n-1)(n-2)}}$就是满足条件的一个无理数数列，此时有

$$a_{n+1}^2=4a_na_{n+2}\geqslant 2a_na_{n+2}$$

9. 我们证明这个等差数列的公差为10^m+1的形式.

设 a_0 是一个正整数，$a_n=a_0+n(10^m+1)=\overline{b_sb_{s-1}\cdots b_0}$，这里 s 和数字 b_0，b_1，…，b_s 依赖于 n.

若 $l\equiv k(\bmod 2m)$，设 $l=2mt+k$，则

$$10^l=10^{2mt+k}=(10^m+1-1)^{2t}\cdot 10^k\equiv 10^k(\bmod (10^m+1))$$

于是

$$a_0\equiv a_n=\overline{b_sb_{s-1}\cdots b_0}\equiv\sum_{i=0}^{2m-1}c_i\cdot 10^i(\bmod (10^m+1))$$

其中

$$c_i=b_i+b_{2m+i}+b_{4m+i}+\cdots,i=0,1,2,\cdots,2m-1$$

令 N 是大于 M 的正整数，满足 $c_0+c_1+\cdots+c_{2m-1}\leqslant N$ 的非负整数解 $(c_0,c_1,\cdots,c_{2m-1})$ 的个数等于严格递增数列 $0\leqslant c_0<c_0+c_1+1<c_0+c_1+c_2+1<c_0+c_1+\cdots+c_{2m-1}+2m-1\leqslant N+2m-1$ 的数目，即

$$K_{N,2m}=\mathrm{C}_{2m+N}^{2m}=\mathrm{C}_{2m+N}^{N}=\frac{(2m+N)(2m+N-1)\cdots(2m+1)}{N!}$$

对于足够大的 m，则有 $K_{N,2m}<10^m$. 取 $a_0\in\{1,2,\cdots,10^m\}$，使得 a_0 与集合 $\{\overline{c_{2m-1}c_{2m-2}\cdots c_0}\mid c_0+c_1+\cdots+c_{2m-1}\leqslant N\}$ 中的任意元素模 10^m+1 不同余，因此，a_0 的各位数字之和大于 N. 从而，a_n 的各位数字之和也大于 N.

10. 这样的函数不存在.

下面用反证法证明.

若存在函数 $f(x)$ 使得条件均成立，先证明 $f(x)$ 是一一映射.

对于任意的 a,b，若 $f(a)=f(b)$，则由 ① 有 $a=f(f(a))=f(f(b))=b$，即 $f(x)$ 是一一映射.

将 $x=0$ 代入 ①，则有

$$f(f(0))=0 \tag{③}$$

将 $x=1$ 代入 ②，得

$$f(f(1)+1)=0 \tag{④}$$

由式 ③，④ 得 $f(f(0))=f(f(1)+1)$.

因为 $f(x)$ 是一一映射，所以

$$f(0)=f(1)+1 \tag{⑤}$$

同理，分别将 $x=1$ 和 $x=0$ 代入 ①，②，得

$$f(f(1))=f(f(0)+1)$$

则

$$f(1)=f(0)+1 \tag{⑥}$$

⑤ + ⑥ 得 $0=2$. 矛盾.

11. 存在符合命题要求的 $2n$ 个正整数. 令 $a_i=2Mi, b_i=2i(i=1,2,3,n-1; M$ 是大于或等于 8 000n 的正整数$)$, $a_n=(M-1)^2n(n-1), b_n=M(M-1)n(n-1)$.

显然,上述 $2n$ 个正整数两两不同,且

$$a_1+a_2+\cdots+a_n=b_1+b_2+\cdots+b_n=n(n-1)(M^2-M+1)$$

另一方面,我们有

$$\sum_{i=1}^{n}\frac{a_i-b_i}{a_i+b_i}=(n-1)\frac{M-1}{M+1}-\frac{1}{2M-1}<n-1$$

$$\sum_{i=1}^{n}\frac{a_i-b_i}{a_i+b_i}=n-1-\frac{2(n-1)}{M+1}-\frac{1}{2M-1}>n-1-\frac{2(n-1)}{8\ 000n}-\frac{1}{8\ 000}>n-1-\frac{1}{1\ 998}$$

因此,上述所给的 $2n$ 个正整数符合命题要求.

第 21 讲　覆盖问题

1. 记这些圆的圆心分别为 $A_1, A_2, \cdots, A_n$,不妨设 A_1A_2 是这 n 个点的直径(即两点之间距离的最大值),过 A_1, A_2 分别作 A_1A_2 的垂线 l_1, l_2,则 $A_3, \cdots, A_n$ 均在 l_1 和 l_2 之间的"带形"内. 以 A_1 为圆心,2 为半径作半圆,在 l_1 上的交点分别记为 E, F,则该半圆包含了全体与 A_1 距离不大于 2 的圆心. 于是,若以 A_1 为圆心,3 为半径作半圆,与 l_1 交于 B, C,再向左作宽为 1 的矩形 $MNFE$,最后添上两个四分之一的圆 BME 及圆 FNC,如图所示,则此图形包含了圆心与 A_1 的距离不大于 2 的全体单位圆. 该图形 $BMNCB$ 的面积记为 S_1,则 $S_1=\frac{1}{2}\pi\times3^2+\frac{1}{4}\pi\times2+4\times1=5\pi+4$.

又由条件知,其余不在半圆内的所有圆心两两之间的距离必不超过 2(否则,若有 $A_iA_j>2$,而 $A_1A_i>2, A_1A_j>2$,则圆 A_1、圆 A_i、圆 A_j 两两相离,矛盾),于是,剩下的圆心组成的点集的直径小于等于 2,易知一个边长为 2 的正方形可以覆盖这些圆心,于是在该正方形外加一个"框",如图 1 所示,"框"是 4 个宽为 1 的矩形和 4 个四分之一圆,则剩下的所有圆都在这个区域内. 记这个区域的面积为 S_2,则 $S_2=2^2+4\times2+\pi=\pi+12$,所以这些圆覆盖的面积 $S\leqslant S_1+S_2\leqslant5\pi+4+\pi+12=6\pi+16<35$.

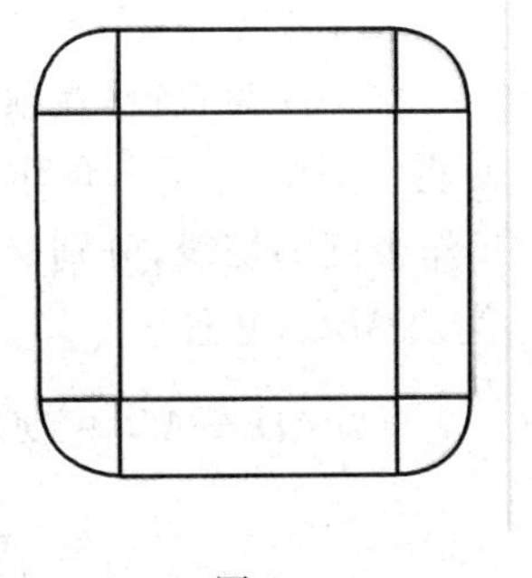

图 1

2. 如图 2,曲线端点连线记为 l,设矩形 $ABCD$ 是覆盖曲线的最小矩形,且 $AB\ /\!/\ CD\ /\!/\ l$,$BC\perp l$,$DA\perp l$,$AB=a$,$BC=b$,则曲线和矩形四边都有公共点.在各边任取一个公共点,分别记为 P_1,P_2,P_3,P_4,又设曲线的端点是 P_0 和 P_5,则 $AP_2+P_2B\leqslant AP_1+P_1P_2+P_2P_3+P_3B\leqslant$ 曲线弧 $P_0P_1P_2+$ 曲线弧 P_4P_5+ 曲线弧 P_2P_3+ 曲线弧 $P_3P_4=1$.

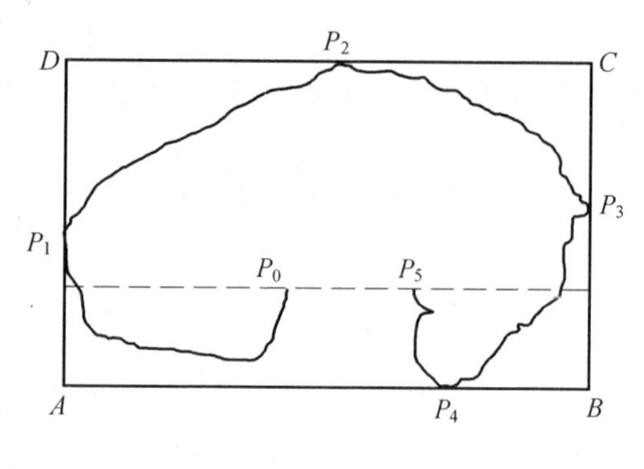

图 2

$\triangle AP_2B$ 的面积 $\leqslant\dfrac{1}{2}AP_2\times P_2B\leqslant\dfrac{1}{8}$,矩形 $ABCD$ 的面积 $\leqslant\dfrac{1}{4}$.

3. 如图 3,设凸四边形 $ABCD$ 的面积为1,不妨设 $BD\geqslant AC$,A,C 到 BD 的距离分别为 h_1,h_2,不妨设 $h_1\geqslant h_2$.

现过 C 作 $EF\ /\!/\ BD$,交 AB,AC 延长线于 E,F,则 $\triangle AEF$ 即为所求.

显然 $\triangle AEF$ 覆盖四边形 $ABCD$.

由 $h_1\geqslant h_2$ 得 $\dfrac{h_1}{h_1+h_2}\geqslant\dfrac{1}{2}$,所以,$\dfrac{BD}{EF}\geqslant\dfrac{1}{2}$,故

$$S_{\triangle AEF}=\frac{1}{2}(h_1+h_2)\times EF\leqslant(h_1+h_2)\times BD=2S_{ABCD}=2$$

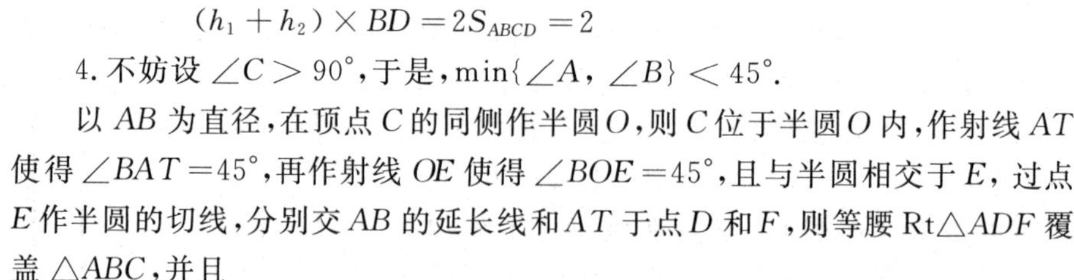

图 3

4. 不妨设 $\angle C>90^\circ$,于是,$\min\{\angle A,\ \angle B\}<45^\circ$.

以 AB 为直径,在顶点 C 的同侧作半圆 O,则 C 位于半圆 O 内,作射线 AT 使得 $\angle BAT=45^\circ$,再作射线 OE 使得 $\angle BOE=45^\circ$,且与半圆相交于 E,过点 E 作半圆的切线,分别交 AB 的延长线和 AT 于点 D 和 F,则等腰 $\mathrm{Rt}\triangle ADF$ 覆盖 $\triangle ABC$,并且

$$AD=AO+OD=\frac{1}{2}AB+\sqrt{2}\times\frac{1}{2}AB=\frac{1}{2}(1+\sqrt{2})AB<\frac{1}{2}(1+\sqrt{2})\times 2R=1+\sqrt{2}$$

5.(1) $m\times n(m,n\geqslant 1)$ 的方格阵上放置的干面包的数目为

$$(m+1)(n+1)+mn=2mn+m+n+1$$

设 $N=2mn+m+n+1$,则 $2N-1=(2m+1)(2n+1)$.

当 $N=500$ 时,$2N-1=999=3^3\times 37$,则(m,n)的解为$(1,166)$,$(4,55)$,$(13,18)$,$(18,13)$,$(55,4)$,$(166,1)$.

(2) 由于奇质数有无穷多个,所以,若 $2N-1$ 是质数,则由 $m\geqslant 1$,$n\geqslant 1$ 知 $2m+1\geqslant 3$,$2n+1\geqslant 3$,所以,$2N-1$ 不能分解成两个不小于3的奇数的乘积.

6.因为每条直线把平面分成两个区域,设 n 条直线(其中每两条相交,但任何三条不共点)把平面分成 a_n 个区域,则 $n+1$ 条直线(其中每两条相交,但任何三条不共点)把平面分成 a_{n+1} 个区域满足 $a_{n+1}=a_n+(n+1)$,$a_1=2$.

由此推得 $a_n=a_1+(a_2-a_1)+(a_3-a_2)+\cdots+(a_n-a_{n-1})=2+(1+2+\cdots+n)=1+\dfrac{n(n+1)}{2}$.

于是,s 条直线把平面分成 $1+\dfrac{s(s+1)}{2}$ 个区域,又 h 条平行线与这 s 条直线相交时又增加了 $h(s+1)$ 个区域(即每增加一条水平直线,增加 $s+1$ 个区域),所以有

$$h(s+1)+1+\frac{s(s+1)}{2}=1\ 992$$

$$(s+1)(2h+s)=2\times 1\ 991=2\times 11\times 181$$

对上述不定方程的可能正整数解可列出下表:

$s+1$	s	$2h+s$	h
2	1	1 991	995
11	10	362	176
22	21	181	80
181	180	22	<0

故所求的正整数对(h,s)为$(995,1)$,$(176,10)$,$(80,21)$.

7.将这些正方形的边长由大到小的顺序排成一行,设其最大边长为 $x=h_1$,再将它移植到边长为$\sqrt{2}$ 的正方形(面积为2)中,使边长为 x 的正方形紧贴大正方形的左下角,其他依次排在大正方形的底边上,直到排边长为 h_2 的正方形开始超出大正方形的右边;将边长为 h_2 的正方形以及以后的正方形移到上一行,使其左边重合于大正方形的左边,而底边与边长为 x 的正方形的上底重合,其后的正方形依次排成一行,直到排边长为 h_3 的正方形时又超出大正

方形的右边;将边长为 h_3 的正方形以及以后的正方形又移到上一行,并且一直做下去……(图 4). 若我们能证明 $x=h_1,h_2,h_3,\cdots$ 的和 $h_1+h_2+h_3+\cdots$ 不超过$\sqrt{2}$,则所有这些正方形已无重叠地放入大正方形.

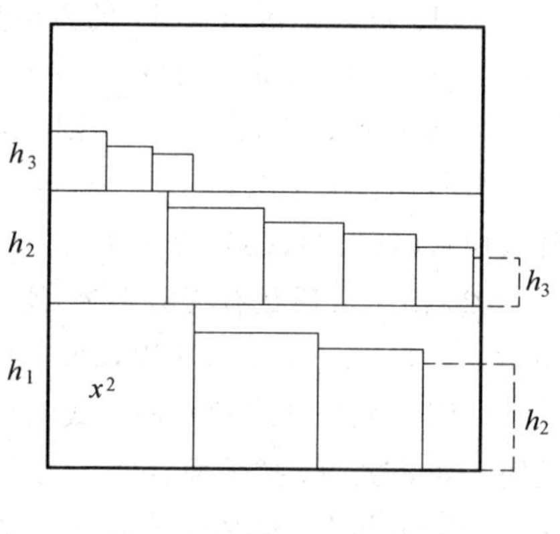

图 4

设想将从下往上数第 $k+1$ 行最左边的边长为 h_{k+1} 的那个正方形移到第 k 行的右端,那么它就在大正方形的右端露出一部分,因此第 k 行中所有小正方形的面积之和不小于$(\sqrt{2}-x)h_{k+1}(k=2,3,\cdots)$,而第 1 行中所有小正方形的面积之和不小于 $x^2+(\sqrt{2}-x)h_2$,于是所有这些小正方形的面积之和不小于

$$x^2+(\sqrt{2}-x)(h_2+h_3+\cdots)=x^2+(\sqrt{2}-x)(h-x)$$

而由题设,所有这些小正方形的面积之和为 1,所以

$$x^2+(\sqrt{2}-x)(h-x)\leqslant 1$$

由此得出

$$h\leqslant\frac{1-x^2}{\sqrt{2}-x}+x=3\sqrt{2}-2(\sqrt{2}-x)-\frac{1}{\sqrt{2}-x}\leqslant$$

$$3\sqrt{2}-2\sqrt{2(\sqrt{2}-x)\cdot\frac{1}{\sqrt{2}-x}}=\sqrt{2}$$

8.(1) 因为 1 985×1 987 不能被 3 整除,所以 1 985×1 987 的矩形不能分割成若干个 L 形(因为每个 L 形含 3 个方格).

(2) 因为 L 形既可拼成 2×3 的矩形,又可拼成 7×9 的矩形(图 5),而 1 987×1 989 = 1 980 × 1 989 + 7 × 1 989 =2 × 3 × (990 × 663) + (7 × 9) ×221,故 1 987 × 1 989 的矩形可被分割成若干个 L 形.

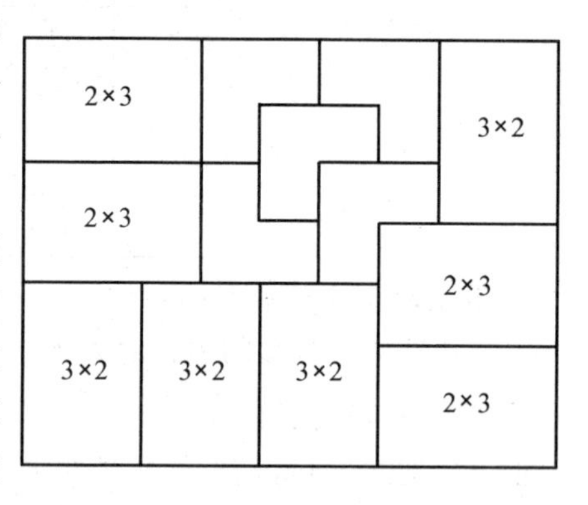

图 5

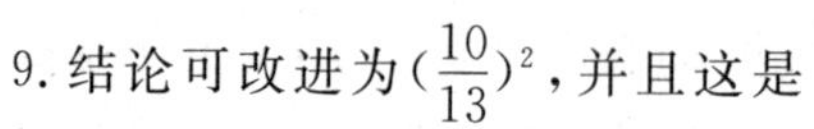

9. 结论可改进为$(\frac{10}{13})^2$,并且这是

最佳的.

设$\triangle ABC$是一个面积为1的正三角形，在每条边上各取两个点，使各点到最近顶点的距离都是边长的$\frac{3}{13}$(图 6(a))，于是$\triangle AB_2C_2$，$\triangle BC_2A_1$和$\triangle CA_2B_1$都是正三角形，且面积为$(\frac{10}{13})^2$.

(1) 如果$\triangle AB_2C_2$，$\triangle BC_2A_1$，$\triangle CA_2B_1$中有一个至少盖住已知5点中的3个，那么命题显然成立. 因为这3点都在$\triangle ABC$内部，所以当将盖住它们的三角形的某条边适当平移，而使三角形面积小于$(\frac{10}{13})^2$后，仍能将它们盖住. 然后再适当作两个小正三角形盖住其余两个点，便可使5个点全部盖住，且可保证三角形的面积之和不超过$(\frac{10}{13})^2$.

(2) 如果上述三个面积为$(\frac{10}{13})^2$的正三角形中的任何一个都至多盖住两个已知点，那么图 6(a) 的三个菱形(阴影部分) 中至少有一个点，而它们之间的3个梯形中，至多有一个已知点，因此5个点的分布情况只有图 6(b)，图 6(c) 两类：

(ⅰ) 在图 6(b) 中，5个点分布在3个菱形中，此时过菱形的顶点所作的两个正三角形AA_1A_2，BB_1B_2的面积和为$8\cdot(\frac{3}{13})^2$，它们盖住了4个点，再作一个适当的小正三角形盖住第5个点. 正是这三个三角形满足要求.

(ⅱ) 在图 6(c) 中，有一个菱形中有两个点，另外两个菱形各有一个点，而在这两个菱形之间的梯形中还有1个点，不妨设这个点距B比距C近. 过AB_2的中点A_3作$A_3B_3 \parallel AC$，于是，$S_{\triangle BA_3B_3}=(\frac{8}{13})^2$，而$S_{\triangle AA_4A_5}=4\cdot(\frac{3}{13})^2$.

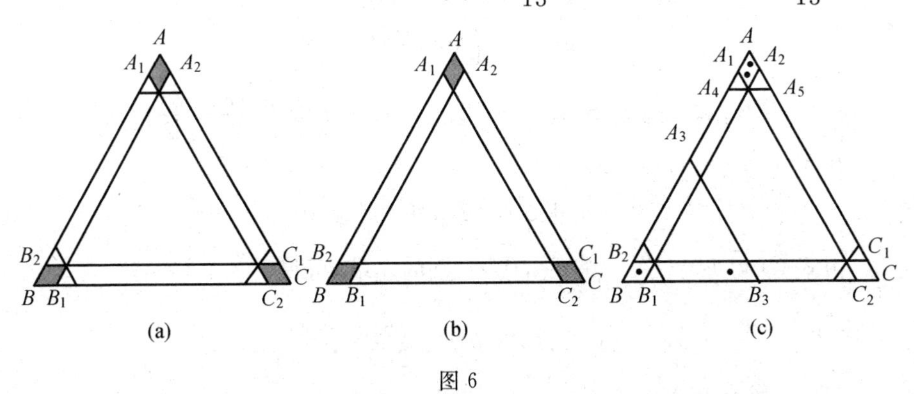

图 6

此时$\triangle BA_2B_2$，$\triangle AA_4A_5$盖住4个点，面积和为$(\frac{10}{13})^2$. 用(1)的方法将某三角形的某边适当平移，使面积和小于$(\frac{10}{13})^2$. 再适当作一个小正三角形盖住第5个点. 此时这三个正三角形满足要求.

10. 任取两条相互平行的凸多边形P的支撑线s，t(即多边形P在直线s，t的同一侧，P与s，t有公共点)，设S，T分别为凸多边形P与s，t的交点. 于是，线段ST将P分成两部分，分别设为P'和P''，设K，L是凸多边形P'边界上的点，满足$KL \parallel ST$，且$KL = \frac{1}{2}ST$.

下面只须证明梯形$SKLT$的面积至少是凸多边形P'面积的$\frac{3}{4}$即可.

因为同理在P''中产生的梯形的面积也至少是P''面积的$\frac{3}{4}$，两个梯形合起来就是一个凸六边形.

过点K，L分别作P'的支撑线，且这两条支撑线交于点Z，假设点K到直线s的距离小于点L到直线s的距离.

设ZK交直线s于X，ZL交直线t于Y，过点Z且平行于ST的直线分别交直线s，t于A，B，显然，P'包含在五边形$SXZYT$中. 于是只要证明

$$S_{梯形SKLT} \geqslant \frac{3}{4} S_{五边形SXZYT} \quad ①$$

设$AZ=a$，$BZ=b$，设点K，X，Y，S到直线AB的距离分别为k，x，y，d，分别过K，L作直线$KU \parallel LV \parallel s \parallel t$，交$AB$于$U$，$V$，则有

$$\frac{a+b}{2} = KL = UZ + ZV = \frac{ak}{x} + \frac{bk}{y} \quad ②$$

由于

$$S_{梯形SKLT} = \frac{3}{4}(a+b)(d-k)$$

$$S_{五边形SXZYT} = S_{\square SABT} - S_{\triangle AXZ} = (a+b)d - \frac{ax}{2} - \frac{by}{2}$$

代入式①，即只要证明

$$ax + by - 2(a+b)k \geqslant 0 \quad ③$$

由式②得$k = \frac{(a+b)xy}{2(ay+ax)}$，代入③的左端，可得

$$ax + by - 2(a+b)k = \frac{ab(x-y)^2}{2(ay+ax)} \geqslant 0$$

因此，原命题成立.

11. 设 $n=2m+1$，考虑奇数行，则每行有 $m+1$ 个黑格，共有 $(m+1)^2$ 个黑格. 而任意两个黑格均不可能被一块"多米诺"覆盖，因此至少需要 $(m+1)^2$ 块"多米诺"，才能覆盖棋盘上的所有黑格. 由于 $n=1,3,5$ 时均有 $3(m+1)^2>n^2$，所以 $n\geqslant 7$.

下面用数学归纳法证明：当 $n\geqslant 7$ 时，$(m+1)^2$ 块"多米诺"可以覆盖棋盘上的所有黑格.

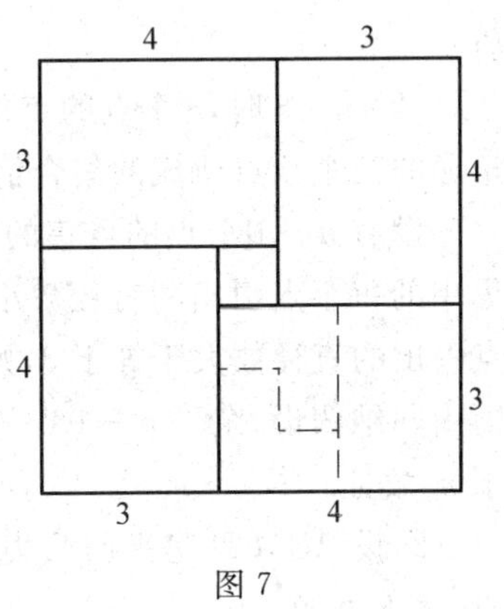

图 7

当 $n=7$ 时，由于两块"多米诺"可组成 2×3 的矩形，两块 2×3 的矩形又可组成 4×3 的矩形，则可将这个 4 个 4×3 的矩形放在 7×7 的棋盘上，使得出来中间的这个黑格外，覆盖了棋盘上所有方格(图 7)，调整与中间的这个黑格相邻的一块"多米诺"，使得用这块"多米诺"盖住中间的这个黑格，而且也能盖住原来那块"多米诺"所覆盖的唯一的一个黑格. 从而，用 16 块"多米诺"覆盖了棋盘上除一个白格外的所有方格.

假设当 $n=2m-1$ 时，在 $(2m-1)\times(2m-1)$ 的棋盘上可以用 m^2 块"多米诺"覆盖棋盘上的所有黑格. 当 $n=2m+1$ 时，将 $(2m+1)\times(2m+1)$ 的棋盘分成 $(2m-1)\times(2m-1)$，$(2m-1)\times 2$ 和 $(2m+1)\times 2$ 的三部分，由于 $(2m-1)\times 2$ 的矩形可分解成 $m-2$ 个 2×2 的正方形和一个 2×3 的矩形，于是，$(2m-1)\times 2$ 的矩形的黑格可以用 $(m-2)+2$ 块"多米诺"覆盖. 同理，$(2m+1)\times 2$ 的矩形可以用 $(m-1)+2$ 块"多米诺"覆盖(图 8). 因此，$(2m+1)\times(2m+1)$ 的棋盘可用 $m^2+(m-2)+2+(m-1)+2=(m+1)^2$ 块"多米诺"覆盖.

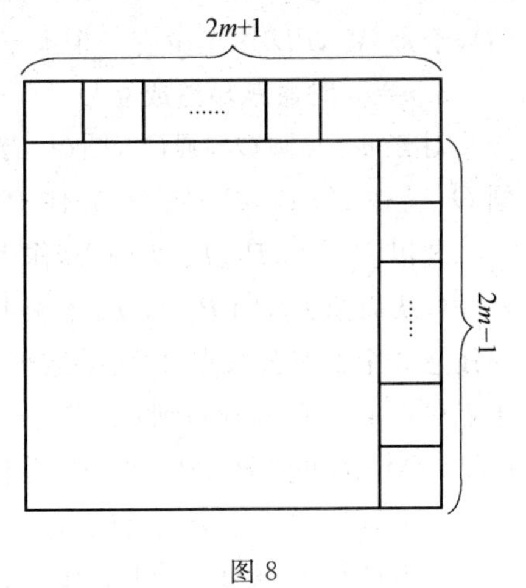

图 8

第 22 讲　凸集与凸包

1. (1)M' 的直径为 d'，而 M 的直径为 d. 设 A,B 是 M 中距离等于 d 的两

个点.

因为 M' 盖住 M,由于 $M \subseteq M'$,故 $A,B \in M'$,于是 $d' \geqslant d$;

又若 $d' > d$,即凸包上有两点 A',B',使 $A'B' > d$,于是必存在点 $C' \in A'B'$,使 $A'C'$ 上没有 M 的点. 于是可以用更小的凸集盖住 M,与凸包定义矛盾.

(2) $n=3$ 时,3 个点的点集最多连出 3 条线段,即至多有 3 条直径,而正三角形的三个顶点所成的集合恰有 3 条直径,即 $k \leqslant n$ 成立.

设有 $n-1$ 个点的点集的直径数小于等于 $n-1$. 对于 n 个点的点集,若点集中的每个点引出的直径数小于等于 2,则直径数小于等于 $2n \div 2 = n$. 若有某点引出的直径数大于等于 3,则必有一点,该点引出的直径数为 1. 去掉此点,则由归纳假设,余下 $n-1$ 点的直径数小于等于 $n-1$,故原来的直径数小于等于 n. 故证.

2. 设 AB,CD 是平面凸集的两条不相交的直径,则 A,B,C,D 的凸包为线段,这不可能.

A,B,C,D 的凸包若为 $\triangle ABC$,D 在 $\triangle ABC$ 内,有 $BD < \max\{BC, BA\} \leqslant AB$. 矛盾. 若 A,B,C,D 的凸包为四边形 $ABCD$,则 $AC+BD > AB+CD$,于是 AC,BD 中至少有一个大于 AB,与 AB 为直径矛盾.

3. $n=3$ 时命题显然成立.

对于 $n=4$. 圆 O_1,圆 O_2,圆 O_3,圆 O_4 的半径都为 r,圆 O_1 盖住 P_2,P_3,P_4;圆 O_2 盖住 P_1,P_3,P_4;圆 O_3 盖住 P_1,P_2,P_4;圆 O_4 盖住 P_1,P_2,P_3.

现以 P_1,P_2,P_3,P_4 为圆心,作半径为 r 的圆. 于是 O_1 在圆 P_2,圆 P_3,圆 P_4 内,从而圆 P_2,圆 P_3,圆 P_4 有公共点,由此可知,圆 P_1,圆 P_2,圆 P_3,圆 P_4 中任意 3 个都有公共点,由海莱定理,得 4 个圆有一个公共点. 设此点为 Q,由于点 Q 在 4 个圆内,故 Q 到 P_1,P_2,P_3,P_4 的距离都不超过 r,从而以 Q 为圆心,r 为半径作圆可把 P_1,P_2,P_3,P_4 盖住.

以上证明对于 n 个点也成立.

4. 若凸集 F 只有 1 条对称轴 l,则 $l \subseteq L$,但 l 也是自己的对称轴,故 $l \subseteq S$. 于是 $L \subseteq S$.

若 F 的对称轴不只 1 条,如图 1,任取其一条对称轴 l_1,则 $l_1 \subseteq L$,只要证明 $l_1 \subseteq S$ 即可.

即只要证明对于 F 的任一对称轴 l_2,其对称直线 l_3 也是 F 的对称轴.

如图 2,取 F 的任一点 P,$P \in F$,由于 l_1 是 F 的对称轴,则 P 关于 l_1 的对称点 $P_1 \in F$. 同理,P_1 关于 l_2 的对称点 $P_2 \in F$,P_2 关于 l_1 的对称点 $P_3 \in F$.

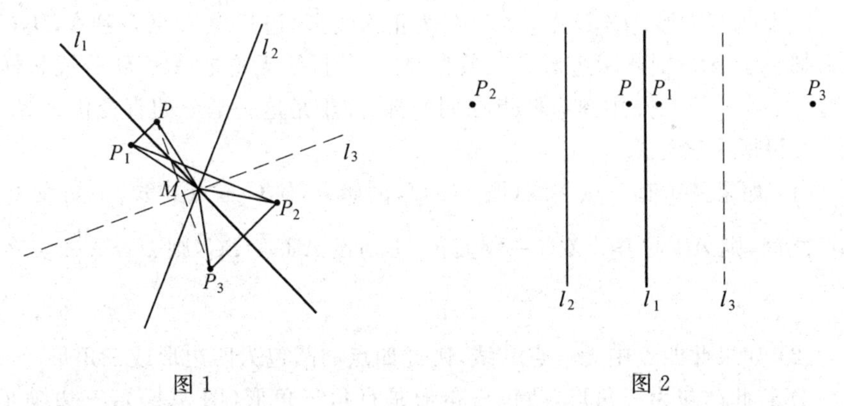

图 1　　图 2

但 P_3 与 P 关于 l_3 对称.

即 l_3 是 F 的对称轴. 故证.

5. 最多可以连出 10 个钝角三角形(如图 3,以 AB 为直径作半圆面,内取一点 C,以 BC,AC 为直径作半圆面,三个半圆面的交的内部取点 E,以 BE,AE 为直径作半圆,5 个半圆面的交的内部取点 D,则 10 个三角形都是钝角三角形.

例中已证至少 3 个钝角三角形.(如图可画出只有 3 个钝角三角形的情况).

6. 如图 4,设 M 的直径为 d,且 AB,AC,AD 是三条直径,且 AB 在 $\angle CAD$ 内部. 分别以 A,B 为圆心,d 为半径作圆,则 M 必在两圆的公共部分中,如果从点 B 还能引出一条直径 $BE(E \neq A)$,不妨设 E 与 C 在 AB 的同侧,于是四边形 $ADBE$ 为凸四边形,从而 $AB + DE > AD + BE$,得 $DE > d$. 这与直径定义矛盾.

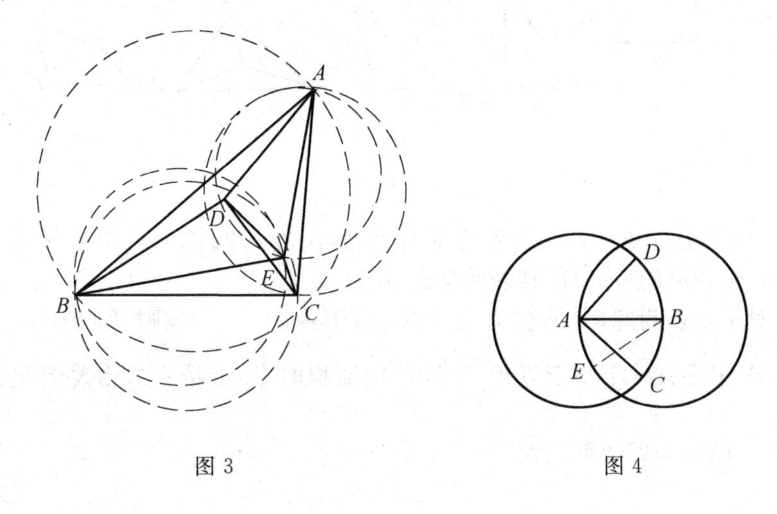

图 3　　图 4

7.设凸四边形 $ABCD$ 中,$\triangle ABC$ 为正三角形,边长为 d.点 D 到 A,B,C 的距离都小于 AB,则此四边形有三条直径.一条折线无论把 $ABCD$ 分成怎样的两部分,A,B,D 三点中总有两点在同一部分.于是这一部分的直径仍为 d.

8.设所求比为 λ.

(1) 如果其中有三点共线(图 5(a)),例如 A,B,C 三点共线,不妨设 B 在 A,C 之间,则 AB 与 BC 必有一较大者.不妨设 $AB \geqslant BC$,则 $\lambda \geqslant \frac{AC}{BC} \geqslant 2 > \sqrt{2}$.

(2) 如果此四点中无三点共线,则此四点的凸包为四边形或三角形.

① 若此凸包为三角形,凸包三角形是直角三角形(图 5(b)),三边满足 $a \leqslant b < c$,则 $c^2 = a^2 + b^2 \geqslant 2a^2$,从而 $\lambda \geqslant \frac{c}{a} \geqslant \sqrt{2}$.

凸包三角形是钝角三角形(图 5(c)),三边满足 $a \leqslant b < c$,则 $c^2 = b^2 + a^2 - 2ab\cos C > b^2 + a^2 \geqslant 2a^2$,得 $\lambda \geqslant \frac{c}{a} \geqslant \sqrt{2}$.

凸包三角形是锐角 $\triangle ABC$(图 5(d)),则形内有一点 D,则 $\triangle DAB$,$\triangle DBC$,$\triangle DCA$ 中,$\angle ADB + \angle BDC + \angle CDA = 360°$,故此三角不可能都小于等于 $90°$,否则此三角之和小于等于 $270°$,矛盾.即此三个三角形中至少有一个是钝角三角形.由上证知,结论成立.

② 若此四点的凸包为四边形 $ABCD$(图 5(e)),则 $\angle ABC$,$\angle BCD$,$\angle CDA$,$\angle DAB$ 不可能都是锐角.即至少有一个角非锐角.设 $\angle ABC \geqslant 90°$,则由上证知,结论成立.

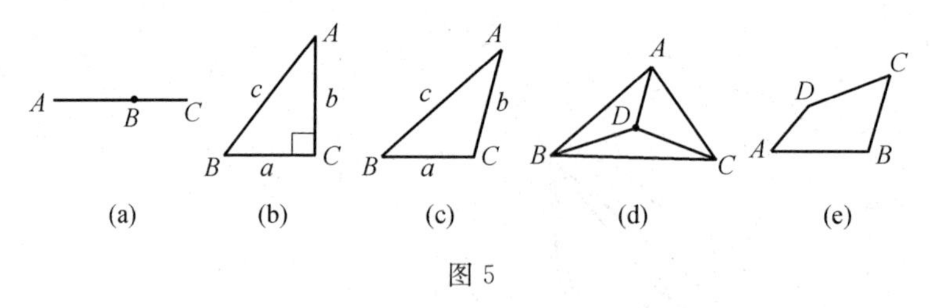

图 5

(3) 当此四点的凸包为正方形时,显然有 $\lambda = \sqrt{2}$.综上可知 $\lambda \geqslant \sqrt{2}$ 成立.

9.正方形的 $\mu_4 = 1$,其余的情况 $\mu_4 > 4$.

对于 5 点问题,若凸包为 $\triangle ABC$,取形内的一点 D,则 $\triangle DAB$,$\triangle DBC$,$\triangle DCA$ 中必有一个小于等于 $\triangle ABC$ 的面积的 $\frac{1}{3}$.于是所求比大于等于 $3 > \frac{\sqrt{5}+1}{2}$.凸包为四边形同此.

若凸包为五边形 $ABCDE$，取面积最小的三角形，则必有两边为五边形的两边(若只有一边，可知此五边形为凹)，设面积最小的三角形为 $\triangle ABE$. AB，AE 为边，则其余两顶点在 $\angle EAB$ 内部，又作 $BM \parallel AE$，$EN \parallel AB$，交于 K，则其余两个顶点在 $\angle MKN$ 内部或边上($\triangle ABE$ 面积最小).

先研究两个顶点在边上的情况，若点 C'，D 在角的边上，其中 D 与 BE 距离较小，作 $D'C \parallel BE$(图 6)，交 KN 于 C，则点 C 所得的面积比不超过 C' 所得的面积比. $\triangle CDB$，$\triangle CDE$ 的面积大于等于 $\triangle ABE$ 的面积，类似构造五条对角线都分别与不相邻的边平行的五边形(图 7).

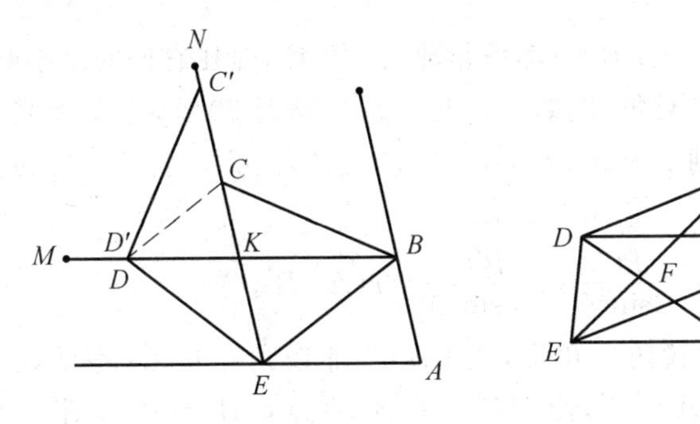

图 6　　　　图 7

不妨设 $S_{\triangle ABE}=1$，则 $S_{\triangle ABC}=S_{\triangle BCD}=S_{\triangle CDE}=S_{\triangle DEA}=S_{\triangle ACF}=1$，

设 $S_{\triangle AEF}=x$，则 $S_{\triangle DEF}=1-x$，$S_{\triangle CDF}=x$，于是 $\frac{EF}{FC}=\frac{1-x}{x}$.

但 $\frac{S_{\triangle AEF}}{S_{\triangle ACF}}=\frac{EF}{FC}$，即 $\frac{x}{1}=\frac{1-x}{x}$.

于是得

$$x^2+x-1=0$$

解得满足题意的根为

$$x=\frac{\sqrt{5}-1}{2}$$

于是

$$\frac{S_{\triangle AEC}}{S_{\triangle ABE}}=\frac{\sqrt{5}+1}{2}$$

此五边形的 $\mu_5=\frac{\sqrt{5}+1}{2}$.

对于 C，D 不在 $\angle MKN$ 边上的情况，可转化为以上情况.

10.(1) 如图 8,若 $\triangle ABC$ 是非锐角三角形,则

$$r(A,B,C)=\max\left\{\frac{AB}{2},\frac{BC}{2},\frac{CA}{2}\right\}\leqslant$$

$$\max\left\{\frac{A'B'}{2},\frac{B'C'}{2},\frac{C'A'}{2}\right\}\leqslant$$

$$r(A',B',C')$$

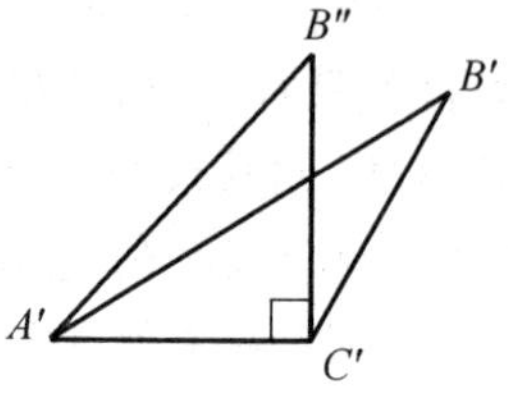

(盖住 $\triangle ABC$ 的最小圆是以最长边为直径的圆,而 $\triangle A'B'C'$ 可能为锐角三角形,也可能是钝角三角形或直角三角形.)

图 8

(2) 若 $\triangle ABC$ 与 $\triangle A'B'C'$ 都是非钝角三角形,盖住它们的最小圆都是其外接圆.于是必存在一对角(例如 $\angle A$ 与 $\angle A'$),满足 $90°\geqslant\angle A\geqslant\angle A'$,若不存在这样的一对角,则 $\angle A<\angle A'$,$\angle B<\angle B'$,$\angle C<\angle C'$,与三角形内角和定理矛盾.

于是 $r(A,B,C)=\dfrac{BC}{2\sin A}<\dfrac{B'C'}{2\sin A}=r(A',B',C')$.

(3) 若 $\triangle ABC$ 是锐角三角形,$\triangle A'B'C'$ 非锐角三角形.不妨设 $\angle C'\geqslant 90°$,现作一个辅助 $\triangle A'B''C'$,使 $C'B''=C'B'$,$\angle A'C'B''=90°$,则

$$r(A',B'',C')=\frac{A'B''}{2}\leqslant\frac{A'B'}{2}=r(A',B',C')$$

因为 $\triangle ABC$ 是锐角三角形,所以

$$AB^2<AC^2+CB^2<A'C'^2+C'B'^2=A'C'^2+C'B''^2=A'B''^2$$

即 $AB<A'B''$.

但 $\triangle ABC$ 与 $\triangle A'B''C'$ 都是非钝角三角形,由(2)可知 $r(A,B,C)<r(A',B'',C')$,所以 $r(A,B,C)<r(A',B',C')$.

综上可知,所证成立.

11. 100 个点中,共可组成 C_{100}^3 个三角形,每次取 5 个点共有 C_{100}^5 个五点组.每个五点组中都至多有 7 个锐角三角形.而每个三角形都在 C_{97}^2 个五点组中,因此,锐角三角形至多 $\dfrac{7C_{100}^5}{C_{97}^2}$ 个,故锐角三角形至多占 $\dfrac{7C_{100}^5}{C_{97}^2\cdot C_{100}^3}=70\%$.

刘培杰数学工作室
已出版(即将出版)图书目录——初等数学

书　名	出版时间	定　价	编号
新编中学数学解题方法全书(高中版)上卷	2007－09	38.00	7
新编中学数学解题方法全书(高中版)中卷	2007－09	48.00	8
新编中学数学解题方法全书(高中版)下卷(一)	2007－09	42.00	17
新编中学数学解题方法全书(高中版)下卷(二)	2007－09	38.00	18
新编中学数学解题方法全书(高中版)下卷(三)	2010－06	58.00	73
新编中学数学解题方法全书(初中版)上卷	2008－01	28.00	29
新编中学数学解题方法全书(初中版)中卷	2010－07	38.00	75
新编中学数学解题方法全书(高考复习卷)	2010－01	48.00	67
新编中学数学解题方法全书(高考真题卷)	2010－01	38.00	62
新编中学数学解题方法全书(高考精华卷)	2011－03	68.00	118
新编平面解析几何解题方法全书(专题讲座卷)	2010－01	18.00	61
新编中学数学解题方法全书(自主招生卷)	2013－08	88.00	261
数学奥林匹克与数学文化(第一辑)	2006－05	48.00	4
数学奥林匹克与数学文化(第二辑)(竞赛卷)	2008－01	48.00	19
数学奥林匹克与数学文化(第二辑)(文化卷)	2008－07	58.00	36′
数学奥林匹克与数学文化(第三辑)(竞赛卷)	2010－01	48.00	59
数学奥林匹克与数学文化(第四辑)(竞赛卷)	2011－08	58.00	87
数学奥林匹克与数学文化(第五辑)	2015－06	98.00	370
世界著名平面几何经典著作钩沉——几何作图专题卷(上)	2009－06	48.00	49
世界著名平面几何经典著作钩沉——几何作图专题卷(下)	2011－01	88.00	80
世界著名平面几何经典著作钩沉(民国平面几何老课本)	2011－03	38.00	113
世界著名平面几何经典著作钩沉(建国初期平面三角老课本)	2015－08	38.00	507
世界著名解析几何经典著作钩沉——平面解析几何卷	2014－01	38.00	264
世界著名数论经典著作钩沉(算术卷)	2012－01	28.00	125
世界著名数学经典著作钩沉——立体几何卷	2011－02	28.00	88
世界著名三角学经典著作钩沉(平面三角卷Ⅰ)	2010－06	28.00	69
世界著名三角学经典著作钩沉(平面三角卷Ⅱ)	2011－01	38.00	78
世界著名初等数论经典著作钩沉(理论和实用算术卷)	2011－07	38.00	126
发展你的空间想象力	2017－06	38.00	785
走向国际数学奥林匹克的平面几何试题诠释(上、下)(第1版)	2007－01	68.00	11,12
走向国际数学奥林匹克的平面几何试题诠释(上、下)(第2版)	2010－02	98.00	63,64
平面几何证明方法全书	2007－08	35.00	1
平面几何证明方法全书习题解答(第1版)	2005－10	18.00	2
平面几何证明方法全书习题解答(第2版)	2006－12	18.00	10
平面几何天天练上卷·基础篇(直线型)	2013－01	58.00	208
平面几何天天练中卷·基础篇(涉及圆)	2013－01	28.00	234
平面几何天天练下卷·提高篇	2013－01	58.00	237
平面几何专题研究	2013－07	98.00	258

刘培杰数学工作室
已出版(即将出版)图书目录——初等数学

书　　名	出版时间	定　价	编号
最新世界各国数学奥林匹克中的平面几何试题	2007—09	38.00	14
数学竞赛平面几何典型题及新颖解	2010—07	48.00	74
初等数学复习及研究(平面几何)	2008—09	58.00	38
初等数学复习及研究(立体几何)	2010—06	38.00	71
初等数学复习及研究(平面几何)习题解答	2009—01	48.00	42
几何学教程(平面几何卷)	2011—03	68.00	90
几何学教程(立体几何卷)	2011—07	68.00	130
几何变换与几何证题	2010—06	88.00	70
计算方法与几何证题	2011—06	28.00	129
立体几何技巧与方法	2014—04	88.00	293
几何瑰宝——平面几何 500 名题暨 1000 条定理(上、下)	2010—07	138.00	76,77
三角形的解法与应用	2012—07	18.00	183
近代的三角形几何学	2012—07	48.00	184
一般折线几何学	2015—08	48.00	503
三角形的五心	2009—06	28.00	51
三角形的六心及其应用	2015—10	68.00	542
三角形趣谈	2012—08	28.00	212
解三角形	2014—01	28.00	265
三角学专门教程	2014—09	28.00	387
图天下几何新题试卷.初中(第 2 版)	2017—11	58.00	855
圆锥曲线习题集(上册)	2013—06	68.00	255
圆锥曲线习题集(中册)	2015—01	78.00	434
圆锥曲线习题集(下册·第 1 卷)	2016—10	78.00	683
圆锥曲线习题集(下册·第 2 卷)	2018—01	98.00	853
论九点圆	2015—05	88.00	645
近代欧氏几何学	2012—03	48.00	162
罗巴切夫斯基几何学及几何基础概要	2012—07	28.00	188
罗巴切夫斯基几何学初步	2015—06	28.00	474
用三角、解析几何、复数、向量计算解数学竞赛几何题	2015—03	48.00	455
美国中学几何教程	2015—04	88.00	458
三线坐标与三角形特征点	2015—04	98.00	460
平面解析几何方法与研究(第 1 卷)	2015—05	18.00	471
平面解析几何方法与研究(第 2 卷)	2015—06	18.00	472
平面解析几何方法与研究(第 3 卷)	2015—07	18.00	473
解析几何研究	2015—01	38.00	425
解析几何学教程.上	2016—01	38.00	574
解析几何学教程.下	2016—01	38.00	575
几何学基础	2016—01	58.00	581
初等几何研究	2015—02	58.00	444
十九和二十世纪欧氏几何学中的片段	2017—01	58.00	696
平面几何中考.高考.奥数一本通	2017—07	28.00	820
几何学简史	2017—08	28.00	833
四面体	2018—01	48.00	880

刘培杰数学工作室

已出版(即将出版)图书目录——初等数学

书　　名	出版时间	定　价	编号
俄罗斯平面几何问题集	2009—08	88.00	55
俄罗斯立体几何问题集	2014—03	58.00	283
俄罗斯几何大师——沙雷金论数学及其他	2014—01	48.00	271
来自俄罗斯的 5000 道几何习题及解答	2011—03	58.00	89
俄罗斯初等数学问题集	2012—05	38.00	177
俄罗斯函数问题集	2011—03	38.00	103
俄罗斯组合分析问题集	2011—01	48.00	79
俄罗斯初等数学万题选——三角卷	2012—11	38.00	222
俄罗斯初等数学万题选——代数卷	2013—08	68.00	225
俄罗斯初等数学万题选——几何卷	2014—01	68.00	226
463 个俄罗斯几何老问题	2012—01	28.00	152
谈谈素数	2011—03	18.00	91
平方和	2011—03	18.00	92
整数论	2011—05	38.00	120
从整数谈起	2015—10	28.00	538
数与多项式	2016—01	38.00	558
谈谈不定方程	2011—05	28.00	119
解析不等式新论	2009—06	68.00	48
建立不等式的方法	2011—03	98.00	104
数学奥林匹克不等式研究	2009—08	68.00	56
不等式研究(第二辑)	2012—02	68.00	153
不等式的秘密(第一卷)	2012—02	28.00	154
不等式的秘密(第一卷)(第 2 版)	2014—02	38.00	286
不等式的秘密(第二卷)	2014—01	38.00	268
初等不等式的证明方法	2010—06	38.00	123
初等不等式的证明方法(第二版)	2014—11	38.00	407
不等式・理论・方法(基础卷)	2015—07	38.00	496
不等式・理论・方法(经典不等式卷)	2015—07	38.00	497
不等式・理论・方法(特殊类型不等式卷)	2015—07	48.00	498
不等式探究	2016—03	38.00	582
不等式探秘	2017—01	88.00	689
四面体不等式	2017—01	68.00	715
数学奥林匹克中常见重要不等式	2017—09	38.00	845
同余理论	2012—05	38.00	163
[x]与{x}	2015—04	48.00	476
极值与最值.上卷	2015—06	28.00	486
极值与最值.中卷	2015—06	38.00	487
极值与最值.下卷	2015—06	28.00	488
整数的性质	2012—11	38.00	192
完全平方数及其应用	2015—08	78.00	506
多项式理论	2015—10	88.00	541
奇数、偶数、奇偶分析法	2018—01	98.00	876

刘培杰数学工作室
已出版(即将出版)图书目录——初等数学

书　　名	出版时间	定　价	编号
历届美国中学生数学竞赛试题及解答(第一卷)1950－1954	2014－07	18.00	277
历届美国中学生数学竞赛试题及解答(第二卷)1955－1959	2014－04	18.00	278
历届美国中学生数学竞赛试题及解答(第三卷)1960－1964	2014－06	18.00	279
历届美国中学生数学竞赛试题及解答(第四卷)1965－1969	2014－04	28.00	280
历届美国中学生数学竞赛试题及解答(第五卷)1970－1972	2014－06	18.00	281
历届美国中学生数学竞赛试题及解答(第六卷)1973－1980	2017－07	18.00	768
历届美国中学生数学竞赛试题及解答(第七卷)1981－1986	2015－01	18.00	424
历届美国中学生数学竞赛试题及解答(第八卷)1987－1990	2017－05	18.00	769
历届 IMO 试题集(1959—2005)	2006－05	58.00	5
历届 CMO 试题集	2008－09	28.00	40
历届中国数学奥林匹克试题集(第 2 版)	2017－03	38.00	757
历届加拿大数学奥林匹克试题集	2012－08	38.00	215
历届美国数学奥林匹克试题集:多解推广加强	2012－08	38.00	209
历届美国数学奥林匹克试题集:多解推广加强(第 2 版)	2016－03	48.00	592
历届波兰数学竞赛试题集.第 1 卷,1949～1963	2015－03	18.00	453
历届波兰数学竞赛试题集.第 2 卷,1964～1976	2015－03	18.00	454
历届巴尔干数学奥林匹克试题集	2015－05	38.00	466
保加利亚数学奥林匹克	2014－10	38.00	393
圣彼得堡数学奥林匹克试题集	2015－01	38.00	429
匈牙利奥林匹克数学竞赛题解.第 1 卷	2016－05	28.00	593
匈牙利奥林匹克数学竞赛题解.第 2 卷	2016－05	28.00	594
历届美国数学邀请赛试题集(第 2 版)	2017－10	78.00	851
全国高中数学竞赛试题及解答.第 1 卷	2014－07	38.00	331
普林斯顿大学数学竞赛	2016－06	38.00	669
亚太地区数学奥林匹克竞赛题	2015－07	18.00	492
日本历届(初级)广中杯数学竞赛试题及解答.第 1 卷(2000～2007)	2016－05	28.00	641
日本历届(初级)广中杯数学竞赛试题及解答.第 2 卷(2008～2015)	2016－05	38.00	642
360 个数学竞赛问题	2016－08	58.00	677
奥数最佳实战题.上卷	2017－06	38.00	760
奥数最佳实战题.下卷	2017－05	58.00	761
哈尔滨市早期中学数学竞赛试题汇编	2016－07	28.00	672
全国高中数学联赛试题及解答:1981—2015	2016－08	98.00	676
20 世纪 50 年代全国部分城市数学竞赛试题汇编	2017－07	28.00	797
高中数学竞赛培训教程:整除与同余以及不定方程	2018－01	88.00	869
高考数学临门一脚(含密押三套卷)(理科版)	2017－01	45.00	743
高考数学临门一脚(含密押三套卷)(文科版)	2017－01	45.00	744
新课标高考数学题型全归纳(文科版)	2015－05	72.00	467
新课标高考数学题型全归纳(理科版)	2015－05	82.00	468
洞穿高考数学解答题核心考点(理科版)	2015－11	49.80	550
洞穿高考数学解答题核心考点(文科版)	2015－11	46.80	551

刘培杰数学工作室
已出版(即将出版)图书目录——初等数学

书　　名	出版时间	定　价	编号
高考数学题型全归纳:文科版.上	2016－05	53.00	663
高考数学题型全归纳:文科版.下	2016－05	53.00	664
高考数学题型全归纳:理科版.上	2016－05	58.00	665
高考数学题型全归纳:理科版.下	2016－05	58.00	666
王连笑教你怎样学数学:高考选择题解题策略与客观题实用训练	2014－01	48.00	262
王连笑教你怎样学数学:高考数学高层次讲座	2015－02	48.00	432
高考数学的理论与实践	2009－08	38.00	53
高考数学核心题型解题方法与技巧	2010－01	28.00	86
高考思维新平台	2014－03	38.00	259
30分钟拿下高考数学选择题、填空题(理科版)	2016－10	39.80	720
30分钟拿下高考数学选择题、填空题(文科版)	2016－10	39.80	721
高考数学压轴题解题诀窍(上)(第2版)	2018－01	58.00	874
高考数学压轴题解题诀窍(下)(第2版)	2018－01	48.00	875
北京市五区文科数学三年高考模拟题详解:2013～2015	2015－08	48.00	500
北京市五区理科数学三年高考模拟题详解:2013～2015	2015－09	68.00	505
向量法巧解数学高考题	2009－08	28.00	54
高考数学万能解题法(第2版)	即将出版	38.00	691
高考物理万能解题法(第2版)	即将出版	38.00	692
高考化学万能解题法(第2版)	即将出版	28.00	693
高考生物万能解题法(第2版)	即将出版	28.00	694
高考数学解题金典(第2版)	2017－01	78.00	716
高考物理解题金典(第2版)	即将出版	68.00	717
高考化学解题金典(第2版)	即将出版	58.00	718
我一定要赚分:高中物理	2016－01	38.00	580
数学高考参考	2016－01	78.00	589
2011～2015年全国及各省市高考数学文科精品试题审题要津与解法研究	2015－10	68.00	539
2011～2015年全国及各省市高考数学理科精品试题审题要津与解法研究	2015－10	88.00	540
最新全国及各省市高考数学试卷解法研究及点拨评析	2009－02	38.00	41
2011年全国及各省市高考数学试题审题要津与解法研究	2011－10	48.00	139
2013年全国及各省市高考数学试题解析与点评	2014－01	48.00	282
全国及各省市高考数学试题审题要津与解法研究	2015－02	48.00	450
新课标高考数学——五年试题分章详解(2007～2011)(上、下)	2011－10	78.00	140,141
全国中考数学压轴题审题要津与解法研究	2013－04	78.00	248
新编全国及各省市中考数学压轴题审题要津与解法研究	2014－05	58.00	342
全国及各省市5年中考数学压轴题审题要津与解法研究(2015版)	2015－04	58.00	462
中考数学专题总复习	2007－04	28.00	6
中考数学较难题、难题常考题型解题方法与技巧.上	2016－01	48.00	584
中考数学较难题、难题常考题型解题方法与技巧.下	2016－01	58.00	585
中考数学较难题常考题型解题方法与技巧	2016－09	48.00	681
中考数学难题常考题型解题方法与技巧	2016－09	48.00	682

刘培杰数学工作室
已出版(即将出版)图书目录——初等数学

书　　名	出版时间	定　价	编号
中考数学选择填空压轴好题妙解 365	2017－05	38.00	759
中考数学小压轴汇编初讲	2017－07	48.00	788
中考数学大压轴专题微言	2017－09	48.00	846
北京中考数学压轴题解题方法突破(第 3 版)	2017－11	48.00	854
助你高考成功的数学解题智慧:知识是智慧的基础	2016－01	58.00	596
助你高考成功的数学解题智慧:错误是智慧的试金石	2016－04	58.00	643
助你高考成功的数学解题智慧:方法是智慧的推手	2016－04	68.00	657
高考数学奇思妙解	2016－04	38.00	610
高考数学解题策略	2016－05	48.00	670
数学解题泄天机(第 2 版)	2017－10	48.00	850
高考物理压轴题全解	2017－04	48.00	746
高中物理经典问题 25 讲	2017－05	28.00	764
高中物理教学讲义	2018－01	48.00	871
2016 年高考文科数学真题研究	2017－04	58.00	754
2016 年高考理科数学真题研究	2017－04	78.00	755
初中数学、高中数学脱节知识补缺教材	2017－06	48.00	766
高考数学小题抢分必练	2017－10	48.00	834
高考数学核心素养解读	2017－09	38.00	839
高考数学客观题解题方法和技巧	2017－10	38.00	847
十年高考数学精品试题审题要津与解法研究. 上卷	2018－01	68.00	872
十年高考数学精品试题审题要津与解法研究. 下卷	2018－01	58.00	873
中国历届高考数学试题及解答. 1949－1979	2018－01	38.00	877
新编 640 个世界著名数学智力趣题	2014－01	88.00	242
500 个最新世界著名数学智力趣题	2008－06	48.00	3
400 个最新世界著名数学最值问题	2008－09	48.00	36
500 个世界著名数学征解问题	2009－06	48.00	52
400 个中国最佳初等数学征解老问题	2010－01	48.00	60
500 个俄罗斯数学经典老题	2011－01	28.00	81
1000 个国外中学物理好题	2012－04	48.00	174
300 个日本高考数学题	2012－05	38.00	142
700 个早期日本高考数学试题	2017－02	88.00	752
500 个前苏联早期高考数学试题及解答	2012－05	28.00	185
546 个早期俄罗斯大学生数学竞赛题	2014－03	38.00	285
548 个来自美苏的数学好问题	2014－11	28.00	396
20 所苏联著名大学早期入学试题	2015－02	18.00	452
161 道德国工科大学生必做的微分方程习题	2015－05	28.00	469
500 个德国工科大学生必做的高数习题	2015－06	28.00	478
360 个数学竞赛问题	2016－08	58.00	677
德国讲义日本考题. 微积分卷	2015－04	48.00	456
德国讲义日本考题. 微分方程卷	2015－04	38.00	457
二十世纪中叶中、英、美、日、法、俄高考数学试题精选	2017－06	38.00	783

刘培杰数学工作室

已出版(即将出版)图书目录——初等数学

书　　名	出版时间	定　价	编号
中国初等数学研究　2009 卷(第 1 辑)	2009—05	20.00	45
中国初等数学研究　2010 卷(第 2 辑)	2010—05	30.00	68
中国初等数学研究　2011 卷(第 3 辑)	2011—07	60.00	127
中国初等数学研究　2012 卷(第 4 辑)	2012—07	48.00	190
中国初等数学研究　2014 卷(第 5 辑)	2014—02	48.00	288
中国初等数学研究　2015 卷(第 6 辑)	2015—06	68.00	493
中国初等数学研究　2016 卷(第 7 辑)	2016—04	68.00	609
中国初等数学研究　2017 卷(第 8 辑)	2017—01	98.00	712
几何变换(Ⅰ)	2014—07	28.00	353
几何变换(Ⅱ)	2015—06	28.00	354
几何变换(Ⅲ)	2015—01	38.00	355
几何变换(Ⅳ)	2015—12	38.00	356
初等数论难题集(第一卷)	2009—05	68.00	44
初等数论难题集(第二卷)(上、下)	2011—02	128.00	82,83
数论概貌	2011—03	18.00	93
代数数论(第二版)	2013—08	58.00	94
代数多项式	2014—06	38.00	289
初等数论的知识与问题	2011—02	28.00	95
超越数论基础	2011—03	28.00	96
数论初等教程	2011—03	28.00	97
数论基础	2011—03	18.00	98
数论基础与维诺格拉多夫	2014—03	18.00	292
解析数论基础	2012—08	28.00	216
解析数论基础(第二版)	2014—01	48.00	287
解析数论问题集(第二版)(原版引进)	2014—05	88.00	343
解析数论问题集(第二版)(中译本)	2016—04	88.00	607
解析数论基础(潘承洞,潘承彪著)	2016—07	98.00	673
解析数论导引	2016—07	58.00	674
数论入门	2011—03	38.00	99
代数数论入门	2015—03	38.00	448
数论开篇	2012—07	28.00	194
解析数论引论	2011—03	48.00	100
Barban Davenport Halberstam 均值和	2009—01	40.00	33
基础数论	2011—03	28.00	101
初等数论 100 例	2011—05	18.00	122
初等数论经典例题	2012—07	18.00	204
最新世界各国数学奥林匹克中的初等数论试题(上、下)	2012—01	138.00	144,145
初等数论(Ⅰ)	2012—01	18.00	156
初等数论(Ⅱ)	2012—01	18.00	157
初等数论(Ⅲ)	2012—01	28.00	158

刘培杰数学工作室
已出版(即将出版)图书目录——初等数学

书　　名	出版时间	定　价	编号
平面几何与数论中未解决的新老问题	2013－01	68.00	229
代数数论简史	2014－11	28.00	408
代数数论	2015－09	88.00	532
代数、数论及分析习题集	2016－11	98.00	695
数论导引提要及习题解答	2016－01	48.00	559
素数定理的初等证明. 第 2 版	2016－09	48.00	686
数论中的模函数与狄利克雷级数(第二版)	2017－11	78.00	837
数论:数学导引	2018－01	68.00	849
数学眼光透视(第 2 版)	2017－06	78.00	732
数学思想领悟(第 2 版)	2018－01	68.00	733
数学应用展观(第 2 版)	2017－08	68.00	737
数学建模导引	2008－01	28.00	23
数学方法溯源	2008－01	38.00	27
数学史话览胜(第 2 版)	2017－01	48.00	736
数学思维技术	2013－09	38.00	260
数学解题引论	2017－05	48.00	735
数学竞赛采风	2018－01	68.00	739
从毕达哥拉斯到怀尔斯	2007－10	48.00	9
从迪利克雷到维斯卡尔迪	2008－01	48.00	21
从哥德巴赫到陈景润	2008－05	98.00	35
从庞加莱到佩雷尔曼	2011－08	138.00	136
博弈论精粹	2008－03	58.00	30
博弈论精粹. 第二版(精装)	2015－01	88.00	461
数学 我爱你	2008－01	28.00	20
精神的圣徒　别样的人生——60 位中国数学家成长的历程	2008－09	48.00	39
数学史概论	2009－06	78.00	50
数学史概论(精装)	2013－03	158.00	272
数学史选讲	2016－01	48.00	544
斐波那契数列	2010－02	28.00	65
数学拼盘和斐波那契魔方	2010－07	38.00	72
斐波那契数列欣赏	2011－01	28.00	160
数学的创造	2011－02	48.00	85
数学美与创造力	2016－01	48.00	595
数海拾贝	2016－01	48.00	590
数学中的美	2011－02	38.00	84
数论中的美学	2014－12	38.00	351

刘培杰数学工作室

已出版(即将出版)图书目录——初等数学

书　名	出版时间	定　价	编号
数学王者　科学巨人——高斯	2015—01	28.00	428
振兴祖国数学的圆梦之旅:中国初等数学研究史话	2015—06	98.00	490
二十世纪中国数学史料研究	2015—10	48.00	536
数字谜、数阵图与棋盘覆盖	2016—01	58.00	298
时间的形状	2016—01	38.00	556
数学发现的艺术:数学探索中的合情推理	2016—07	58.00	671
活跃在数学中的参数	2016—07	48.00	675
数学解题——靠数学思想给力(上)	2011—07	38.00	131
数学解题——靠数学思想给力(中)	2011—07	48.00	132
数学解题——靠数学思想给力(下)	2011—07	38.00	133
我怎样解题	2013—01	48.00	227
数学解题中的物理方法	2011—06	28.00	114
数学解题的特殊方法	2011—06	48.00	115
中学数学计算技巧	2012—01	48.00	116
中学数学证明方法	2012—01	58.00	117
数学趣题巧解	2012—03	28.00	128
高中数学教学通鉴	2015—05	58.00	479
和高中生漫谈:数学与哲学的故事	2014—08	28.00	369
算术问题集	2017—03	38.00	789
自主招生考试中的参数方程问题	2015—01	28.00	435
自主招生考试中的极坐标问题	2015—04	28.00	463
近年全国重点大学自主招生数学试题全解及研究.华约卷	2015—02	38.00	441
近年全国重点大学自主招生数学试题全解及研究.北约卷	2016—05	38.00	619
自主招生数学解证宝典	2015—09	48.00	535
格点和面积	2012—07	18.00	191
射影几何趣谈	2012—04	28.00	175
斯潘纳尔引理——从一道加拿大数学奥林匹克试题谈起	2014—01	28.00	228
李普希兹条件——从几道近年高考数学试题谈起	2012—10	18.00	221
拉格朗日中值定理——从一道北京高考试题的解法谈起	2015—10	18.00	197
闵科夫斯基定理——从一道清华大学自主招生试题谈起	2014—01	28.00	198
哈尔测度——从一道冬令营试题的背景谈起	2012—08	28.00	202
切比雪夫逼近问题——从一道中国台北数学奥林匹克试题谈起	2013—04	38.00	238
伯恩斯坦多项式与贝齐尔曲面——从一道全国高中数学联赛试题谈起	2013—03	38.00	236
卡塔兰猜想——从一道普特南竞赛试题谈起	2013—06	18.00	256
麦卡锡函数和阿克曼函数——从一道前南斯拉夫数学奥林匹克试题谈起	2012—08	18.00	201
贝蒂定理与拉姆贝克莫斯尔定理——从一个拣石子游戏谈起	2012—08	18.00	217
皮亚诺曲线和豪斯道夫分球定理——从无限集谈起	2012—08	18.00	211
平面凸图形与凸多面体	2012—10	28.00	218
斯坦因豪斯问题——从一道二十五省市自治区中学数学竞赛试题谈起	2012—07	18.00	196

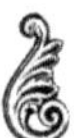

刘培杰数学工作室
已出版(即将出版)图书目录——初等数学

书　　名	出版时间	定　价	编号
纽结理论中的亚历山大多项式与琼斯多项式——从一道北京市高一数学竞赛试题谈起	2012－07	28.00	195
原则与策略——从波利亚"解题表"谈起	2013－04	38.00	244
转化与化归——从三大尺规作图不能问题谈起	2012－08	28.00	214
代数几何中的贝祖定理(第一版)——从一道 IMO 试题的解法谈起	2013－08	18.00	193
成功连贯理论与约当块理论——从一道比利时数学竞赛试题谈起	2012－04	18.00	180
素数判定与大数分解	2014－08	18.00	199
置换多项式及其应用	2012－10	18.00	220
椭圆函数与模函数——从一道美国加州大学洛杉矶分校(UCLA)博士资格考题谈起	2012－10	28.00	219
差分方程的拉格朗日方法——从一道 2011 年全国高考理科试题的解法谈起	2012－08	28.00	200
力学在几何中的一些应用	2013－01	38.00	240
高斯散度定理、斯托克斯定理和平面格林定理——从一道国际大学生数学竞赛试题谈起	即将出版		
康托洛维奇不等式——从一道全国高中联赛试题谈起	2013－03	28.00	337
西格尔引理——从一道第 18 届 IMO 试题的解法谈起	即将出版		
罗斯定理——从一道前苏联数学竞赛试题谈起	即将出版		
拉克斯定理和阿廷定理——从一道 IMO 试题的解法谈起	2014－01	58.00	246
毕卡大定理——从一道美国大学数学竞赛试题谈起	2014－07	18.00	350
贝齐尔曲线——从一道全国高中联赛试题谈起	即将出版		
拉格朗日乘子定理——从一道 2005 年全国高中联赛试题的高等数学解法谈起	2015－05	28.00	480
雅可比定理——从一道日本数学奥林匹克试题谈起	2013－04	48.00	249
李天岩一约克定理——从一道波兰数学竞赛试题谈起	2014－06	28.00	349
整系数多项式因式分解的一般方法——从克朗耐克算法谈起	即将出版		
布劳维不动点定理——从一道前苏联数学奥林匹克试题谈起	2014－01	38.00	273
伯恩赛德定理——从一道英国数学奥林匹克试题谈起	即将出版		
布查特一莫斯特定理——从一道上海市初中竞赛试题谈起	即将出版		
数论中的同余数问题——从一道普特南竞赛试题谈起	即将出版		
范·德蒙行列式——从一道美国数学奥林匹克试题谈起	即将出版		
中国剩余定理:总数法构建中国历史年表	2015－01	28.00	430
牛顿程序与方程求根——从一道全国高考试题解法谈起	即将出版		
库默尔定理——从一道 IMO 预选试题谈起	即将出版		
卢丁定理——从一道冬令营试题的解法谈起	即将出版		
沃斯滕霍姆定理——从一道 IMO 预选试题谈起	即将出版		
卡尔松不等式——从一道莫斯科数学奥林匹克试题谈起	即将出版		
信息论中的香农熵——从一道近年高考压轴题谈起	即将出版		
约当不等式——从一道希望杯竞赛试题谈起	即将出版		
拉比诺维奇定理	即将出版		
刘维尔定理——从一道《美国数学月刊》征解问题的解法谈起	即将出版		
卡塔兰恒等式与级数求和——从一道 IMO 试题的解法谈起	即将出版		
勒让德猜想与素数分布——从一道爱尔兰竞赛试题谈起	即将出版		
天平称重与信息论——从一道基辅市数学奥林匹克试题谈起	即将出版		
哈密尔顿一凯莱定理:从一道高中数学联赛试题的解法谈起	2014－09	18.00	376
艾思特曼定理——从一道 CMO 试题的解法谈起	即将出版		

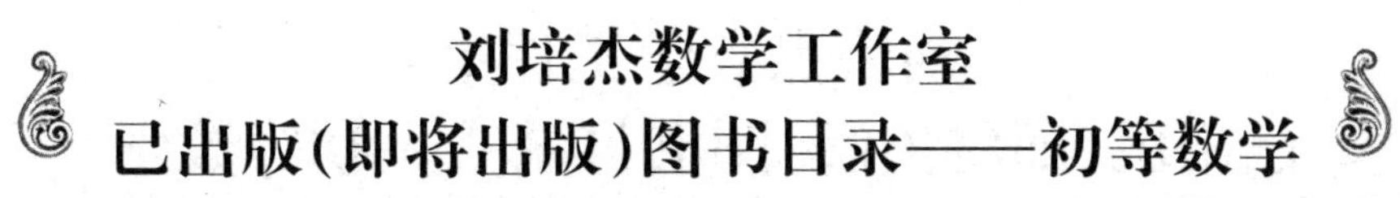

刘培杰数学工作室
已出版(即将出版)图书目录——初等数学

书　　名	出版时间	定　价	编号
一个爱尔特希问题——从一道西德数学奥林匹克试题谈起	即将出版		
有限群中的爱丁格尔问题——从一道北京市初中二年级数学竞赛试题谈起	即将出版		
贝克码与编码理论——从一道全国高中联赛试题谈起	即将出版		
帕斯卡三角形	2014－03	18.00	294
蒲丰投针问题——从2009年清华大学的一道自主招生试题谈起	2014－01	38.00	295
斯图姆定理——从一道"华约"自主招生试题的解法谈起	2014－01	18.00	296
许瓦兹引理——从一道加利福尼亚大学伯克利分校数学系博士生试题谈起	2014－08	18.00	297
拉姆塞定理——从王诗宬院士的一个问题谈起	2016－04	48.00	299
坐标法	2013－12	28.00	332
数论三角形	2014－04	38.00	341
毕克定理	2014－07	18.00	352
数林掠影	2014－09	48.00	389
我们周围的概率	2014－10	38.00	390
凸函数最值定理:从一道华约自主招生题的解法谈起	2014－10	28.00	391
易学与数学奥林匹克	2014－10	38.00	392
生物数学趣谈	2015－01	18.00	409
反演	2015－01	28.00	420
因式分解与圆锥曲线	2015－01	18.00	426
轨迹	2015－01	28.00	427
面积原理:从常庚哲命的一道CMO试题的积分解法谈起	2015－01	48.00	431
形形色色的不动点定理:从一道28届IMO试题谈起	2015－01	38.00	439
柯西函数方程:从一道上海交大自主招生的试题谈起	2015－02	28.00	440
三角恒等式	2015－02	28.00	442
无理性判定:从一道2014年"北约"自主招生试题谈起	2015－01	38.00	443
数学归纳法	2015－03	18.00	451
极端原理与解题	2015－04	28.00	464
法雷级数	2014－08	18.00	367
摆线族	2015－01	38.00	438
函数方程及其解法	2015－05	38.00	470
含参数的方程和不等式	2012－09	28.00	213
希尔伯特第十问题	2016－01	38.00	543
无穷小量的求和	2016－01	28.00	545
切比雪夫多项式:从一道清华大学金秋营试题谈起	2016－01	38.00	583
泽肯多夫定理	2016－03	38.00	599
代数等式证题法	2016－01	28.00	600
三角等式证题法	2016－01	28.00	601
吴大任教授藏书中的一个因式分解公式:从一道美国数学邀请赛试题的解法谈起	2016－06	28.00	656
易卦——类万物的数学模型	2017－08	68.00	838
"不可思议"的数与数系可持续发展	2018－01	38.00	878
最短线	2018－01	38.00	879

书　　名	出版时间	定　价	编号
幻方和魔方(第一卷)	2012－05	68.00	173
尘封的经典——初等数学经典文献选读(第一卷)	2012－07	48.00	205
尘封的经典——初等数学经典文献选读(第二卷)	2012－07	38.00	206

书　　名	出版时间	定　价	编号
初级方程式论	2011－03	28.00	106
初等数学研究(Ⅰ)	2008－09	68.00	37
初等数学研究(Ⅱ)(上、下)	2009－05	118.00	46,47

刘培杰数学工作室
已出版(即将出版)图书目录——初等数学

书　　名	出版时间	定　价	编号
趣味初等方程妙题集锦	2014－09	48.00	388
趣味初等数论选美与欣赏	2015－02	48.00	445
耕读笔记(上卷):一位农民数学爱好者的初数探索	2015－04	28.00	459
耕读笔记(中卷):一位农民数学爱好者的初数探索	2015－05	28.00	483
耕读笔记(下卷):一位农民数学爱好者的初数探索	2015－05	28.00	484
几何不等式研究与欣赏.上卷	2016－01	88.00	547
几何不等式研究与欣赏.下卷	2016－01	48.00	552
初等数列研究与欣赏·上	2016－01	48.00	570
初等数列研究与欣赏·下	2016－01	48.00	571
趣味初等函数研究与欣赏.上	2016－09	48.00	684
趣味初等函数研究与欣赏.下	即将出版		685
火柴游戏	2016－05	38.00	612
智力解谜.第1卷	2017－07	38.00	613
智力解谜.第2卷	2017－07	38.00	614
故事智力	2016－07	48.00	615
名人们喜欢的智力问题	即将出版		616
数学大师的发现、创造与失误	2018－01	48.00	617
异曲同工	即将出版		618
数学的味道	2018－01	58.00	798
数贝偶拾——高考数学题研究	2014－04	28.00	274
数贝偶拾——初等数学研究	2014－04	38.00	275
数贝偶拾——奥数题研究	2014－04	48.00	276
钱昌本教你快乐学数学(上)	2011－12	48.00	155
钱昌本教你快乐学数学(下)	2012－03	58.00	171
集合、函数与方程	2014－01	28.00	300
数列与不等式	2014－01	38.00	301
三角与平面向量	2014－01	28.00	302
平面解析几何	2014－01	38.00	303
立体几何与组合	2014－01	28.00	304
极限与导数、数学归纳法	2014－01	38.00	305
趣味数学	2014－03	28.00	306
教材教法	2014－04	68.00	307
自主招生	2014－05	58.00	308
高考压轴题(上)	2015－01	48.00	309
高考压轴题(下)	2014－10	68.00	310
从费马到怀尔斯——费马大定理的历史	2013－10	198.00	Ⅰ
从庞加莱到佩雷尔曼——庞加莱猜想的历史	2013－10	298.00	Ⅱ
从切比雪夫到爱尔特希(上)——素数定理的初等证明	2013－07	48.00	Ⅲ
从切比雪夫到爱尔特希(下)——素数定理100年	2012－12	98.00	Ⅲ
从高斯到盖尔方特——二次域的高斯猜想	2013－10	198.00	Ⅳ
从库默尔到朗兰兹——朗兰兹猜想的历史	2014－01	98.00	Ⅴ
从比勃巴赫到德布朗斯——比勃巴赫猜想的历史	2014－02	298.00	Ⅵ
从麦比乌斯到陈省身——麦比乌斯变换与麦比乌斯带	2014－02	298.00	Ⅶ
从布尔到豪斯道夫——布尔方程与格论漫谈	2013－10	198.00	Ⅷ
从开普勒到阿诺德——三体问题的历史	2014－05	298.00	Ⅸ
从华林到华罗庚——华林问题的历史	2013－10	298.00	Ⅹ

刘培杰数学工作室

已出版(即将出版)图书目录——初等数学

书　　名	出版时间	定　价	编号
美国高中数学竞赛五十讲.第1卷(英文)	2014－08	28.00	357
美国高中数学竞赛五十讲.第2卷(英文)	2014－08	28.00	358
美国高中数学竞赛五十讲.第3卷(英文)	2014－09	28.00	359
美国高中数学竞赛五十讲.第4卷(英文)	2014－09	28.00	360
美国高中数学竞赛五十讲.第5卷(英文)	2014－10	28.00	361
美国高中数学竞赛五十讲.第6卷(英文)	2014－11	28.00	362
美国高中数学竞赛五十讲.第7卷(英文)	2014－12	28.00	363
美国高中数学竞赛五十讲.第8卷(英文)	2015－01	28.00	364
美国高中数学竞赛五十讲.第9卷(英文)	2015－01	28.00	365
美国高中数学竞赛五十讲.第10卷(英文)	2015－02	38.00	366
三角函数	2014－01	38.00	311
不等式	2014－01	38.00	312
数列	2014－01	38.00	313
方程	2014－01	28.00	314
排列和组合	2014－01	28.00	315
极限与导数	2014－01	28.00	316
向量	2014－09	38.00	317
复数及其应用	2014－08	28.00	318
函数	2014－01	38.00	319
集合	即将出版		320
直线与平面	2014－01	28.00	321
立体几何	2014－04	28.00	322
解三角形	即将出版		323
直线与圆	2014－01	28.00	324
圆锥曲线	2014－01	38.00	325
解题通法(一)	2014－07	38.00	326
解题通法(二)	2014－07	38.00	327
解题通法(三)	2014－05	38.00	328
概率与统计	2014－01	28.00	329
信息迁移与算法	即将出版		330
IMO 50年.第1卷(1959－1963)	2014－11	28.00	377
IMO 50年.第2卷(1964－1968)	2014－11	28.00	378
IMO 50年.第3卷(1969－1973)	2014－09	28.00	379
IMO 50年.第4卷(1974－1978)	2016－04	38.00	380
IMO 50年.第5卷(1979－1984)	2015－04	38.00	381
IMO 50年.第6卷(1985－1989)	2015－04	58.00	382
IMO 50年.第7卷(1990－1994)	2016－01	48.00	383
IMO 50年.第8卷(1995－1999)	2016－06	38.00	384
IMO 50年.第9卷(2000－2004)	2015－04	58.00	385
IMO 50年.第10卷(2005－2009)	2016－01	48.00	386
IMO 50年.第11卷(2010－2015)	2017－03	48.00	646

刘培杰数学工作室
已出版(即将出版)图书目录——初等数学

书名	出版时间	定价	编号
方程(第2版)	2017—04	38.00	624
三角函数(第2版)	2017—04	38.00	626
向量(第2版)	即将出版		627
立体几何(第2版)	2016—04	38.00	629
直线与圆(第2版)	2016—11	38.00	631
圆锥曲线(第2版)	2016—09	48.00	632
极限与导数(第2版)	2016—04	38.00	635
历届美国大学生数学竞赛试题集.第一卷(1938—1949)	2015—01	28.00	397
历届美国大学生数学竞赛试题集.第二卷(1950—1959)	2015—01	28.00	398
历届美国大学生数学竞赛试题集.第三卷(1960—1969)	2015—01	28.00	399
历届美国大学生数学竞赛试题集.第四卷(1970—1979)	2015—01	18.00	400
历届美国大学生数学竞赛试题集.第五卷(1980—1989)	2015—01	28.00	401
历届美国大学生数学竞赛试题集.第六卷(1990—1999)	2015—01	28.00	402
历届美国大学生数学竞赛试题集.第七卷(2000—2009)	2015—08	18.00	403
历届美国大学生数学竞赛试题集.第八卷(2010—2012)	2015—01	18.00	404
新课标高考数学创新题解题诀窍:总论	2014—09	28.00	372
新课标高考数学创新题解题诀窍:必修1～5分册	2014—08	38.00	373
新课标高考数学创新题解题诀窍:选修2—1,2—2,1—1,1—2分册	2014—09	38.00	374
新课标高考数学创新题解题诀窍:选修2—3,4—4,4—5分册	2014—09	18.00	375
全国重点大学自主招生英文数学试题全攻略:词汇卷	2015—07	48.00	410
全国重点大学自主招生英文数学试题全攻略:概念卷	2015—01	28.00	411
全国重点大学自主招生英文数学试题全攻略:文章选读卷(上)	2016—09	38.00	412
全国重点大学自主招生英文数学试题全攻略:文章选读卷(下)	2017—01	58.00	413
全国重点大学自主招生英文数学试题全攻略:试题卷	2015—07	38.00	414
全国重点大学自主招生英文数学试题全攻略:名著欣赏卷	2017—03	48.00	415
劳埃德数学趣题大全.题目卷.1:英文	2016—01	18.00	516
劳埃德数学趣题大全.题目卷.2:英文	2016—01	18.00	517
劳埃德数学趣题大全.题目卷.3:英文	2016—01	18.00	518
劳埃德数学趣题大全.题目卷.4:英文	2016—01	18.00	519
劳埃德数学趣题大全.题目卷.5:英文	2016—01	18.00	520
劳埃德数学趣题大全.答案卷:英文	2016—01	18.00	521
李成章教练奥数笔记.第1卷	2016—01	48.00	522
李成章教练奥数笔记.第2卷	2016—01	48.00	523
李成章教练奥数笔记.第3卷	2016—01	38.00	524
李成章教练奥数笔记.第4卷	2016—01	38.00	525
李成章教练奥数笔记.第5卷	2016—01	38.00	526
李成章教练奥数笔记.第6卷	2016—01	38.00	527
李成章教练奥数笔记.第7卷	2016—01	38.00	528
李成章教练奥数笔记.第8卷	2016—01	48.00	529
李成章教练奥数笔记.第9卷	2016—01	28.00	530

刘培杰数学工作室
已出版(即将出版)图书目录——初等数学

书　　名	出版时间	定　价	编号
第19～23届"希望杯"全国数学邀请赛试题审题要津详细评注(初一版)	2014－03	28.00	333
第19～23届"希望杯"全国数学邀请赛试题审题要津详细评注(初二、初三版)	2014－03	38.00	334
第19～23届"希望杯"全国数学邀请赛试题审题要津详细评注(高一版)	2014－03	28.00	335
第19～23届"希望杯"全国数学邀请赛试题审题要津详细评注(高二版)	2014－03	38.00	336
第19～25届"希望杯"全国数学邀请赛试题审题要津详细评注(初一版)	2015－01	38.00	416
第19～25届"希望杯"全国数学邀请赛试题审题要津详细评注(初二、初三版)	2015－01	58.00	417
第19～25届"希望杯"全国数学邀请赛试题审题要津详细评注(高一版)	2015－01	48.00	418
第19～25届"希望杯"全国数学邀请赛试题审题要津详细评注(高二版)	2015－01	48.00	419
物理奥林匹克竞赛大题典——力学卷	2014－11	48.00	405
物理奥林匹克竞赛大题典——热学卷	2014－04	28.00	339
物理奥林匹克竞赛大题典——电磁学卷	2015－07	48.00	406
物理奥林匹克竞赛大题典——光学与近代物理卷	2014－06	28.00	345
历届中国东南地区数学奥林匹克试题集(2004～2012)	2014－06	18.00	346
历届中国西部地区数学奥林匹克试题集(2001～2012)	2014－07	18.00	347
历届中国女子数学奥林匹克试题集(2002～2012)	2014－08	18.00	348
数学奥林匹克在中国	2014－06	98.00	344
数学奥林匹克问题集	2014－01	38.00	267
数学奥林匹克不等式散论	2010－06	38.00	124
数学奥林匹克不等式欣赏	2011－09	38.00	138
数学奥林匹克超级题库(初中卷上)	2010－01	58.00	66
数学奥林匹克不等式证明方法和技巧(上、下)	2011－08	158.00	134,135
他们学什么:原民主德国中学数学课本	2016－09	38.00	658
他们学什么:英国中学数学课本	2016－09	38.00	659
他们学什么:法国中学数学课本.1	2016－09	38.00	660
他们学什么:法国中学数学课本.2	2016－09	28.00	661
他们学什么:法国中学数学课本.3	2016－09	38.00	662
他们学什么:苏联中学数学课本	2016－09	28.00	679
高中数学题典——集合与简易逻·函数	2016－07	48.00	647
高中数学题典——导数	2016－07	48.00	648
高中数学题典——三角函数·平面向量	2016－07	48.00	649
高中数学题典——数列	2016－07	58.00	650
高中数学题典——不等式·推理与证明	2016－07	38.00	651
高中数学题典——立体几何	2016－07	48.00	652
高中数学题典——平面解析几何	2016－07	78.00	653
高中数学题典——计数原理·统计·概率·复数	2016－07	48.00	654
高中数学题典——算法·平面几何·初等数论·组合数学·其他	2016－07	68.00	655

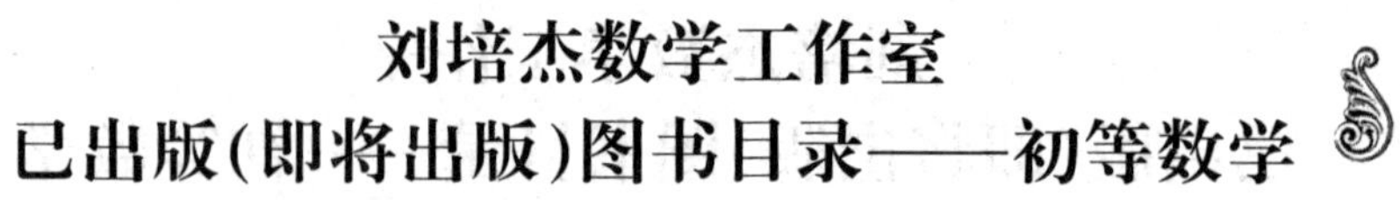

刘培杰数学工作室
已出版(即将出版)图书目录——初等数学

书　　名	出版时间	定　价	编号
台湾地区奥林匹克数学竞赛试题.小学一年级	2017—03	38.00	722
台湾地区奥林匹克数学竞赛试题.小学二年级	2017—03	38.00	723
台湾地区奥林匹克数学竞赛试题.小学三年级	2017—03	38.00	724
台湾地区奥林匹克数学竞赛试题.小学四年级	2017—03	38.00	725
台湾地区奥林匹克数学竞赛试题.小学五年级	2017—03	38.00	726
台湾地区奥林匹克数学竞赛试题.小学六年级	2017—03	38.00	727
台湾地区奥林匹克数学竞赛试题.初中一年级	2017—03	38.00	728
台湾地区奥林匹克数学竞赛试题.初中二年级	2017—03	38.00	729
台湾地区奥林匹克数学竞赛试题.初中三年级	2017—03	28.00	730
不等式证题法	2017—04	28.00	747
平面几何培优教程	即将出版		748
奥数鼎级培优教程.高一分册	即将出版		749
奥数鼎级培优教程.高二分册	即将出版		750
高中数学竞赛冲刺宝典	即将出版		751
初中尖子生数学超级题典.实数	2017—07	58.00	792
初中尖子生数学超级题典.式、方程与不等式	2017—08	58.00	793
初中尖子生数学超级题典.圆、面积	2017—08	38.00	794
初中尖子生数学超级题典.函数、逻辑推理	2017—08	48.00	795
初中尖子生数学超级题典.角、线段、三角形与多边形	2017—07	58.00	796
数学王子——高斯	2018—01	48.00	858
坎坷奇星——阿贝尔	2018—01	48.00	859
闪烁奇星——伽罗瓦	2018—01	58.00	860
无穷统帅——康托尔	2018—01	48.00	861
科学公主——柯瓦列夫斯卡娅	2018—01	48.00	862
抽象代数之母——埃米·诺特	2018—01	48.00	863
电脑先驱——图灵	2018—01	58.00	864
昔日神童——维纳	2018—01	48.00	865
数坛怪侠——爱尔特希	2018—01	68.00	866

联系地址:哈尔滨市南岗区复华四道街 10 号　哈尔滨工业大学出版社刘培杰数学工作室
网　　址:http://lpj.hit.edu.cn/
邮　　编:150006
联系电话:0451—86281378　　13904613167
E-mail:lpj1378@163.com